NCS 이동통신서비스 직무의
실무 교육을 위한

# 최신 이동통신 기술실무

정우기 공학박사

동일출판사

# 머리말

오늘날 이동전화는 생활 속 깊이 들어와 삶의 일부가 되었다. 1984년 2천658 명의 가입자로 출발한 우리나라 이동전화는 2012년 12월 이미 전 인구의 100%를 넘었고, 스마트폰 이용자도 3000만을 넘어섰다. 이제 걸어가면서 또는 사무실에서도 이동전화를 사용하고 이메일을 확인하는 모습을 보는 것은 자연스럽다.

이동전화서비스는 눈부시게 발전을 해 나가면서 한국 IT산업 발전에 결정적인 기여를 했다. 84년 1세대(아날로그)를 시작으로 2세대인 CDMA 디지털 이동전화가 시작된 것이 12년 후인 1996년이다. 그 후 4년만인 2000년에 세계 최초로 IMT-2000 서비스(cdma2000 1x)를 시작했다. 이 같은 발전은 든든한 내수시장의 뒷받침으로 이제는 수출전략산업으로, 새로운 성장엔진으로 부각됐다

이로 인하여 이동전화 서비스 분야에 관련된 종사자 수가 급격히 증가하여 약 7만5천명에 이를 것으로 예상된다. 여기에는 SK텔레콤, KT, LG유플러스 3개사 이동부무 직원과 자회사 직원, 이동전화 네트워크 유지보수 관련 종사자 수, 고객센터 업체 직원, 대리점 직원, 콘텐츠제공업체(CP) 종사자 등의 관련 분야 종사를 포함한다. 이 가운데 3개 서비스 회사의 고객센터에 종사하는 직원은 약 6천5백 명이다. SK텔레콤이 3천400 명, KT가 5개 업체에 1천8백 명, LG유플러스가 1천300 명 등이다. 그리고 이동전화네트워크 유지보수 업체 직원은 약 3천2백 명으로 SK텔레콤 기지국 유지보수 약 1천명, KT의 기지국 유지보수 1천400여 명, LG유플러스 800명에 이르고 있다.

이 책은 이동통신 관련 분야 가운데 가입자 증가로 급격히 성장하고 있는 이동통신 기술 실무업무를 이해하고 실제적인 업무를 소개하기 위한 책으로 이통통신의 개념, 일반 이동통신 사용자들이 궁금해 하는 기술적인 내용 그리고 기지국 유지 보수 및 이동통신기술상담의 업무 내용을 설명하고 있다.

제1부에서는 이동통신의 개념과 실제 서비스 관련 내용을 다루고 있다. 제1장에서는 이동통신 서비스의 시작인 전파와 주파수의 이해, 제2장에서는 음성 및 영상 서비스 등 다양한 이동통신서비스의 이해, 제3장에서는 이동통신의 발전을 설명하였다. 제2부에서는 이동통신 망운용 기술 업무에 관련된 내용을 다루고 있다. 제4장에서는 무선망 설계, 제5

장에서는 무선망 최적화, 제6장에서는 무선국 검사 업무를 다루고 있어 이동통신 기지국 유지 보수 업무를 쉽게 이해할 수 있도록 하였다. 7장에서는 각종 측정 장비에 대해 설명함으로써 측정기에 대한 기초 개념을 가질 수 있도록 하였다. 끝으로 8장에서는 휴대전화를 이용한 간단한 전파 측정 실습을 함으로써 전파측정 업무를 좀 더 가까이 체험할 수 있도록 하였다. 제3부에서는 이동통신 기술상담 실무를 소개하였다. 이동통신 고객센터의 통화품질 상담부서에서 실제로 이루어지는 사례를 중심으로 제9장에서는 번호이동성 및 이동통신사업자간 로밍, 제10장에서는 통화품질 및 부가서비스의 장애 유형, 제11장에서는 기술상담 직원과 고객 사이에 실제적으로 이루어지는 질의 및 응답 가운데 중요한 기술 사항, 제12장에서는 교환기 안내 방송에 대한 사례와 상황을 설명하였다.

'최신 이동통신 기술실무'는 이동통신서비스의 발전으로 수요가 증가하고 있는 이동통신 네트워크 운영 관리 및 기술 상담 업체 취업을 희망하는 학생 및 취업 준비생에게 이동통신의 개념과 이동통신 기술 실무에 대한 이해를 높이기 위한 책으로 이동통신의 전반적인 이해를 도모하는데 도움이 될 것이라 생각한다.

끝으로 이 책을 만드는 동안 많은 도움을 주신 전파진흥원, 이노와이어리스, CS리더, SK텔레콤, KT, LG유플러스의 관계자분들, 그리고 동일 출판사에 이 글을 통해 감사의 마음을 전합니다.

저자 씀

▸ **저자 약력 : 정 우 기**

연세대학교 전자공학과에서 학사, 석사, 박사학위를 받았다(공학박사). 한국전자통신연구원, SK텔레콤, 신세기통신, LG텔레콤(현 LG유플러스)에서 16년간 이동통신관련 분야에 종사하면서 CDMA, IMT-2000, 4세대 이동통신 등을 연구하였다. 지난 2001년에는 정보통신부 "IT 국제 표준화 전문가 100인"로 선정되었으며, 2006년에는 정보통신부 장관 표창장을 수상하였다. 방송통신위원회, 한국 ITU-R 연구위원회, 차세대이동통신포럼, 한국정보통신기술협회(TTA), 한국전파방송통신진흥원, 전파진흥협회 등에서 자문위원, 연구위원 등을 역임하였다. 2003년부터 청강문화산업대학 모바일스쿨 이동통신전공 교수로 재직하고 있다.

# 차례

## 제 2 부 이동통신 망운용의 기술 실무

### 4장 이동통신 무선망 설계



### 5장 이동통신 무선망 최적화



### 6장 이동통신 무선국 검사



### 7장 이동통신망 운용을 위한 측정 장비



### 8장 휴대전화를 이용한 전파특성 실습

## 제 3 부 이동통신 기술 상담 실무

# 약어표

| | |
|---|---|
| 3D-BF | 3 Dimension Beamforming |
| 3GPP | 3rd Generation Partnership Project |
| 3GPP2 | 3rd Generation Partnership Project 2 |
| AAS | Active Antenna System |
| ACIR | Adjacent Channel Interference Ratio |
| ACK | ACKnowledgement |
| ACLR | Adjacent Channel Leakage Ratio |
| ACS | Adjacent Channel Susceptibility |
| AMC | Adaptive Modulation and Coding |
| AMPS | Advanced Mobile Phone System |
| AMR | Adaptive Multi-Rate |
| AOA | Angel Of Arrival |
| APOC | Advanced Paging Operator Code |
| AR | Augmented Reality |
| ARQ | Automatic Repeat reQuest |
| ATM | Asynchronous Transfer Mode |
| AT&T | American Telephone & Telegraph |
| AuC | Authentication Center |
| BBU | Base Band Unit |
| BER | Bit Error Rate |
| BPSK | Binary Phase shift Keying |
| BS | Billing System |
| BSS | Base Station Subsystem |
| BSC | Base Station Controller |
| BTS | Base Transceiver Station |
| CA | Carrier Aggregation |
| CAPEX | Capital Expenditure |
| CC | Convolutional Code |
| CCSA | China Communications Standards Association |
| CDMA | Code Division Multiple Access |
| CEPT | Conference of European Postal and Telecommunications |
| C/I or CIR | Carrier to Interference Ratio |
| CMS | Customer Management System |

| | |
|---|---|
| CLTD | Closed Loop Transmit Diversity |
| CN | Core Network |
| CoMP | Coordinated Multi Point Transmission/Reception |
| COST | COoperation Europeenne dans le domaine de la recherche Scientifique et Technique |
| CP | Cyclic Prefix |
| CPRI | Common Public Radio Interface |
| CQI | Channel Quality Information |
| CR | Cognitive Radio |
| C-RAN | Cloud RAN |
| CRBT | Coloring Ring Back Tone |
| CRC | Cyclic Redundancy Check |
| CSFB | Circuit Switched Fallback |
| CSG | Closed Subscriber Group |
| CSMA/CA | Carrier Sense Multiple Access / Collision Avoidance |
| CSMA/CD | Carrier Sense Multiple Access / Collision Detection |
| CT | Cordless Telephone |
| CTC | Convolutional Turbo Code |
| D2D | Device to Device |
| DAB | Digital Audio Broadcasting |
| DACS | Digital Access and Cross-connect Switch |
| DASH | Dynamic Adaptive Streaming over HTTP |
| DC-HSPA | Dual Carrier High Speed Packet Access |
| DECT | Digital European Cordless Telephone |
| DM | Diagnostic Monitoring |
| DOCSIS | Data-Over-Cable Service Interface Specification |
| DRT | Diagnostic Rhyme Test |
| DRX | Discontinuous Reception |
| DS-CDMA | Direct Spread Code Division Multiple Access |
| DSL | Digital Subscriber Line |
| DSSS | Direct Sequence Spread Spectrum |
| DTX | Discontinuous Transmission |
| DU | Digital Unit |
| DVB | Digital Video Broadcasting |
| EARFCN | E-UTRA Absolute Radio Frequency Channel Number |
| E-CID | Enhanced Cell ID |
| EDGE | Enhanced Data rates for GSM Evolution |
| EGPRS | Enhanced GPRS |
| EIA | Electronic Industry Association |
| eICIC | enhanced Inter-Cell Interference Coordination |
| EIR | Equipment Identity Register |
| eMBMS | evolved Multimedia Broadcast Multicast Service |

| | |
|---|---|
| EMF | Electro Magnetic Field |
| eNB | evolved Node-B |
| EOTDOA | Enhanced Observed Time Difference of Arrival |
| EPC | Evolved Packet Core |
| ERMES | European Radio Messaging System |
| ES | Earth Station |
| ESN | Equipment Serial Number |
| ETSI | European Telecommunications Standards Institute |
| EV-DO | Evolution Data Only |
| E-UTRA | Evolved Universal Mobile Telecommunications System |
| FBMC | Filter Bank Multi Carrier |
| FCC | Federal Communications Commission |
| FCS | Fast Cell Selection |
| FDD | Frequency Division Duplex |
| FDMA | Frequency Division Multiple Access |
| FER | Frame Error Rate |
| FFT | Fast Fourier Transform |
| FHSS | Frequency Hopping Spread Spectrum |
| GERAN | GSM/EDGE RAN |
| GGSN | Gateway GPRS Support Node |
| GMDSS | Global Maritime Distress and Safety System |
| GMPCS | Global Mobile Personal Communications System |
| GMSC | Gateway Mobile Switching Center |
| GNSS | Global Navigation Satellite System |
| GPRS | General Packet Radio Service |
| GPS | Global Position System |
| GSM | Global System for Mobile Communications |
| HAPS | High Altitude Platform System |
| HARQ | Hybird Automatic Repeat reQuest |
| HD | High Definition |
| HEVC | High Efficiency Video Coding |
| HLR | Home Location Register |
| HSDPA | High-speed Downlink Packet Access |
| HSPA | High-speed packet Access |
| HSS | Home Subscriber Server |
| HSUPA | High-speed Uplink Packet Access |
| ICNIRP | International Commission on Non-Ionizing Radiation Protection |
| ICT | Information and Communication Technology |
| IDMA | Interleaved Division Multiple Access |
| IEEE | Institute of Electrical and Electronics Engineers |
| IETF | Internet Engineering Task Force |
| IFFT | Inverse Fast Fourier Transform |

| | |
|---|---|
| IMEI | International Mobile Equipment Identity |
| IMO | International Maritime Organization |
| IMS | Internet Messaging Service |
| IMSI | International Mobile Subscriber Identity |
| IMT | International Mobile Telecommunications |
| IMTS | Improved Mobile Telephone System |
| IoE | Internet of Everything |
| IoT | Internet of Things |
| IP | Internet Protocol |
| IR | Incremental Redundancy |
| IrDA | Infrared Data Association |
| IS | Interim Standard |
| ISM | Industrial Science Medical |
| ITU | International Telecommunications Union |
| JT-CoMP | Joint Transmission CoMP |
| LAA | License Assisted Access |
| LBS | Location Based Service |
| LDS | Low Density Spreading |
| LoRaWAN | Long Range Wide Area Network |
| LPWAN | Low Power Wide Area Network |
| LTE | Long-Term Evolution |
| LTE-MTC(M) | Long-Term Evolution - Machine Type Communication(Machine) |
| M2M | Machine to Machine |
| MAC | Medium Access Control |
| MBMS | Multimedia Broadcast and Multicast Service |
| MCS | Modulation Coding Scheme |
| MEMS | Micro Electro Mechanical System |
| MIB | Master Information Block |
| MIMO | Multiple Input Multiple Output |
| MIN | Mobile Identity Number |
| MME | Mobility Management Entity |
| MMSE | Minimum Mean Square Error |
| MOS | Mean Opinion Score |
| MS | Mobile Station |
| MSC | Mobile Switching Centre |
| MTC | Machine Type Communication |
| MTS | Mobile Telephone Service |
| MTSO | Mobile Telecommunication Switching Office |
| MUD | Multi User Detection |
| MU-MIMO | Multi User MIMO |
| MUSA | Multi User Shared Access |
| MUX | Multiplexing |

| | |
|---|---|
| NB-IoT | Narrow Band Internet of Things |
| NFC | Near Field Communication |
| NFV | Network Function Virtualization |
| NGMN | Next Generation Mobile Network |
| NMS | Network Management System |
| Node B | Base station |
| NOMA | Non-Orthogonal Multiple Access |
| OFDM | Orthogonal Frequency Division Multiplex |
| OFDMA | Orthogonal Frequency Division Multiple Access |
| O&M | Operation & Maintenance |
| OLPC | Outer Loop Power Control |
| OPEX | Operation Expenditure |
| OSS | Operations Support System |
| OTA | Over-The-Air Activation |
| OTT | Over The Top |
| OTDOA | Observed Time Difference Of Arrival |
| OVSF | Orthogonal Variable Spreading Factor |
| PAR | Peak-to -Average Ratio |
| PCMCIA | Personal Computer Memory Card Industry Association |
| PCS | Personal Communication Services |
| PDC | Personal Digital Cellular |
| PDCP | Packet Data Convergence Protocol |
| PDMA | Pattern Division Multiple Access |
| PDP | Packet Data Protocol |
| PDSN | Packet Data Serving Node |
| PDU | Protocol Data Unit |
| PER | Packet Error Rate |
| PHS | Personal Handy phone Service |
| PN | Pseudo random Noise |
| POC | Push-to talk Over Cellular |
| POCSAG | Post Office Code Standardization Advisory Group |
| PRN | Pseudo-Random Noise |
| PSDN | Public Switched Data Network |
| PSS | Primary Synchronization Signal |
| PSTN | Public Switched Telephone Network |
| QAM | Quadrature Amplitude Modulation |
| QoE | Quality of Experience |
| QoS | Quality of Service |
| QPSK | Quadrature Phase Shift Keying |
| RAB | Radio Access Bearer |
| RAN | Radio Access Network |
| RANAP | Radio Access Network Application Part |

| | |
|---|---|
| RAT | Radio Access Technology |
| RB | Resource Block |
| RF | Radio Frequency |
| RFID | Radio Frequency IDentification |
| RLC | Radio Link Control |
| RNC | Radio Network Controller |
| RR | Round Robin |
| RRC | Radio Resource Control |
| RRM | Radio Resource Management |
| RS | Reference Signal |
| RSCP | Received Signal Code Power |
| RSRP | Reference Signal Received Power |
| RSRQ | Reference Signal Received Quality |
| RSSI | Received Signal Strength Indicator |
| RU | Radio Unit |
| R-UIM | Removable User Identity Module |
| SAE | System Architecture Evolution |
| SAMA | SIC Amenable Multiple Access |
| SAR | Specific Absorption Rate |
| SC-FDMA | Single Carrier FDMA |
| S-DMB | Satellite Digital Multimedia Broadcasting |
| SDR | Software Defined Radio |
| SEM | Spectrum Emission Mask |
| SF | Spreading Factor |
| SIB | System Information Block |
| SGSN | Serving GPRS Support Node |
| SIC | Successive Interference Cancellation |
| SIM | Subscriber Identity Module |
| SIMO | Single Input Multiple Output |
| SINAD | Signal Interference Noise And Distortion |
| SINR | Signal-to-Interference-plus-Noise Ratio |
| SIP | Session Initiation Protocol |
| SM-MIMO | Spatial Multiplexing MIMO |
| SMS | Short Message Service |
| SSS | Secondary Synchronous Signal |
| STTD | Space Time Transmit Diversity |
| TDD | Time Division Duplex |
| T-DMB | Terrestrial Digital Multimedia Broadcasting |
| TDOA | Time Difference Of Arrival |
| TD-SCDMA | Time Division Synchronous CDMA |
| TIA | Telecommunication Industry Association |
| TMSI | Temporary Mobile Subscriber Identity |

| | |
|---|---|
| TOA | Time Of Arrival |
| TPC | Transmission Power Control |
| TRS | Trunked Radio System |
| TTA | Telecommunications Technology Association (Korea) |
| TTC | Telecommunication Technology Committee (Japan) |
| TTI | Transmission Time Interval |
| TxAA | Transmit Adaptive Antennas |
| UDP | User Datagram Protocol |
| UE | User Equipment |
| UMTS | Universal Mobile Telecommunications System |
| USIM | UMTS Subscriber Identity Module |
| USN | Universal Sensor Network |
| UTRA | UMTS Terrestrial Radio Access(ETSI) |
| UTRA | Universal Terrestrial Radio Access(3GPP) |
| UTRAN | UMTS Terrestrial Radio Access Network |
| UWB | Ultra Wide Band |
| VLR | Visitor Location Register |
| VoIP | Voice over IP |
| VoLTE | Voice over LTE |
| VR | Virtual Reality |
| VSWR | Voltage Standing Wave Ratio |
| WAP | Wireless Application Protocol |
| WARC | World Administrative Radio Conference |
| WCDMA | Wideband CDMA |
| WHO | World Heath Organization |
| WiFi | Wireless Fidelity |
| WiMax | Worldwide Interoperability for microwave access |
| WLAN | Wireless Local Area Network |
| WLL | Wireless Local Loop |
| WMAN | Wireless Metropolitan Area Network |
| WPAN | Wireless Personal Area Network |
| WRC | World Radiocommunication Conference |
| WWAN | Wireless Wide Area Network |
| WWRF | Wireless World Research Forum |
| WWW | World Wide Web |

# 1부

# 이동통신의 이해

Chapter 1

# 전파의 이해

## 1.1 전파와 주파수

이동통신 서비스를 위해서는 단말기가 자유로이 이동하면서 기지국과 정보를 주고받을 수 있어야 한다. 이동통신 서비스는 단말기와 기지국 사이에서 공간의 제약 없이 정보를 전달하기 위해 눈에 보이지 않는 전파를 이용한다.

그렇다면 전파란 무엇인가? 전파(Electromagnetic Wave)는 "전계와 자계가 동시에 존재하면서 상호 간에 직각으로 교차하여 증감을 반복해 가며 진행하는 파동"이다. 음성, 데이터, 영상 신호는 전기에 의해 만들어진 전파에 실려서 전달되는데 그림과 같이 안테나에 의해 수신되어 전달된다. 전파의 파동은 파도의 움직임과 비슷하다.

전파를 통신에 이용하게 된 것은 1837년 패러데이가 실험적으로 자기력의 변화에 의한 전류발생을 확인하면서 다시 말하면 공중에 있는 전파가 단말기의 안테나에 의해 신호가 잡히는 원리를 발견하면서 시작되었다. 1871년 맥스웰은 전계가 변하면 자계를 발생하고 자계가 변하면 다시 전계가 발생하는 전자기파를 동시에 발생시켜 계속적으로 전파될 수 있음을 이론적으로 증명하였고 1888년 헤르츠는 전자기파의 존재를 실험적으로 증명하였다. 그리고 마침내 1996년 마르코니에 의해 전파를 이용하여 3km 떨어진 두 지점간의 신호를 전달함으로써 전파통신의 시작을 알렸고 1900년에는 인류사에 길이 남을 전파를 이용한 대서양 횡단 실험에 성공하였다. 〈그림 1-1〉은 헤르츠가 세계 최초로 전자기파의 존재를 증명한 시험을 나타낸 것이다.

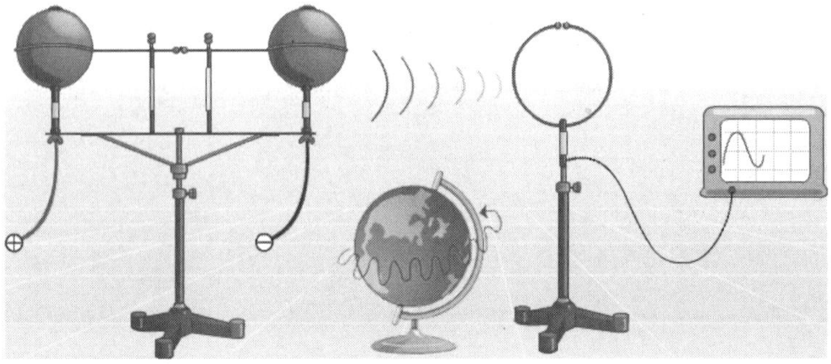

전파는 지구를 1초에 7바퀴만 회전하는 속도로 움직인다.

☑ **그림 1-1** 헤르츠의 전자기파 확인 실험

전파의 속도는 30만 km인데 이것은 지구를 1초에 7 바퀴 반 회전하는 속도이며, 서울에서 부산까지 약 450km를 고속전철로 약 3시간 걸리지만 전파는 0.0015초에 도달할 수 있다.

전파는 인류가 만들어낸 정보의 전달 수단 가운데 가장 빠른 수단이다. 사람들은 인류가 이용할 수 있는 수단 가운데 가장 빠른 전파를 이동통신 서비스를 제공하는 데 이용하게 되었으며, 전파를 이용하는 구간은 단말기와 기지국 사이이다. 이동통신 서비스에 전파를 이용하면서 사람들은 장소에 구애 받지 않고 언제 어디서나 누구와도 통신을 할 수 있게 되었다. 이동통신 서비스는 처음에는 음성 서비스를 제공하다가 기술이 발전하면서 점차적으로 데이터 서비스, 영상 서비스 등을 함께 전달할 수 있게 되었다.

☑ **그림 1-2** 전파를 이용한 이동통신 서비스

전파는 전계와 자계가 상호작용하면서 커졌다 작아졌다 반복하며 진행하는데 반복 횟수는 변화하지 않고 진행한다. 이와 같이 전파는 일정한 주기로 진동하면서 진행하는데 1초간 진동하는 횟수를 주파수라고 한다. 즉 1초 동안에 1,000번 진동하면 주파수는 1,000회라고 할 수 있는데, 전파통신에서는 전파의 존재를 증명한 헤르츠를 기념하여 단위를 Hz(Hertz)라고 한다. 예를 들어 연못에 돌을 던졌을 때 발생하는 물결을 보면, 그림처럼 둥근 파원이 시간에 따라 퍼져 나가는 것을 볼 수 있다. 이때 돌이 떨어진 A 지점에서 물결의 움직임을 살펴보면 물결이 상하로 진동하는 것을 볼 수 있는데, 돌이 떨어진 A지점에서 1초간 파가 진행한 B 지점 사이에는 4회의 진동이 있으므로 주파수는 4Hz에 해당한다. 〈그림 1-3〉은 주파수의 개념을 나타낸 것이다.

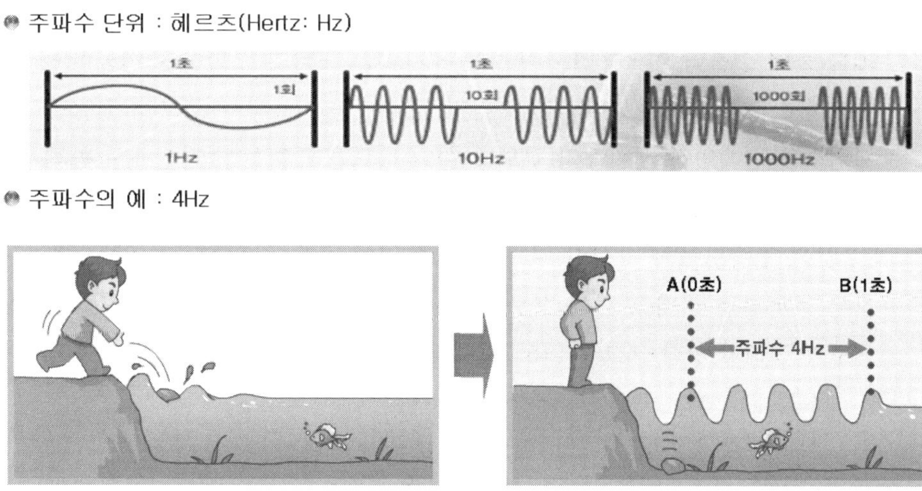


☑ **그림 1-3** 주파수의 개념

전파는 처음 출발한 각각의 진동 규칙을 유지하며 진행하는데, 전파를 이용하는 모든 통신서비스는 각각의 정보를 실어 보낼 전파의 진동수를 정하여 보내게 된다.
주파수가 다르면 서비스 간에 간섭을 주지 않고 서비스를 제공할 수 있다.

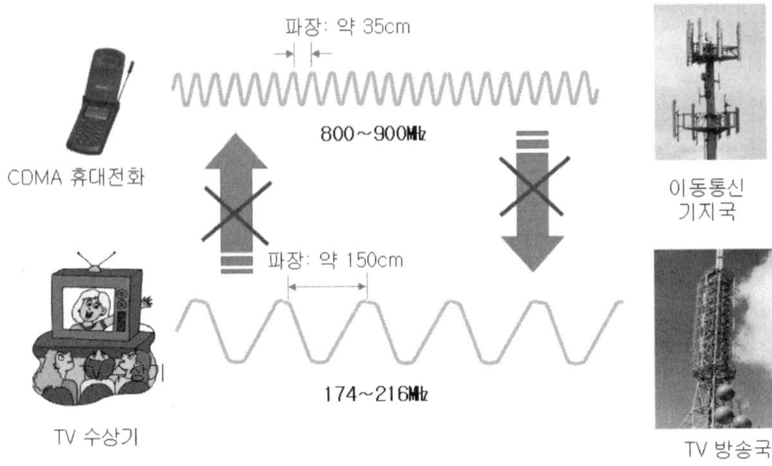


☑ **그림 1-4** 주파수 다른 전파서비스 간 비간섭 현상

예를 들어 셀룰러 이동통신 서비스는 800MHz 대역의 주파수를 이용하여 정보를 실어 전달하고 텔레비전은 200MHz 대역의 주파수를 이용하여 정보를 전달한다. 이동통신 서비스와 텔레비전 서비스의 정보를 실어 나르는 전파는 공간상에서 함께 만나지만 서로에게 간섭을 주지는 않는다. 이와 같이 주파수가 다르면 서비스 간에 간섭을 주지 않는 것은 고속도로의 차선이 다르면 서로 간에 충돌이 일어나지 않는 것과 같다.

모든 주파수는 서비스 간에 서로 충돌이 일어나지 않도록 각 주파수 대역별로 사전에 용도가 정해져 있다. 〈그림 1-5〉는 주파수 대역별 전파서비스의 용도를 나타낸 것이다.

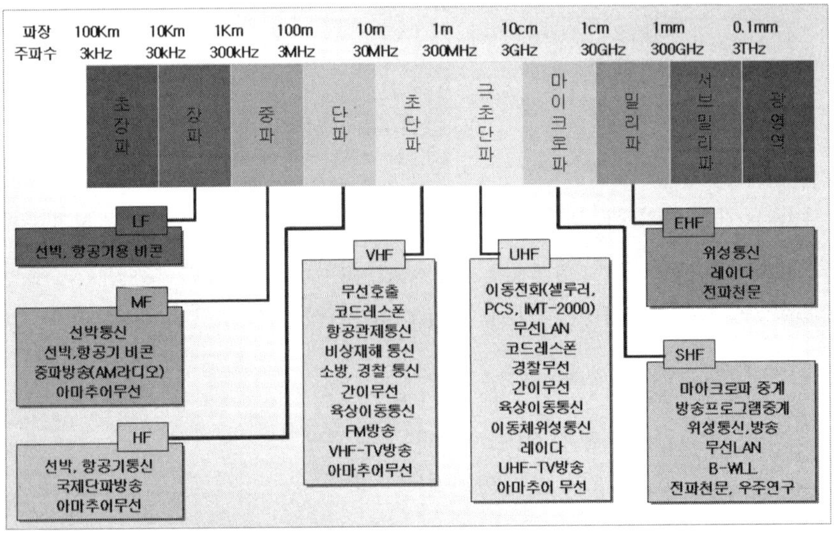


☑ **그림 1-5** 주파수 대역별 전파서비스의 용도

일반적으로 주파수가 높아지면 전기의 진동 횟수가 커져 전파를 이용하는 기술이 복잡해진다. 따라서 전파를 이용하는 초기에는 가장 먼저 전파를 이용하는 해상 선박 등이 낮은 주파수를 이용하였고 라디오, TV, 전화 등 점차 용도가 커지면서 새로운 서비스들이 주파수 대역별로 특정 서비스를 이용하게 되었다. 이동통신은 주로 300MHz에서 3GHz에 이르는 극초단파 대역에서 이용되고 있으며, 우리나라에서는 800MHz 대역의 셀룰러 이동통신 서비스, 1.8GHz 대역의 PCS 서비스, 2GHz 대역의 IMT-2000 서비스, 2.3GHz 대역의 와이브로 서비스를 이용하고 있다.

## 1.2 전파의 특성

### 1.2.1 전파의 직진, 반사, 굴절(Direct, Reflection, Refraction)

사람들은 전파에 대해 눈에 보이지 않으므로 매우 이해하기 어려워한다. 그렇다면 눈으로 확인할 수 없을까? 요즘 컴퓨터 그래픽이 발달하여 전파의 특성을 형상화하는 경우도 있지만 그렇다고 해도 솔직히 피부에 닿지는 않는다. 하지만 전파와 동일한 특성을 갖는 빛을 이용한다면 눈으로 보이는 것처럼 이해할 수 있을 것이다. 다만 사람들은 그것이 전파의 특성과 동일하다는 것을 이해하지 못할 뿐이다. 우리 눈에 보이고 눈에 보이는 빛의 특성을 일상생활에서 살펴보면 전파의 특성을 좀 더 쉽게 이해할 수 있을 것이다.

사람들은 평상시에 사물을 보면 늘 똑바로 보이므로 사물이 똑바로 보이는 것이 이상하다고 생각한 적이 없다. 하지만 물속의 젓가락이나 수영장의 물속에서 또는 놀이 공원의 요술 거울에서 똑바로 있을 것이라고 생각된 사물이 생각하는 것처럼 똑바로 보이지 않는 경험을 한 적이 있다. 왜 사물이 휘어지고 구부러져 보이는 것일까? 전파는 공기라는 동일한 공간을 지날 때는 똑바로 진행하지만 〈그림 1-6〉과 같이 물과 같이 다른 물질을 지날 때에는 똑바로 진행하지 못하고 구부러져 진행하거나 반사된다. 우리는 물속에서 멀리 쳐다보면 바깥이 보이지 않는다. 이것은 빛이 구부러져 물 바깥으로 빠져 나가지 못하는 현상 때문이다. 그리고 거울 앞에 서면 자신의 모습이 거울에서 반사되어 보인다. 우리는 기지국이 직접 보이는 곳에서는 통화가 잘되고 건물 뒤 또는 장애물이 많은 곳에서는 통화가 잘 되지 않는 경험을 해 본적이 있을 것이다. 사람들은 본능적으로 전파가 직진으로 진행한다는 사실을 느끼는 것이다.

이와 같이 전파는 직진하고 굴절하거나 반사되는 특성을 갖는다. 전파가 직진한다는 것은 한 지점에서 다른 지점으로 이동할 때 최단거리로 이동하는 것이라 할 수 있다. 따라서 전자파는 다른 밀도를 갖는 물질에 도달하면 〈그림 1-6〉과 같이 굴절하거나 반사한다. 직진파가 반사 또는 굴절(투과)할 때 전파의 세기는 직진파의 전파 세기($A$)와 반사파의 전파 세기($B$) 및 굴절파의 전파세기($C$)의 합이 같으며, 또한 전파의 방향은 직진파의 굴절 및 반사하는 방향을 Snell이 수학적으로 예측하였다. 전파가 직진, 반사, 굴절할 때 전파의 세기와 전파의 방향은 식 (1-1)과 같다.

$$A = B + C$$
$$n_1 \times \sin\theta = n_2 \times \sin\phi \qquad \cdots (1-1)$$

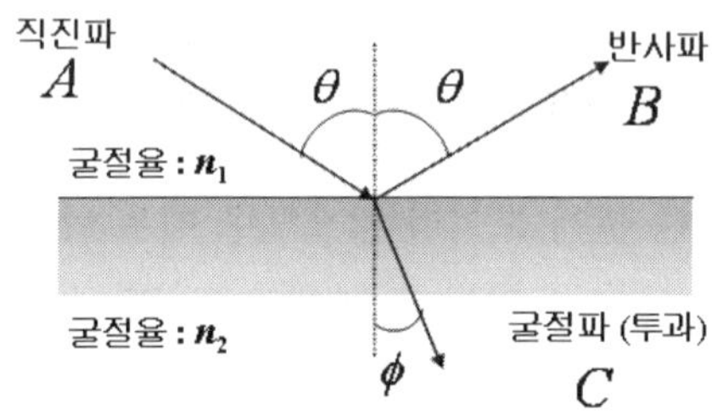


☑ **그림 1-6** 전파의 직진, 반사, 굴절

전파가 다른 매질을 만나 투과할 때는 전파의 감쇠가 일어나는데 일반적으로 콘크리트의 경우 1/50, 숲 또는 유리를 지날 때 70% 정도이며, 철판의 경우 투과 감쇠가 매우 심하다. 투과의 경우 주파수가 낮을수록 감쇠가 커진다.

## 1.2.2 전파의 회절(Diffraction)

전파는 빛과 같이 직진하지만, 전파가 도달할 수 없는 산이나 건물 뒷면에서도 라디오나 TV가 수신되고 휴대폰 통화도 되는 것은 전파의 회절 때문이다. 즉, 회절이란 〈그림 1-7〉과 같이 전파가 진행하다가 장애물을 만나면, 장애물을 돌아 뒤쪽까지 도달하는 현상을 말한다. 일반적으로 회절할 때 전파의 세기는 약 1/4로 감쇠한다.

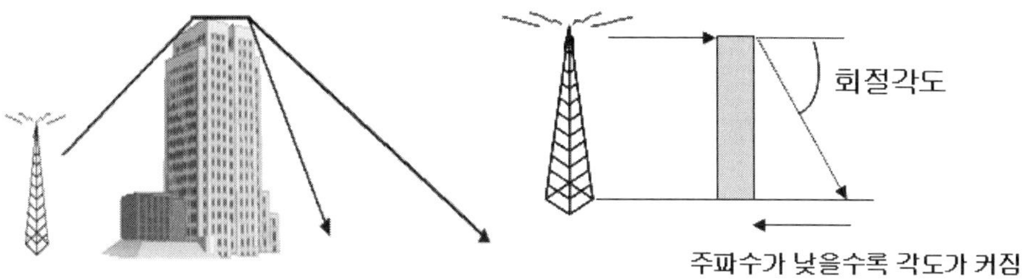


☑ **그림 1-7** 전파의 회절

흔히 휴대폰을 사용할 때 건물이나 산 등에 가려 기지국 안테나가 보이지 않는 곳에서 통화하는 경우가 훨씬 더 많다. 만약 전파가 회절성이 없이 직진성만 가지고 있다면, 휴대폰 통화는 물론 이동전화의 대중화는 상당히 어려움에 봉착했을 것이다. 그러므로 전파의 회절성은 이동통신에 있어서 없어서는 안 될 중요한 특성이라 할 수 있다. 전파의 회절각도는 주파수의 제곱근($\sqrt{f}$)에 반비례하기 때문에 주파수가 높을수록 회절각도가 작고, 낮을수록 회절각도가 크다. 이것은 다음과 같은 식으로 나타낼 수 있다.

$$\text{회절각도 } \theta \propto \frac{1}{\sqrt{f}} \qquad \cdots (1-2)$$

## 1.2.3 전파의 간섭(Interference)

우리는 전파의 간섭 현상을 바다 또는 호수에서 확인할 수 있다. 두개의 파도가 합쳐질 때 어떤 파도는 훨씬 큰 파도가 만들어지나 어떤 파도는 잔잔한 물결로 변하는 것을 볼 수 있다. 이러한 현상은 수영장, 집안의 욕조에서도 쉽게 확인할 수 있다. 이와 같이 2가지 이상의 동일한 전파가 합성될 때 이들의 모양이 일치하면 두 개의 전파가 합성되어 전파의 크기가 증가하고 모양이 반대인 경우 두 개의 전파가 상쇄되어 전파의 크기가 미약해지는 현상을 간섭이라고 한다.

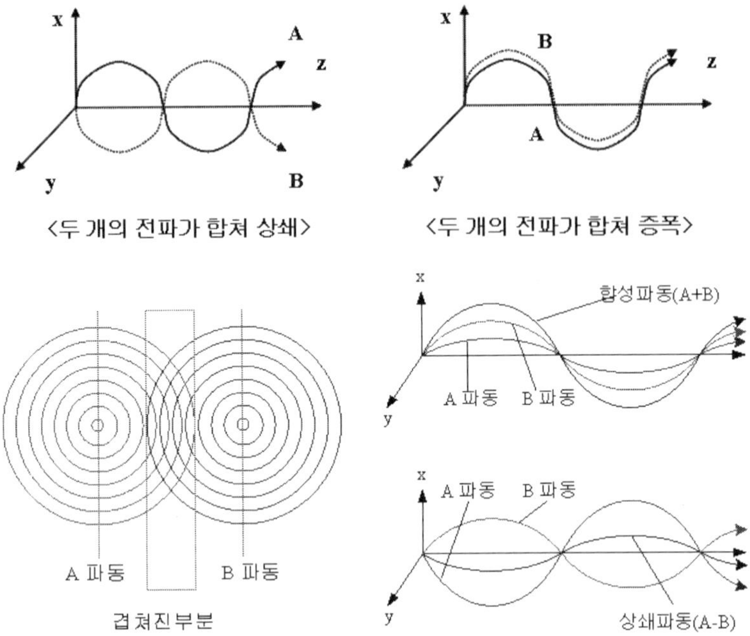


☑ **그림 1-8** 전파의 간섭

## 1.2.4 전파의 편파(Polarization)

전파의 편파(Polarized Wave) 특성은 공간상의 임의 지점에서 전계 성분이 상하로만 또는 좌우로만 진동하는 경우 다른 방향에서는 전파를 확인할 수 없는 현상을 말한다. 일상생활에서 편파의 현상을 찾기가 쉽지는 않다. 다만 어린이 장난감 등에서 이러한 현상을 확인할 수 있다. 즉 수직으로만 진동하는 빛을 통과하는 필터와 수평으로만 통과하는 필터를 장착하여 서로 겹치면 어떤 빛도 통과하지 못한다. 하지만 필터를 돌리면 물건이 나타나는데 어린이들에게는 마치 요술처럼 보이지만 과학 지식을 이용한 장난감일 뿐이다.

전파의 진동 방향에 따라 수직 편파와 수평 편파로 나눌 수 있으며, 전계의 진동 방향과 크기 변화에 따라 선형 편파(Linear Polarized Wave), 원편파(Circular Polarized Wave), 타원 편파(Elliptical Polarized Wave)로 나눌 수 있다. 〈그림 1-9〉는 x축 y축으로만 진동하는 편파를 설명한 것이다.

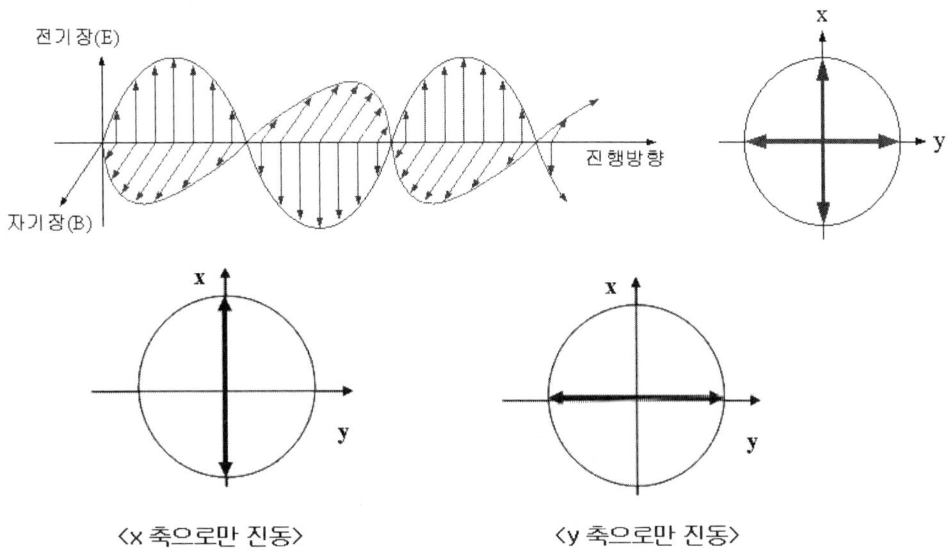


☑ **그림 1-9** 전파의 간섭

수직 편파는 전계 성분이 지면에 대하여 수직으로 분포하는 편파로서 주로 대지에 수직으로 세운 안테나에서 방사될 때 발생되며 수평 편파는 전계 성분이 지면에 대하여 수평으로 분포하는 편파로서 주로 TV 수신용 안테나와 파라볼라 안테나에서 수신할 때 수평 신호를 수신한다. 이들 수직 편파와 수평 편파의 경우 전계 성분의 진동 방향과 크기 변화가 일정하므로 선형 편파 또는 직선 편파에 속한다.

전파의 전계 성분이 전파의 진행 방향과 수직한 면에서 회전하면서 그 궤적이 원을 그리는 편파를 원편파라고 하며, 원편파는 다시 전계의 회전 방향에 따라 우편파(Right Polarized Wave)와 좌편파(Left Polarized Wave)로 나눌 수 있다. 우편파는 전계 성분의 회전 방향이 시계 방향이며 좌편파는 회전 방향이 반시계 방향인 편파를 말한다.

마지막으로 전자파의 전계 성분이 진행 방향과 수직한 면에서 회전하면서 궤적이 타원을 그릴 때를 타원편파라고하며 편파의 가장 일반적인 형태로서 선형 편파와 원편파는 타원 편파의 특수한 경우로 볼 수 있다.

### 1.2.5 전파의 감쇠

전파는 안테나에서 자유공간으로 발사되면서부터 감쇠하는 특성을 갖는다. 일정한 거리를 진행하여 전파의 세기가 줄어드는 것을 경로 손실(Path Loss)이라고 하며 경로 손실 $L$은 다음과 같이 정의한다.

$$L[\text{dB}] = P_t[\text{dB}] - P_r[\text{dB}] \quad \cdots (1\text{-}3)$$

여기서, $P_t$는 신호의 송신전력, $P_r$은 신호의 수신전력을 나타낸다.
이때 수신전력은 전파가 진행하는 거리에 따라 신호세기는 약해진다. 자유공간에서 전파의 감쇠특성을 수식으로 나타내면 다음과 같다.

$$P_r = \frac{P_t G_t G_r \lambda^2}{(4\pi)^2 r^2} = \frac{P_t G_t G_r}{4\pi r^2 f^2}$$

$$r = \sqrt{\frac{P_t G_t G_r}{(4\pi)^2 P_r f^2}} \quad (1\text{-}4)$$

여기서, $\lambda$는 파장, $r$는 전파의 이동거리, $f$는 전파의 주파수, $G_t$는 송신 안테나 이득, $G_r$는 수신 안테나 이득이다. 예를 들어 기지국 안테나에서 출발한 전파 신호의 세기가 $P_t$, 휴대전화에서 받는 전파 신호의 세기가 $P_r$이고 기지국과 휴대전화 사이의 거리가 $r$로 휴대전화에서 사용하는 파장 및 주파수가 $\lambda$, $f$가 된다.
자유공간의 전파경로 손실은 식 (1-4)에서 다음과 같이 구할 수 있다.

$$\begin{aligned} L_f[\text{dB}] &= P_t[\text{dB}] - P_r[\text{dB}] \\ &= 20\log r + 20\log f + 21.98 - 10\log G_t - 10\log G_r \quad \cdots (1\text{-}5) \end{aligned}$$

신호 세기는 파장의 제곱에 비례하고, 거리의 제곱에 반비례한다. 즉 송신출력이 같을 때 거리가 2배로 멀어지면 신호 세기는 1/4로 줄어들고 동일거리에서 주파수가 2배 높아지면(파장이 2배 짧아지면) 신호 세기가 1/4로 감소한다.

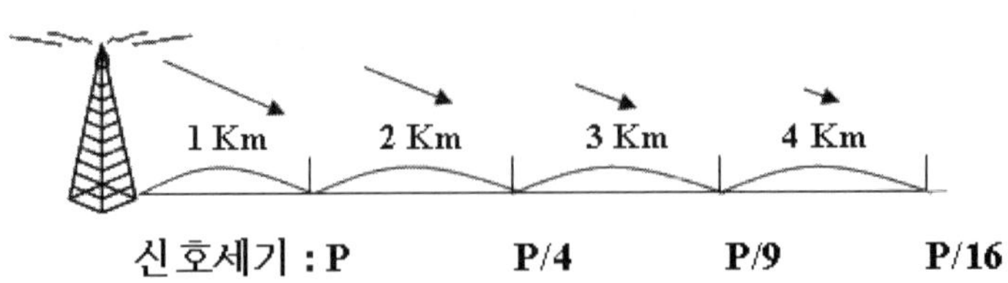


(a) 거리에 따른 신호세기 변화

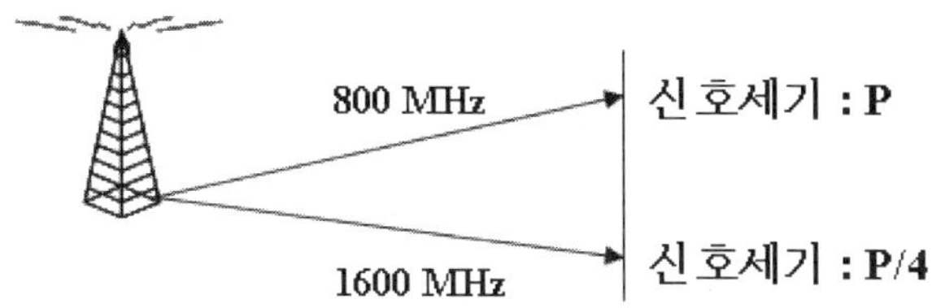


(b) 주파수에 따른 신호세기 변화

☑ **그림 1-10** 거리 및 주파수에 따른 전파 세기 변화

일반적인 여러 전파 경로에 따른 전파 감쇠현상은 〈그림 1-11〉과 같다. 지금까지 살펴본 전파 특성을 고려한 전파 감쇠 현상을 여러 전파 경로로 구분하여 나타내면 〈그림 1-11〉과 같다.

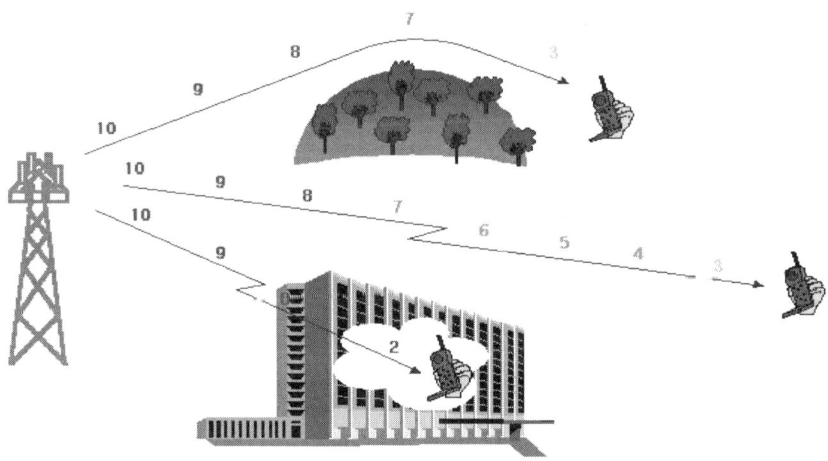

☑ **그림 1-11** 여러 전파경로에 따른 전파 감쇠 현상

## 1.2.6 페이딩(Fading) 특성

우리는 도로변에서 이동전화를 할 때 트럭이 지나가고 그 순간 통화가 끊어지는 경험을 한 적이 있을 것이다. 이것은 트럭에 의해 전파가 순간적으로 약해지면서 일어나는 현상이다. 이와 같이 사람이 이동하거나 본인은 서있는데 외부 물체가 지나갈 때 전파가 커지거나 작아지는 현상을 페이딩 현상이라고 한다. 즉, 페이딩은 fade(사라지다)에서 유래된 말로써 일반적으로 수신되는 전파의 세기가 시간적으로 변동하는 것을 말한다. 기

지국의 송신 안테나로부터 발사된 전파가 수신 안테나까지 여러 개의 다중경로를 통해 도달하여 신호가 합쳐짐에 따라 신호세기가 수시로 변화하게 된다. 페이딩은 건물, 차량 등의 장애물에 의한 반사파와 회절파의 영향에 의해 발생하며 이러한 페이딩 현상은 건물이 밀집된 도심 환경에서 심하게 발생한다.

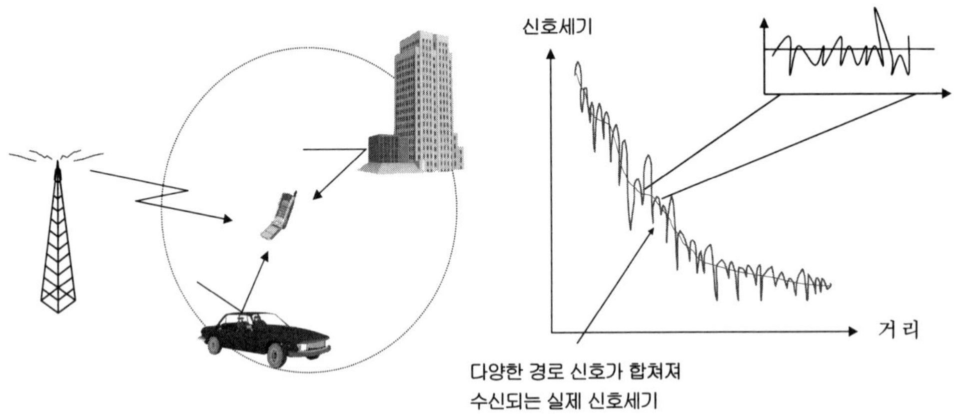


☑ **그림 1-12** 페이딩 현상

이동통신이 타 고정 무선통신 시스템과 다른 가장 큰 환경상의 차이점이 바로 이 페이딩 현상이다. 이동통신의 페이딩은 기지국의 위치와 안테나 방향등에 따라 영향을 많이 받는다. 이동통신의 페이딩은 〈그림 1-12〉와 같이 거리에 따라 일정하게 전파가 감쇠하지 않고 변화하는 느린 페이딩(long term fading 또는 log normal fading), 빠른 페이딩(short term fading 또는 Rayleigh fading), 그리고 이 두 개가 합쳐진 성격의 혼합 페이딩(Lician fading)의 세 가지 형태가 있다.

long term 페이딩은 산, 언덕 등과 같은 지형의 굴곡에 의한 기지국 안테나의 유효높이 변화로 발생하며 수신전계 변화의 속도가 느려 slow fading 이라고도 하며 대수 정규 분포를 갖는다. 다른 셀 사이에서 적용하는 macroscopic diversity가 사용된다. Short term 페이딩은 고층건물, 철탑 등과 같이 인공구조물에 의해 발생하며 수신전계 변화의 속도가 신속한 fast 페이딩의 성격을 가지며 대도시지역의 이동통신환경에서 발생하는 페이딩을 대표하고 Rayleigh 분포를 갖는다. 동일 cell 내에서 적용되는 microscopic diversity 가 사용된다. 끝으로 Rician 페이딩은 반사파와 직접파가 동시에 존재하는 경우에 발생하고 기지국과 단말기 사이에 가시경로가 확보되는 경우에 발생되며, Rician 분포를 갖는다. 직접파가 없는 경우에는 Rayleigh 페이딩과 동일하다.

이러한 페이딩 현상을 극복하는 기술로는 기지국에서 수신안테나를 2개 사용하여 도달 경로가 다른 두 개의 신호를 수신하거나, 단말기에서 다중경로를 거친 여러 개 신호 가운데 시간차이를 두고 2~3개의 신호를 수신하여 복조하는 레이크리시버라는 기술을 이용하고 최근에는 여러 개의 안테나를 사용하기도 한다.

## 1.2.7 도플러(Doppler) 효과

도플러 효과는 송신점의 주파수와 수신점의 주파수가 정지 상태에서 동일하다가 이동할 경우 주파수가 달라지는 현상을 말한다. 이동통신에서 도플러 효과는 빠른 페이딩의 주요 원인이기도 하다. 도플러 효과가 일어나는 원인은 전파가 송수신간에 가까워지는 방향으로 진행할 경우 파동이 진행방향으로 압축되고 이에 따라 수신 주파수가 증가하고, 송수신간에 멀어지는 방향으로 진행할 경우 파동이 진행방향으로 확대되어 수신되는 주파수가 작아지기 때문이다. 따라서 도플러 효과에 의해 수신되는 주파수는 단말기의 이동 속도에 달라지는데 이것을 나타내면 〈그림 1-13〉과 같다.

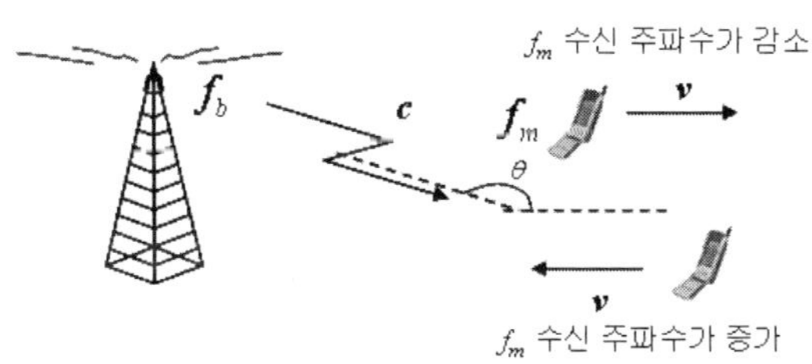


☑ **그림 1-13** 도플러 효과

단말기의 이동 속도에 따른 단말기의 수신 주파수는 식 (1-6)과 같다.

$$f_m = f_b\left(1 + \frac{v\cos\theta}{c}\right) \quad \cdots (1\text{-}6)$$

이때 $\theta$는 단말기와 기지국을 잇는 직선과 단말기의 이동 방향이 이루는 각도를 나타낸다. 따라서 단말기가 기지국으로부터 수평으로 멀어지는 경우 $\theta$는 180도이므로 식 (1-7)이 되고, 수평으로 가까워지는 경우 $\theta$는 0도가 되어 식 (1-8)이 된다.

$$f_m = f_b\left(1 - \frac{v}{c}\right) \quad \cdots (1\text{-}7)$$

$$f_m = f_b\left(1 + \frac{v}{c}\right) \quad \cdots (1\text{-}8)$$

이때 $f_m$은 단말기의 수신 주파수, $f_b$는 기지국의 송신 주파수, $v$는 단말기 이동속도, $c$는 전파의 속도를 나타낸다.

또한 단말기의 이동 속도에 따른 주파수 변화량을 도플러 주파수 $f_d$라고 정의하고, $f_d$는 식 (1-9)와 같이 구할 수 있다.

$$f_d = \frac{v\cos\theta}{\lambda} = \frac{f_b \times v\cos\theta}{c} \quad \cdots (1\text{-}9)$$

이때 $f_d$는 도플러 주파수, $\lambda$는 기지국 송신 주파수의 파장을 나타낸다.

도플러 주파수의 측정은 자동차, 야구공, 축구공 등의 속도를 측정하는 스피드 측정 권총 제작 등에 활용될 수 있다.

## 1.3 주파수 대역별 전파의 특성 비교

### 1.3.1 개 요

주파수 대역에 따라 전파의 특성은 달라지는데, 일반적으로 이동 통신 환경에서는 기지국과 단말기 안테나 사이가 직접파만으로 연결되는 경우는 많지 않으며 다수의 반사파나 회절파가 수신되므로 장소 및 시간에 따라 전파의 세기가 변하게 된다. 따라서 주파수 대역에 따라 달라지는 특성을 이해하기 위해 800 MHz와 1.7 GHz 주파수 대역의 전파 특성을 비교함으로써 전파의 특성을 구체적으로 이해하고자 한다.

### 1.3.2 전파의 투과성(Penetration)

전파는 진행하다가 직진 또는 반사가 되지 않고 물체를 그대로 통과하는 투과 특성이 있다. 투과성이 좋아야 빌딩 내부에서 전파의 수신 강도가 강해져서 좋은 품질을 확보할 수 있다. 일반적으로 주파수가 낮을수록 전파의 투과 손실이 작다. 따라서 800 MHz와 1.7GHz 주파수 대역을 비교하면 800 MHz 주파수 대역의 건물 투과 특성이 좋다.

### 1.3.3 전파의 회절성(Diffraction)

전파의 회절 특성은 주파수 대역별 특성 가운데 중요한 특징 가운데 하나이다. 800 MHz와 1.7 GHz를 비교하면 식 (1-2)에 따라 1.7 GHz 대역은 800 MHz 주파수의 약 2배 이므로 회절각도는 800 MHz의 약 70 % 정도에 불과하다. 따라서 일반적으로 건물이 많은 도심환경에서 1.7 GHz 대역은 800 MHz 대역보다 전파음영지역이 많이 발생하게 된다.

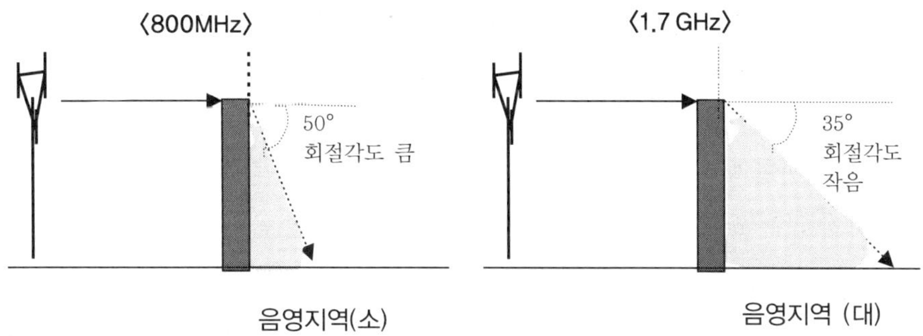


☑ **그림 1-14** 800 MHz와 1.7 GHz 주파수 대역의 회절각도 비교

주파수가 가장 높은 빛의 경우 건물 모서리에서 회절이 거의 일어나지 않기 때문에 빛이 닿지 않는 부분 즉, 음영지역이 많이 발생한다는 것을 알 수 있다.

800 MHz 대역을 이용하는 이동통신 서비스는 1.8 GHz 대역을 이용하는 이동통신 서비스와 비교하여 상대적으로 주파수가 낮기 때문에 셀 커버리지 내에 음영 지역이 적다. 일반적인 연구결과는 프레넬 회절(Fresnel Diffraction) 모델을 적용할 경우 800 MHz 대역에 비해서 1.7 GHz 대역이 동일한 거리에서 일정하게 3.5 dB의 추가 전파회절 손실이 존재하여 셀 영역 내의 건물 후방 등의 음영 지역이 상대적으로 넓어지게 되어서 커버리지 홀 (Coverage hole)이 존재하게 된다. 동일한 회절 손실에 대한 800 MHz와 1,700 MHz의 음영 지역을 비교하면 다음과 같다.

☑ **표 1-1** 800 MHz와 1.7 GHz 대역에서 회절 손실에 따른 음영지역 비교

| 회절 손실[dB] | 음영지역 | |
|---|---|---|
| | 800 MHz | 1,700 MHz |
| 42 | 건물 위치 ~ 약 10 m | 건물 위치 ~ 약 20 m |
| 34 | 건물 위치 ~ 약 50 m | 건물 위치 ~ 약 100 m |
| 28 | 건물 위치 ~ 약 200 m | 건물 위치 ~ 약 400 m |

### 1.3.4 전파의 감쇠(Path Loss)

일반적으로 주파수가 높을수록 거리에 따른 감쇠가 증가한다. 이동통신 서비스를 제공할 때 하나의 기지국이 넓은 서비스 구역을 확보하기 위해서는 전파도달 거리가 길어야만 한다. 전파의 특성상 800 MHz 주파수 대역은 전파의 도달거리가 길어 넓은 지역을 서비스할 수 있지만 1.8 GHz 주파수 대역은 상대적으로 주파수가 높아 감쇠가 크고 전파 도달거리가 짧아 서비스 영역이 상대적으로 좁다. 즉, 800 MHz 대역과 1.7 GHz 대역의 이동통신에서 감쇠 특성을 비교한다면, 1.7 GHz 대역은 800 MHz에 비해 주파수(파장)가 약 2배 높기 때문에 동일한 송신출력의 동일 지점에서의 신호 세기는 1/4밖에 되지 않는다.

800 MHz 대역과 1.7 GHz 대역의 전파 감쇠 특성에 따른 차이를 살펴보기 위해 간섭이 존재하지 않는 noise limited의 전송 속도 9.6 kbps의 음성 시스템 역방향 링크를 가정하여 비교한다. 셀 반경은 단말의 전력 23 dBm 정도로 제한되어 있기 때문에 역방향에 의해서 결정되는 것이 일반적이다. 이러한 경우 음성 품질을 보장하기 위해서 필요한 신호와 잡음비를 4배 정도로 할 때 기지국에서 수신할 최소 신호 전력은 약 −122.6 dBm 정도이다. 이를 기준으로 최대로 허용할 수 있는 평균 경로 손실은 약 158 dB가 되고 전파가 순간적으로 변하는 페이딩을 고려하면 약 145 dB 정도의 경로 손실만을 허용할 수 있다. 따라서 서비스가 가능한 전파경로 손실은 정해져 있는데 800 MHz 대역과 1.7 GHz 대역의 주파수가 다르므로 기지국으로부터 주파수의 전파 특성에 따라 145 dB 정도 감쇠가 되는 거리가 다르다. 물론 1.7 GHz 주파수 대역의 전파가 빠르게 감쇠되므로 셀 반경이 작아진다. 이를 한 개의 기지국과 한 개의 단말기만으로 가정하여 계산하였을 때 셀룰러 주파수인 800 MHz와 1,700 MHz에서 지원 가능한 최대 셀 반경 및 서비스 면적은 다음과 같다.

☑ **표 1-2** 800 MHz와 1.7 GHz 주파수 대역의 최대 셀 반경 및 면적 비교

| 주파수 대역 | 지원 가능한 최대 셀 반경[km] | 지원 가능한 최대 셀 면적[km²] |
|---|---|---|
| 800 MHz | 5 | 78.54 |
| 1,700 MHz | 3.2 | 32.2 |

### 1.3.5 단말의 수신 다이버시티 효과

단말에서 두개의 안테나를 사용하여 서로 독립적인 신호를 수신함으로써 하나의 안테나에서 수신되는 신호 품질이 나쁘더라도 나머지 안테나로 수신되는 신호를 이용하여 원활한 통신이 이루어지도록 하는 것이 다이버시티이다. 관련 서적과 논문에 의하여 수신 다이버시티의 원활한 동작을 위해서는 안테나간의 거리가 신호 주파수 파장의 절반 이상으로 유지하여야 한다. 800 MHz와 1.7 GHz 주파수 대역의 파장은 다음과 같다.

☑ **표 1-3** 800 MHz와 1.7 GHz 주파수 대역의 파장

| 주파수 대역 | 800 MHz | 1700 MHz |
|---|---|---|
| 파장(λ)/2 | 18.75 cm | 8.82 cm |

〈표 1-3〉에서 확인할 수 있듯이 1.7 GHz 대역은 800 MHz 대역에 대해서 유지해야 될 안테나 간 간격이 작다. 따라서 수신 안테나 간 간격을 8.82 cm로 할 경우 1,800 MHz 대역에서는 0.5λ를 만족시키는 반면, 800 MHz 대역에서는 0.22λ에 해당된다. 이럴 경우 800 MHz 대역에서는 1,700 MHz 대역에 대해서 상대적으로 약 1 dB 정도의 수신 다이버시티 성능 열화가 있는 것으로 분석되고 있다.

### 1.3.6 도플러 효과

주파수 대역이 높을수록 단말의 이동 속도 증가에 따라 1.7 GHz 주파수 대역이 800 MHz 주파수 대역보다 도플러 효과가 커져 주파수의 변화가 심해진다. (식 (1-6) 참조) 따라서 1.7 GHz 주파수 대역에서 페이딩이 더욱 심한 현상을 보인다.

### 1.3.7. 주파수 대역별 셀 영역 비교

여러 주파수 대역별 셀 영역(Cell Coverage)를 비교하면 다음 그림과 같이 나타낼 수 있다. 아래 그림의 값은 주파수 대역별 셀 반경 및 셀영역에 대한 일반적인 추세만을 나타내는 것으로 이동통신 서비스 환경에 따라 달라질 수 있다.

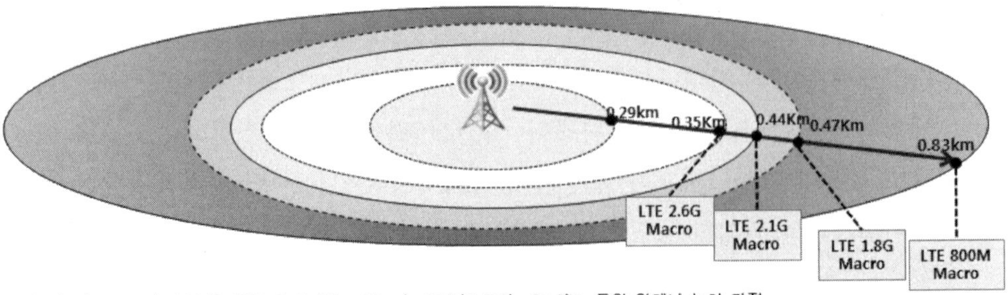


※ Shadowing Margin 10.3dB 고려, In Building Margin 20.0dB 고려, Co-Site, 동일 안테나 높이 가정

**Path Loss : 800M Vs 2.1G 10.4dB 800M Vs 2.6G 13.4dB 2.1G Vs 2.6G 3.0dB**

| Technology | LTE Macro (800MHz) | LTE Macro (1,800MHz) | LTE Macro (2.1GHz) | LTE Macro (2.6GHz) |
|---|---|---|---|---|
| 거리(km) | 0.83 | 0.47 | 0.44 | 0.35 |
| 1.8 GHz 대비 | 39% | - | -26% | -41% |

☑ **그림 1-15** 주파수 대역별 셀 반경 및 셀 영역의 비교 추세

Chapter 2

# 이동통신 서비스의 이해

## 2.1 이동통신 서비스 개념

### 2.1.1 서비스 정의

이동통신 서비스는 전파를 이용하여 음성과 데이터 등 다양한 정보를 언제, 어디서나, 누구와도 통신이 가능하도록 하는 통신서비스이다. 초기 이동통신 시스템은 광역방식으로 하나의 고정국으로 넓은 서비스 지역을 모두 커버하는 광역 Zone 방식 (High power, Large cell)을 사용하였는데 전력이 무한대로 크지 않기 때문에 결국에는 새로운 기지국을 찾아야만 한다. 그런데 셀이 바뀌면 서비스가 중단되었다. 현재 이동통신 서비스를 제공하는 이동통신시스템은 가입자가 이동하였거나 이동 중에도 서비스가 가능하게 하는 시스템으로 셀룰러 시스템을 기반으로 하고 있다. 셀룰러 시스템은 '단말기가 기지국에서 다른 기지국으로 이동해도 통화가 가능한 시스템'으로 정의한다. 따라서 초기 이동통신 서비스를 셀룰러 시스템이라고 하지 않는다. 즉 가입자 단말기에 이동성(Mobility)을 부여하여 가입자가 장소를 이동하였거나 이동 중인 경우에도 서비스가 가능하여야만 셀룰러 기반의 이동통신 서비스라고 할 수 있다.

셀룰러 시스템은 주파수를 효율적으로 사용하기 위하여 넓은 지역을 작은 지역으로 세분하고 각 구역 내에 기지국을 설치하여 휴대전화 통신을 중계하는데, 이렇게 하나의 기지국에서 발사되는 전파가 도달할 수 있는 서비스 영역을 셀이라 정의한다. 이동통신에서 하나의 넓은 서비스 지역을 세포 형태로 분할하여 주파수 간섭현상 없이 최적화하여 기지국을 설치하게 된다. 〈그림 2-1〉에 나타낸 것과 같이 서비스 지역을 적절한 안테나 높이를 갖는 저전력 송신기에 의해 각각 서비스되어지는 많은 셀(cell)들로 구성되며, 셀들은 모두 하나의 망으로 연결되어 있다.

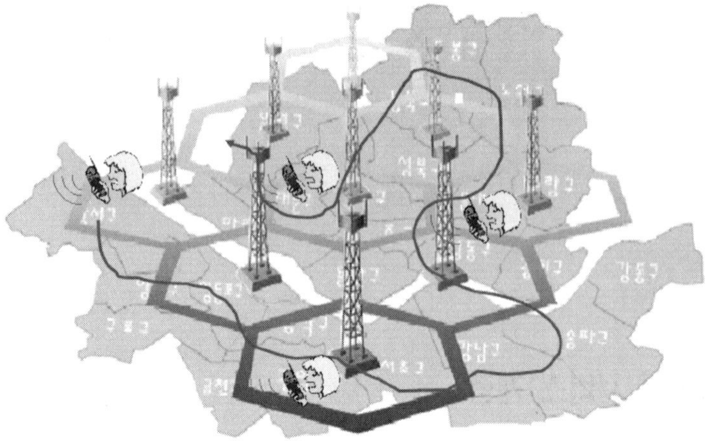

☑ **그림 1-1** 이동통신 서비스의 정의

〈그림 2-3〉은 종로 지역의 실제 이동통신망을 구성하기위해 기지국 위치를 선정하고 배치한 그림이다.

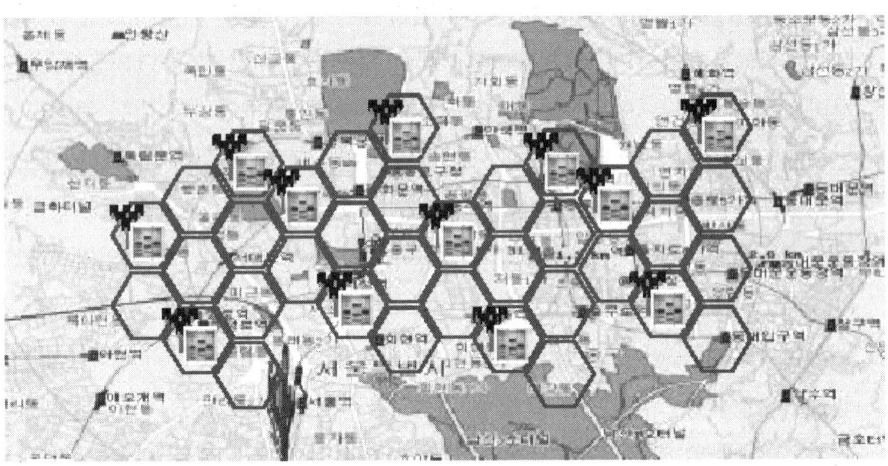

☑ **그림 2-3** 이동통신망 설계

〈그림 2-4〉는 성남시 지역에서 실제로 기지국을 배치하였을 때 셀을 표시한 모양이다. 전파는 전파 경로에 위치한 다양한 장애물 형태에 따라 전파 감쇠정도가 방향에 따라 다르게 나타난다. 따라서 실제 셀의 모양은 그림과 같이 정형화된 형태로 이루어지지 않는다. 때로는 그림과 같이 전파음영지역(Hole)이 발생할 수도 있다.

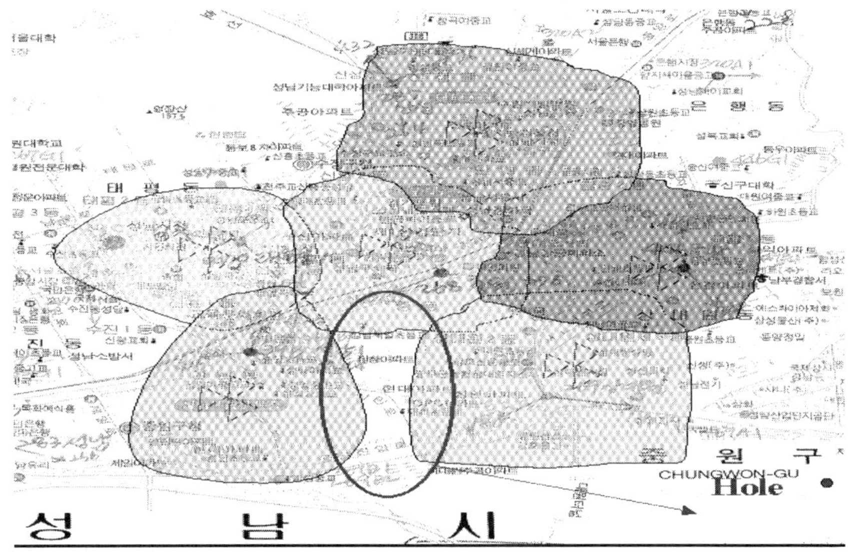


☑ **그림 2-4** 실제 이동통신망 설계 예

## 2.1.2 서비스 개념

### (1) 개 요

언제 어디서나 누구와도 통신할 수 있는 이동통신 서비스를 제공하기 위해서는 가입자가 장소를 이동하였거나 이동 중인 경우에도 서비스가 끊김 없이 제공될 수 있도록 단말기에 이동성(Mobility)을 갖도록 하는 것이 중요하다.

이동통신 서비스는 아래 그림처럼 일반 공중전화망(PSTN : Public Switched Telephone Network)의 가입자회선과 교환기간 회선을 무선으로 대체한 개념으로, 이동성을 부여하기 위해 가입자 위치정보를 관리하는 HLR(Home Location Register)이라는 시스템 요소를 갖고 있다.

〈그림 2-5〉와 같이 단말기와 이동통신망 사이에 선을 끊고 언제 어디서 누구와도 통신이 이루어지려면 4가지 기능이 있어야 한다. 첫째는 이동전화망이 단말기의 번호와 위치를 저장하는 위치 등록(Registration)기능, 둘째는 단말기가 등록 지역 밖으로 이동하여도 전화를 걸고 받을 수 있도록 하는 로밍(Roaming) 기능, 셋째, 걸려오는 전화의 단말기가 어디에 있는지 위치를 파악하는 호출기능 (Paging), 넷째, 통화 중인 가입자가 계속 이동을 하여도 전화(Call)가 끊어지지 않도록 기지국 간에 신호를 연결하여 주는 핸드오프(Handoff) 기능 등이다.

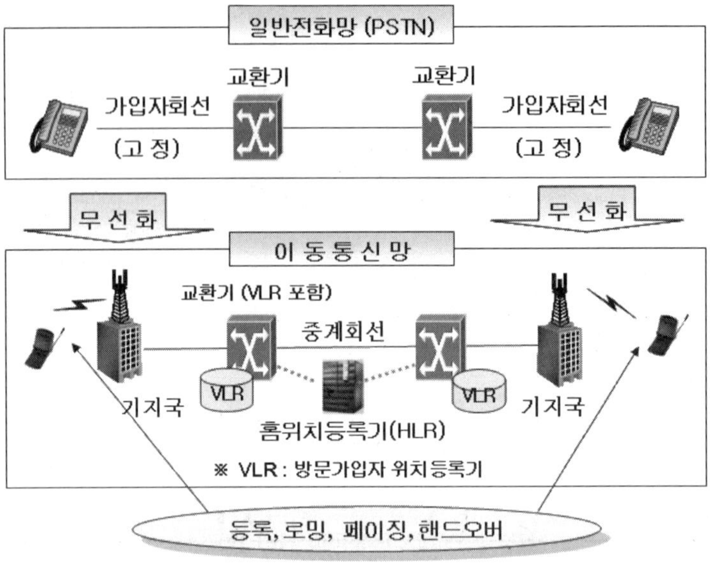


☑ **그림 2-5** 이동통신 서비스 개념

이동통신망은 이와 같은 4가지 기능을 수행하는데 가장 중요한 단말기 위치 등록을 "홈 위치 등록기"라는 장비에서 수행하는데 영어로 "Home Location Register"라고 하며 간단히 "HLR"이라고 한다. 교환기는 HLR과는 별도로 교환기 내부에 잠시 교환기에 접속한 가입자의 위치를 등록하는 "방문가입자 위치등록기"를 포함하고 있는데 영어로 "Visitor Location Register"라고 하며 간단히 "VLR"이라고 한다. VLR에 등록한 단말기가 교환기를 벗어나지 않았으면 교환기는 HLR을 거치지 않고 통화를 연결한다.

CT-2라 불렸던 발신전용 휴대전화 서비스 그리고 무선호출, TRS (Trunked Radio System), 무선 CATV나 WLL(Wireless Local Loop)과 같은 서비스 경우는 가입자 단말에 이동성을 제공하지 못하기 때문에 전파를 이용하는 무선통신이지만 이동통신으로 분류하지는 않는다.

### (2) 위치 등록

이동통신망이 이동통신 서비스를 제공하기 위해 우선적으로 갖추어야 할 위치 등록 기능은 단말기가 이동하여도 이동통신망이 단말기의 위치를 파악할 수 있도록 하는 기능이다. 이동전화는 고정되어 있지 않으므로 이동전화망은 단말이 어디에 있는지 지속적으로 파악하고 있어야 한다. 그렇지 않으면 전화가 걸려왔을 때 단말의 위치를 알지 못해 전화연결에 실패하게 된다. 그래서 단말기는 이동 중에 수시로 자신의 위치를 HLR에 등록한다. 위치등록은 전원을 켰을 때, 전원을 껐을 때, 일정시간이 지났을 때, 일정한 거리를 지났을 때 등 수시로 자기 위치를 등록한다. 이동통신망은 단말기가 기지국에 접속하면 단말기가 음성전화 등을 주로 전달하는 회선교환 서비스 및 데이터 서비스를 주로 전달하는 패킷교환 서비스를 함께 제공할 수 있도록 등록하여야 한다.
등록순서는 다음과 같다.
① 단말기는 가입자 정보, 단말기 특성을 등을 우선 패킷 교환기에 등록하고
② 패킷교환기의 위치 등록상태를 HLR에 전달하여 갱신하고
③ 동시에 회선 교환기에 위치 등록하면
④ 회선교환기는 위치 등록 상태를 HLR에 전달하여 갱신한다.
이를 통해 회선 및 패킷 서비스의 이동통신 서비스를 제공할 수 있도록 한다.

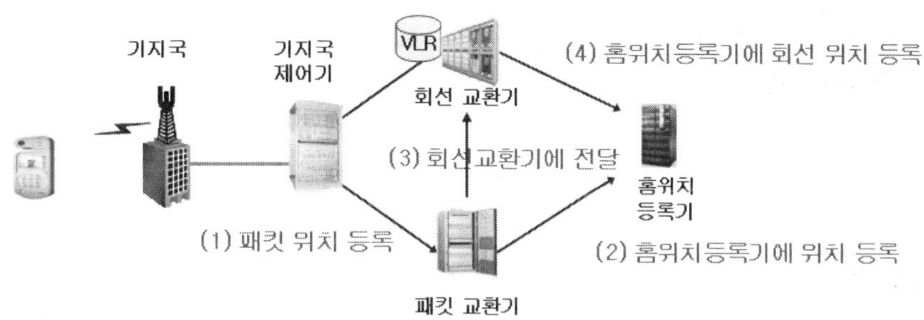


☑ **그림 2-6** 위치 등록

회선(Circuit) 교환망과 패킷(Packet) 교환망은 각각 회선 및 패킷 교환서비스를 나누어 처리하게 된다. 여기서 이동통신망 구성 장비를 설명하기 전에 회선 및 패킷 교환 서비스의 차이를 설명하면 〈그림 2-7〉과 같다.
회선 교환 서비스는 한 명의 가입자가 지정된 통화 채널을 본인이 원하는 경우 계속하여 사용하도록 하는 서비스인데 대표적인 서비스는 음성전화 서비스이다. 음성 서비스는 에러가 발생하여도 문제가 되지 않지만 반드시 일정 시간 안에 도착하여야 하므로 통화가 끝날 때까지 통화 채널을 다른 사람과 공유하지 않는다. 따라서 통신요금은 통화 채널을 점유한 시간을 기준으로 한다.
패킷 교환 서비스는 여러 사람이 같은 통화 채널을 나누어 사용하는 서비스인데 대표적인 서비스는 데이터 서비스이다. 이메일 또는 인터넷 뱅킹과 같은 데이터 서비스는 실시간으로 이루어지지 않아도 되지만 에러에는 민감한 데이터 통신에 적합하다. 따라서 통신요금은 통화 채널을 이용한 시간이 아니라 주고받은 데이터 양을 기준으로 한다.

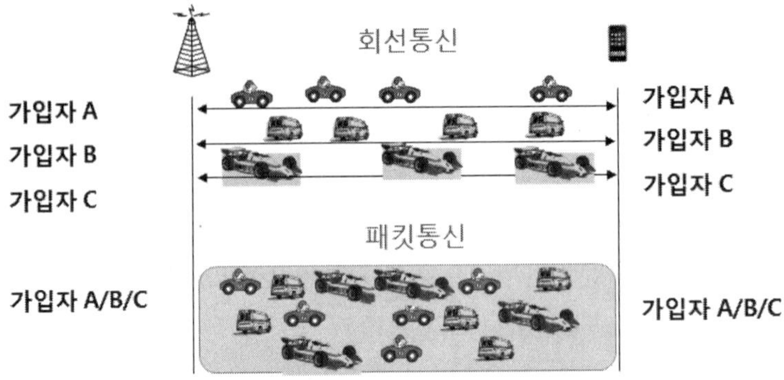


| | 회선(Circuit) 교환서비스 | 패킷 (Packet) 교환서비스 |
|---|---|---|
| 통신방식 | 지정된 회선을 계속 점유 | 여러 사람이 같은 회선을 나누어 사용 |
| 특징 | •음성 통신에 적합<br>•실시간 통신<br>•에러 발생해도 무관 | •데이터 통신에 적합<br>•비실시간 통신<br>•에러에 민감 |
| 과금 방식 | •회선을 점유한 시간으로 과금<br>•통화시간으로 과금 | • 주고 받은 데이터 량으로 과금<br>(패킷 수에 따른 과금)<br>•1Packet =512byte |

☑ **그림 2-7** 회선 및 패킷서비스 개념

### (3) 로 밍

로밍 기능은 단말기가 등록한 위치가 다른 이동통신 교환기 서비스 영역 또는 다른 사업자 영역으로 이동하여도 통화가 가능하도록 한다. 예를 들어 (1) 이동국이 A 교환기 영역에서 B 교환기 영역으로 이동하게 되면, (2) 교환기 B는 교환기 A를 통해 HLR에 단말기의 정보를 질의하고, (3) 교환기 A의 HLR로부터 정보를 수신하여 교환기 안에 VLR에 저장하여 단말기의 위치를 계속해서 알 수 있도록 한다.

로밍의 종류는 첫째 동일 사업자 내에서 HLR이 다른 경우에 이루어지는 시스템 간 로밍, 둘째, 타 사업자 간, 예를 들어 A이동통신사업자와 B이동통신 사업자 간에 이루어지는 사업자간 로밍, 셋째 한국 이동통신사업자와 일본, 중국, 유럽 등 국가 간에 이루어지는 국제 로밍 등이 있다.

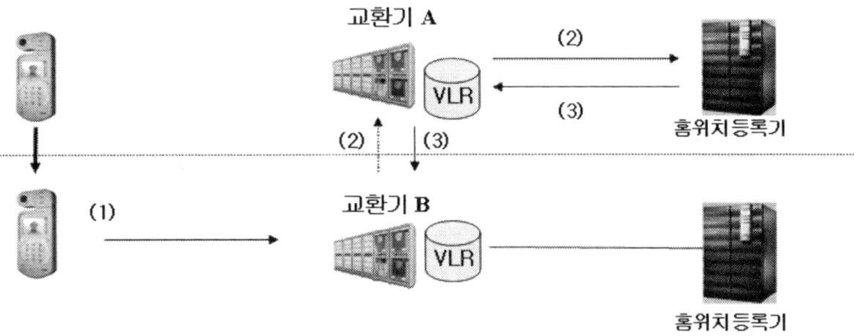


☑ **그림 2-8** 로 밍

### (4) 호 출

호출기능 (Paging)은 이동통신망이 위치등록 기능에 의해 항상 단말기의 위치를 알 수 있으므로 이를 이용하여 단말기를 찾는 전화가 걸려 오면 단말기가 등록한 기지국을 찾아 정보를 전달할 수 있도록 한다. 이동통신망은 호출 기능을 수행하기 위해서는 우선 (1)위치 등록이 반드시 이루어져 있어야 (2)호출 기능을 할 수 있다

그런데 단말기가 항상 이동하고 있으므로 해당 기지국에서 인근 기지국으로 이동하는 것을 고려하여 인근 기지국까지 일제히 호출을 하게 한다. 이것을 일제 호출이라고 한다. 이동통신망에서 일제 호출을 할 경우 모든 기지국이 단말기를 호출하면 트래픽이 과다하게 발생하므로 단말기가 이동할 가능성이 높은 일정한 범위의 기지국들에게만 일제 호출을 한다.

〈그림 2-9〉에서 우신 단말기가 있을 확률이 높은 몇 개의 기지국, 예를 들어 3개 기지국을 호출하고 단말기가 빠르게 이동하여 찾지 못 할 경우 다시 9개 기지국으로 확대하여 단말기를 찾는다.

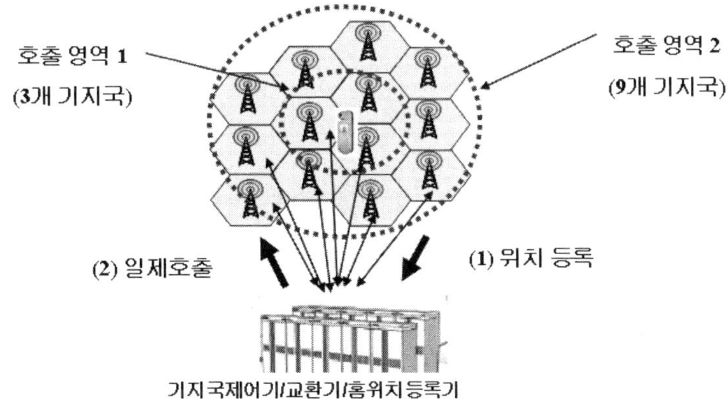


☑ **그림 2-9** 호 출

### (5) 핸드오프

핸드오프(Handoff)는 단말기가 통화 중 현재의 기지국으로부터 이웃한 기지국으로 이동하여도 통화를 계속 유지하는 기능이다. 〈그림 2-10〉에서 기지국1번 서비스 지역에서 통화중인 단말기가 기지국 2번 서비스 지역으로 이동할 경우 기지국 1번과 2번 서비스영역에서 동시에 서비스를 하다가 기지국 1번 서비스 영역을 벗어나면 기지국 2번 서비스 영역에서만 서비스를 한다. 따라서 모든 기지국의 서비스 영역이 서로가 연결되어 있으면 신호가 끊기지 않고 계속해서 이동통신 서비스를 할 수 있다. 단말기는 현재의 기지국에서 보내오는 전파의 신호가 매우 미약할 때 인근의 강한 신호를 보내는 기지국으로 이동하게 된다. 핸드오버를 위한 약한 신호의 기준은 여러 가지가 있을 수 있는데 일반적으로 수신신호의 세기가 작거나(절대 값) 신호 대 간섭비(Signal to Noise)가 낮을 경우 (상대 값) 또는 디지털 시스템의 경우 BER(Bit Error Rate), FER(Frame Error Rate)의 기준을 정해 놓고 핸드오프를 한다.

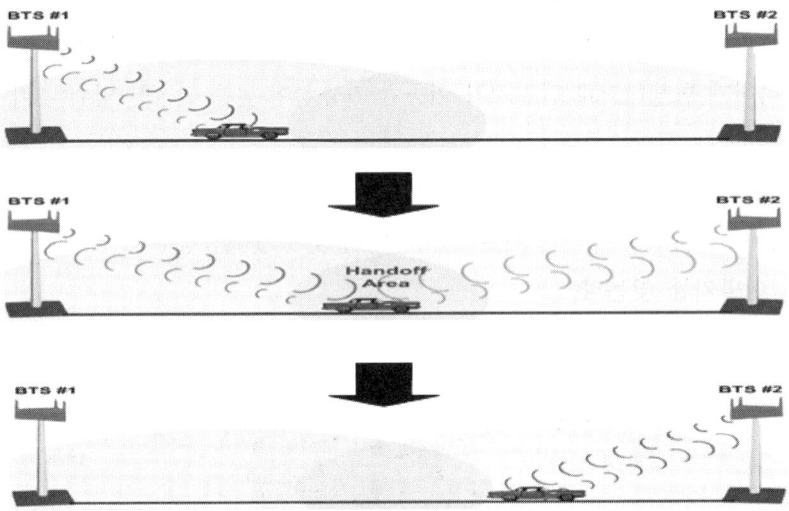


☑ **그림 2-10** 핸드오프

## 2.1.3 서비스 형태

이동통신망은 지금까지 설명한 위치등록, 로밍, 호출, 핸드오프 기능이 있으면 단말기가 언제 어디서나 누구와도 통신할 수 있는 이동통신 서비스를 제공할 수 있다. 여기서 이동통신 가입자가 다른 이동통신 가입자와 통신하는 서비스의 형태의 한 예를 설명한다.

(1) 정보를 보내고자 하는 사람은 우선 상대방의 단말기 번호를 누른다. 여기서는 통화하고자 하는 단말기의 번호를 010-0000-0000이라고 하자.

(2) 단말기에서 보낸 신호는 우선 기지국으로 전달되고 기지국은 교환기로 신호를 보낸다.

(3) 교환기는 010-0000-0000 번호를 가진 단말기가 어디에 있는지 HLR에게 문의하고

(4) 단말기가 교환기 번호 3번, 기지국 7번에 있음을 확인한다.

(5) (6) 교환기는 교환기 3번에게 신호를 보내고 교환기 3번은 다시 기지국 7번에게 신호를 보낸다.

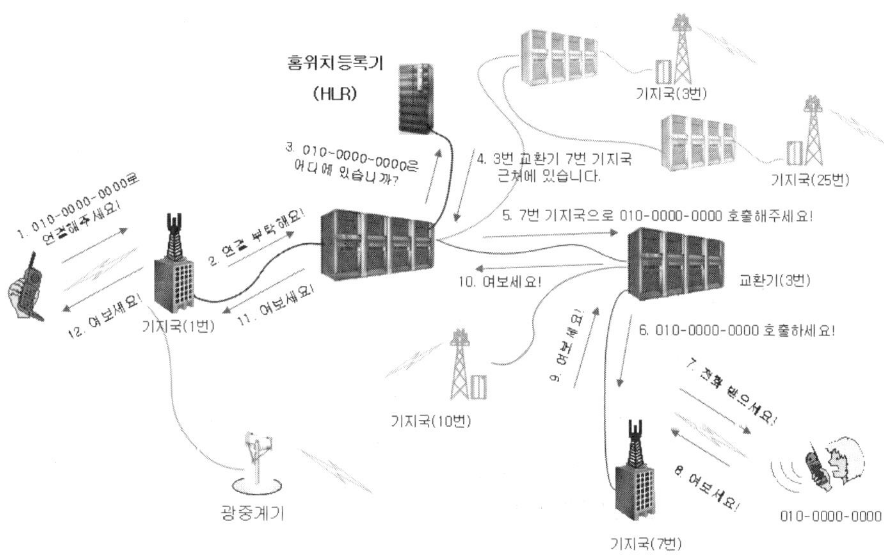


☑ **그림 2-11** 서비스 형태

(7) 기지국 7번은 자신의 기지국내에 있는 모든 단말기에게 010-0000-0000 번호 단말기를 찾는 다는 호출을 송신하고,

(8)~(12) 해당 단말기가 응답하면 신호는 신호를 보낸 단말기와 연결하여 통신하게 된다.

## 2.2 이동통신망의 구성

## 2.2.1 전체 망 구성

이동통신망의 기본구성은 크게 단말기, 무선접속규격, 무선망, 교환망으로 이루어지며 〈그림 2-12〉와 같다.

단말기는 전파를 이용하여 음성, 데이터, 영상 신호를 무선망으로 보내고 또는 무선망으로부터 받는 역할을 수행한다. 무선접속규격은 단말기와 무선망 사이에 신호를 주고 받는 역할을 수행한다. 이동통신망을 설명할 때 흔히 IMT-2000에서 이야기하는 동기식과 비동기식은 무선접속규격에서 차이를 말한다. cdma2000 방식은 동기식이라고 하고 June, Fimm, Oz라는 브랜드로 서비스되고 있다. WCDMA 방식은 비동기식이라 하고 T, SHOW 라는 브랜드로 서비스되고 있다.

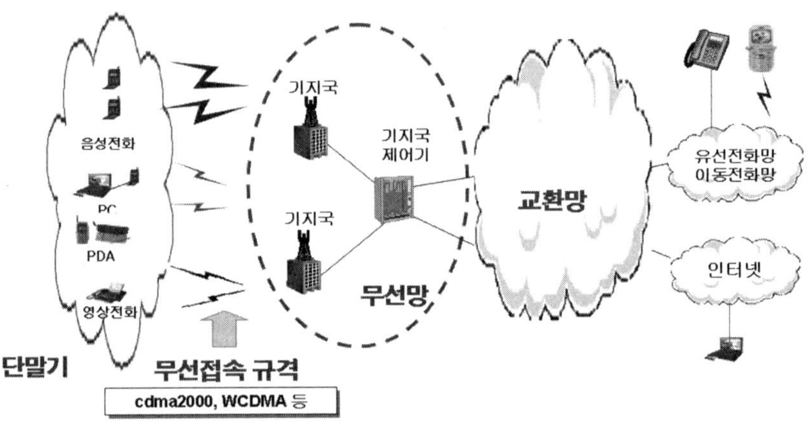


☑ **그림 2-12** 이동통신망 기본구성도

무선망은 단말기로부터 오는 신호를 교환망으로 또는 교환망으로 오는 신호를 단말기로 전달하는 기능을 수행하며 단말기의 신호를 받을 수 있는 기지국 그리고 기지국이 사용하여야 할 전파를 관리해주는 기지국 제어기로 구성되어 있다.

교환망은 무선망으로부터 수신된 신호를 상대방의 단말기까지 유선으로 전달하고 상대방의 단말기로부터 오는 신호를 무선망으로 전달한다. 교환망의 장비는 다양한 장비들로 매우 복잡하게 구성되어 있다. 이동통신망의 구성을 더욱 자세히 살펴보면 〈그림 2-13〉과 같다.

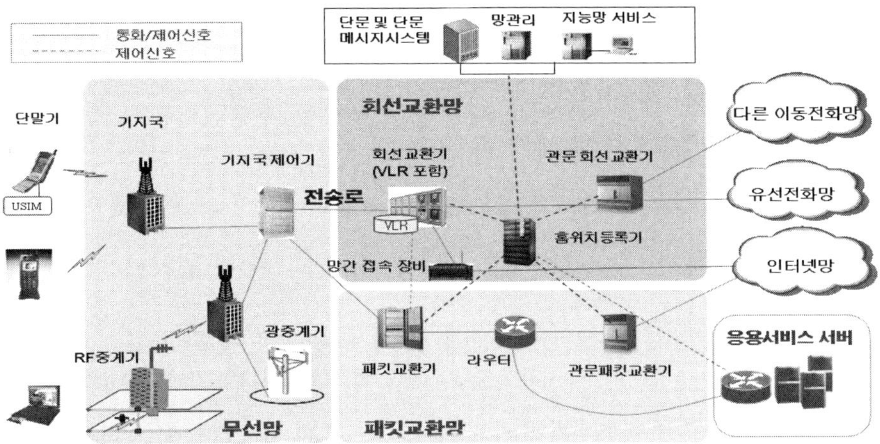


☑ **그림 2-13** 이동통신망 세부구성도

단말기는 음성 단말기, PC, PDA, 영상 단말기 등 다양한 형태로 발전하고 있다. 무선망은 단말기의 신호를 수신하는 기지국과 전파자원을 관리하는 기지국 제어기로 구성된다. 또한 전파가 잘 도달되지 않는 지역을 서비스하기 위해 기지국으로부터 전파를 재송신하는 중계기가 있다. 기지국 제어기는 기지국으로부터 들어오는 음성, 데이터, 영상 신호를 구분하여 주로 음성 등의 회선서비스는 회선 교환망으로 데이터와 같은 패킷서비스는 패킷 교환망으로 전달한다. 교환망은 회선 교환망과 패킷 교환망으로 구분된다. 회선 교환망은 주로 음성과 같은 회선서비스를 처리하는데 이용되고 패킷 교환망은 데이터와 같은 패킷시비스를 처리하는데 이용된다. 전송망은 이동통신망을 구성하는 각 구성요소 간을 연결하는 데 기지국과 교환기, 교환기와 교환기, 교환기와 다른 사업자 망과 연결한다. 기타 각종 응용서비스를 위한 응용서비스 서버와 망을 관리하는 망 관리 시스템 등이 있다.

이동통신 서비스를 구현하기 위해 이동통신 시스템은 다양한 장비의 주요 기능을 요약하면 〈표 1-1〉과 같다.

☑ **표 1-1** 이동통신망 구성 요소의 주요 기능

| 구 분 | 주요 기능 |
|---|---|
| 기지국<br>(Base station Transceiver System) | • 이동통신망의 교환기와 단말기 간을 연결시켜 주는 역할을 수행하며 단말기와의 무선접속, 동기유지, 통화채널 할당/해제 등의 기능을 수행한다. |
| 중계기<br>(Repeater) | • 기지국과 안테나 사이에 광 케이블(Optic Fiber) 또는 전파로 연결되어 안테나 리모팅 시스템 (Antenna Remoting System)을 제공함으로써 서비스 영역을 확대한다.<br>• 중계기 종류 : 대형 중계기(300평 이상), 소형중계기(100~300평), 초소형 중계기(100평 이하) |
| 기지국 제어기<br>(Base Station Controller) | • 교환기와 기지국 사이에 위치하여 기지국운용의 관리, 기지국내 H/W와 S/W의 서비스 상태의 관리, 호 트래픽에 대한 자원의 할당과 구성, 기지국 운용에 관한 정보수집, 기지국 운용의 감시 및 탐지된 고장에 관련된 하부장치 감시 등의 기능을 수행한다. 또한, 기지국간 및 기지국 제어기간의 소프트핸드오프 기능 및 교환기간의 하드핸드오프 기능을 제공하기도 한다. |
| 방문자 위치등록기<br>(Visitor Location Register) | • 가입자로부터의 호를 처리하기 위한 정보를 검색하기 위하여 교환기에 의해 사용되는 위치 등록기. 이동 통신에서 가입자가 현재 이동해 있는 위치의 교환기에 등록되어 관리되는 가입자 정보 데이터베이스 기능을 수행한다. |
| 교환기<br>(Mobile Switching Center) | • 일반 공중 전화망과 이동통신망을 접속하여 주는 업무를 수행하며 이동통신망의 중앙에 위치하여 기지국 제어기, 기지국, 홈 위치 등록기 등과 정합하여 음성통화로를 구성하는 기능과 교환기 운용 및 유지보수 기능을 수행한다. |
| 홈 위치등록기<br>(Home Location Register) | • 이동 통신 교환기에서 사용되어지는 데이터베이스로서 가입자에 대한 단말기 정보, 서비스 가입 정보, 위치 정보 등의 정보를 유지하며, 대용량의 실시간 데이터베이스를 갖추고 망에서 요구하는 가입자에 대한 정보를 처리해주며 이들의 유기적 결합을 통해 가입자에게 이동성을 보장한다. |

## 2.2.2 무선망

### (1) 기지국

#### 1) 개 념

기지국은 이동전화 시스템 내에서 기지국 제어장치(BSC)와의 유선접속 및 단말기 간의 무선접속을 위한 인터페이스를 수행한다. 무선신호 송수신, 시스템 동기(GPS), 무선채널 부호화 및 복호화, 기저대역 신호처리, 무선자원 관리 등의 역할을 담당한다.

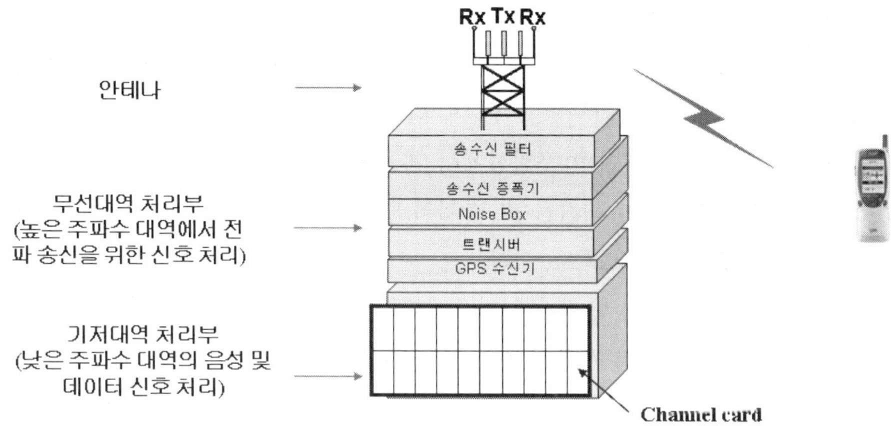


☑ **그림 2-14** 기지국 구성도

### 2) 역 할

첫째, 기지국은 인공위성과의 시간을 기준으로 서로간의 동기를 맞추는 역할을 수행한다. 동기는 서로를 맞추는 것으로 서로의 존재를 알리고 서로 내가 여기에서 어떤 기준이 되는 시간을 갖고 있다는 걸 이웃한 여러 기지국들에게 알려서 단말기(휴대전화)가 쉽게 기지국을 잘 인식할 수 있도록 도와주는 것이다. 여기서 말하는 그 기준은 인공위성이 클럭이라는 것으로 제공하게 된다. 기지국은 적어도 4개 이상의 인공위성의 시간 정보를 수신해야만 기지국간 동기를 맞추고 단말기와 통신한다. 이것이 바로 동기식이고 인공위성을 이용하지 않고 기지국과 동기를 맞추는 것을 비동기식이라고 한다. 비동기식은 각 기지국의 고유한 값을 가지게 되는데 그걸 기준으로 기지국과 동기를 맞춘다. 이런 동기가 서로 이루어 졌기 때문에 핸드오프도 가능하다.

둘째, 기지국은 동기를 맞춘 후 가만히 서 있는 것이 아니고 휴대전화가 해당 기지국에 접근하면 계속해서 신호를 보낸다. 휴대전화가 그 신호를 받으면 휴대전화는 또 기지국과 동기를 맞추고 있다가 갑자기 통화키를 눌러 통화를 시도하거나 누가 나에게 전화가 오면 그 해당 기지국이 그 휴대전화가 자신의 기지국에 있음을 알린다. 따라서 빠른 시간 내에 정확하게 전화를 받을 수 있게 된다. 예를 들어 어느 한 가입자가 애인한테 전화하기 위해 통화키를 누르면 기지국은 어떤 일을 할까? 우선 기지국은 전화기의 단말기의 통화신호 접수하고 상위 시스템(BSC, MSC, HLR 등)에 알리고, "그 전화기에 채널을 줘도 될까요?" 하고 물어 본다. 채널(통화할 수 있는 …끈?) 할당은 상위의 지시를 받고 진행되는데 상위에서 "어! 그렇게 해."하면 기지국은 채널카드에서 채널 한 개를 단말기한테 던져 주고 그 채널을 통해 그 이후의 호 처리 과정이 진행된다.

셋째, 셀룰러 시스템을 구현하기 위해 핸드오프를 수행한다. 핸드오프는 무엇인가? 핸드오프는 전화기가 A 기지국에서 B 기지국으로 이동하면서 A 기지국이 했던 일을 B기지국에 넘기는 과정을 말한다. 어떻게 넘기는데 전화가 끊기지 않고 넘길 수 있는가? 그건 바로 앞서 언급했던 인공위성에서 제공되는 시간을 기준으로 서로를 잘 알고 있는 가운데 A와 B 기지국의 시간을 딱 맞춰서 일치되는 정보를 공유하면서 통화가 끊어지지 않고 절묘하게 잘 진행할 수 있다.

넷째, 기지국은 용량의 한계가 있다. 기지국에는 안테나 바로 뒤에 고출력 증폭기가 있다. 그 증폭기를 통해서 작은 신호를 크게 증폭하여 송신한다. 전파를 최대로 크게 발사하면 기지국 하나로 도시 전체를 커버 할 수 있지 않을까 하는 생각을 한번쯤은 해 보았을 것이다. 물론, 전파를 높은 출력으로 커버 할 수는 있지만 실질적으로 각 기지국은 한계가 존재한다. 그 한계는 기지국의 용량으로 기지국이 단말기한테 쏘는 용량의 한계와 단말기가 기지국한테 쏘는 용량의 한계로 나눌 수 있다.

① 기지국 → 단말기 용량은 각 기지국이 정해진 몇 개의 채널을 가지고 있다가 채널이 다 떨어지면 더 이상 가입자를 받을 수 없고 또한 기지국과 단말기의 사이가 멀어질수록 신호의 세기는 약해진다. 도심에는 건물들이 많아 전파가 정상적으로 가기 보다는 마구 튕기고 부딪치고 해서 문제가 많다. 전파도 어디에 많이 상처를 입으면 그 세기가 많이 약해진다. 참고로, 이동통신 주파수 특성은 낮은 주파수를 사용하는 라디오 같은 전파는 건물이나 산을 만나면 그냥 장애물을 타고 그대로 넘어가서 큰 손실 없이 지속적으로 멀리 진행을 하게 되지만 이동통신 주파수는 고주파대라 건물을 만나면 그냥 맞고 나오는 반사가 매우 잘 된다.

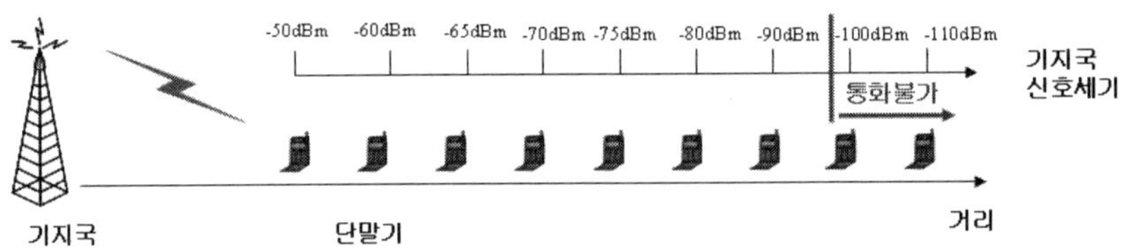


☑ **그림 2-15** 전파의 감쇠

② 단말기 → 기지국 용량은 〈그림 2-16〉을 참고로 설명한다. 예를 들어 1번과 2번이 동시에 통화키를 누르고 통화에 들어간다고 가정한다. 그럼 어떤 상황이 일어날까? 물론, 지금 상황에선 전화기 2대 뿐이니까 크게 문제는 되지 않는다. 여기서 특이할

만한 사실은 1번과 2번이 동시에 통화를 하게 되면 서로 간섭을 준다. 물론, 다른 단말기들도 전화를 하게 되면 그 간섭양은 증가한다. 또 중요한 것은 단말이 얼마의 출력 값을 갖고 쏘느냐 하는 것이다. 단말이 전파를 많이 쏘면 쏠수록 그 간섭양은 커진다. 그래서 기지국과 멀리 있는 단말기가 출력을 많이 쏘기 때문에 다른 단말에 영향을 크게 줄 수가 있다. 이런 환경 속에서 가까이 있는 단말기 약 3대 정도와 아주 멀리 있는 단말기 1대의 세기를 비교하면? 그 간섭양이 같을 수 있다. 게다가 그림의 5번 같은 단말기는 다른 기지국에도 간섭으로 작용한다. 간섭양의 한계는 각 기지국마다 갖고 있으며 따라서 이 간섭 양을 최소화하여야 한다. 간섭양이 커질수록 음질이 끊긴다거나 호 단절을 야기 시킬 수 있다. 그래서 기지국의 전파가 많이 겹쳐 있으면 안 좋게 된다.

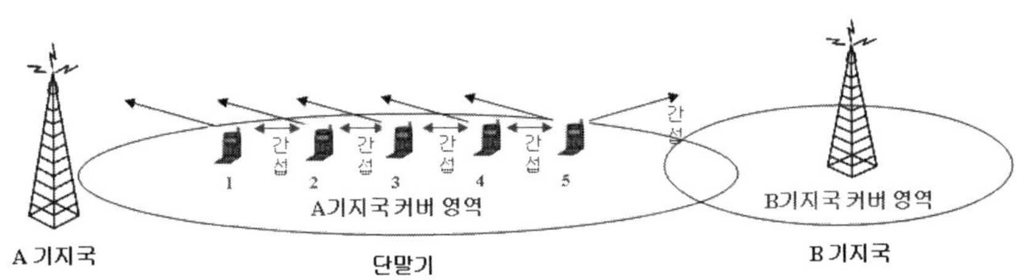


☑ **그림 2-16** 전파의 간섭

다섯째, 단말기 간 간섭을 최소화하기 위해 전력제어(power control)를 수행한다. 전파는 거리에 따라 감쇠하므로 기지국 가까이에 있는 단말기의 전파 수신 신호의 크기가 멀리 있는 단말기보다 더 크다. 따라서 가까이 있는 경우에는 필요 이상으로 전파를 세게 할 필요가 없다. 따라서 가까이 있는 단말기는 전파를 약하게 발사한다. 이와 같이 단말기가 기지국 가까이 가면 출력을 낮추고 멀리 가면 출력을 높이는 것을 전력 제어라 한다. 단말기들 자신이 전송하는 전력을 정밀하게 조정하는 것은 CDMA의 한 특징이다. 이는 기지국이 적절한 전력 레벨로 모든 신호를 수신하도록 하게 한다.

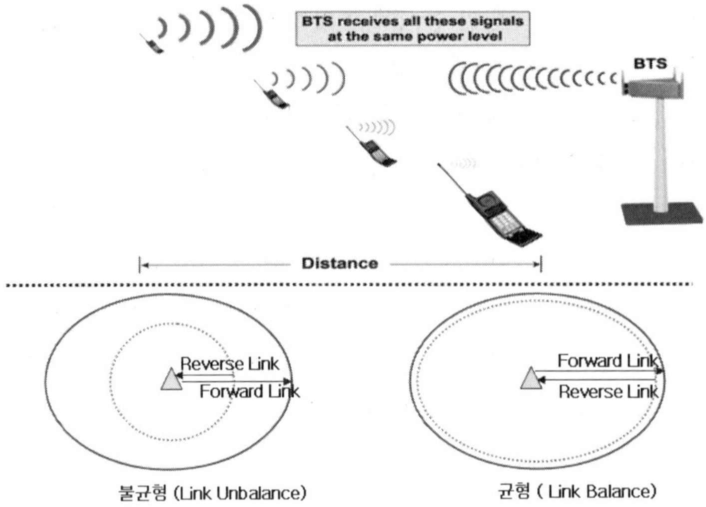


☑ **그림 2-17** 전력제어

단말이 받는 기지국의 전파의 세기가 약해지면 약해질수록 단말기가 간섭을 받을 수 있는 확률이 크다. 이런 이유로 기지국 설치의 위치 선정이 상당히 중요하다는 걸 알 수 있다. 인근의 건물은 어떤 형태로 배치되어 있는지 그곳에 이동 인구, 고정 인구는 얼마나 되는지 이런 것들을 따져 보고 적절한 위치에 기지국을 설치하고 안테나 위치, 방향이나 기지국 출력을 조정하여 가입자가 많으면 한 기지국이 커버 할 수 있는 범위를 최소화로 하고 시외 사람이 잘 살지 않는 지역은 기지국의 커버 영역을 최대한으로 하여 적절하게 서비스할 필요가 있다. 지금까지 말한 이러한 작업을 최적화 작업이라 한다.

### 3) 기지국 형태

기지국 안테나는 일반적으로 양끝에 수신안테나 2개, 가운데 송신안테나 1개로 구성된다. 기지국은 서비스 지역에 따라 기지국 형태가 다르다.

〈그림 2-18〉은 여러 가지 기지국 형태를 보여주고 있다. 한 개의 기지국이 360도 방향으로 전파를 송수신하는 옴니 기지국은 주로 인구가 적고 서비스 지역이 넓은 평야 지역에 설치된다. 한 개의 기지국이 120도씩 3개의 방향으로 전파를 송수신하는 3섹터 기지국은 인구가 많은 도심지역에 설치되는데 옴니 기지국과 비교하여 3배의 용량을 가진다.

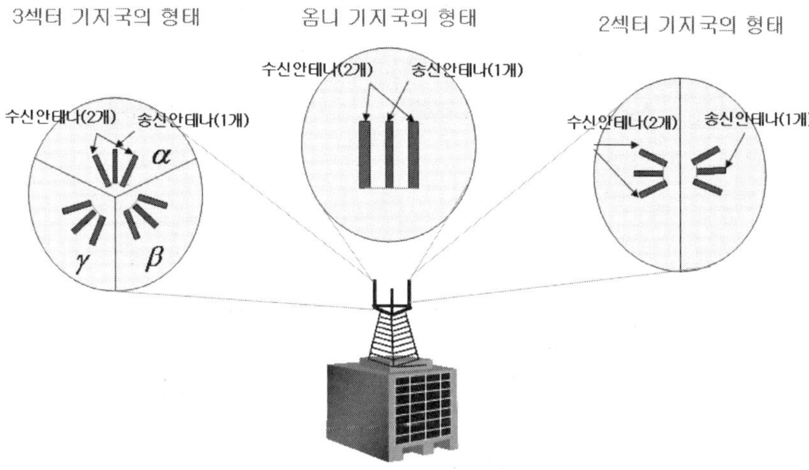


☑ **그림 2-18** 기지국 종류

한 개의 기지국이 180°씩 2개의 방향으로 전파를 송수신하는 2섹터 기지국 은 서비스 지역이 일직선상에 있는 고속도로 등에 설치된다. 끝으로, 마이크로 또는 피코 기지국은 용량이 적은 산악 지역 등에 설치된다.

일반적으로 기지국은 건물내부에 정보를 처리하는 기지국 시스템과 신호를 전달하는 케이블을 설치하는 철탑 그리고 케이블에 연결되어 전파를 송수신하는 안테나로 구성되어 있다. 〈그림 2-19〉는 일반적인 기지국 구성을 보여주고 있다.

☑ **그림 2-19** 기지국 구성

한편 건물 내부가 확보되지 못할 경우 기지국 장비를 외부에 설치하여야 하는데 이것을 건물 안에 기지국 장비가 있는 옥내형 기지국과 달리 옥외형 기지국이라 하고 일반적으로 컨테이너 박스를 이용하여 설치한다. 〈그림 2-20〉은 옥내형 기지국과 옥외형 기지국을 보여주고 있다.

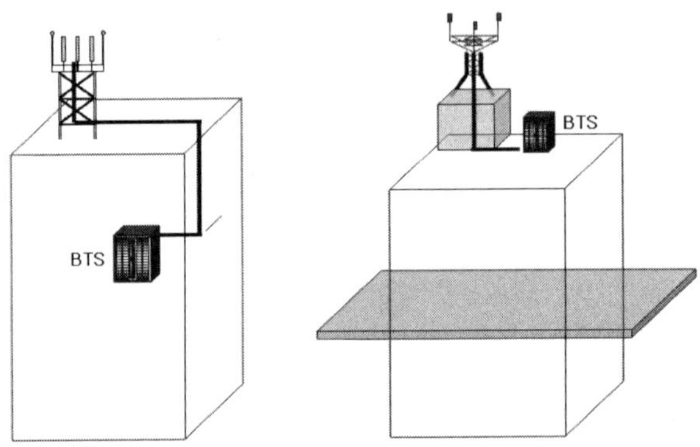


☑ **그림 2-20** 옥내 및 옥외 기지국

### 4) 기지국의 종류

용량 및 커버리지를 다르게 함으로써 경제적으로 망구축할 수 있어 환경에 따른 다양한 기지국이 있으며 〈그림 2-20〉과 같이 요약할 수 있다.

| 기지국 형태 | 적용대상지역 |
|---|---|
| OMNI | •통화량 적은 지역(시골, 고속도로 등)<br>•평탄지역 혹은 Coverage가 넓을 경우<br>•인접기지국과의 간섭영향 적은 지역 |
| 2 Sector | •서비스 커버리지가 일직선상으로 이루어질 때<br>•고속도로 등 |
| 3 Sector | •통화량이 많은 도심지역<br>•외곽지역에서도 읍 중심지역 등 통화량<br>•과밀지역 및 In-Building 지역 |
| Micro - BTS | •트래픽이 적은 도시지역<br>•치국 및 시설이 용이하지 않는 경우 활용<br>•지하철 혹은 외곽 Coverage |
| Pico - BTS | •통화량은 적고 Coverage혹은 Hand-off용일 경우(1FA소요지역)<br>•상면확보 및 치국공사 곤란지역 |
| Femto - BTS | •가정 등 초소형셀에서 인터넷망을 이용하여 교환기에 접속하는 기지국으로 유무선을 통합하는 역할을 가짐 |
| 이동기지국 | •갑자기 트래픽이 증가하는 지역에 일시 설치<br>•추석, 피서철, 월드컵 등 |

※ 3섹터 기지국 커버리지 설계 예

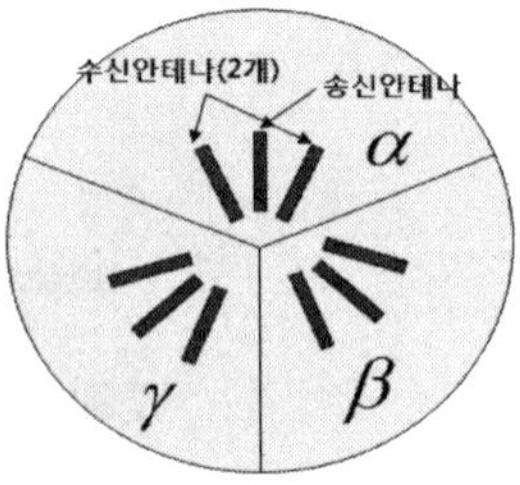


공간 다이버시티를 위해 2개 수신안테나 사용

☑ **그림 2-20** 기지국 종류

### 5) 펨토 셀 기지국

펨토 셀(Femto Cell)은 1,000조분의 1($10^{-15}$)을 의미하는 펨토(femto)와 이동통신 단말기의 통신 가능범위를 정의하는 셀(cell)의 합성어다. 즉, 1,000조분의 1 정도로 촘촘한 이동통신 서비스 커버리지를 의미한다. 기존 피코 셀(Pico Cell)의 피코가 1,000억분의 1($10^{-12}$)을 의미하여 사무실과 같은 작은 셀에 서비스를 제공하는 것을 의미하였는데 펨토 셀은 피코보다 더 작은 공간 즉 가정과 같은 매우 작은 셀에 서비스를 제공한다는 의미에서 붙여진 이름이다. 펨토 셀 기술은 기존 이동통신 서비스의 반경보다 훨씬 작은 지역까지 서비스할 수 있는 기술로서 유선과 무선이 융합되는 환경에서 유용한 기술이다. 다시 말해 펨토 셀은 DSL 모뎀처럼 생긴 초소형 기지국을 가정 내 유선 인터넷 망에 연결해 휴대폰으로 유무선 통신을 자유롭게 사용할 수 있게 한다. 펨토 셀 기지국은 옥내 중계기를 이용하지 않고 곧바로 기지국에서 교환기로 이동통신 데이터를 전송하기 때문에 통신사업자는 기존 DSL 및 케이블망을 이용하므로 네트워크 구 비용을 절감하고, 통화량 분산에 의한 주파수 부하를 줄이고, 음영지역을 해소하면서 통화품질까지 향상시킬 수 있다. 또한 음성통화뿐만 아니라 와이파이처럼 초고속 인터넷을 즐길 수도 있다.

미국과 같이 영토가 넓은 지역의 경우에는 서비스 커버리지를 완벽히 제공하기 어렵기 때문에 이동통신 커버리지 문제가 발생하고 있다. 즉, 가정과 같은 지역의 통화불량에 대한 이동통신 민원이 많이 발생할 수밖에 없는데 이와 같은 경우 펨토 셀이 문제를 해결할 수 있다. 반면 한국과 같이 인구밀도가 높은 환경에서 이동통신 서비스를 제공하는 경우 단위 면적의 통화량이 매우 높아 기지국이 서비스가 중단될 수 있는데 펨토 셀이 통화량을 분산할 수 있는 해결 방안이 될 수 있다. 펨토 셀 외에도 옥내 커버리지를 확대할 수 있는 와이파이(Wi-Fi)와 와이맥스(WiMax) 등이 있지만 펨토 셀은 기지국과 동일한 무선접속 방식을 이용한다. 펨토 셀 기지국을 이용한 이동통신 서비스 개념은 〈그림 2-21〉과 같다.

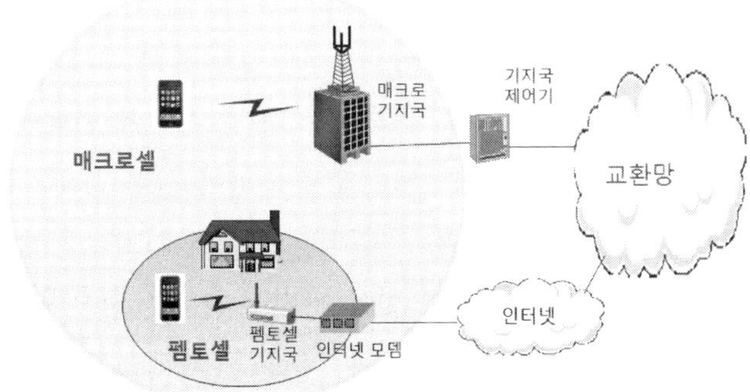


☑ **그림 2-21** 펨토셀 기지국 서비스 개념도

#### 6) 무선처리부와 디지털처리부의 분리

기지국은 디지털 신호를 처리하는 디지털 처리부(DU : Digital Unit)와 RF 신호를 처리하는 무선처리부(RU : RF Unit)가 함께 구성되는 것이 일반적이었다. 하지만 이동통신 기술이 발전하면서 다양한 이동통신 시스템이 함께 서비스가 되면서 기지국 수도 급증하고 통화량이 증가하면서 기지국 설치 및 배치 등이 더욱 어려워졌다. 이러한 문제점을 해결하기 위해 2010년 이후 기지국의 DU와 RU를 분리하고 DU는 동일한 장소에 집중 배치하여 DU의 채널카드를 함께 사용하면서 동적으로 할당하는 기술이 도입되기 시작하였다. 이것은 최근 도입되고 있는 클라우딩 컴퓨팅의 개념을 이동통신 네트워크에 적용하는 방식이다. RU는 RRH(Remote Radio Head)라고도 부른다. 다양한 기지국(WCDMA, WiBro, LTE 등)의 디지털 처리부를 집중화하고 무선처리부만 서비스 지역에 설치함으로써 기지국의 채널 용량을 동적으로 관리하고 기지국의 설치 및 배치를 용이하게 할 수 있다. DU와 RU를 분류한 이동통신망의 구성은 〈그림 2-22〉와 같다.

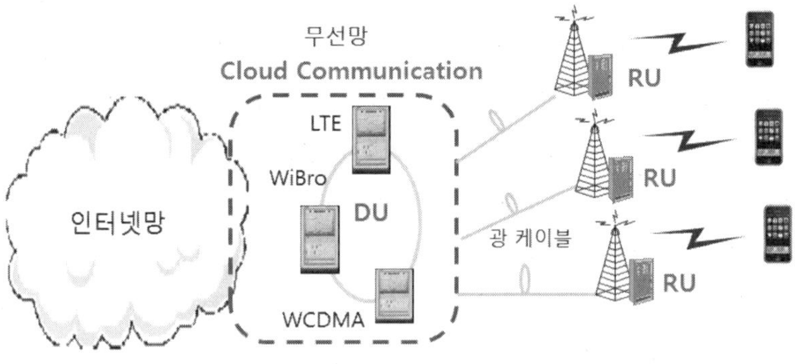


☑ **그림 2-22** 기지국의 DU와 RU를 분리한 이동통신망 구성도

### (2) 중계기

중계기(Repeater)는 거리와 장애물로 인한 원거리의 전파 신호의 세기가 약해져서 서비스가 불가능할 때 다시 신호를 증폭 시켜 신호를 크게 하여 서비스 영역을 넓히기 위한 것이다. 중계기는 단지 기지국 신호를 증폭하여 신호의 세기를 더 강하게 하는 것이다. 경제성이 없는 즉 가입자도 얼마 안 되는데 비싼 기지국을 설치한다면 그 낭비가 크다. 따라서 간단하게 적은 비용으로 넓은 서비스 영역을 확보하기 위해 중계기를 사용한다.

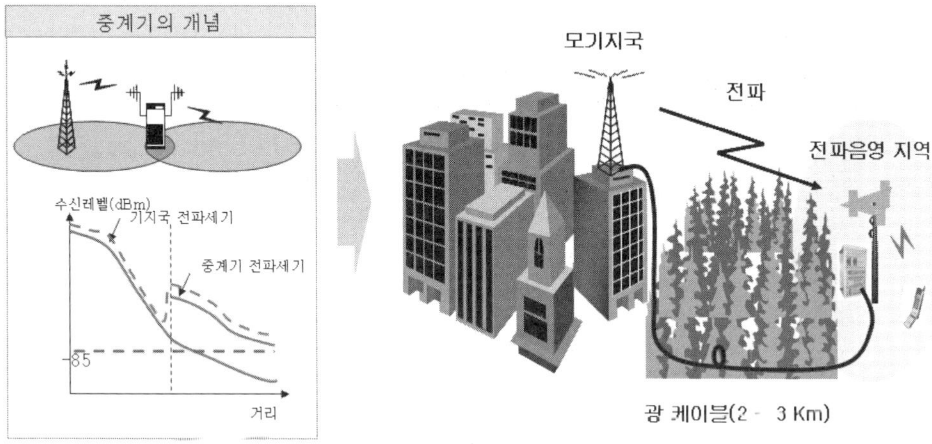


☑ **그림 2-23** 중계기 개념

중계기는 〈그림 2-23〉과 같이 기지국으로부터 수신한 전파가 일정한 세기 밑으로 떨어지면 통화가 이루어지기 어려워지므로 수신한 전파의 세기를 증폭하여 멀리 있는 단말기도 신호를 수신할 수 있도록 한다. 그림 왼쪽에서 기지국으로부터 수신되는 전파의 세기는 작아지다가 기지국으로부터 어느 정도 멀어지면 신호를 수신할 수 있는 기준인 −85 dBm 이하로 떨어진다. 이때 중계기가 신호를 증폭하면 전파의 세기는 커지는데 점선은 단말기가 중계기에 의해 증폭된 신호의 수신세기를 나타낸다. 중계기는 기지국과 달리 통화 채널을 별도로 설치하는 것이 아니어서 중계기를 설치하여도 가입자를 수용할 수 있는 능력이 늘어나는 것은 아니다.

중계기는 기지국의 신호를 수신하는 방식에 따라 중계기 안테나까지 전파로 연결하는 RF 중계기와 광케이블로 연결한 광중계기로 구분한다. 〈그림 2-24〉와 〈그림 2-25〉는 RF 중계기의 개념과 종류를 나타낸 것이다.

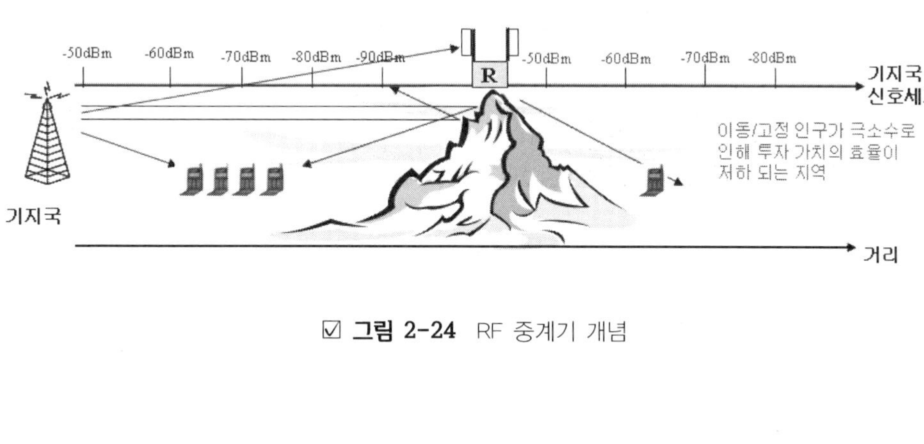


☑ **그림 2-24** RF 중계기 개념

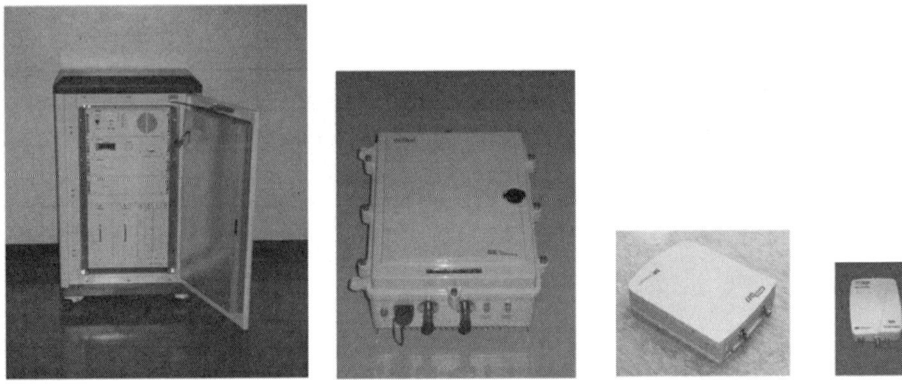

☑ **그림 2-25** RF 중계기 종류

광중계기는 기지국과 중계기 구간을 무선 대신 광케이블을 연결하여 중계기에 기지국 신호를 제공하여 서비스 한다. 〈그림 2-26〉와 〈그림 2-27〉은 광중계기의 개념과 종류를 나타낸 것이다.

☑ **그림 2-26** 광중계기 개념

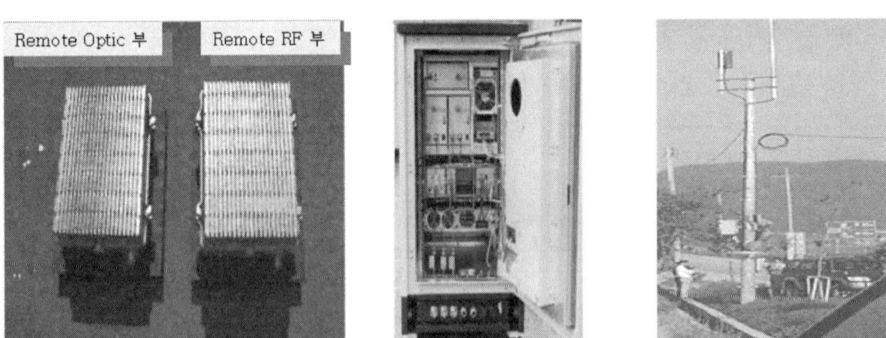


☑ **그림 2-27** 광중계기 종류

일반적으로 일반 RF 중계기는 선로 비용이 없고, 가격 자체가 저렴하여 가입자가 많이 없어도 무관한 지역에 설치한다. 반면에 광중계기는 도심에 쓰게 된다. 무선은 기후 및 여러 가지 영향에 따라 그 세기 자체가 변화 하게 되서 기지국과 중계기간의 연결 끈이 상당히 불안정하므로 중계기가 정상적인 서비스를 할 수 없다. 그리고 무선은 다른 기지국에 간섭으로 용량을 줄게 할 수 있으므로 시내 권에서는 주로 광 중계기를 사용 한다. 그리고 광중계기는 어느 정도 가입자가 있어야 한다. 광선로 임대료가 비싸서 이익을 얻을 수 있는 도심에서 서비스 하는 것이 경제성이 있다.

## (3) 중계기 설치

### 1) 개 념

중계기는 전파 음영지역이 많이 발생하는 지하에서 많이 사용된다. 지하서비스 중계기는 이동통신 서비스를 제공할 때 건물 지하 등에서 NO Service 지역이 발생할 때 기지국과 이동국간의 전파를 양방향으로 중계하여 원활한 서비스를 위한 중계 증폭 장치이다.

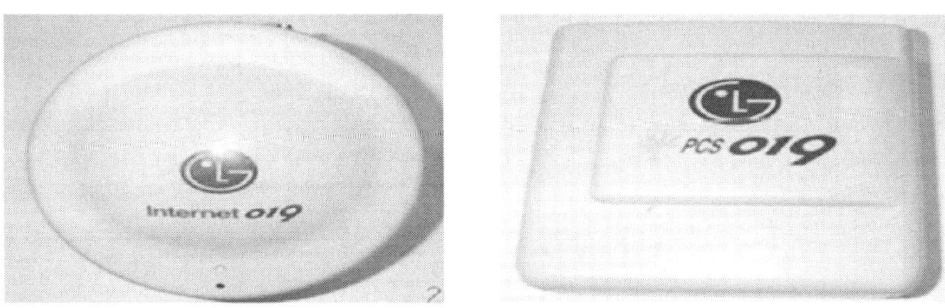


☑ **그림 2-28** 초소형 중계기 예

### 2) 설치 기준

| 구 분 | 초소형 | 소형 | 대형(옥내형) | 대형(옥외형) | L-PICO분산 |
|---|---|---|---|---|---|
| 서비스 면적(평) | 100평 이하 | 300평 이하 | 1,000평 이하 | 옥외 음영 | 1,000평 이상 |
| 개선 대상<br>(지상/지하) | 지상 / 지하 | 지상 / 지하 | 지하 | 지상 | 지상 / 지하 |

### 3) 중계기 설치의 예

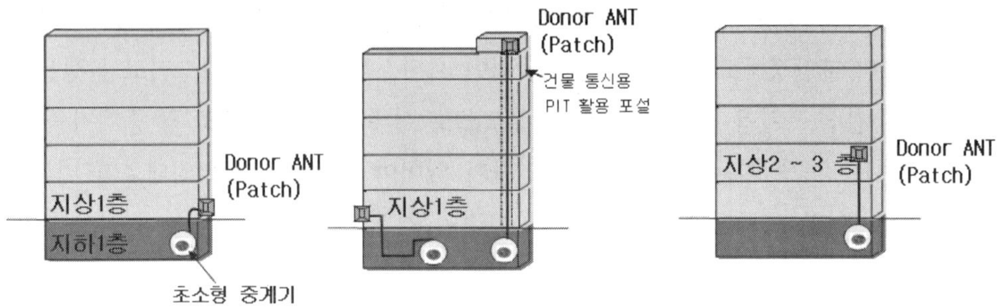


☑ **그림 2-29** 초소형 중계기 설치의 예

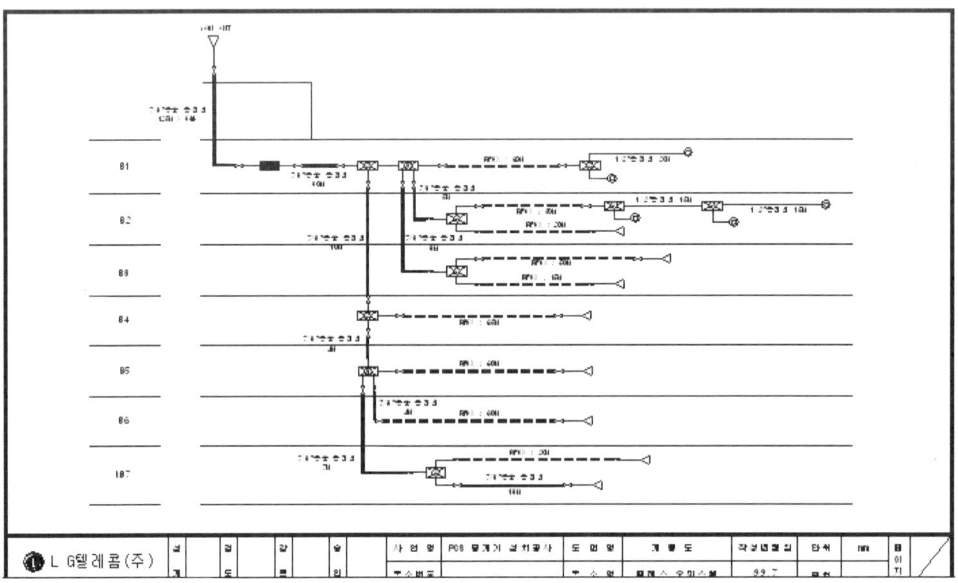


☑ **그림 2-30** 소형 중계기 설치의 예

## (4) 기지국 제어기

기지국 제어기는 교환기와 기지국 사이에 위치하여 기지국의 제어, 단말기에 주파수를 할당하는 무선자원관리, 기지국 간 및 기지국 제어기간 또는 교환기 간의 핸드오프 기능을 수행한다. 장비에 따라 기지국 제어기는 Base Station Controller(BSC) 또는 Radio Network Controller(RNC) 라고 한다.

기지국 제어기는 여러 개의 기지국을 제어한다. 기지국제어기에서 두뇌역할을 하는 Base Station Manager (BSM)는 기지국제어기와 기지국을 운용/유지 보수한다. 일반적으로 그래픽 사용자 인터페이스 형식(GUI : Graphic User Interface)으로 구현되어 운용자가 손쉽게 관리할 수 있도록 되어있다.

초기 기지국 제어기는 음성 서비스만을 제공하다가 이후 데이터 서비스가 추가되면서 음성과 데이터 서비스를 분리하는 기능을 가지게 되었다

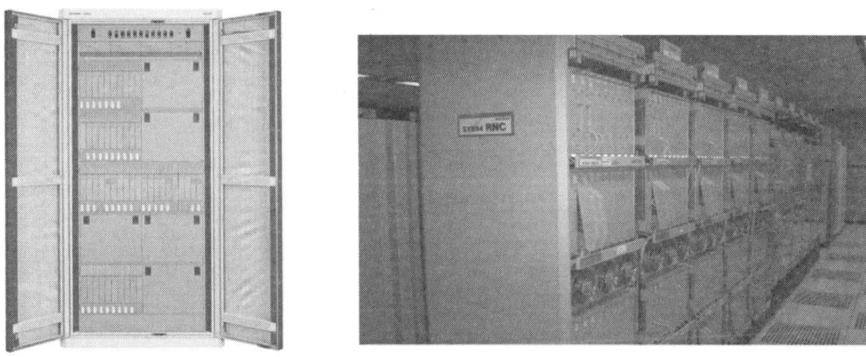

☑ **그림 2-31** 기지국 제어기

## 2.2.3 교환망

### (1) 개 요

교환망 시스템은 음성 및 저속데이터 서비스를 담당하는 회선 교환망과 인터넷 등 데이터 서비스를 담당하는 패킷 교환망으로 구분된다. 교환망의 주요 기능은 다른 이동전화망 및 유선전화망 그리고 인터넷망 등과 연결하고 가입자 인증 및 위치 등록 등 가입자 관리 기능을 주로 수행한다. 회선 교환망은 음성전화를 전달하는 회선교환기와 회선데이터 서비스를 패킷 서비스로 변환하여 인터넷망으로 연결하는 망간접속장비(Inter Working Function : IWF) 등으로 구성된다.

회선 교환기는 다시 이동통신망 내에서 정보를 전달하는 회선 교환기(Mobile Switching Center : MSC)와 다른 이동통신망과 연결하는 관문회선교환기(Gateway MSC : GMSC)로 나뉠 수 있다. 패킷 교환망은 데이터가 전달되는 망으로 패킷 교환기와 중간에 정보만 중계하는 라우터 등으로 구성된다. 패킷 교환기는 다시 이동통신망 내에서 정보를 전달하는 패킷 교환기와 다른 이동통신망, 인터넷망과 연결하는 관문 패

킷교환기로 구성된다. 패킷 교환기는 무선접속 규격에 따라 Serving GPRS Service Node (SGSN), Packet Data Service Node (PDGN), Foreign Agency (FA), Access Gateway (AG) 등으로 불리며 관문 패킷 교환기는 Gateway GPRS Service Node (GGSN), Home Agency (HA) 등으로 불린다.

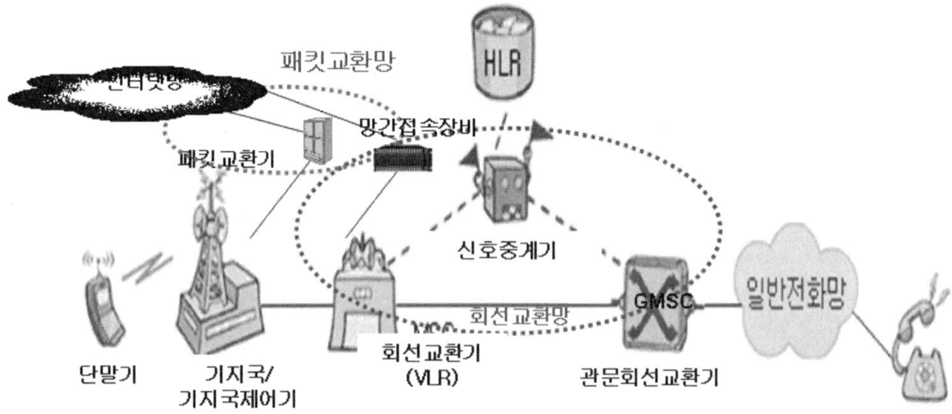


☑ **그림 2-32** 교환망 개념

일반적으로 교환국사는 기지국제어기를 포함하여 교환망의 모든 시스템뿐만 아니라 망 관리 시스템을 관리하는 망 운용실이 함께 위치하여 이동통신망 전체를 관리한다. 〈그림 2-32〉는 교환실 및 망 운용실의 모습을 나타내었다.

☑ **그림 2-33** 교환실 및 망운용실 전경

### (2) 회선교환기

이동전화 회선교환기 시스템(Mobile Switching Center : MSC)은 일반 공중 전화망과 이동통신망을 접속하여 주는 업무를 수행하며 이동통신망의 중앙에 위치하여 기지국 제어기(BSC), 홈 위치 등록기(HLR) 등과 정합하여 음성, 비음성의 통화로를 구성하는 기능과 교환기 운용 및 유지보수 기능을 수행한다. 이전에는 음성과 제어신호를 동시에 처리하는 회선교환기와 다른 망과 접속하는 관문회선교환기(Gateway MSC)가 있었으나 최근에는 회선교환기가 통화로가 설정된 후 음성신호를 전달하는 미디어게이트웨이(Media Gate Way : MGW)와 통화로 설정 이전 제어신호를 처리하는 MSC 서버 및 GMSC 서버로 나뉜다.

회선교환기 시스템 MGW MSC Server

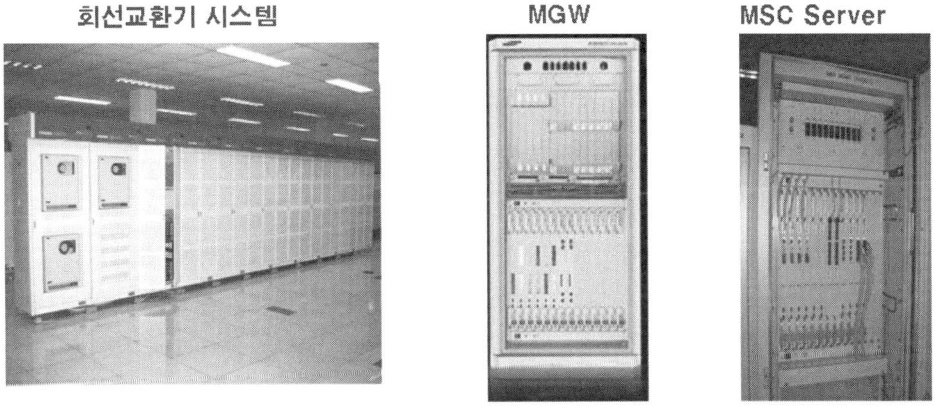

☑ **그림 2-34** 회선교환기 시스템

### (3) 패킷교환기(라우터)

패킷 교환기(라우터)는 기능은 회선교환기와 유사하지만 일반적으로 패킷 데이터 서비스에서 이용되며 IP라우터 기능, 보안, 이동성 관리, 인증, QoS (Quality of Service) 관리 등을 수행한다. 패킷 교환기는 WCDMA에서는 SGSN, cdma2000에서는 PDGN이라고 한다. 관문 패킷 교환기의 기능은 관문회선교환기와 유사하지만 일반적으로 패킷 데이터 서비스에서 이용되며 외부 패킷망의 연결, 방화벽, 관문 패킷교환기간 로밍관리, 등을 수행한다. 관문 패킷 교환기는 WCDMA에서는 GGSN, cdma2000에서는 HA라고 한다.

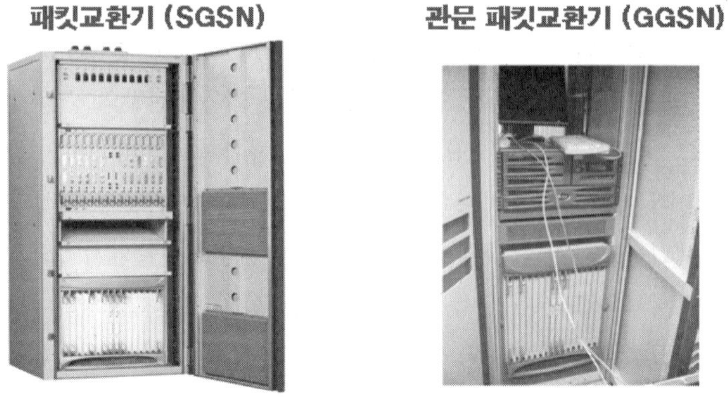


☑ **그림 2-35** 패킷교환기 시스템

### (4) 홈 위치 등록기

홈 위치 등록기(Home Location Register : HLR)는 이동통신망에서 사용되는 데이터베이스로서 가입자에 대한 단말기 정보, 서비스 가입 정보, 위치정보 등의 정보를 유지하며, 대용량의 실시간 데이터베이스를 갖추고 망에서 요구하는 가입자에 대한 정보를 처리해주며 이들의 유기적 결합을 통해 가입자에게 이동성을 보장한다. HLR은 MSC, 단문 메시지 센터, 망 관리 센터, 고객센터와 연동하여 정보를 제공하는 기능을 수행한다.

☑ **그림 2-36** 홈위치등록기

## 2.2.4 전송망

전송망은 통신 케이블 또는 전자파와 같은 전송 매체를 이용하여 음성, 데이터, 영상 등과 같은 각종 정보를 어떤 지점으로부터 다른 지점으로 송수신 한다. 전송망은 광케이블과 광케이블을 보호하는 관로로 구성된 전송로와 이동통신망 구성 장비 간 신호를 전달하는 광전송장비 그리고 여러 신호를 집선 및 분배하는 다중화 장비로 구성된다.

일반적으로 이동통신망에서 전송망은 용도에 따라 기지국 망, 중계망, 상호접속망으로 분류한다. 기지국망은 교환기와 기지국간 전송로를 말하며, 중계망은 교환국간, 상호접속망은 다른 통신사업자와 접속되는 구간을 말한다.

구축 방법에 따라 자가망 및 임차망으로 구분되는데 자가망은 시스템과 광선로를 사업자가 스스로 시설하는 것이고 임차망은 회선/광코아를 다른 회사로부터 임차하여 사용하는 것을 말한다.

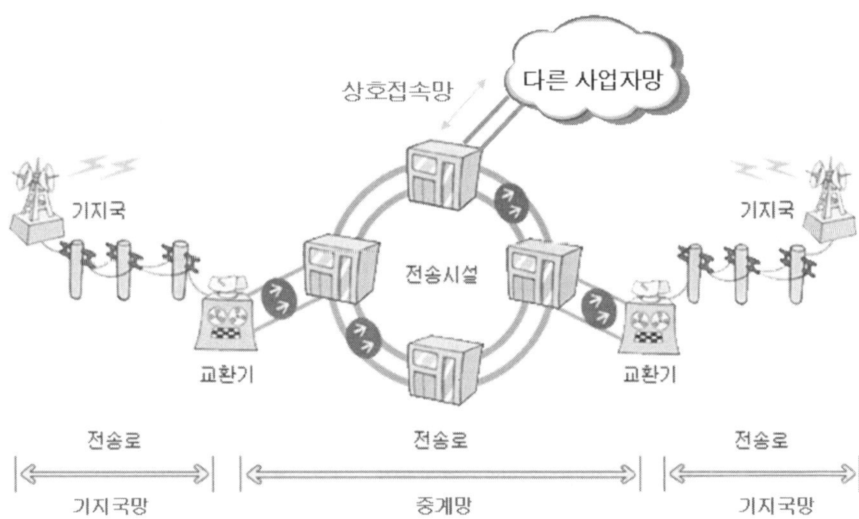


☑ **그림 2-37** 전송망의 종류

전송망 구성의 예를 들면 우리나라의 경우 주요 도시에 교환국사를 설치하고 각 교환국사간 중계 전송망을 설치한 후 각 교환국사가 중심이 되어 기지국으로 연결하는 기지국 전송망을 구성한다.

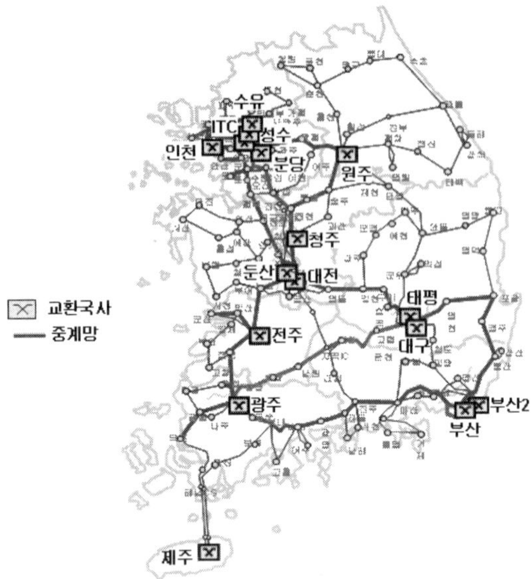


☑ **그림 2-38** 전송망 구성의 예

전송분배장비는 이동통신망 구성 요소 간에 신호를 전송할 때 이용되는 장비로서 여러 장비에서 들어오는 신호를 합치거나 여러 장비로 신호를 분배하여 전송하기도 한다.

☑ **그림 2-39** 전송분배장비

망 간 접속장비는 기지국 제어기를 거쳐 들어오는 데이터 신호가 회선 교환기를 통해 들어올 경우 패킷 데이터 신호로 바꾸어 인터넷 등 데이터망으로 연결하는 역할을 수행한다. 신호 중계기 교환기는 회선 환망에서 제어신호를 교환하여주는 역할을 수행한다. 라우터는 신호의 집선 및 분배 역할을 하는 교환장비로 주로 패킷 교환망에서 사용된다.

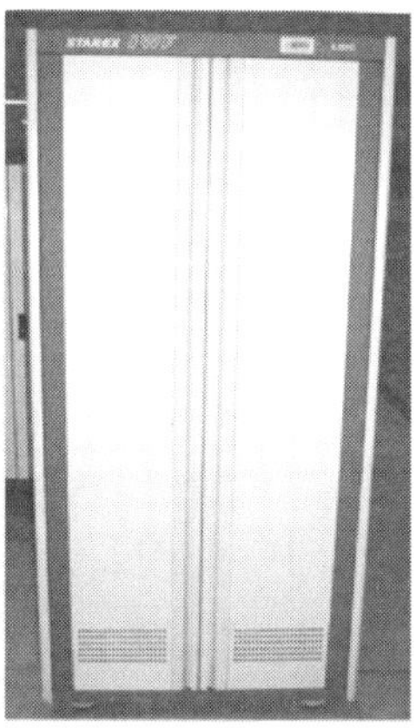

망간 접속장비
(Inter-Working Function)

신호중계교환기
(Signal Transfer Point)

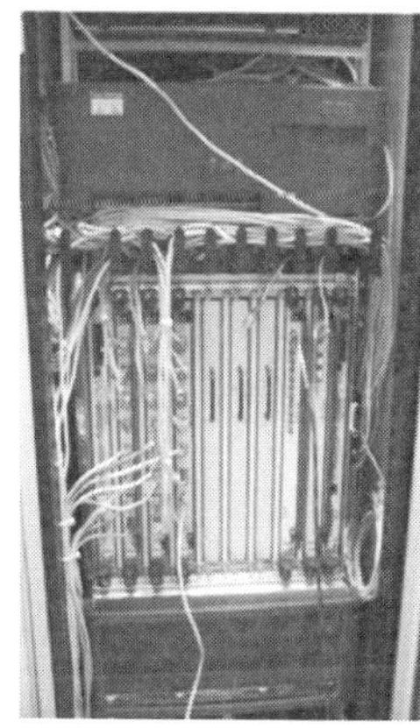

라우터
(Router)

☑ **그림 2-40** 기타 전송 장비

## 2.2.5 부가 서비스망

무선 인터넷은 패킷 교환기를 거쳐 내부 콘텐츠를 검색하거나 외부 인터넷망을 거쳐 외부 콘텐츠를 검색하는데 외부 콘텐츠를 검색하는 방법은 2가지가 있다.

(1) 첫째는 이동통신망에 적합하게 제작하거나 읽을 수 있도록 제작한 콘텐츠를 검색하기 위해 왑(WAP)서버를 이용하여 접속하는 방식이며

(2) 둘째는 일반 인터넷망 콘텐츠를 접속하기 위해 직접적으로 접속하는 방식이 있다. 예를 들어 최근 유선인터넷의 화면과 비슷한 화면을 보여주는 풀 브라우징 서비스는 유선인터넷망과 직접 연결하여 서비스를 제공한다.

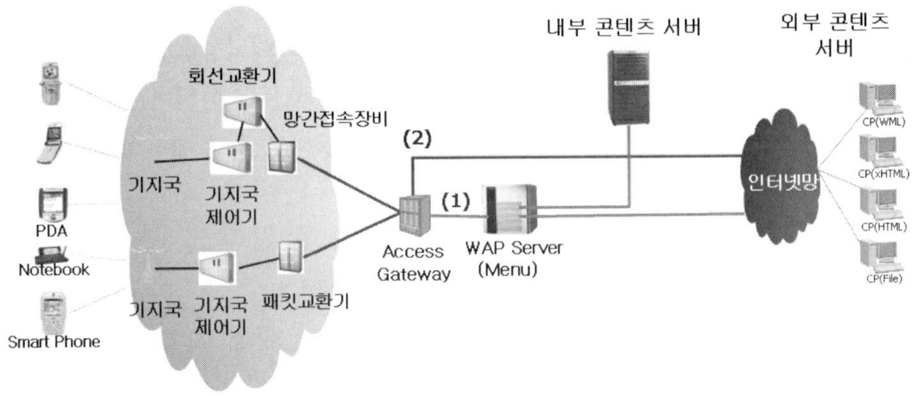


☑ **그림 2-41** 무선인터넷망

무선 인터넷을 이용하기 위해서는 단말기가 다양한 콘텐츠에 접속할 수 있도록 도와주는 플랫폼과 다양한 서버가 있어야 한다. 인프라서버 는 무선 인터넷 제공을 위한 가입자 인증, 과금 기능 등을 수행하는 서버이며, 콘텐츠 제공 서버는 벨소리, 컬러링, 게임 등 다양한 콘텐츠를 저장하고 제공하는 서버이다.

☑ **그림 2-42** 무선인터넷 플랫폼 및 서버 운용실 전경

단문메시지센터(Short Message Center : SMC)는 가입자에게 제한된 길이의 문자메시지를 단말기에게 제공하는 장비이다. 음성메시지시스템 (Voice Mail System : VMS) 음성메시지를 저장하고 검색/청취 가능하게 하는 서비스를 제공하는 장비이다.

☑ **그림 2-43** 단문메시지 및 음성메시지 센터 장비

# 2.3 이동통신 서비스의 절차

## 2.3.1 개 요

이동통신 서비스 절차에서는 음성전화, 데이터 서비스, 영상전화 등의 서비스 절차를 설명한다. 일반적으로 음성전화, 영상전화 저속 회선 데이터 서비스는 회선 교환망을 이용하여 전달되며 고속 데이터 및 저속 패킷 데이터는 패킷 교환망을 이용하여 전달한다. 한편 회선 영상전화 서비스 제공이 어려운 경우 패킷 영상전화 서비스를 제공할 수 있다. 예를 들어 가입자 A는 음성전화를 걸면 정보가 기지국, 기지국 제어기, 회선 교환기, 관문 회선 교환기를 거쳐 다른 이동전화망 또는 유선전화망으로 전달된다. 〈그림 2-43〉은 전체 서비스 절차를 나타냈다.

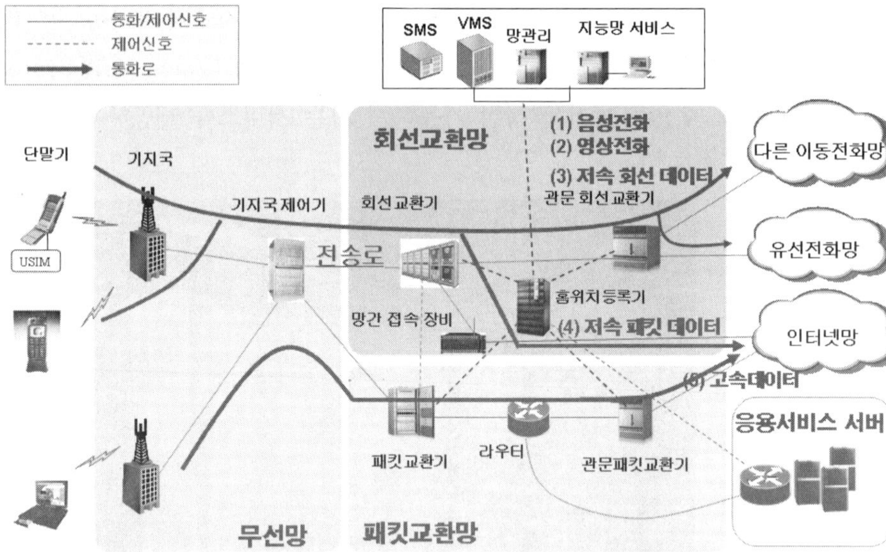


☑ **그림 2-44** 이동통신 서비스 개요

그런데 각 장비를 거치는 동안 각각의 장비가 가입자 A의 정보임을 확인할 수 있어야 하는데 이를 증명하는 것이 가입자 A의 고유 번호이다. 따라서 각각의 서비스 절차를 보여주기 전에 각각의 가입자를 증명하는 번호체계가 어떻게 구성되어 있는지를 확인할 필요가 있다. 이동통신망은 단말기 간 서비스를 전달할 때 가입자 식별번호를 이용하여 망 구성 장비 간에 정보를 전달한다.

← International Mobile Subscriber Identity →

| Mobile Country Code (450) | Mobile Network Code (XX) | Mobile Identity Number 또는<br>Mobile Subscriber Identity Number |
|---|---|---|
| 3 digit | 2 digit | 10 digit |

☑ **그림 2-45** 이동통신 서비스의 번호체계

〈그림 2-45〉와 같이 15자리로 이루어진 가입자 식별번호는 International Mobile Subscriber Identity라고 하며 간단히 IMSI라고 한다. IMSI는 국제 이동국 식별번호로 개인 통신 가입자를 고유하게 구별하기 위한 번호이다. IMSI는 국가별로 구분하는 3자리 국가코드 이동통신 사업자망별로 구분하는 2자리 이동 망 코드 그리고 10자리 가입자번호로 구분된다. 우리나라의 국가코드는 450번을 사용한다. 이동 망 코드는 사업자별로 다른데 cdma2000망의 경우 KTF는 450/04 SKT는 450/00 LGT는 450/06,

WCDMA망의 경우는 KTF가 450/08, SKT가 450/05를 사용한다. 가입자번호는 010 식별번호를 포함하여 10자리인데 8자리 개인번호를 사용하는 경우 010의 앞쪽을 0을 제외하여 10자리로 맞추게 된다.

## 2.3.2 음성전화

단말기는 새로운 기지국에서 서비스할 경우 우선 방문가입자위치등록기(VLR)가 단말 및 가입자 인증을 수행한다. 이후 모든 호처리 절차는 단말 및 가입자 인증이 이미 완료된 상태를 가정한다.
이동전화 단말기 간에 음성전화 서비스 절차는 〈그림 2-46〉와 같다.

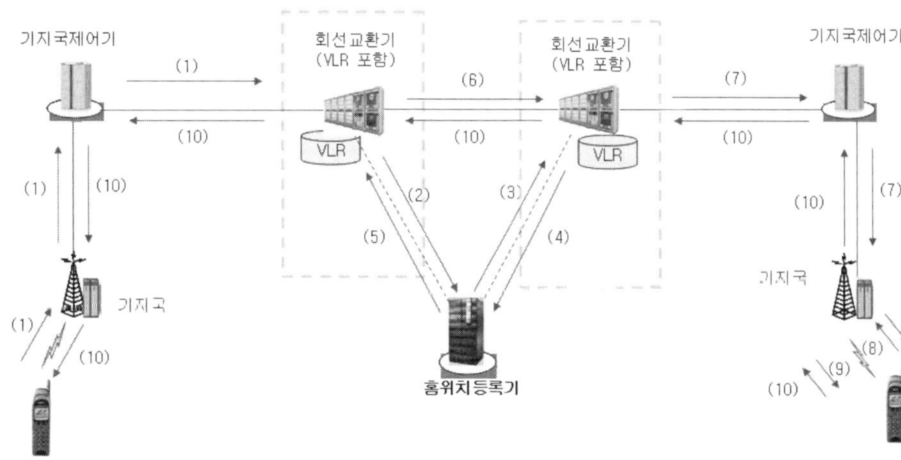


☑ **그림 2-46** 이동전화에서 이동전화의 서비스 절차

자세한 서비스 절차는 다음과 같다.

(1) 가입자가 통화를 요청한다.

(2) 통화 요청을 받은 교환기는 착신번호를 번역하여 홈 위치 등록기에 착신번호의 경로를 요청한다.

(3) 홈 위치 등록기는 착신 교환기에 경로 요청을 한다.

(4) 착신 교환기의 방문가입자위치등록기로부터 경로번호를 받는다.

(5) 발신 교환기는 홈 위치 등록기로부터 경로 번호를 받는다.

(6) 착신가입자가 위치하고 있는 교환국으로 신호를 보낸다.

(7) 착신 교환기는 착신가입자의 단말기 위치를 확인하고 착신 가입자의 단말기를 호출한다.
(8) 착신 가입자의 단말기는 호출에 응답한다.
(9) 기지국은 착신가입자의 단말기에게 벨을 울린다.
(10) 착신가입자는 통화키를 누르고 통화를 시작한다.

또한 이동 단말기에서 유선 단말기로 음성 통화하는 서비스 절차는 〈그림 2-47〉과 같다.

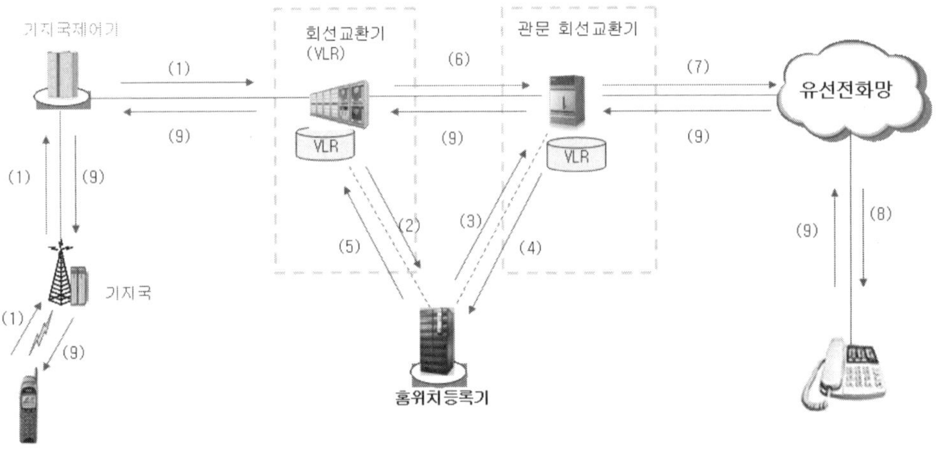


☑ **그림 2-47** 이동전화에서 유선전화의 서비스 절차

자세한 서비스 절차는 다음과 같다.
(1) 가입자가 통화를 요청한다.
(2) 통화 요청을 받은 교환기는 착신번호를 번역하여 홈위치등록기에 착신번호의 경로를 요청한다.
(3) 홈 위치 등록기는 착신 번호가 유선가입자이므로 신호를 관문교환기로 보내고 경로번호를 요청한다.
(4) 관문교환기의 방문자위치등록기로부터 경로번호를 받는다.
(5) 발신 교환기는 홈 위치 등록기로부터 경로 번호를 받는다.
(6) 착신가입자가 위치하고 있는 관문교환기로 신호를 보낸다.
(7) 관문교환기는 착신가입자가 있는 유선전화망으로 신호를 보낸다.
(8) 유선전화망은 호출된 착신가입자 단말기의 벨을 울린다.
(9) 착신가입자가 수화기를 들고 통화를 시작한다.

LTE는 패킷망으로만 구성되어 있어 IP 기반의 패킷 음성전화 서비스를 제공하고 3세대 네트워크만 있는 지역에서는 회선 음성전화 서비스를 제공한다. 다음 그림에서 3세대/LTE 겸용 단말기는 LTE 네트워크가 있는 경우 VoLTE(Voice over LTE) 서비스 기능을 이용하여 패킷 네트워크를 통한 음성착신과 음성발신 서비스를 제공한다. 즉 VoLTE 단말이 eNB(evolved Node-B)와 EPC(Evolved Packet Core) 그리고 IMS(IP Multimedia Subsystem)를 거쳐 타사 회선 서비스 단말과 통신을 한다. 또한 LTE 네트워크가 없는 경우에는 기존 3세대 네트워크를 이용하여 서비스를 제공받는다.

자세한 서비스 절차는 다음과 같다.

(1) 가입자가 음성통화를 요청한다.

(2) 기지국 제어기(eNB는 기지국과 기지국 제어기 기능이 합쳐져 있다)는 패킷제어기능(Packet Control Function)을 이용하여 발신전화의 음성전화를 요청하고, 요청된 신호는 EPC를 거쳐 IMS의 CSCF(Call Session Control Function) 기능을 이용하여 착신 단말과 음성 통화 경로를 요청한다.

(3) 착신 가입자는 경로 설정에 응답한다.

(4) 음성 전화 통화 경로 설정이 이루어지면 IM-MGW(IP Multimedia Media Gateway)를 이용하여 음성전화 서비스를 위한 통신이 이루어진다.

(5) 발착신가입자 간의 음성통화가 이루어진다.

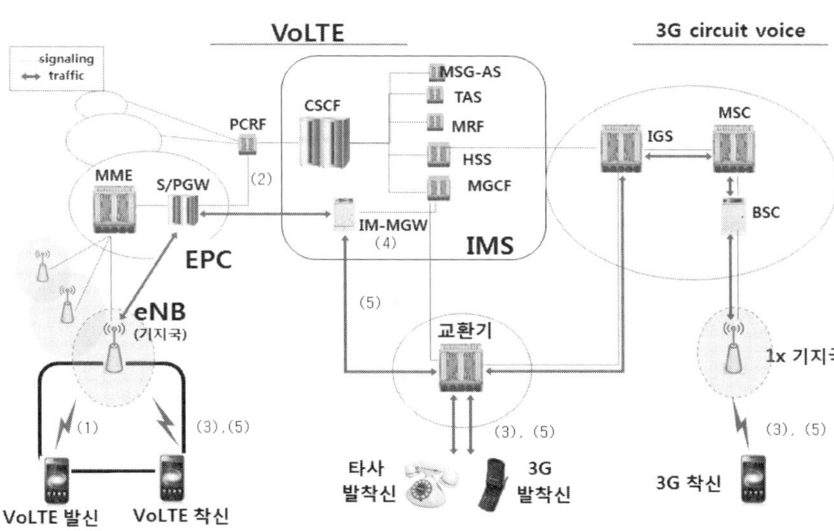


☑ **그림 2-48** 패킷 음성전화 서비스 절차

## 2.3.3 데이터 서비스

우선 단문메시지의 서비스 절차를 설명한다. 단문메시지 서비스는 최초 데이터 서비스 형태로서 회선교환기, 홈 위치 등록기, 방문가입자 위치 등록기, 단문 메시지센터를 이용하여 제공한다. 단문 메시지의 서비스 절차는 〈그림 2-48〉과 같다.

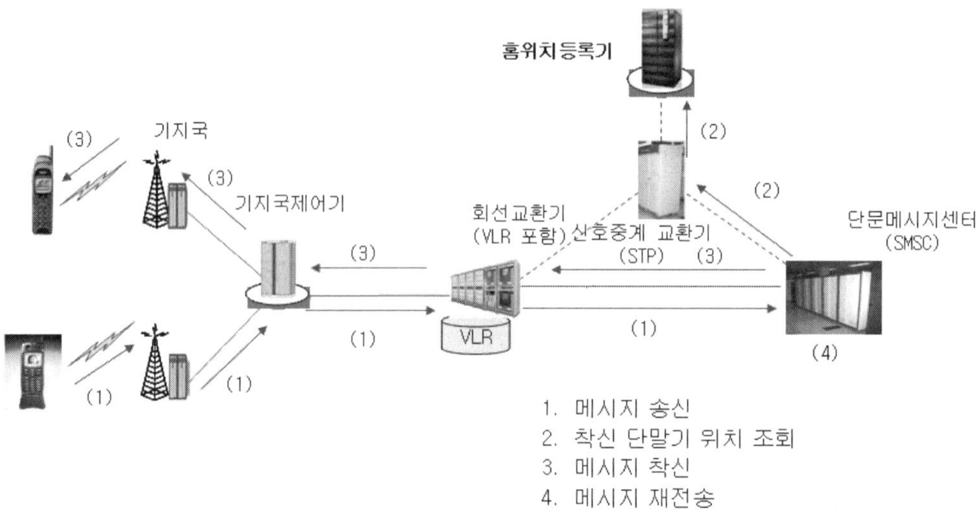


☑ **그림 2-49** 단문메시지의 서비스 절차

자세한 서비스 절차는 다음과 같다.

(1) 회선교환기는 단말기(A)에서 받은 메시지를 서비스 옵션에 따라 단문메시지센터로 메시지를 송신한다.

(2) 단문메시지센터는 홈 위치 등록기에 착신 단말기(B)의 위치를 조회한다.

(3) 단문메시지센터는 수신한 위치정보를 이용하여 해당 회선교환기로 정보를 전달하고, 착신 단말기가 위치한 회선교환기는 착신 단말기로 메시지를 전달한다.

(4) 단문메시지센터는 착신 단말기가 메시지를 받지 못할 상황인 경우 예를 들어, 전원이 꺼져 있을 경우에는 일정한 시간 후에 다시 위치 조회를 시행하고 메시지를 전달한다.

두 번째로 저속 데이터 서비스 절차를 설명하는데 저속데이터 서비스의 경우 2가지 형태의 데이터 서비스 처리 절차가 있으며, 〈그림 2-50〉과 같다.

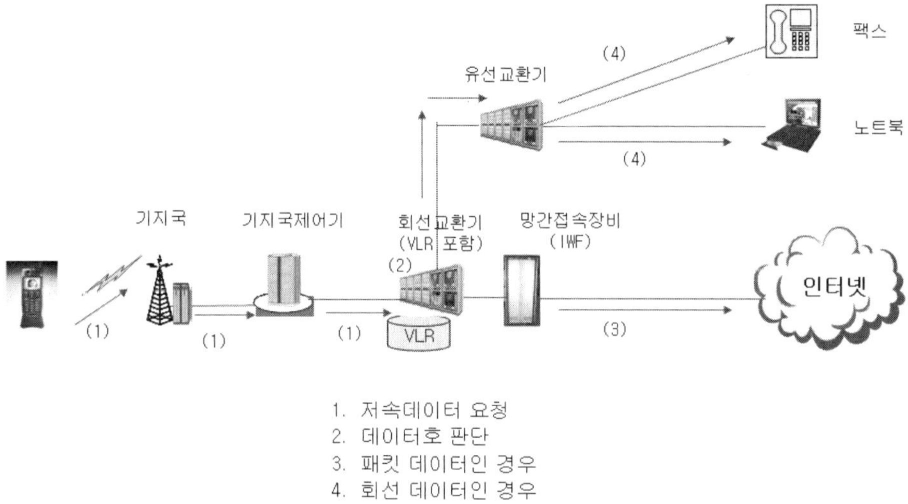


☑ **그림 2-50** 저속데이터의 서비스 절차

자세한 서비스 절차는 다음과 같다.

(1) 교환기는 우선 발신 가입자가 요청한 데이터 서비스의 선택사항을 분석하여 판단한다.

(2) 서비스 옵션을 분석한다.

(3) 서비스 옵션 분석 결과 저속 회선서비스를 요청하면 유선전화망으로 통화로를 설정하여 정보를 전달한다. 저속 회선서비스는 팩스와 같은 응용서비스에 이용된다.

(4) 서비스 옵션 분석 결과 저속 패킷서비스를 요청하면 망간접속장비를 이용하여 인터넷망으로 통화로를 설정하여 정보를 전달한다.

저속 패킷 서비스는 고속 데이터 서비스가 활성화되면서 자주 이용되지는 않는다.

세 번째로 고속 데이터 서비스는 패킷교환망을 이용하는데 단말기가 데이터 서비스를 요청하면 신호가 기지국을 거쳐 기지국 제어기에 도착한다. 고속 데이터의 서비스 절차는 〈그림 2-51〉과 같다.

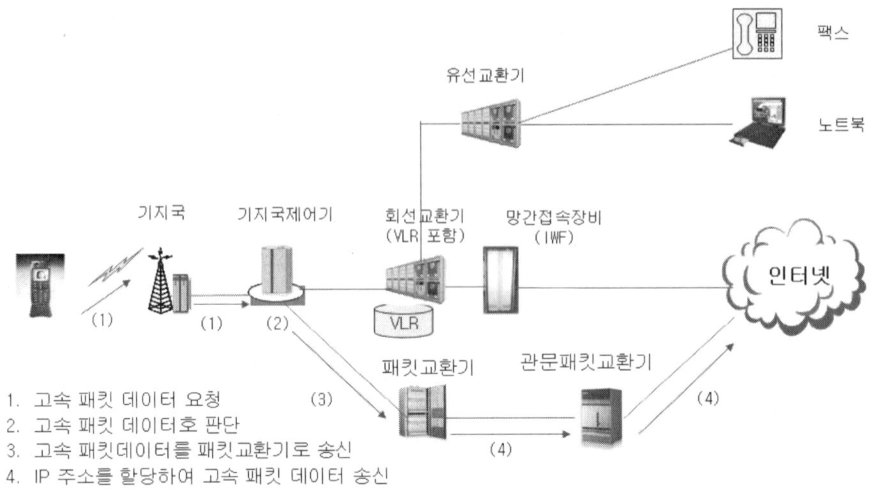


☑ **그림 2-51** 고속데이터의 서비스 절차

자세한 서비스 절차는 다음과 같다.

(1) 단말기는 고속 패킷 데이터를 요청하고

(2) 기지국 제어기는 데이터호를 판단하는데 "서비스 옵션"을 분석하여

(3) 패킷 데이터서비스 호인 경우 패킷교환기로 호를 전달한다.

(4) 패킷 교환기에서는 자신이 관리하고 있는 IP어드레스 중에서 하나를 이동전화에 할당하여 인터넷을 연결하고 데이터 서비스를 제공 한다.

네 번째로 이동전화 서비스 가운데 자주 이용되는 컬러링 서비스의 서비스 절차는 〈그림 2-52〉와 같다.

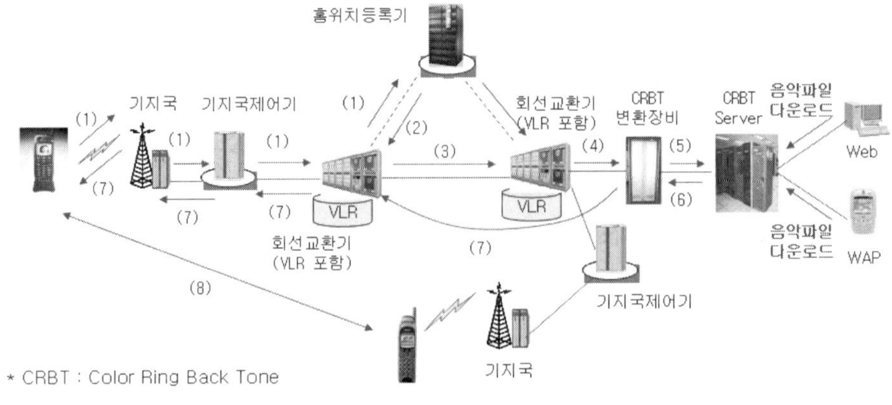


☑ **그림 2-52** 컬러링 서비스의 서비스 절차

자세한 서비스 절차는 다음과 같다.

(1) 발신교환기는 착신가입자의 정보에 대해 홈 위치 등록기에 문의한다.

(2) 착신가입자의 정보를 획득한다.

(3) 착신가입자가 위치한 회선교환기로 음성 통화로 연결한다.

(4) 착신 교환기는 착신가입자의 컬러링 가입 여부를 확인 후 CRBT (Color Ring Back Tone) IP에게 음성 통화로 연결한다.

(5) CRBT 서버에게 컬러링 정보를 요구한다.

(6) 컬러링 정보를 획득한다.

(7) CRBT IP는 발신자에게 컬러링 음원을 제공한다.

(8) 발・착신자 간에 음성 통화로 연결한다.

## 2.4.4 영상전화

회선 교환망을 이용한 이동전화 영상단말기 간 영상전화 서비스 절차는 〈그림 2-53〉과 같다.

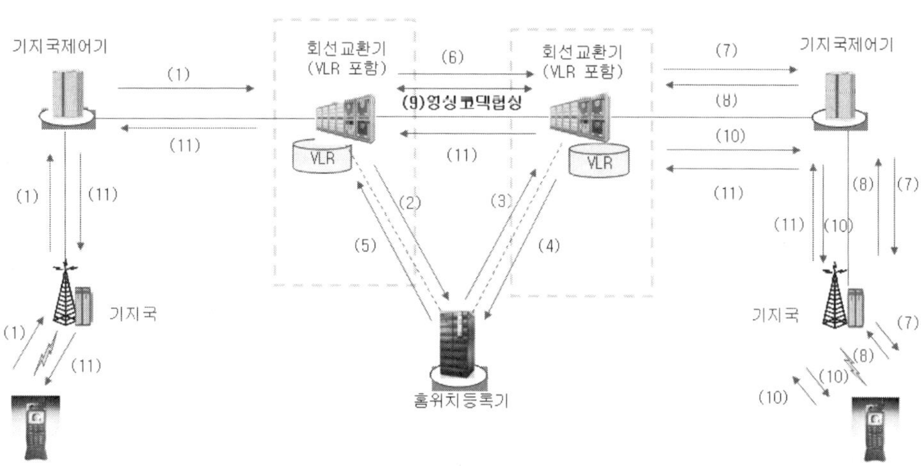


☑ **그림 2-53** 회선 영상전화의 서비스 절차

자세한 서비스 절차는 다음과 같다.

(1) 가입자가 통화를 요청한다.

(2) 통화 요청을 받은 교환기는 착신번호를 번역하여 홈 위치 등록기에 착신번호의 경로를 요청한다.

(3) 홈 위치 등록기는 착신 교환기에 경로 요청을 한다.
(4) 착신 교환기의 방문자 위치등록기로부터 경로번호를 받는다.
(5) 발신 교환기는 홈 위치 등록기로부터 경로 번호를 받는다.
(6) 착신 가입자가 위치하고 있는 교환국으로 신호를 보낸다.
(7) 착신 교환기는 착신가입자가 위치를 확인하고 착신 가입자를 호출한다.
(8) 착신 가입자는 호출에 응답한다.
(9) 응답신호에 따라 착신 교환기는 발신교환기와 협상하여 영상코덱을 정하는데 일반적으로 64kbps 전송속도로 정한다.
(10) 기지국은 착신 가입자에게 벨을 울린다.
(11) 착신 가입자는 통화키를 누르고 통화를 시작한다.

패킷 교환망을 이용하는 영상전화의 경우 이미 가입자는 단말 인증 및 가입자 인증이 모두 완료되고 패킷 교환기에서 착신가입자의 위치를 저장하고 있다고 가정한 상태이다. 패킷 교환망을 이용한 영상전화의 절차는 서비스 절차는 〈그림 2-54〉와 같다.

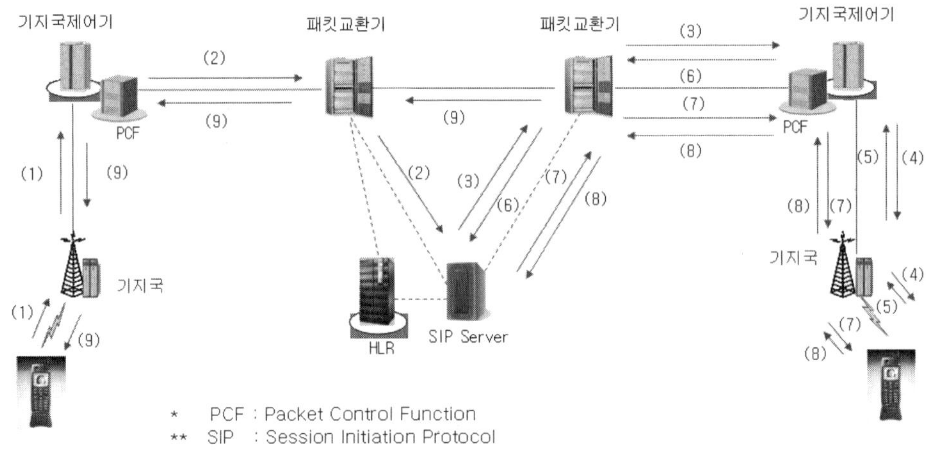


☑ **그림 2-54** 패킷 영상전화의 서비스 절차

자세한 서비스 절차는 다음과 같다.
(1) 가입자가 영상통화를 요청한다.
(2) 기지국 제어기는 패킷 제어기능(Packet Control Function)을 이용하여 발신전화의 영상전화 위치를 SIP 서버에 등록하고 착신번호를 SIP 서버에 전달한다. SIP 서버는 패킷 기반의 음성, 영상 등 다양한 서비스를 설정하여 주는 기능을 수행한다.

(3) SIP 서버는 착신 패킷제어기능에 착신을 요청한다.
(4) 기지국제어기의 패킷제어기능은 착신가입자에게 경로설정을 요청한다.
(5) 착신가입자는 경로 설정에 응답한다.
(6) 기지국 제어기의 패킷제어기능(Packet Control Function)을 이용하여 착신전화의 영상전화 위치를 SIP 서버에 등록한다.
(7) SIP 서버는 착신가입자에 경로 설정을 요청한다.
(8) 착신단말은 경로 설정 완료를 SIP 서버에 통보한다.
(9) 발착신가입자 간의 영상통화가 이루어진다.

Chapter 3

# 이동통신기술의 발전

## 3.1 이동통신기술의 진화

이동통신은 1984년 제1세대 이동전화인 아날로그 이동전화를 시작한 이후 지속적으로 발전하여 왔다. 1990년대 중반 최초의 이동전화인 아날로그 이동전화는 시스템의 용량이 매우 작아 이미 셀룰러 주파수가 포화 상태에 이를 것으로 예상되었다. 따라서 시스템의 용량 증대 필요성에 따라 제2세대 이동전화 시스템인 디지털 이동전화 시스템이 개발되었는데 CDMA 기술은 시스템 용량이 아날로그와 비교하여 10배 이상이었다. 1990년 후반에는 사용자들이 음성 및 간단한 메시지 서비스뿐만 아니라 멀티미디어 서비스를 요구하면서 제3세대 IMT-2000 서비스가 개발되기 시작하여 2000년에 서비스를 시작하였다. 2000년대 초반에는 IMT-2000 서비스가 멀티미디어 서비스를 자유스럽게 이용하기에는 기술 및 경제적인 문제가 남아 있었고 이를 극복하는 방법으로 제4세대 이동통신 서비스인 IMT-Advanced 서비스가 나오게 되었다. 제4세대 이동통신 서비스인 IMT-Advanced 서비스는 유선 인터넷 품질을 가지면서도 다양한 네트워크를 함께 사용하고 IMT-Advanced 기술 자체의 용량도 크게 증가하여 이동통신의 멀티미디어 서비스를 누구나 이용할 수 있도록 할 것으로 기대하고 있다. 제5세대 이동통신 서비스인 IMT-2020 서비스는 모든 사물을 인터넷에 연결하여 통신하는 지능형 정보사회를 지향하여 발전하고 있다. 이것을 요약하면 〈그림 3-1〉과 같다.

우리나라의 이동통신의 발전을 살펴보면 다음과 같다. 우리나라는 1996년 1월 1일 세계 최초로 CDMA 다중접속기술을 사용하는 이동통신 시스템을 상용화하였다. 최초의 CDMA 방식의 디지털 이동통신 시스템은 IS-95 방식으로 아날로그 셀룰러 이동전화서비스를 제공하고 있던 800 MHz 주파수 대역에 적용하여 서비스에 성공하였다. 이후 CDMA 이동통신시스템의 규격은 IS-95A, IS-95B, cdma2000 1x, 1x EV-DV, 1x EV-DO, 1x EV-DO Rev.A, 1x EV-DO Rev.B, UMB(Ultra Mobile Broadband) 등으로 새로운 서비스 기능을 추가하면서 발전하여 왔다.

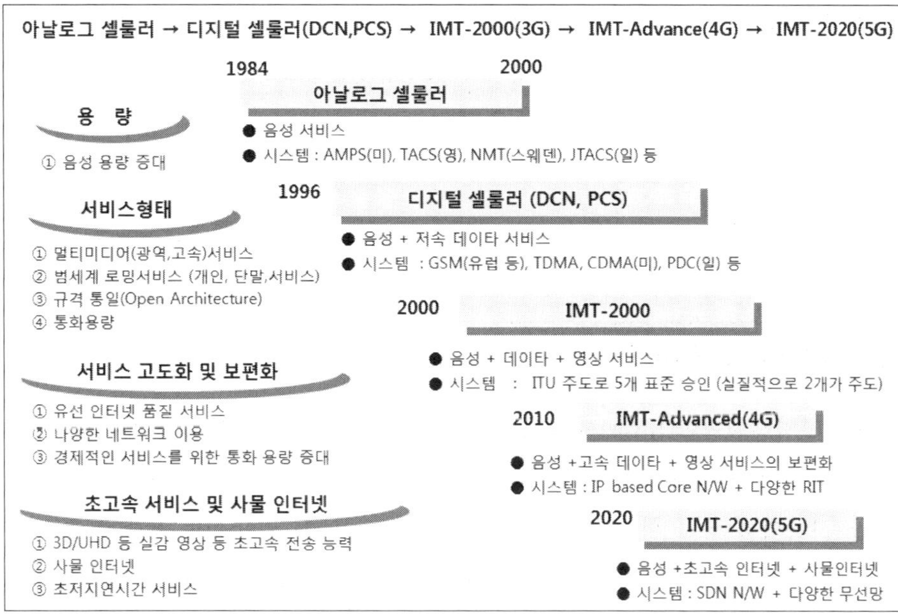


☑ **그림 3-1** 이동통신기술의 진화

여기서 EV-DO는 Evolution Data Only의 약어이고, EV-DV는 Evolution Data and Voice의 약어이다. 또한 2000년 이후 서비스하고 있는 WCDMA 방식의 이동통신 서비스를 제공하고 있는데 WCDMA 이동통신 시스템의 규격은 HSDPA, HSUPA, LTE(Long Term Evolution) 등으로 발전하고 있다.

IS-95와 IS-95A의 차이는 IS-95가 초기에 음성 신호만 전송하다가 저속의 데이터 서비스와 SMS 서비스를 전송하는 것이다. 1997년 10월에는 1.7 GHz 주파수 대역에서 PCS라는 이름으로 CDMA 이동통신 서비스를 하게 되었는데 초기 적용한 규격이 J-STD -008이라는 규격으로 주파수 대역만 다르고 기타 기술은 IS-95A와 동일하다. 이후 무선데이터의 속도가 증가하면서 64 kbps 수준의 무선 데이터의 속도를 지원하는 IS-95B 규격이 나왔지만 부가 코드 채널 (한 사람이 여러 채널을 할당 받아 사용) 방식에 의해 높은 비용 증가 및 시설 운용의 비효율성으로 활성화되지는 못하였다. 이외에 IS-95보다 전력제어 및 핸드오프에서 개선하였는데 소프트 핸드오프 방식에서 고정치가 아닌 다이내믹 임계치 방식으로 전환하였고 하드 소프트핸드오프처럼 핸드오프에서도 단말기가 지원하는 핸드오프를 기능을 구현하여 핸드오프의 성능을 개선하였다.

2000년 이후에는 동기 방식 IMT-2000 시스템인 cdma2000과 비동기 방식 IMT-2000 시스템인 WCDMA CDMA 이동통신 시스템은 2000년에 이전과는 전혀 다른 즉 음성과 고속데이터의 전송이 가능한 새로운 규격으로 발전하여 고속 이동시에도 144kbps 이상의 전송속도를 만족할 수 있었다. 이후 급격한 기술의 발전으로 4세대 이동통신에서는 고속 이동시 100Mbps를 구현할 수 있도록 발전하고 있다.

## 3.2 IMT-2000

### 3.2.1 IMT-2000 서비스

국제전기통신연합(International Telecommunications Union)은 1985년부터 IMT-2000 서비스를 2000 MHz대역에서 2000년에 서비스를 시작한다는 목표를 가지고 개발을 시작하였다. 이에 따라 1992년 WARC-92에서 2GHz대 총 230MHz(1885~2025 MHz, 2100~2200MHz)를 IMT-2000 대역으로 지정하게 되었다. 이후 2000년 5월에는 IMT-2000 주파수 대역이 기존 2GHz 대역뿐만 아니라 806~960 MHz, 1710~1885 MHz, 2500~2690 MHz 대역으로 확대되었다. 그리고 마침내 2000년 10월 한국에서 세계 최초로 cdma2000 방식으로 IMT-2000 서비스가 시작되었다.

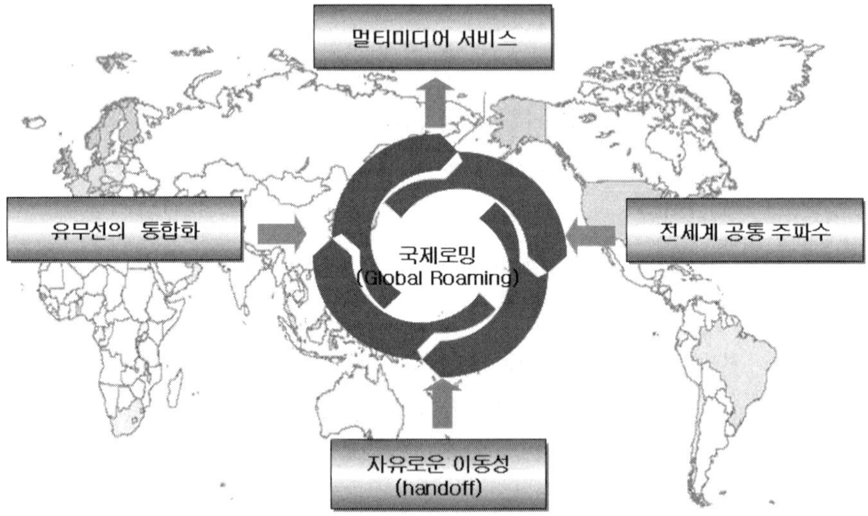


☑ **그림 3-2** IMT-2000 서비스의 구현목표

전파라는 전송매체를 사용하여 멀티미디어 서비스를 구현하기 위한 것이 IMT-2000이다. IMT-2000도입에 따른 서비스 구현 목표는 〈그림 6-2〉와 같이 유무선 통합화와 세계 공통의 주파수 사용을 통하여 자유로운 이동성을 보장하기 위한 국제로밍 제공을 추진하고 있으며 최종적으로 멀티미디어 서비스가 가능한 진정한 네트워크의 구현을 목표로 하고 있다.

IMT-2000 기술은 기존 이동전화 등에 비해 데이터 전송속도가 고속화되고 세계적 표준에 맞춰 세계 어디서나 동일한 단말기로 통화가 가능한 통신 서비스를 말한다. IMT-2000은 ITU의 규격에 따르면 휴대폰 사용자가 정지하거나 걷는 정도의 속도로 움직일 때는 최고 384Kbps, 고속 이동체 안에서는 128Kbps, 고정 또는 장착된 2Mbps까지 진송속도를 낼 수 있는 기능을 갖고 있어야 한다. ITU는 이러한 요구사항을 만족하는 5개 기술을 표준으로 승인하였지만 실제적으로 WCDMA와 cdma2000이 전세계 대부분의 시장을 점유하고 있다.

ITU는 1999년 상기 조건을 만족하는 5개의 무선접속규격을 IMT-2000 표준으로 승인하였다. 그 가운데 CDMA방식이 대세이며 3GPP2(The 3rd Generation Project Partner 2)가 표준화한 cdma2000 방식(동기식)과 3GPP(The 3rd Generation Project Partner)가 표준화한 WCDMA 방식(비동기식)으로 나누어진다. 핵심망은 2개의 기술 표준을 사용하고 향후 IP-based 망(패킷망)으로 통합할 것을 권고하고 있다. 2007. 10월 OFDMA 기반의 OFDMA TDD 가 6번째 IMT-2000 기술 표준으로 승인되었다.

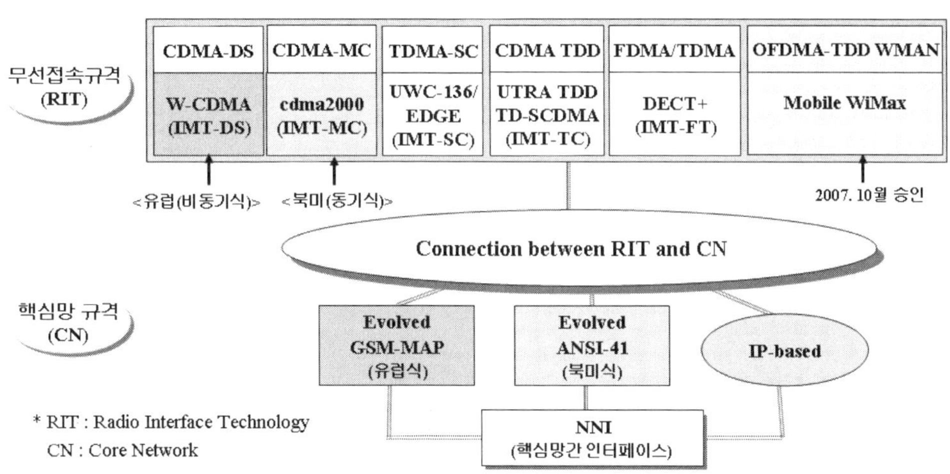


☑ **그림 3-3** IMT-2000 기술 표준

1999년 승인된 IMT-2000 기술 표준의 주요 특징은 〈표 3-1〉과 같다.

☑ **표 3-1** IMT-2000 시스템 표준 기술의 주요 특징

| 구 분 | IMT-DS (IMT-2000 CDMA Direct Spread) | IMT-DC (IMT-2000 CDMA Multi Carrier | IMT-TC (IMT-2000 CDMA TDD) | IMT-SC (IMT-2000 TDMA Single Carrier) | IMT-FT (IMT-2000 FDMA/TDMA |
|---|---|---|---|---|---|
| 일반 명칭 | WCDMA | cdma2000 /1x EV DO | UTRA TDD TD-SCDMA | UWC-136+ UWC-136HS | DECT+ |
| 듀플렉스 방법 | FDD | FDD | TDD | FDD | TDD |
| 무선접속 방식 | CDMA | CDMA | CDMA | TDMA | TDMA |
| 주파수 재사용율 | 1 | 1 | 1 | 7 | 1 |
| 채널대역폭[MHz] | 5 | 1.25 | 5/1.6 | 0.03/0.2/1.6 | 2 |
| 칩레이트[Kcps] | 3840 | 1228.8 | 3840/1280 | 24.3/270.833/2600 | 960 |
| 프레임 길이[ms] | 10(2) | 5,10,20 | 10/10(5) | 40/4.615/4.615 | 10 |
| Time slot | 15 | -/16 | 15(7) | 3(6)/8(16)/16~64 | 24 |
| 변조 방식 (개선된 규격) | QPSK(16 QAM) /HPSK | QPSK/OQPSK (8PSK/16QAM) | QPSK(16 QAM) /HPSK | π/4 DQPSK,8PSK GMSK, B-Offset-QAM Q-Offset-QAM | GFSK (π/2,π/4, 3π/8 DQPSK 16,64QAM) |
| 채널 코딩 방식 | Convolution Turbo | Convolution Turbo | Convolution Turbo | Convolution ARQ | |
| 음성 코덱[kbps] | AMR:12.2, 5.9 | QCLEP EVRC:8 | AMR:12.2, 5.9 | US1:7.4 AMR:12.2, 5.9 | ADPCM : 32 |
| 데이터전송율[kbps] (개선된 규격) | 2000 (14400) | 144 (3200) | 2000 (14400) | 수십/384/2000 | 562 (1152~6912) |
| 전력[dBm] | 단말기 24dBm | 단말기 :~1.25W | 단말기 24dBm | 단말기 :~1.25W | 4~24 |
| 기지국 반경 | ~수십 km | ~수십 km | ~3.5 km | ~수 km | 25~100m |
| 서비스 지역 | 전 세계 | 전 세계 | (중국) | 미주 지역 일부 | 유럽 등 |

2007년 10월에 6번째 IMT-2000으로 승인된 IMT-2000 OFDMA TDD 기술의 규격을 요약하면 다음과 같다.

☑ **표 3-2** OFDMA TDD WMAN 시스템 표준 기술의 주요 특징

| 구 분 | 파 라 미 터 |
|---|---|
| 일반 명칭 | Mobile WiMax |
| 듀플렉스 방법 | TDD |
| 무선접속 방식 | OFDMA |
| 주파수 재사용율 | 1 |
| 채널 대역폭[MHz] | 5, 10 |
| 샘플링 주파수[MHz] | 5.6 / 11.2 |
| 프레임 길이[ms] | 5 ms |

| 구　분 | 파 라 미 터 |
|---|---|
| FFT 크기 | 512, 1024 |
| 변조 방식 | 순방향 : QPSK, 16QAM, 64QAM, 역방향 : QPSK, 16QAM |
| 채널 코딩 방식 | Convolutional Coding, Convolutional Turbo Coding |
| 음성 | VoIP |
| ARQ | Hybrid ARQ |
| 데이터 전송율[kbps]<br>(개선된 규격) | 25 Mbps<br>(50 Mbps) |
| 기지국 반경 | ~ 5 km |

## 3.2.2 IMT-2000 시스템에서 동기와 비동기의 의미

정보를 받는 사람은 정보를 보낸 사람이 언제 보냈는지를 알아야 정확히 정보를 알 수 있다. 이와 같이 정보를 보내는 사람의 송신 시각을 정확히 맞추는 기능이 동기(Synchronization)이다. 이러한 동작은 비트 단위로 데이터를 보내는 디지털 통신에서 필수적인데 통신망에서 데이터 송수신 시각을 일치시켜 오류가 없는 정보를 송수신하는 것은 매우 중요하다.

IMT-2000 기술은 cdma2000을 동기 IMT-2000 시스템, WCDMA를 비동기 IMT-2000 시스템으로 구분하여 사용하기도 하였는데 동기/비동기의 구분은 디지털 데이터의 동기를 맞추는가? 맞추지 않는가? 의 기준이 아니라 단말기가 기지국과 통신하기 위한 기지국을 확인할 때 GPS가 보내는 시간을 이용하는가의 여부로 구분한다.

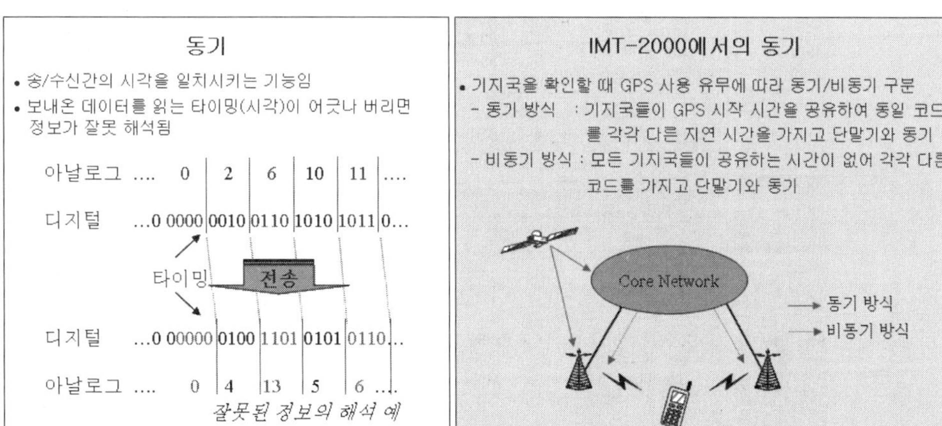


☑ **그림 3-4** IMT-2000 동기와 비동기 시스템의 의미

동기식 IMT-2000과 비동기식 IMT-2000을 비교하면 다음과 같다.

☑ **표 3-3** IMT-2000 동기와 비동기 시스템 비교

| 구 분 | 동기(cdma2000) | 비동기(WCDMA) | 비 고 |
|---|---|---|---|
| 다중접속방식 | CDMA | CDMA | 주파수 재사용율 1구현 |
| 기지국간 동기 | GPS 사용 | 비동기 | 기지국 동기는 동기 방식이 다소 빠르나 시스템은 다소 복잡함 |
| 기지국 구분 | 동일 코드 사용하며 시간을 달리하는 PN offset으로 구분(512개 구분) | 서로 다른 PN 코드를 사용하여 기지국을 구분(512개 구분) | 기지국을 구분하는 초기 동기 시간 및 핸드 오프를 할 때 동일 코드를 사용하는 동기 방식이 빠름 |
| 신호 방식 | ANSI-41 | GSM-MAP | 북미, 유럽간 표준화에 따라 다를 뿐 기능에서는 별 차이 없음 |
| Duplex 방식 | FDD | FDD/TDD | 비동기 방식의 경우 마이크로셀을 위해 TDD가 정의되어 있으나 동기 방식은 없음 |
| 세계 시장 (Global 로밍) | 약 20% (북미, 아시아 등) | dir 80% (GSM 지역 대부분) | Global 로밍의 경우 비동기 방식이 유리함 |

# 3.3 IMT-2000 기술의 발전

## 3.3.1 개 요

cdma2000 및 WCDMA 시스템의 진화 방향을 요약하면 〈그림 3-5〉와 같다.

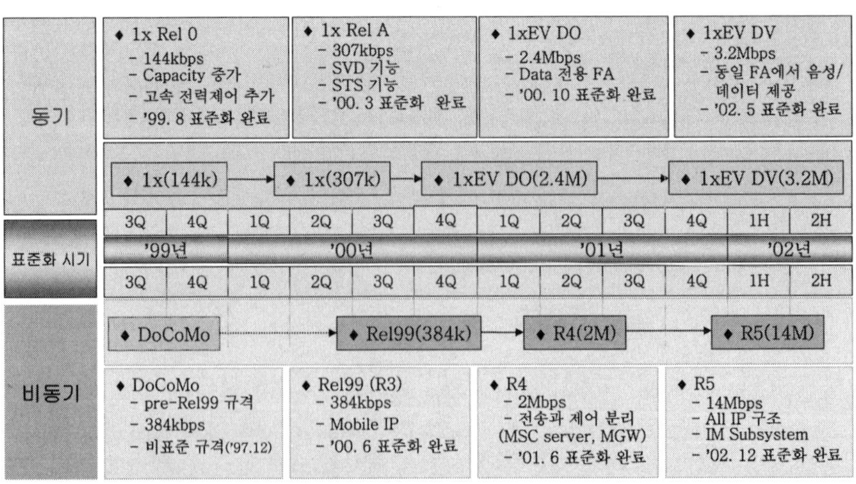

IM : IP Multimedia, SVD : Simultaneous Voice & Data, STS : Space Time Spreading

☑ **그림 3-5** cdma2000 및 WCDMA 시스템의 진화 요약

지난 1999년 5개의 IMT-2000 기술이 표준화한 이후 cdma2000 및 WCDMA 기술은 지속적으로 기술을 발전시켜 왔으며, 휴대인터넷 기술인 Mobile WiMax도 지속적으로 기술을 발전시켜 마침내 2007년 10월 OFDMA TDD WMAN 이라는 이름으로 6번째 IMT-2000 기술이 되었다. 기존 IMT-2000 기술과 새로운 IMT-2000 기술은 계속해서 기술을 발전시키고 있는데 이를 요약하면 〈그림 3-6〉과 같다.

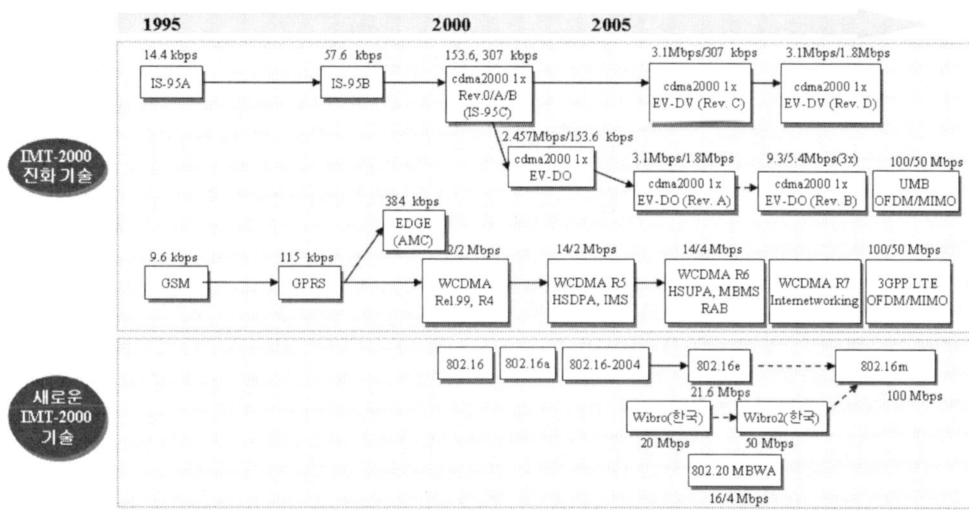


☑ 그림 3-6 IMT-2000 기술의 발전

cdma2000, WCDMA, Mobile WiMax 모두 궁극적으로 회선 교환망과 패킷 교환망의 구분이 없어지고 패킷 교환망으로 진화할 것이다. 다만 아직 다른 이동통신망 및 유선전화망이 회선 교환 서비스를 제공할 수 있기 때문에 기존 회선 교환기 시스템을 서버와 미디어 게이트웨이로 분리하여 패킷 서비스를 회선 서비스로 변환하여 회선기반의 다른 통신망과 신호를 주고받을 수 있도록 하였다.

## 3.3.2 cdma2000의 발전

### (1) 개 요

cdma2000 시스템은 북미 규격인 IS-95 기반 CDMA 방식으로부터 시작하여 계속해서 진화하고 있다. cdma2000 시스템의 진화는 〈그림 6-24〉와 같이 cdma2000 1x Release A, cdma2000 1x EV-DO, cdma2000 1x EV-DV 등  크게 3가지로 진화하고 있다.

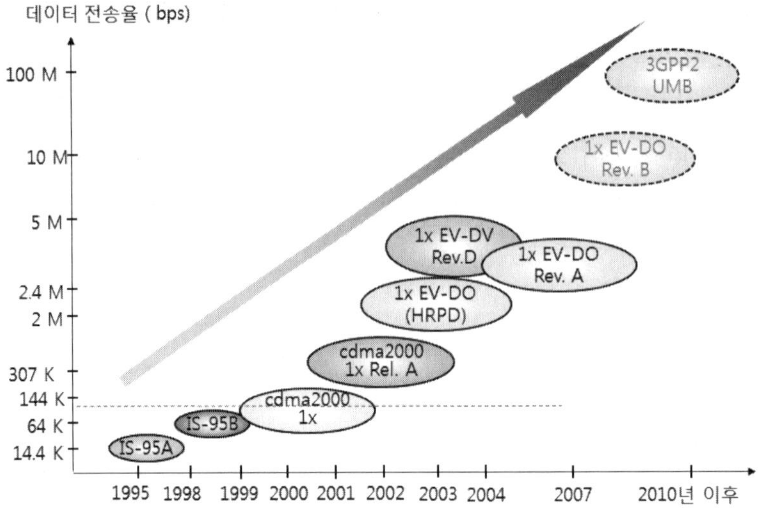


☑ **그림 3-7** cdma2000 기술의 진화

1) cdma2000 1x Release A

cdma2000 1x에서 S/W upgrade 및 일부 H/W보완을 통한 데이터 전송속도를 최대 614.4kbps까지 전송이 가능하며, 규격은 2000년 2월에 완료되었다.

2) cdma2000 1x EV-DO(HDR)

퀄컴에서 제안한 방식이며, 데이터만 2.4 Mbps의 속도로 제공되는 것으로써 기존(IS-95A, B)장비와 RF부분이 호환성을 가지고 있다. 또한 규격은 2000년 10월에 완료되었으며 국내 사업자들에 의해 2002년 초 세계 최초로 상용화에 성공했다.

3) cdma2000 1x EV-DV

음성과 데이터가 동시에 제공되며 최대 3.1Mbps의 전송속도로서 cdma2000 1x장비의 upgrade를 통하여 구현할 수 있다.

### (2) cdma2000 기술의 진화

cdma2000 표준을 담당하고 있는 3GPP2의 조직은 여러 TSG(Technical Specification Group)로 구성되어 있으며 상위 의결기관인 Steering Committee 아래 RAN 접속을 담당하는 TSG-A, CN을 담당하는 TSG-X, 무선접속부문인 TSG-C, 서비스와 망구조를 담당하는 TSG-S 등으로 이루어져 있다. 2세대인 IS-95A/B에서 음성(Voice), 64kps의 패킷 데이터(Packet Data), 회선 데이터(Circuit Data)등의 서비스를 제공하였다.

3세대인(cdma2000) 시스템에서는 더욱 다양한 멀티미디어 데이터서비스와 고속의 전송대역을 지원하기 위하여 여러 가지 기능 등을 도입하였다. 음성, 고속의 패킷과 서킷 데이터 서비스가 지원되며, 이들 중 복수의 서비스를 동시에 수행하는 기능이 추가되었다. 여러 가지 멀티미디어 서비스들의 다양한 QoS 요구조건들을 만족시키기 위하여 QoS 제어 메커니즘을 도입하였다. cdma2000 1x EV-DV/ cdma2000 1x EV-DO 기술을 통하여 데이터 전송속도를 2Mbps 이상 높였고, 최근 완성된 cdma2000 Rev.D/1xEV -DO Rev.A를 통하여 멀티미디어 서비스의 장애였던, 역방향 최대 전송률을 1.8Mbps까지 높여 양방향 멀티미디어 서비스 기능이나 멀티미디어 메시징 기능 등의 구현이 용이해졌다.

☑ **표 3-4** cdma2000 진화 기술의 주요 특징

| 기술표준 | cdma2000 1x Rev.0/A/B | 1x EV-DO | 1x EV-DV Rev. C | 1x EV-DV Rev. A | 1x EV-DV Rev. B | Ultra Mobile Wideband |
|---|---|---|---|---|---|---|
| 주요기술 | ·307/307kbps<br>·Fixed Modem/ Coding<br>·Rev. A : STS, SVD 기능 추가 | ·2.4/0.153Mbps<br>·AMC(~16QAM)<br>·DL HARQ<br>·BCMCS | ·3.2/0.307Mbps<br>·AMC(~16QAM)<br>·DL HARQ<br>·Fast Cell Selection | ·3.1/1.8Mbps<br>·UL AMC(~8PSK)<br>·UL HARQ<br>·Fast RAB | ·9.3/5.4Mbps<br>·Scalable Bandwidth (1.25MHz×3)<br>·Multi Carrier 기술 | ·100/50Mbps<br>·OFDM<br>·20MHz BW<br>·All IP |
| 주 요 서비스 | 64kbps 패킷 데이터, 회신데이터 | ·고속인터넷 접속<br>·고속하향 멀티미디어 | ·고속인터넷 접속<br>·고속하향 멀티미디어 | ·멀티미디어 이메일<br>·텔리매틱스, 게임<br>·영상전화서비스 | ·멀티미디어 이메일<br>·텔리매틱스, 게임<br>·영상전화 서비스<br>·VoIP | ·4세대 이동통신 서비스 |
| 표준완성 | 1999~2000.3 | 2001. 10 | 2002.5 | 2004.3 | 2006.4 | 2007.10 |
| 상용시기 | 2000.10 | 2002 | | 2006 | 2008 | 2010년 이후 |

SVD : Simultaneous Voice & Data
BCMCS : Broadcast Multicast Service
IMS : IP Multimedia Service
STS : Space Time Spreading
RAB : Radio Access Bearer

### (3) cdma2000 망의 진화

cdma2000 시스템은 궁극적으로 All-IP 망으로 발전할 것이다. 주요 특징은 음성, 영상, 데이터 모두 패킷 망으로 서비스 되며 교환 기능은 신호와 데이터가 분리되어 처리될 것이다. cdma2000이 진화된 망구성은 〈그림 3-8〉과 같다.

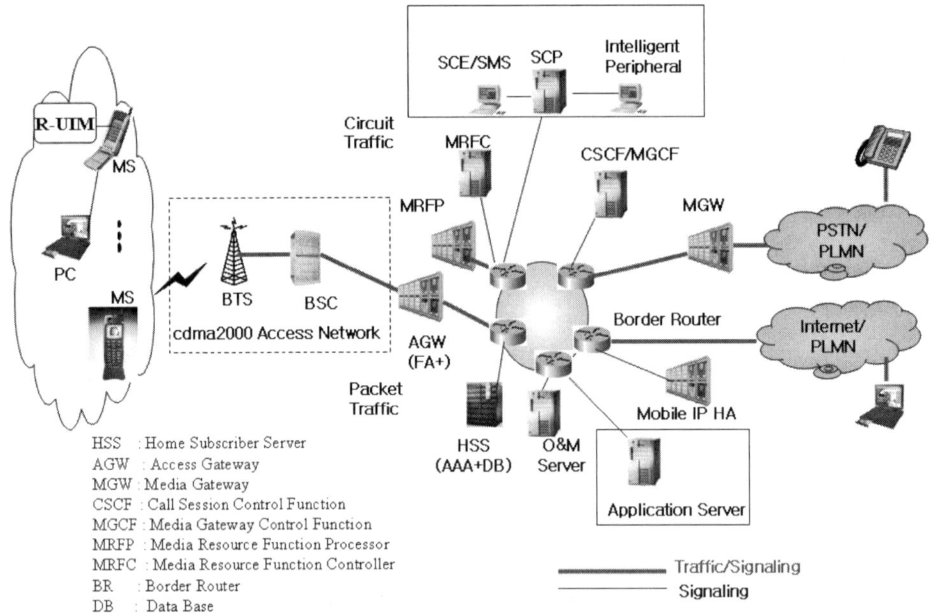


☑ **그림 3-8** cdma2000 망의 진화

미래 이동통신망이 All IP(Internet Protocol) 망으로 발전하면서 새로운 망의 형태가 되는데 주요 구성 요소는 다음과 같다. 첫째 HSS 장비는 기존망의 HLR 기능과 AAA 기능을 포함하는 장비로 이동성, 호설정, 가입자 인증, 보안 관리기능을 수행한다. AGW는 기존 PDSN 기능과 기타 핵심망을 접속하는 기능을 포함하고 있다. MGW는 기존 MSC의 데이터 교환과 같은 기능을 수행하며 Circuit Switched (CS) 또는 IP Multimedia (IMS) 데이터에 따라 CS-MGW 또는 IMS-MGW 라고 불린다. CSCF는 IP Multimedia의 call session을 설정하는 기능을 수행한다. P-CSCF(Proxy-CSCF)는 사용자 단말의 최초 접속점으로 SIP(Session Initiation Protocol) 메시지를 받아 다른 CSCF로 전달한다. S-CSCF(Serving CSCF)는 HSS로부터 사용자 프로필을 받아 사용자 정보를 저장하고 사용자의 세션에 대한 제어를 수행한다. I-CSCF(Interogating CSCF)는 타 사업자망과 연동 시 망 구성, 망 용량, 망 내 연결정보 등의 정보를 암호화하여 정보가 외부로 유출되는 것을 방지한다. MGCF는 CSCF와 통신하면서 IMS-MGW의 미디어 채널을 관리하며 외부 시스템의 신호와 IMS 신호의 프로토콜 전환을 수행한다. MRFC는 MRFP에 있는 미디어 스트림 서비스의 자원을 제어한다. MRFP는 미디어 스트림 서비스 자원의 혼합, 처리 및 흐름을 관리한다. BR은 멀티미디어 및 기존 서비스 모두를 지원하며 핵심 망과 다른 망과의 접속을 제공한다.

## 3.3.3 WCDMA의 발전

### (1) 개 요

WCDMA는 GSM을 기반으로 〈그림 3-9〉와 같이 발전하여 왔다. GSM의 무선 구간 전송 기술은 TDMA 방식으로 회선 음성서비스에서 데이터 전송속도를 보강하는 HSCSD (High-speed Circuit Switched Data, 전송속도 57.6kbps)로 발전되었으며, HSCSD에서 116kbps까지 전송이 가능한 GPRS (General Packet Radio Service)로 발전하였다.

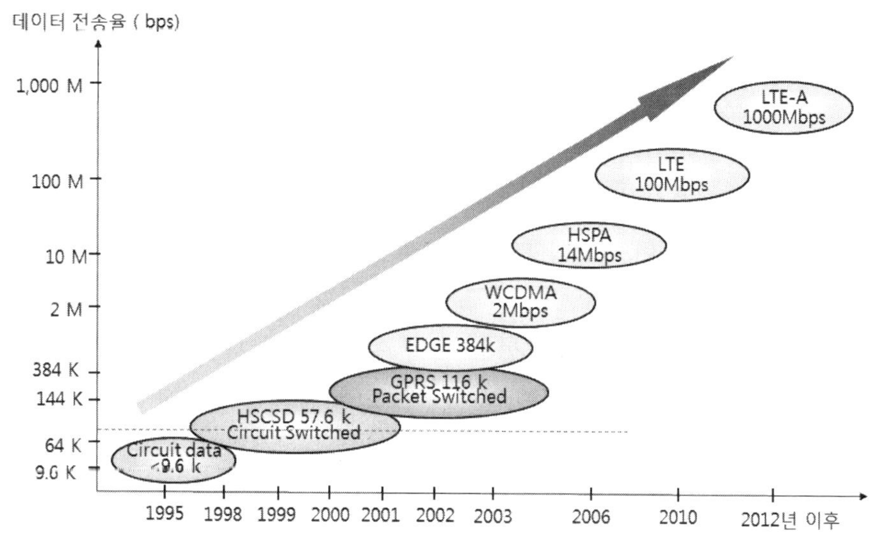


☑ **그림 3-9** WCDMA0의 망진화

WCDMA 무선망은 기존망 (GSM)과 역호환성을 제공하면서 발전하고 있다. 기존의 GSM망으로부터 진화 과정을 살펴보면 다음과 같다.

1) HSCSD(High-Speed Circuit Switched Data)

- 데이터 전송속도 : 57.6 kbps
- 영상회의에 적합하도록 설계
- 회선전송의 데이터 서비스이므로 비교적 안정된 품질확보

2) GPRS(General Packet Radio Service)

- always on-time, Always connected
- 데이터 전송속도 : 115kbps까지

- 유선 인터넷 접속 응용, 멀티미디어 메일 제공
- 패킷 단위 전송으로 회선 효율의 극대화

3) EDGE(Enhanced Data rates for the GSM Evolution)

- 적용 주파수 대역의 확장 : 800, 900, 1800, 1900 MHz
- 200 kHz의 TDMA 방식을 통한 고속 데이터 전송

4) W-CDMA

- 적용 주파수 대역 : 2 GHz 주파수
- 채널당 대역폭 개선 : 5 MHz / 채널
- 완전히 새로운 기술도입 및 고품질 음성, 데이터, 영상 서비스 구현

### (2) WCDMA 기술의 진화

WCDMA 표준을 담당하고 있는 3GPP의 조직은 여러 TSG(Technical Specification Group)로 구성되어 있으며 TSG RAN의 Work Group에서 Radio Access Network 관련 표준을 진행하고 있다. WCDMA의 최대 장점이자 ITU가 내세운 세계 표준은 지구촌 어디서나 동일한 단말기로 통화를 할 수 있는 글로벌로밍(Global Roaming)이다. WCDMA는 지속적으로 발전하고 있으며 이의 결과를 요약하면 〈표 3-5〉와 같다.

☑ **표 3-5** WCDMA 진화 기술의 주요 특징

| 기술 표준 | Releas e 99 | Releas 4 | Release 5 (HSDPA) | Release 6 (HSUPA) | Release 7 | Release 8 (LTE) | Release 10 (LTE-A) | Release12 |
|---|---|---|---|---|---|---|---|---|
| 주요 기술 | · 2Mbps<br>· Fixed Modem /Coding | · 2Mbps<br>· Fixed Modem /Coding<br>· 전송–제어분리 (MSC Server, MGW) | · 14/2 Mbps<br>· AMC(~16QAM)<br>· DL HARQ<br>· Short packet packet(10ms→2ms)<br>· Fast Cell Selection<br>· RNC 일부 기능이 Node-B로 이전<br>· IMS 도입 | · 14/5.7Mbps<br>· EDCH(HARQ, short, Node-B based schedulling)<br>· MBMS 도입<br>· RAB for IMS<br>· WLAN-UMTS I/W | · HSPA MIMO<br>· HSDPA/HSUPA 서비스 성능 향상<br>· AMC(64/16QAM)<br>· GSM 진화<br>· 용량/성능향상 | · 100/50 Mbps<br>· DL-OFDM<br>· UL-SCFDMA<br>· MIMO-4×4 | · 1000/500 Mbps<br>· CA, HetNet<br>· DL 8×8 MIMO<br>· UL 4×4 MIMO<br>· CoMP | · FD-MIMO (3D MIMO)<br>· Enhanced local access<br>· CoMP enhancement |
| 주요 서비스 | 영상전화 서비스 | 영상전화 서비스 | · 고속 인터넷 접속<br>· 고속하향 멀티미디어<br>· IMS<br>· VoIP | · 멀티미디어 이메일<br>· 탤리메틱스, 게임<br>· PTT<br>· MBMS | · 유무선 IMS<br>· 실시간 서비스 향상 | · 멀티미디어 서비스 보편화<br>· VoLTE | · 멀티미디어 서비스 고속화<br>· BYOD, IoT, M-M | · 초고속 멀티미디어 |
| 표준 완성 | 2000.6 | 2001.6 | 2002.3 | 2004.12 | 2007.3 | 2009.3 | 2011.6 | 2014.9 |
| 상용 시기 | 2001 | 2003.12 | 2005.12 | 2007 | | 2010 | 2013 | |

IMS : IP Multimedia Service  VoIP : Voice over IP  EDCH : Enhanced Uplink Dedicated Channel
RAB : Radio Access Bearer  PTT : Push To Talk  MBMS : Multimedia Broadcast and Multicast
CA : Carrier Aggregation  CoMP : Coordinated Multi Point  MIMO : Multiple Input Multiple Output

### (3) WCDMA 망의 진화

WCDMA 시스템은 궁극적으로 All-IP 망으로 발전할 것이다. 주요 특징은 음성, 영상, 데이터 모두 패킷 망으로 서비스 되며, 교환 기능은 신호와 데이터가 분리되어 처리될 것이다. WCDMA의 진화된 망구성은 〈그림 3-10〉과 같다.

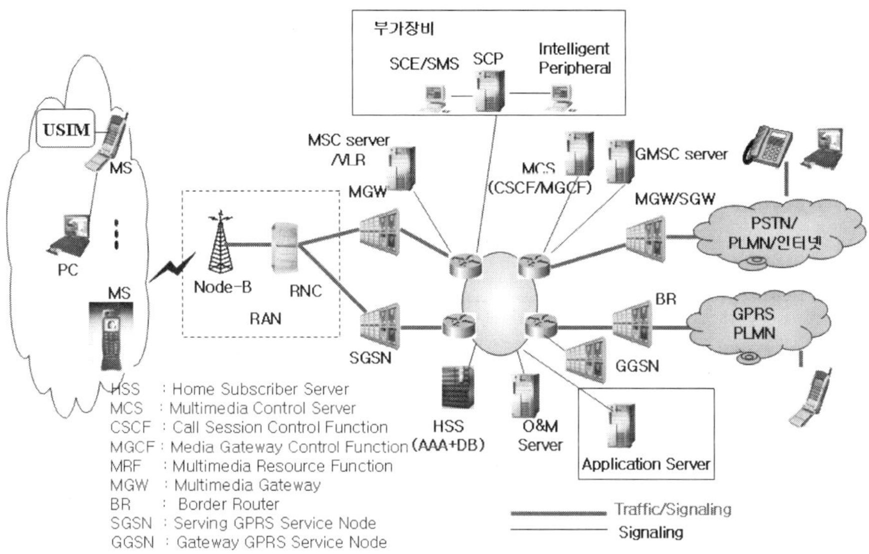


☑ **그림 3-10** WCDMA 망의 진화

WCDMA와 cdma2000의 All IP 망의 구성은 각각의 표준화 기관이 핵심망의 표준화를 상호 협조하여 추진함으로써 약간의 용어 차이와 약간의 기능 차이를 제외하고는 유사하다. 따라서 cdma2000에서 설명한 HSS, MGW, CSCF, MGCF, MRFC, MRFP 기능은 같다. MSC Server는 기존 MSC 기능에서 제어용 신호만을 처리하는 장비이며, SGW는 기존 SS7 신호망과 IP Multimedia 망의 트랜스포트 프로토콜 전환 기능을 수행하고, BR은 GPRS 이동통신망과 패킷 서비스를 연동하는 기능을 수행한다.

## 3.3.4 IMT-2000 OFDMA TDD

### (1) 개 요

ITU는 2007년 10월에 OFDMA TDD WMAN(Mobile WiMax) 기술을 6번째 IMT-2000 기술 표준으로 승인하였다. OFDMA TDD WMAN(Wireless Metropolitan Area Network)

은 고정 광대역 무선 가입자망 기술인 IEEE 802.16 기술을 기반으로 이동성 기능을 추가하여 이동하면서 고속 인터넷 접속이 가능한 휴대인터넷 서비스이다. IEEE(Institute of Electric and Electronic Engineers)는 당초 고정 광대역 무선 가입자망 서비스인 802.16d 기술을 발전시켜 2005. 12월 이동성이 추가된 802.16e의 표준을 완성하고 2007년 5월 ITU에 표준을 제안하였으며 2007년 10월에 승인되었다. 한편 국내의 경우 정보통신기술협회(TTA)에서 2004년 6월에 와이브로(WiBro) 시스템을 표준으로 승인하고 2005년 12월 2단계 표준을 진행하면서 IEEE 802.16e와 호환성을 갖는 표준을 승인하였다. 〈그림 3-11〉은 IMT-2000 OFDMA TDD 표준화 과정을 나타내고 있다.

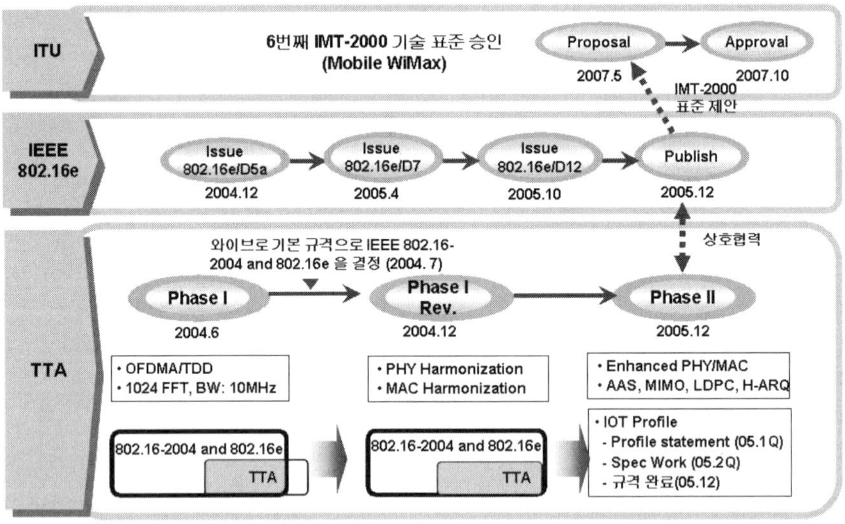


☑ **그림 3-11** IMT-2000 OFDMA TDD 표준화 과정

### (2) 시스템 개요

IMT-2000 OFDMA TDD 시스템은 기본적으로 IP 네트워크를 포함한 패킷 기반의 트래픽을 전송할 수 있는 형태로 구성되어 있다. 접속망은 고정 및 이동 통신망 모두를 지원하며 이동통신망의 경우 핸드오프를 지원한다. 서비스는 실시간 및 비실시간 서비스 모두를 지원하며 멀티미디어 서비스, 방송(Broadcast) 및 다중 전송(Multicast) 서비스, 국가에서 법적으로 요구하는 긴급 서비스를 제공할 수 있다. 시스템 기술 규격은 1계층인 물리계층(Physical Layer)과 2계층인 매체접근계층(Medium Access Layer)만 정의하여 상위 계층에 대해 개방된 형태로 다양한 네트워크와 접속이 쉽게 이루어질 수 있도록 구성되었다. 무선 접속망(Radio Access Network)은 기지국(BS : Base Station)과 단말기(SS : Subscriber Station)로 구성되어 있다.

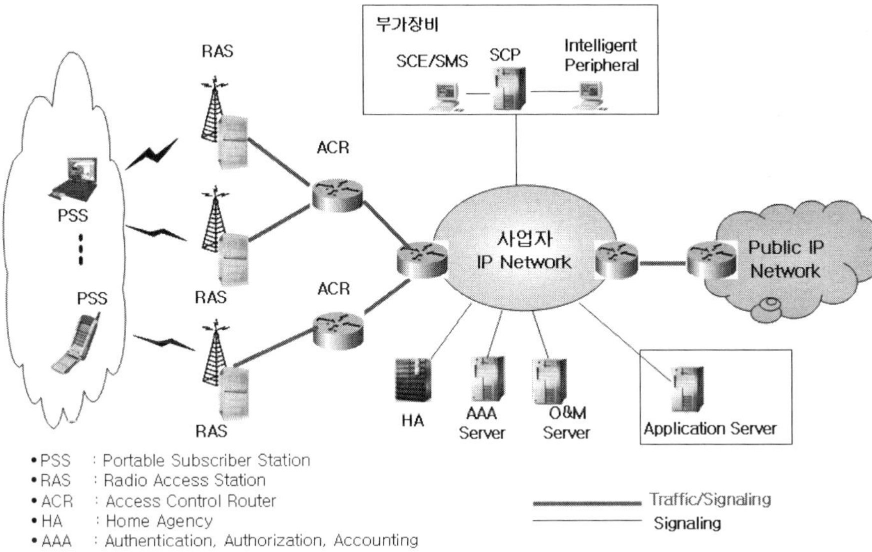


☑ **그림 3-12** IMT-2000 OFDMA TDD 망구성도

기지국은 다음과 같은 기능을 수행한다.

- 기본 파라미터 구성 및 시스템 파라미터 갱신
- 상향 및 하향 트래픽의 자원 할당
- 단말기의 요청 내용 및 서비스 파라미터에 근거한 QoS 스케줄링
- 데이터 프레임의 스케줄, 방송 및 다중 전송 서비스의 관리 내용을 단말기에 전송
- 통화 및 제어 정보의 송수신
- 접속 허용 제어 및 접속 관리 기능
- 다른 단말기에게 레인징 (타이밍, 전력 및 주파수 오차 조정), 시간 동기, 전력제어, 핸드오버 지원

단말기는 다음과 같은 기능을 수행한다.

- 기지국 확인, 시스템 파라미터 획득, 네트워크 연결
- 통화 연결, 제어 관리를 위한 연결, 추가적인 파라미터 협상
- 서비스에 따른 자원 요청
- 방송 및 다중 전송 신호 수신
- 주변 환경을 고려한 스케줄링 결정
- 초기 및 유지를 위한 레인징, 전력 제어

# 3.4 4세대 이동통신

## 3.4.1 개 요

IMT-Advanced(4세대 이동통신) 서비스는 지난 2003년 5월에 개최된 WRC-03에서 Beyond IMT-2000의 서비스 개념으로 제시되었다. 이후 ITU를 중심으로 지난 4년간 새로운 서비스에 맞는 시스템의 개념을 정의하고, 2007년 10월 WRC-07 회의에서 IMT-Advanced를 위한 새로운 주파수가 할당되었다. 이에 따라 IMT-Advanced 기술 개발 경쟁이 본격적으로 이루어지고 있으며 이와 함께 차세대 이동통신의 주도권을 잡기 위한 기술 표준화도 신속하게 이루어지고 있다. IMT-Advanced 서비스 및 시스템의 표준화는 ITU가 중심이 되어 2009년 10월까지 후보 기술을 제안 받고 2011년 2월까지 이루어질 예정이다. ITU(International Telecommunication Union)는 2008년 2월에 각국에 IMT-Advanced 후보 기술 제안을 요청하는 문서를 각국에 발송하였다. 그리고 지난 2008년 6월 제2차 ITU-R WP5D 회의에서 최소 기술 사항 문서 및 평가 지침 등의 문서를 완성함으로써 IMT-Advanced 기술의 윤곽이 나타났다.

## 3.4.2 IMT-Advanced 서비스 개념

ITU는 4세대 이동통신 서비스를 무선망에서 전송속도 측면에서 이동 중에 100Mbps, Nomadic(보행 중)에 1Gbps의 서비스를 제공하고 핵심 망에서 기존의 3G망 등 기존 Network에 대해 지원 가능하면서 IP 기반의 패킷 망 구조로 정의하였다. 그리고 ITU는 4세대 이동통신 서비스를 IMT-Advanced라고 정의하였다.

IMT-Advanced의 무선망 개념을 정리하면 다음과 같다. IMT-Advanced는 전송속도가 100Mbps~1Gbps인 새로운 무선 접속기술이고 이동전화 측면에서 고속이동 시 100Mbps 서비스를 제공하고 Local Area 측면에서 Nomadic, 정지 시 1Gbps 서비스를 제공하며 기존의 IMT-2000, Enhanced IMT-2000 및 Local Area Wireless Access 기술과 호환성을 유지하여야 한다. 또한 IMT-Advanced 시스템의 무선접속망은 Urban macro-cell scenario, Urban micro-cell scenario, Indoor hotspot scenario, Rural macro-cell scenario 등 4개의 전파환경 가운데 3개 이상을 만족하여야 한다. 위와 같은 개념에 근거한 IMT-Advanced 서비스 개념은 〈그림 3-13〉과 같다.

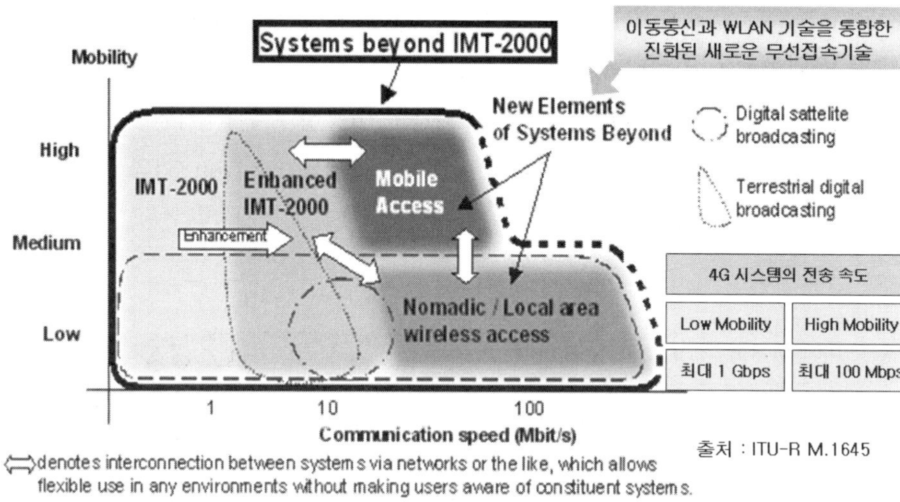


☑ **그림 3-13** IMT-Advanced 서비스의 무선망 개념

IMT-Advanced 서비스의 네트워크 측면을 보면 다양한 Access Network을 지원할 수 있는 IP 기반의 핵심망을 기본 개념으로 제시하고 있으며 이와 같은 IP 기반 네트워크는 기존의 2G, IMT-2000, WLAN, 유선 인터넷, 방송망의 호환성 지원 및 IP기반의 네트워크 인지가 가능한 지능망을 제시하고 이와 함께 IMT-2000 Advanced를 위한 새로운 무선 기술 개발 환경을 제시하고 있다. 이와 같은 개념은 〈그림 3-14〉에 나다내었다.

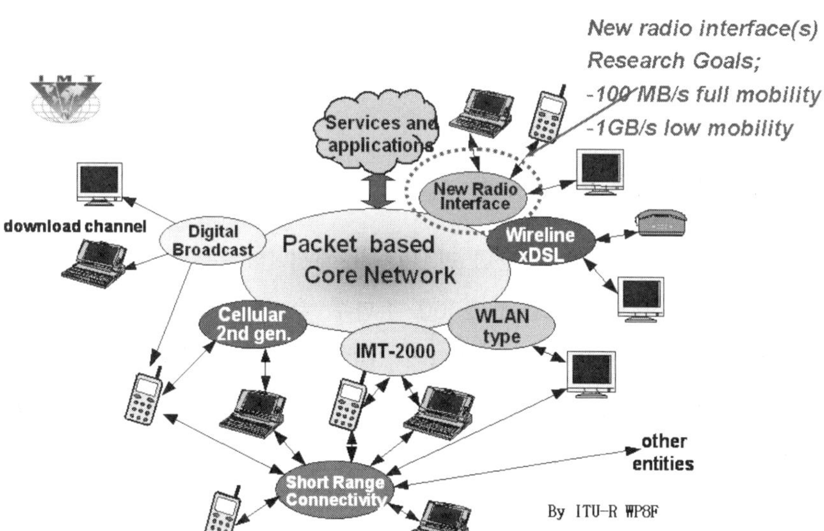


☑ **그림 3-14** IMT-Advanced 서비스의 네트워크 개념

IMT-Advanced 서비스는 이동통신 시스템뿐만 아니라 무선 랜과 같은 Nomadic 무선 접속 시스템과 디지털 방송 시스템까지도 포함하는 내용으로 정의하고 있다. 따라서 IMT-Advanced 시스템은 단말과 사용자의 이동성 지원을 지원하고 다른 액세스 기술로의 핸드오프를 지원하여야 한다. 이를 구현한 IMT-Advanced의 개념은 〈그림 3-15〉와 같이 나타내었다.

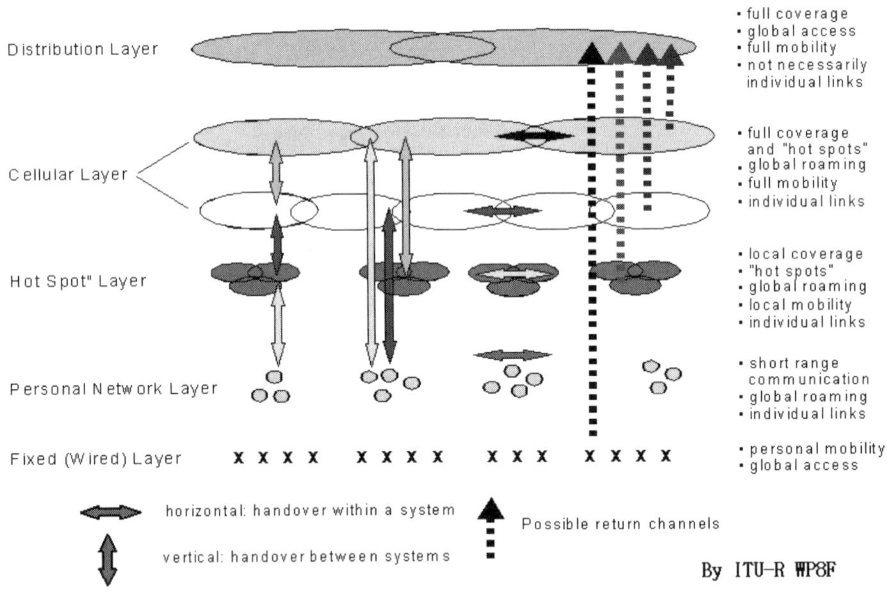


☑ **그림 3-15** IMT-Advanced 서비스의 망 구성

## 3.4.3 이동통신 주파수 확대

이동통신 주파수는 지난 1992년 WARC-92에서 IMT-2000 주파수 대역을 분배한 후 2000년 WRC-2000에서 IMT-2000 주파수 추가 분배, 2007년 10월 WRC-07에서 IMT-Advanced 용으로 추가 분배되어 기존 IMT-2000 주파수 대역과 IMT-Advanced 용 주파수 대역을 IMT로 통일하여 이용할 수 있도록 하였다. 상세한 주파수 분배 내용을 정리하면 〈그림 3-16〉과 같다.

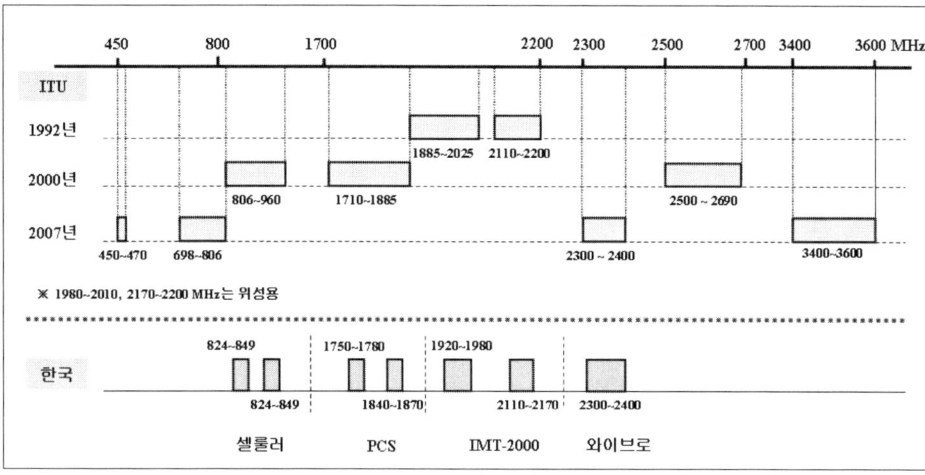


☑ **그림 3-16**

새로 추가된 주파수 대역의 자세한 사항은 〈그림 3-17〉과 같다.

| 분배 대역[MHz] | 주파수 분배 내용 |
|---|---|
| 450～470 | • 세계 공통 대역으로 분배(Identification)<br>• 타 업무와 공유 연구 채널 계획 |
| 790～862<br>698～806 | • DTV 전환이 종료한 후 일부 대역을 지역 또는 국가별로 할당<br>• 1지역 : 790～862 MHz<br>• 2지역 : 698～806 MHz<br>• 1지역 : 790～806 MHz, 일부 국가는 698～806 MHz [1)]<br>• 중국은 2015년 이후 활용 |
| 2300～2400 | • 세계 공통 대역으로 분배 |
| 3400～3600 | • 일부 대역을 지역 또는 국가별로 분배<br>• 1지역 : 유럽 / 아프리카 80개국 – 이동/IMT<br>• 2지역 : 3400～3500 – 14개 국가[2)](이동/IMT 분배) / 3500～3600 – 이동업무<br>• 3지역 : 3400～3500 – IMT : 한국, 일본, 파키스탄<br>이동 / IMT : 중국, 방글라데시, 인도, 이란, 뉴질랜드, 싱가포르, 3지역 프랑스령<br>3500～3600 – IMT : 한국, 중국, 일본, 방글라데시, 인도, 이란, 뉴질랜드, 파키스탄, 3지역 프랑스령 |

1) 한국, 중국, 일본, 인도, 뉴질랜드, 방글라데시, 필리핀, 파푸아뉴기니, 싱가포르
2) 아르헨티나, 브라질, 칠레, 코스타리카, 쿠바, 도미니카, 엘살바도르, 과테말라, 멕시코, 파라과이, 수리남, 우루과이, 베네수엘라, 2지역 프랑스령

☑ **그림 3-17** WRC-07의 이동통신용 주파수 분배

## 3.4.4 IMT-Advanced 기술 표준화

### (1) 개 요

ITU는 2007년 10월 주파수 분배 이전에 이미 IMT-Advanced 표준화를 위한 기본 지침을 만들어서 ITU-R RA(Radiocommunication Assembly) 총회에서 Resolution ITU-R 57로 승인 받았다. 주요내용은 첫째, 기술제안 주체로 회원국 및 비회원 단체에서 기술을 제안할 수 있고, 둘째, 기술평가 범주로 ITU의 최소기술요구사항 평가 지침에 따르고, 셋째, 기술평가 주체는 ITU가 진행하되 관련 기관은 참여 가능하고, 넷째, 기술합의는 제안 기술의 종류 수를 최소화(Minimize)하고, 다섯째, 초기 제안과정 이후에도 ITU 절차에 따른 신기술의 진입을 허용하며 여섯째 2010년 기술표준 권고안 초안을 작성하는 것 등이다.

상기 원칙에 근거하여 2008년 2월 IMT-Advanced 기술 표준화 일정이 포함된 후보 기술 제안 요청 문서를 작성하였다. IMT-Advanced 주요 표준화 일정을 나타내면 〈그림 3-18〉과 같다. 2008년 2월에 후보 기술 제안을 요청하고 제안서는 2009년 10월까지 수신하며 2010년 6월까지 평가를 완료한 후 2010년 10월에 기술 표준을 확정하고 2011년 2월까지 세부 기술 표준을 완료하였다.

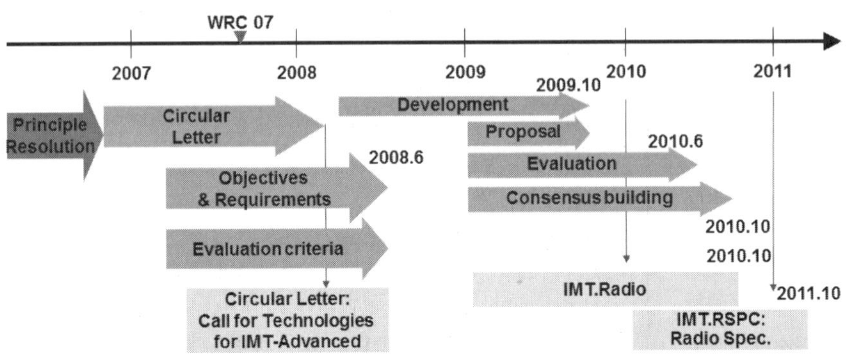


☑ **그림 3-18** ITU의 IMT-Advanced 기술 표준화 일정

IMT-Advanced 시스템의 기술 표준은 ITU가 IMT-Advanced 시스템을 정의하고 이를 만족하는 최소 기술 요구사항 및 시험조건을 제시하고, 표준화 단체, 국가, 업체 등이 제안한 후보 시스템을 평가하여 ITU가 제시한 요구사항을 만족하면 IMT-Advanced 기술 표준으로 승인하는 절차를 가지게 된다. 이에 따라 기존 IMT-2000 표준 시스템을 제안한 각 표준화 단체는 ITU에서 제시하는 IMT-Advanced 최소 기술 요구 사항을 만

족하기 위한 기술을 〈그림 3-19〉와 같이 ITU 일정에 맞추어 개발하였다.

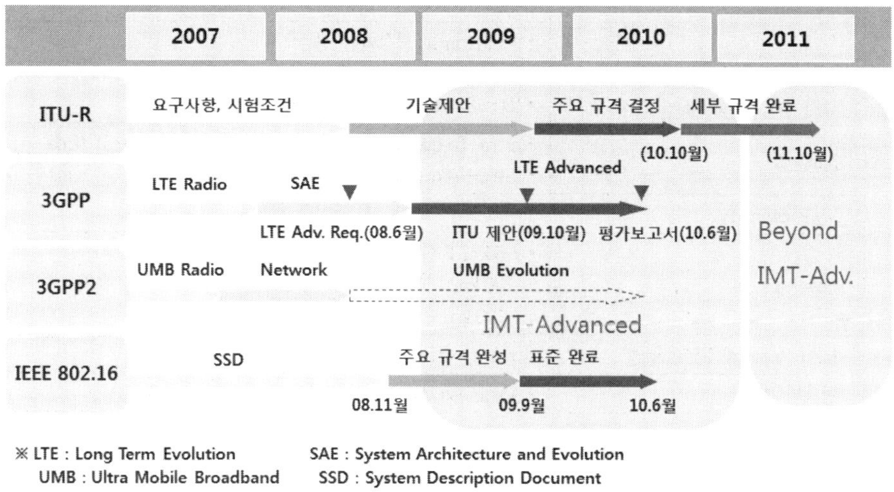


☑ **그림 3-19** ITU 및 주요 표준화 단체의 IMT-Advanced 기술 개발 일정

## (2) 각 표준화 기구의 기술 표준화

### 1) 3GPP

지난 2000년 IMT-2000 시스템으로 WCDMA를 표준화한 3GPP는 기존 CDMA 기술이 아닌 OFDM 기술을 기반으로 3GPP LTE(Long Term Evolution) 기술을 IMT-Advanced 기술로 개발하였다. 3GPP LTE는 광대역 주파수를 이용하여 ITU가 요구하는 100Mbps 피크 데이터 전송속도를 만족할 수 있었으나 셀의 데이터 전송용량을 나타내는 셀 주파수 효율을 만족하지 못하였다. 또한 IMT-Advanced에서 중요한 기술 요구사항으로 제안된 VoIP의 용량도 명확히 제시되지 않았다. 3GPP의 LTE 기술 요구사항 요약하면 다음과 같다.

☑ **표 3-6** 3GPP의 LTE 기술 요구사항

| 주요기술 | 요구사항 |
|---|---|
| 주파수 대역폭 | • [1.25], [1.6], 2.5, 5, 10, 15, 20 MHz |
| duplex | • FDD, TDD |
| cell spectral efficiency | • 하향링크 : HSPA 대비 3~4배 / 상향링크 – HSPA 대비 2~3배 |
| peak data rate | • 하향링크 : >100 Mbps(5bps/Hz) (단말 수신안테나 2개)<br>• 상향링크 : >50 Mbps(2.5bps/Hz) (단말 송신안테나 1개) |
| cell edge user trhroughput | • Cumulative Distribution의 5%에서 HSPA 대비 2~3배 |

| 주요기술 | 요구사항 |
|---|---|
| latency | • Control plane : 100ms,<br>Data latency : 5ms(0byte+IP header : 5ms) |
| mobility | • 0~15 km/h (최적화된 성능)<br>• 15~120 km/h (높은 성능 유지)<br>• 120~350 km/h (셀룰러 망의 이동성 유지) |
| handoff | • Intra-frequency : real time - 300ms, non-real time - 500ms<br>• Intra-frequency : real time - 300ms, non-real time - 500ms |
| VoIP capacity | |
| Coverage | • ~5 km : 상기 요구 사하아을 만족,<br>~30 km : 다소 성능 저하하지만 이동성 성능은 유지,<br>~100 km : 규격으로 성능을 제한하지 않음 |
| MBS Spectral Efficiency | • min spectral efficiency 1 bps/Hz |
| 안테나 기술 | • Advanced Antenna (MIMO, Beamforming etc.) |

** 2006년 3월 requirements 문서 완료

3GPP는 3GPP의 LTE 기술 요구사항이 ITU 최소 기술 요구사항 이전에 정의되어 ITU 요구 사항을 부분적으로 만족하지 못하고 있어 이를 보완하여 ITU의 IMT-Advanced 최소 기술 요구사항을 만족하는 LTE-Advanced 시스템을 제안하였다. 2009년 3월 완성된 LTE-Advanced 시스템의 최소 기술 요구사항은 다음과 같다.

☑ **표 3-7** 3GPP의 LTE-Adv. 기술 요구사항

| 주요기술 | 요구사항 |
|---|---|
| 주파수 대역폭 | • [1.25], [1.6], 2.5, 5, 10, 15, 20 MHz → 1.4, 3, 5, 10, 15, 20(multi 100) |
| duplex | • FDD, TDD |
| cell spectral efficiency | • 하향링크 : 2.6 (4×2), 상향링크 : 2.0 (2×4) |
| peak data rate | • 하향링크 : >1000 Mbps(peak spectral effiency : 30bits/Hz-8×8)<br>• 상향링크 : >500 Mbps(peak spectral effiency : 15bits/Hz-4×4) |
| cell edge user trhroughput | • 하향링크 : 0.09 (4×2), 상향링크 : 0.07 (2×4) |
| latency | • Control plane : 50ms,<br>Data latency : 10ms(0byte+IP header : 5ms) |
| mobility | • -350 km/h(셀룰러 망의 이동성 유지), 주파수 대역에 따라 ~500 km/h<br>• ~10 km까지는 상당히 개선 |
| handoff | • 3GPP LTE와 동일 |
| VoIP capacity | • improved relative to 3GPP LTE |
| Coverage | • 3GPP LTE와 동일 |
| MBS Spectral Efficiency | • 3GPP LTE보다 개선 |
| 안테나 기술 | • Advanced Antenna (MIMO, Beamforming etc.) |

** 2009년 3월 requirements 문서

### 2) 3GPP2

지난 2000년 IMT-2000 시스템으로 cdma2000을 표준화한 3GPP2 또한 기존 CDMA 기술이 아닌 OFDM 기술을 기반으로 UMB(Ultra Mobile Broadband) 기술을 IMT-Advanced 후보 기술로 개발하였다. 하지만 사업자들이 UMB 기술을 지지하지 않아 IMT-Advanced 기술 제안이 이루어지지 않았다. UMB 기술은 기존에 5MHz 대역폭으로 제한된 cdma2000 1x EV-DO Rev. B를 20 MHz로 확대하면서 OFDM 기술을 도입한 기술이다. UMB의 ITU 최소 기술 요구사항 항목에 대한 파라미터 값을 요약하면 다음과 같다.

☑ **표 3-8** 3GPP2의 UMB 기술요구사항

| 주요기술 | 요구사항 |
|---|---|
| 주파수 대역폭 | • 1.25~20 MHz |
| duplex | • Full duplex FDD, Half duplex FDD |
| cell spectral efficiency | • 하향링크 : 2.1 bps/Hz/cell (4×4 안테나)<br>• 상향링크 : 1.39 bps/Hz/cell (1×4 안테나) |
| peak data rate<br>(peak spectral efficiency) | • 하향링크 : >288 Mbps(4×4 안테나), 상향링크 : >75 Mbps(1×4 안테나)<br>• 하향링크 : >14.4 Mbps, 상향링크 : >3.75bps |
| cell edge user trhroughput | • Cumulative Distribution의 25%로 정의 |
| latency | • State transit latency : Idle state to Active state - max 100ms<br>• Data latency : 하향링크 - max 10ms, 상향링크 - max 10ms |
| mobility | • 0~15 km/h (최적화된 성능)<br>• 15~120 km/h (미세한 성능 저하)<br>• 120~350 km/h (통신 채널 유지) |
| handoff | • User plane : max 25ms |
| VoIP capacity | • 50 (active user/Hz/sector) |
| MBS Spectral Efficiency | • Inter-BS Distance 0.5 km : min spectral efficiency 4 bps/Hz<br>• Intra-BS Distance 1.5 km : min spectral efficiency 2 bps/Hz |
| 안테나 기술 | • MIMO |

** 2006년 6월 requirements 문서

3GPP2의 UMB도 3GPP LTE 기술과 마찬가지로 첵 기술 요구사항이 ITU의 최소 기술 요구사항 파라미터를 만족하지 못해 추가적으로 ITU의 최소 기술 요구사항에 맞추어 UMB 시스템 개발 요구사항 값을 다음과 같이 조정하였다.

☑ **표 3-9** 개선된 3GPP2의 UMB 기술요구사항

| 주요기술 | 요구사항 |
| --- | --- |
| 주파수 대역폭 | • 1.25~20 MHz (Multi Carrier 확장 가능) |
| duplex | • Full duplex FDD, Half duplex FDD |
| cell spectral efficiency | • 하향링크 : 3 bps/Hz/cell (High speed)<br>• 상향링크 : 1.5 bps/Hz/cell (High speed) |
| peak data rate<br>(peak spectral efficiency) | • 하향링크 : 25 bps (Indoor), 상향링크 : 7.5 bps(Indoor) |
| cell edge user trhroughput | • Cell 내 어느 곳에서도 9.6 kbps를 만족하는 가입자가 97%이어야 함 |
| latency | • State transit latency : Idle state to Active state - max 10ms<br>• Data latency : 하향링크 - max 10ms, 상향링크 - max 10ms |
| mobility | • 0~15 km/h (최적화된 성능)<br>• 15~120 km/h (미세한 성능 저하)<br>• 120~350 km/h (통신 채널 유지) |
| handoff | • User plane : max 20ms |
| VoIP capacity | • 100 (active user/MHz/sector) |
| MBS Spectral Efficiency | |
| 안테나 기술 | • MIMO |

** 2007년 6월 requirements 문서

### 3) IEEE

IEEE 802.16은 지난 2007년 10월 ITU-R RA 총회에서 OFDMA TDD WMAN 기술을 IMT-2000 6번째 기술로 표준화하는데 성공하면서 IMT-Advanced 기술 표준 경쟁에서 3GPP와 3GPP2와 함께 할 수 있게 되었다. IEEE 802.16은 이미 지난 2006년 12월 IEEE 802.16 WG은 802.16 표준의 차기 버전으로 P802.16m 프로젝트를 IEEE-SA Standard Board로부터 승인받고, TGm(Task Group m)을 산하에 구성하였다. 802.16m은 기존 802.16 표준 기반의 단말 및 기지국 장비와 상호 호환성을 유지하면서 IMT-Advanced 요구사항을 만족시키는 802.16m 표준 개발을 목표로 하고 있으며, 프로젝트는 2009년 11월에 종료하도록 되어 있다. 802.16m의 프로젝트의 주요 범위는 첫째, IEEE 802.16 OFDMA 표준을 추가 보완하는 개정 표준, 둘째, IMT-Advanced 시스템의 셀룰러 계층 요구조건 충족, 셋째, 기존 802.16 OFDMA 표준 규격(IEEE Std 802.16-2004, IEEE Std 802.16-2004 Cor1-2005, IEEE Std 802.16e-2005, IEEE Std 802.16-2004 Cor2-2008 예정) 기반의 단말 및 기지국 장비와 호환성 제공, 넷째, IMT-Advanced 성능 목표인 고속 이동 환경에서 100 Mbps 전송 속도 달성, 다섯째,

6GHz 이하 면허 대역 주파수 이용, 여섯째, 매크로 및 마이크로 셀 형태 지원 등으로 정해졌다.

802.16m 은 지난 2007년 1월 다음과 같은 4개의 문서를 개발하기로 결정하였다. 첫째, 시스템 요구사항 및 시스템 구축 시나리오 문서(Usage Models/Deployment Scenarios & System Requirements Document), 둘째, 시스템 및 개별 기술의 성능 평가 방법론 문서(Evaluation Methodology Document), 셋째, 802.16m 표준 규격(P802.16m amendment), 넷째, 802.16m 기반의 IMT-Advanced 시스템 표준 제안서(802.16 IMT- Advanced) 등이다. 이 가운데 시스템 요구사항 문서는 시스템 개발의 목표가 되며 ITU 최소 기술 요구사항을 만족하는 기준이 되는데, IEEE가 2007년 말 제시한 802.16m의 구체적인 기술 요구사항은 다음과 같다.

☑ **표 3-10** IEEE의 802.16m 기술 요구사항

| 주요기술 | 요구사항 |
|---|---|
| 주파수 대역폭 | • 5~20 MHz |
| duplex | • Full duplex FDD, Half duplex FDD |
| cell spectral efficiency | • 하향/상향 : 2.6/1.3 (bps/Hz/sector) |
| peak data rate<br>(peak spectral efficiency) | • 하향(2×2 안테나) / 상향(1×2 안테나) : 8/2.8(bps/Hz) |
| cell edge user trhroughput | • 하향/상향 : 0.09/0.05 (bps/Hz) |
| latency | • Statc transit latency : Idle state to Active state - max 100ms<br>• Data latency : 하향링크 - max 10ms, 상향링크 - max 10ms |
| mobility | • 0~15 km/h (최적화된 성능)<br>• 15~120 km/h (미세한 성능 저하)<br>• 120~350 km/h (통신 채널 유지) |
| handoff | • Intra-frequency : max 30ms,<br>• Inter-frequency : max 100ms |
| VoIP capacity | • 30 (active user/MHz/sector) |
| MBS Spectral Efficiency | • Inter-BS Distance 0.5 km : min spectral efficiency 4 bps/Hz<br>• Intra-BS Distance 1.5 km : min spectral efficiency 2 bps/Hz |
| 안테나 기술 | • Advanced Antenna (MIMO, Beamforming etc.) |

** 2007년 1월 requirements 문서(2007년 10월 4차 개정)

하지만 IEEE도 ITU 최소 기술 요구사항이 확정되기 이전 시스템 개발 요구사항이 ITU의 최소 기술 요구사항을 만족하지 못해 요구사항을 개정하였으며 최근 개정된 기술 요구사항은 다음과 같다.

☑ **표 3-11** 개선된 IEEE의 802.16m 기술 요구사항

| 주요기술 | Baseline 성능 요구사항<br>(Minimum supported antenna – 하향/상향 : 2×2 / 1×2) |
|---|---|
| 주파수 대역 / 대역폭 | • ITU의 IMT 대역 / 5~40 MHz(Single or Multiple Carrier) |
| duplex | • Full duplex FDD, Half duplex FDD, TDD |
| cell spectral efficiency | • 하향/상향 : 2.6/1.3 (bps/Hz/sector) |
| peak data rate<br>(peak spectral efficiency) | • 하향/상향 : 8/2.8(bps/Hz) (Minimum supported antenna : 2×2 / 1×2) |
| cell edge user trhroughput | • 하향/상향 : 0.09/0.05 (bps/Hz) |
| latency | • State transit latency : Idle state to Active state – max 100ms<br>• Data latency : 하향링크 – max 10ms, 상향링크 – max 10ms |
| mobility | • 0~15 km/h (최적화된 성능)<br>• 15~120 km/h (미세한 성능 저하)<br>• 120~350 km/h (통신 채널 유지) |
| handoff | • Intra-frequency : 27.5 ms<br>• Inter-frequency : within a spectrum band : 40 ms<br>between spectrum bands : 60 ms |
| VoIP capacity | • 60 (active user/MHz/sector) : 12.2 kbps 50% voice activity 기준 |
| MBS Spectral Efficiency | • Inter-BS Distance 0.5 km : min spectral efficiency 4 bps/Hz<br>• Intra-BS Distance 1.5 km : min spectral efficiency 2 bps/Hz |
| 안테나 기술 | • Advanced Antenna (MIMO, Beamforming etc.) |

* Target 성능 요구사항(Higher Order Antenna – 하향/상향 : 4×4/2×4)은 ITU의 IMT-Advanced 요구사항과 동일
** 2009년 1월 requirements 문서(2009년 1월 8차 개정)

### (3) ITU와 표준화 단체의 최소 기술 요구사항 분석

IMT-Advanced 후보 기술의 제안을 요청하는 문서는 후보 기술 제출 일정 및 평가 방법을 설명하는 본 문서 외에 8개의 부록 문서가 있으며 각각을 나열하면 1) IMT-Advanced의 개념, 2) 후보 기술 평가 절차, 3) 서비스 요구사항, 4) 기술 요구사항, 5) 주파수, 6) 후보기술 제안 가이드라인, 7) 평가 가이드라인, 8) 관련 권고안 및 보고서 등으로 구성되어 있다. 이 가운데 기술 요구사항에 포함된 최소 기술 요구사항은 1) Cell spectral efficiency, 2) Peak spectral efficiency, 3) Bandwidth, 4) Cell edge user throughput, 5) Latency, 6) Mobility, 7) Handover, 8) VoIP capacity 등이다. IMT-Advanced 최소 기술 요구사항 파라미터는 향후 IMT-Advanced 기술로서 인정되는 기술이다. 〈표 3-12〉는 최소 기술 요구사항으로 정해진 파라미터의 정의이다.

☑ **표 3-12** IMT-Advanced 최소 기술 요구사항 파라미터 정의

| 최소 기술요구사항 | | 정 의 | 평가 방법 |
|---|---|---|---|
| 1 | cell spectral efficiency | • 단위 주파수 대역폭에서 셀내의 모든 사용자가 받을 수 있는 전송데이터의 총합 (bps/Hz/cell) | Simulation (system level) |
| 2 | peak spectral efficiency | • 에러 없는 조건에서 하나의 단말기에 제공할 수 있는 이론적인 최대 전송데이터 (bps/Hz) | Analytical |
| 3 | Bandwidth | • 지원 가능한 채널의 주파수 대역폭(MHz) | Inspection |
| 4 | cell edge user throughput | • Cumulative Distribution의 5%에서 평균적인 사용자 이용 효율 (bps/Hz) | Simulation (system level) |
| 5 | latency | • Control plane은 다른 모드(idle → active)의 전환 시간<br>• User plane(IP packet[0byte+IP header])의 one way 전송 시간 | Analytical |
| 6 | mobility | • Mobility 구분<br>① Stationary(S) : 0 km/h ② Pedestrian(P) : 0~10 km/h<br>③ Vehicular(V) : 10~120 km/h<br>④ High speed vehicular(H) : 120~350 km/h<br>• 시험 환경 구분<br>① Indoor(S, P) ② Microcellular(S, P, V[~30 km/h])<br>③ Base coverage urban(S, P, V) ④ High speed vehicular(H)<br>• 트래픽 채널 링크 데이터 : 최대 이동속도에서 상향링크의 전송 데이터(bps/Hz)<br>-BER : 10E-3, SINR : 3 dB 조건 | Simulation (system and link level) |
| 7 | handoff | • 단말기가 셀을 변경하는 동안 데이터의 송수신 중단시간(핵심망은 0로 가정)<br>① Intra-frequency<br>② Inter-frequency (within spectrum band)<br>③ Inter-frequency (between spectrum band) | Analytical |
| 8 | VoIP Capacity | • 12.2 kbps 코덱, 5% activity factor, 50ms 이상 지연되는 패킷이 2% 이내 | Simulation (system level) |
| 기타 평가 항목 | | • Deployment possible in at least one of the identified IMT bands<br>• Channel bandwidth scalability<br>• Support for a wide range of services | Inspection |

2009년 6월 완성된 ITU의 최소 기술 요구 사항은 IMT-Advanced 기술 개발을 시작한 초기 파라미터 값과 비교하면 다소 낮아진 값으로 합의되었다. 이것은 ITU에서 최소 기술 요구사항의 파라미터를 검토할 때 각 표준화 단체의 기술 개발 상태를 반영하게 된 결과이다. 그럼에도 불구하고 각 표준화 단체의 초안은 ITU의 최소 기술 요구 사항을 맞추지 못하였다. ITU 및 표준화 단체의 최소 기술 요구사항 파라미터 가운데 네트워크 투자비 및 서비스 제공 가능 여부에 영향을 크게 미치는 셀 주파수 효율성, 피크 스펙트럼 효율성, VoIP 용량 등 3가지 파라미터를 비교하면 다음과 같다. 초기 제안된 파라미터가 초기 ITU가 검토한 파라미터뿐만 아니라 최종 결정된 파라미터 값에도 다소 부족한 것을 확인할 수 있다.

☑ **표 3-13** 초기 최소 기술 요구사항 파라미터 비교

| 구 분 | | | ITU-R (Initial views) | ITU-R (2008.6) | 3GPP LTE | 3GPP2 UMB | IEEE 802.16m |
|---|---|---|---|---|---|---|---|
| Cell spectral efficiency (bps/Hz/Cell) | 하향 링크 (4×2) | ·Indoor<br>·Micro cellular<br>·Base coverage urban<br>·High speed vehicular | 5<br>3<br>2<br>2 | 3<br>2.6<br>2.2<br>1.1 | 1.8~2.4<br>1.8~2.4<br>1.8~2.4<br>1.8~2.4 | 3<br>2<br>1<br>0.8 | 2.6<br>2.6<br>2<br>1 |
| | 상향 링크 (2×4) | ·Indoor<br>·Micro cellular<br>·Base coverage urban<br>·High speed vehicular | 5<br>3<br>2<br>2 | 2.25<br>1.8<br>1.4<br>0.7 | 1.2~1.8<br>1.2~1.8<br>1.2~1.8<br>1.2~1.8 | 3<br>2<br>1<br>0.8 | 1.3<br>1.3<br>1<br>0.5 |
| Peak spectral efficiency (bps/Hz/Cell) | 하향 링크 (4×4) | ·Indoor<br>·Micro cellular<br>·Base coverage urban<br>·High speed vehicular | 10<br>10<br>5<br>5 | 15 | 5<br>5<br>5<br>5 | 14<br>14<br>7<br>7 | 7<br>7<br>7<br>7 |
| | 상향 링크 (2×4) | ·Indoor<br>·Micro cellular<br>·Base coverage urban<br>·High speed vehicular | 10<br>10<br>5<br>5 | 6.75 | 2.5<br>2.5<br>2.5<br>2.5 | 7<br>7<br>3.5<br>3.5 | 2.8<br>2.8<br>2.8<br>2.8 |
| VoIP(Active users /MHz/cell) | 상향 (4×2)<br>하향 (2×4) | ·Indoor<br>·Micro cellular<br>·Base coverage urban<br>·High speed vehicular | – | 50<br>40<br>30<br>30 | – | 50 | 60 |

* ( )은 MIMO 안테나 형태, **3GPP LTE는 성능 3~4배(하향), 2~3배(상향) 기준을 적용

표준화 단체들은 IMT-Advanced 기술 요구 사항 파라미터를 만족할 수 있는 값으로 수정하여 시스템 개발 요구사항을 개정하였다. 개정된 파라미터 값을 기준으로 셀 주파수 효율성, 피크 스펙트럼 효율성, VoIP 용량 등 3가지 파라미터 값을 요약하면 다음과 같다.

☑ **표 3-14** 최종 최소 기술 요구사항 파라미터 비교

| 구 분 | | | ITU-R (Initial views) | ITU-R (2008.6) | 3GPP LTE-Adv. | 3GPP2 UMB-E | IEEE 802.16m |
|---|---|---|---|---|---|---|---|
| Cell spectral efficiency (bps/Hz/Cell) | 하향 링크 (4×2) | ·Indoor<br>·Micro cellular<br>·Base coverage urban<br>·High speed vehicular | 5<br>3<br>2<br>2 | 3<br>2.6<br>2.2<br>1.1 | –<br>2.6<br>–<br>– | –<br>–<br>–<br>3 | 3<br>2.6<br>2.2<br>1.1 |
| | 상향 링크 (2×4) | ·Indoor<br>·Micro cellular<br>·Base coverage urban<br>·High speed vehicular | 5<br>3<br>2<br>2 | 2.25<br>1.8<br>1.4<br>0.7 | –<br>2.0<br>–<br>– | –<br>–<br>–<br>1.5 | 2.25<br>1.8<br>1.4<br>0.7 |
| Peak spectral efficiency (bps/Hz/Cell) | 하향 링크 (4×4) | ·Indoor<br>·Micro cellular<br>·Base coverage urban<br>·High speed vehicular | 10<br>10<br>5<br>5 | 15 | 30 | 25<br>12.5<br>–<br>5 | 15 |

| 구 분 | | | ITU-R (Initial views) | ITU-R (2008.6) | 3GPP LTE-Adv. | 3GPP2 UMB-E | IEEE 802.16m |
|---|---|---|---|---|---|---|---|
| | 상향링크 (2×4) | ·Indoor<br>·Micro cellular<br>·Base coverage urban<br>·High speed vehicular | 10<br>10<br>5<br>5 | 6.75 | 15 | 7.5<br>5<br>–<br>2.5 | 6.75 |
| VoIP(Active users /MHz/cell) | 상향 (4×2)<br>하향 (2×4) | ·Indoor<br>·Micro cellular<br>·Base coverage urban<br>·High speed vehicular | – | 50<br>40<br>30<br>30 | – | 100 | 60 |

* ( )은 MIMO 안테나 형태

### (4) 후보 기술 제안 결과 및 주요 내용

ITU는 2009년 10월 IMT-Advanced 후보 기술 접수를 마감하였다. 접수결과 3GPP와 IEEE 만이 후보 기술을 제안하였으며 제안된 파라미터 값 가운데 네트워크 경제성과 서비스 경쟁력을 가늠하는 셀 주파수 효율성, 피크 스펙트럼 효율성, VoIP 용량 등 3가지 파라미터 값을 요약하면 다음과 같다.

☑ **표 3-15** ITU에 제안된 후보 기술 자체 평가 결과

| 항목 | ITU 최소요구사항 | | 3GPP LTE | | | | IEEE 802.16m | | | |
|---|---|---|---|---|---|---|---|---|---|---|
| | | | FDD | | TDD | | FDD | | TDD | |
| Cell spectral efficiency [b/s/Hz/cell] | DL | InH 3 | 6.6 | (4×2) | 6.7 | (4×2) | 6.87 | (4×2) | 6.93 | (4×2) |
| | | UMi 2.6 | 3.5 | | 3.5 | | 3.27 | | 3.22 | |
| | | UMa 0.22 | 2.8 | | 2.9 | | 2.41 | | 2.41 | |
| | | RMa 0.11 | 3.9 | | 3.5 | | 3.15 | | 3.23 | |
| | UL | InH 2.25 | 5.8 | (1×4) | 5.5 | (1×4) | 6.23 | (2×4) | 5.99 | (2×4) |
| | | UMi 1.8 | 2.5 | | 2.3 | | 2.72 | | 2.58 | |
| | | UMa 1.4 | 1.5 | | 1.5 | | 2.69 | | 2.57 | |
| | | RMa 0.7 | 2.2 | | 2.1 | | 2.77 | | 2.66 | |
| Peak spectral efficiency [b/s/Hz] | DL | 15 | 16.3 (4×4)<br>30.6 (8×8) | | 16.0 (4×4)<br>30.0 (8×8) | | 17.79 (4×4) | | 16.96 (4×4) | |
| | UL | 6.75 | 8.4 (2×2)<br>16.8 (4×4) | | 8.1 (2×2)<br>16.1 (4×4) | | 9.4 (2×4) | | 9.22 (2×4) | |
| (peak data rate [Mbps]) | DL | 600 | 1 Gbps (70 MHz) | | | | 600 Mbps (40 MHz) | | | |
| | UL | 270 | 500 Mbps (70 MHz) | | | | 300 Mbps (40 MHz) | | | |
| VoIP [User/MHz/cell] | Indoor 50 | | 140 | (DL : 4×2, 1×2) (UL : 1×4) | 137 | (DL : 4×2, 1×2) (UL : 1×4) | 139 | (DL : 4×2) (UL : 2×4) | 140 | (DL : 4×2) (UL : 2×4) |
| | UMi 40 | | 80 | | 74 | | 77 | | 82 | |
| | UMa 40 | | 68 | | 65 | | 72 | | 74 | |
| | High speed30 | | 91 | | 86 | | 90 | | 89 | |

※ InH(Indoor Hotspot, 실내), UMi(Urban Micro, 도심 직경 200m 이하의 셀), UMa(Urban Macro, 도심 직경 500m 이하의 셀), RMa(Rural Macro, 부도심 직경 500m 이하의 셀)

※ Mobility : Indoor(10km/h), UMi(30km/h), UMa(120km/h), High speed(350km/h)

2010년 10월까지 후보기술을 시뮬레이션 한 결과 LTE-Advanced 및 WiMax Evolution 후보 기술의 셀 주파수 효율성, 피크 스펙트럼 효율성, VoIP 용량 등 3가지 파라미터의 시뮬레이션 값이 ITU의 후보 기술 요구 사항 파라미터의 요구 값보다 2배 정도 높은 결과로 보임으로써 두 기술 모두 IMT-Advanced 기술로 승인되었다.

### 3.4.5 LTE-Advanced의 기술 규격과 데이터 전송 속도

LTE-Advanced 시스템에서 데이터를 전송하기 위한 최소 주파수 자원의 단위인 OFDMA의 서브캐리어(Subcarrier)로서 1개의 서브캐리어(Subcarrier)는 15 kHz 이다. RB(Resource Block)는 12개의 서브캐리어로 구성된 주파수 자원으로 1 RB = 15 kHz x 12(SC) = 180 kHz가 된다. LTE 시스템은 요구되는 데이터 전송속도에 따라 RB 자원을 증가시키면서 서비스를 제공하게 된다.

☑ **표 3-16** LTE-Advanced 기술 규격

| 주파수 범위 | | UMTS FDD and TDD Bands | | | | | |
|---|---|---|---|---|---|---|---|
| 채널 1RB=180 kHz | | 1.4MHz | 3MHz | 5MHz | 10MHz | 15MHz | 20MHz |
| | | 6RB | 15RB | 25RB | 50RB | 75RB | 100RB |
| 변조방식 | Downlink | QPSK, 16QAM, 64QAM | | | | | |
| | Uplink | QPSK, 16QAM, 64QAM(Option for Handset) | | | | | |
| 다중접속 | Downlink | OFDMA (Orthogonal Frequency Division Multiple Access) | | | | | |
| | Uplink | SC-FDMA (Single Carrier - Frequency Division Multiple Access) | | | | | |
| MIMO | Downlink | Wide choice of MIMO configuration option for TX Diversity | | | | | |
| | Uplink | Multi User Coordinate MIMO | | | | | |
| 최대전송속도 (Mbps) | Downlink | 150 (UE Category 4, 2 x 2 MIMO, 20MHz)<br>300 (UE Category 5, 4 x 4 MIMO, 20MHz) | | | | | |
| | Uplink | 75 (20MHz) | | | | | |

LTE 최대 데이터 전송속도는 단말기 능력(UEC : User Equipment Capability) 5번의 하향링크 최대 전송 용량 약 300Mbps이었으나 LTE-Advanced에서는 반송파 결합 기술을 적용하여 하향 링크 최대 속도를 UEC 8의 약 3Gbps까지 데이터를 전송한다.

☑ **표 3-17** LTE-Advanced 데이터 전송속도

| UEC | 대역폭 (MHz) | DL CA | QAM | DL MIMO | DL 최고 속도 (Mbps) | UL 64QAM | UL 최고 속도 (Mbps) | 3GPP 표준 |
|---|---|---|---|---|---|---|---|---|
| 0 | 20 | 1 | 64 | 1 | 1 | X | 1 | R12 |
| 1 | 20 | 1 | 64 | 1 | 10.3 | X | 5.2 | R8 |
| 2 | 20 | 1 | 64 | 2 | 51 | X | 25.5 | R8 |
| 3 | 20 | 1 | 64 | 2 | 102 | X | 51 | R8 |
| 4 | 20 | 1 | 64 | 2 | 150.8 | X | 51 | R8 |
| **5** | **20** | **1** | **64** | **4** | **299.6** | **O** | **75.4** | **R8** |
| 6 | 20 | 2 | 64 | 2 또는 4 | 301.5 | X | 51 | R10 |
| 7 | 20 | 2 | 64 | 2 또는 4 | 301.5 | X | 102 | R10 |
| **8** | **100** | **1** | **64** | **8** | **2,998.6** | **O** | **1,497.8** | **R10** |
| 9 | 20 | 3 | 64 | 2 또는 4 | 452.2 | X | 51 | R11 |
| 10 | 20 | 3 | 64 | 2 또는 4 | 452.2 | X | 102 | R11 |
| 11 | 20 | 4 | 256 | 2 또는 4 | 603.0 | X | 51 | R12 |
| 12 | 20 | 4 | 256 | 2 또는 4 | 603.0 | X | 102 | R12 |

## 3.5 5세대 이동통신

### 3.5.1 개 요

4세대 이동통신이 음성 외에 데이터 및 영상 서비스의 급격한 증가로 데이터 전송속도를 높인 기술을 기반으로 기존 유선통신 서비스와 동일한 품질의 서비스를 제공하게 되었다. 하지만 이동통신 서비스가 새로운 사회 인프라로 진화하면서 데이터 전송속도뿐만 아니라 초저지연시간 및 대규모 단말과 통신할 수 있는 새로운 형태의 서비스를 요구하는 방향으로 발전하였다.

5세대 이동통신은 4세대 이동통신 서비스보다 고속인 3D 영상과 홀로그램과 같은 초고속 서비스, 저속이지만 사물인터넷의 센서 네트워크와 같은 대규모 단말 서비스, 전송 데이터의 지연 시간이 실제 현실과 같이 이루어져야 할 원격 의료 서비스, 무인차량주행 서비스 등을 제공할 수 있다. 5세대 이동통신 서비스 개발을 담당하는 ITU-R WP5D에서는 IMT-2020 서비스를 다음과 같은 일정으로 추진할 예정이다.

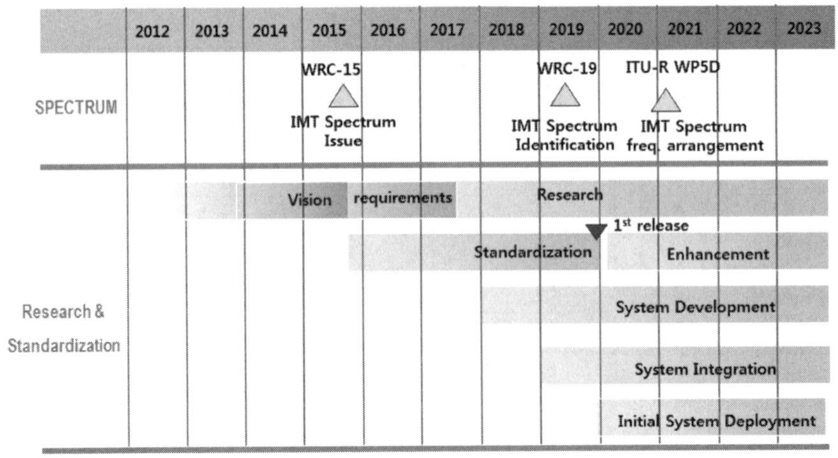


☑ **그림 3-20** IMT-2020 개발 일정

## 3.5.2 서비스 개념

5세대 이동통신 서비스(IMT-2020)는 통신의 범위를 사람중심에서 모든 사물로 확대하고, 정보를 장소와 시간에 제약 받지 않고 현재와 동일하게 경험할 수 있는 차세대 이동통신 서비스이다.

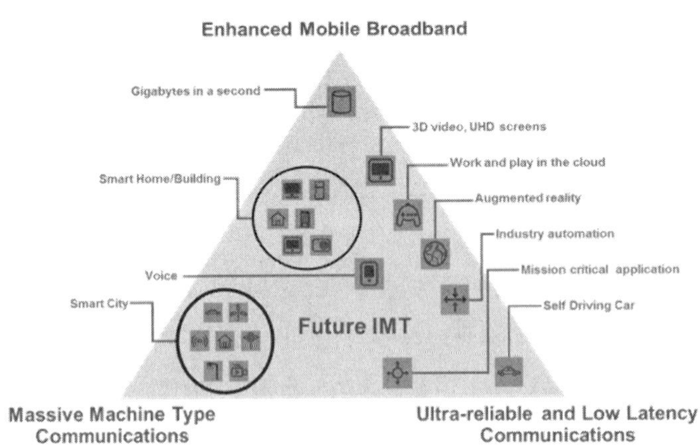


출처 : ITU-R M.2083

☑ **그림 3-21** IMT-2020 서비스의 개념

5세대 이동통신 서비스의 주요 개념은 다음과 같다. 첫째, IMT-2020 서비스는 전송속도를 4G와 비교하여 20배 이상 높인 20Gbps로 데이터를 전송한다. 데이터 전송 속도를 20Gbps까지 높이면 5세대 이동통신에서는 간단한 센서부터 3D 영상 서비스까지 다양한 서비스를 제공할 수 있다. 둘째, 단말과 네트워크 사이 지연 시간을 1ms 이내로 통신하는 능력을 가진다. 원격 제어, 원격 수술, 원격 공장 제어, 자율주행차량 등 사람의 실시간 통신 환경을 제공할 수 있다. 셋째, 대규모의 사물과 통신할 수 있는 능력 $(1,000,000/km^2)$을 가진다. 이동통신 네트워크의 범위를 사람에서 사물로 확대하면 이동통신은 기존 ICT 인프라를 넘어 사회의 인프라로서 역할이 확대될 것이다.

5세대 이동통신의 새로운 네트워크 능력은 첫째, 세계를 네트워크로 연결하여 전기와 같은 기반 산업의 역할이 될 것이다. 둘째, 새로운 ICT 시장을 형성할 것이다. 빅 데이터에 기반한 산업이 한 예이다. 셋째, 에너지 효율이 높은 네트워크 구축으로 디지털 이용 격차 해소에 기여한다. 넷째, 다양한 형태의 통신 방법으로 풍부한 콘텐츠를 활용할 수 있다. 다섯째, 새로운 형태의 교육이 이루질 것이다. 디지털 및 클라우드 기반의 교육 접근이 용이해진다. 여섯째, 에너지 효율성이 증대된다. 통신을 이용한 다양한 경제 활동이 경제활동을 보완한다. 일곱째, 거대한 휴먼 네트워크는 사회의 의사 결정 정보를 생성하여 사회를 변화시킨다. 여덟째, ICT를 활용한 새로운 예술 및 문화 기술로 새로운 예술과 문화를 생성한다.

ITU는 5세대 이동통신 서비스를 제공할 수 있는 IMT-2020의 해심 기술 능력을 다음 〈그림 3-22〉와 같이 정의하였다.

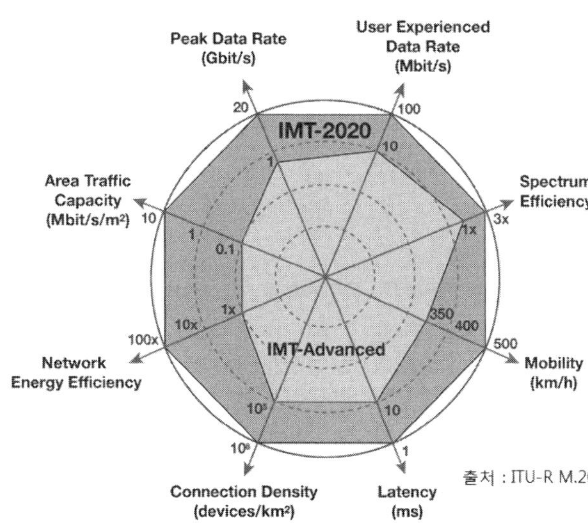


☑ **그림 3-22** IMT-2020 핵심 기술 능력

IMT-2020은 핵심 기술 능력 항목을

1) Peak data rate
2) User experienced data rate
3) Latency
4) Mobility
5) Connection density
6) Energy efficiency
7) Spectrum efficiency
8) Traffic volume density 등의 8개로 설정하고, 기존 3세대 이동통신(IMT-2000), 4세대 이동통신(IMT-Advanced)과 비교하였다.

IMT-2020은 핵심 기술 능력 항목 8개 파라미터의 정의와 목표 값은 〈표 3-18〉과 같다.

☑ **표 3-18** IMT-2020 핵심 기술 항목 파라미터 값

| 핵 심 능 력 | 정 의 | 목 표 값 | 비고 (IMT-Advanced) |
|---|---|---|---|
| Peak data rate (Gbps) | 단말기에 제공할 수 있는 최대 전송 데이터 속도 | 20 | 1 |
| User experience data rate (Mbps) | 단말기 어디에서든 이용할 수 있는 전송 데이터 속도 | 100 | 10 |
| Latency (ms) | 무선망의 단방향 전송 지연 시간 | 1 | 10 |
| Mobility (km/h) | 요구 QoS를 만족하며 데이터를 전송할 수 있는 이동 속도 | 500 | 350 |
| connection density (devices/$km^2$) | 단위 면적당 접속 가능한 단말 수 | 1,000,000 | 100,000 |
| Energy efficiency (bits/Joule) | 단위 에너지 당 전송 데이터 | 100 x | 10 x |
| spectrum efficiency (bits/s/Hz) | 셀의 단위 주파수당 전송 데이터 | 3 x | 1 x |
| area traffic capacity (Mbps/s/$m^2$) | 단위 면적당 전송데이터 | 10 | 0.1 |

5세대 이동통신 서비스 환경은 초고속통신 서비스(Enhanced Mobile Broadband Service), 고신뢰 및 저지연 서비스 (Ultra-reliable and latency service), 대규모 단말 서비스(Massive machine type service)로 구분할 수 있는데, 5세대 이동통신 서비스는 각각의 서비스 기술 능력 항목이 달라질 수 있다. 따라서 네트워크는 8개의 모든 능력을 동시에 유지하지 않고 제공되는 서비스의 필요에 따라 네트워크 기능을 변경할 수 있다. 3개의 서비스 그룹과 IMT-2020의 핵심 기술 능력을 구성하면 다음과 같다.

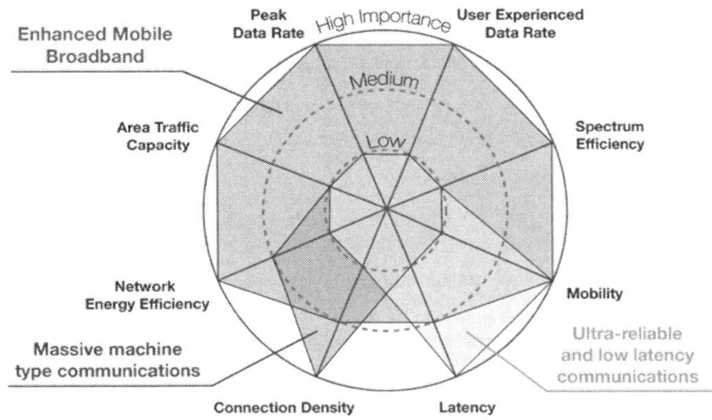


출처 : ITU-R M.2083

☑ **그림 3-23** 서비스별 IMT-2020 핵심 기술 능력 항목

## 3.5.3 5세대 이동통신 주파수

ITU는 2011. 10월 IMT 트래픽을 예측한 결과를 반영한 ITU-R M.2270 보고서를 작성하여, 이동통신(IMT) 추가 주파수를 확보하기 위한 WRC-15(2015. 10월) 의제(1.1)가 채택되었고, 5세대 이동통신 서비스의 개발을 검토하기 시작하였다. ITU는 WRC-12

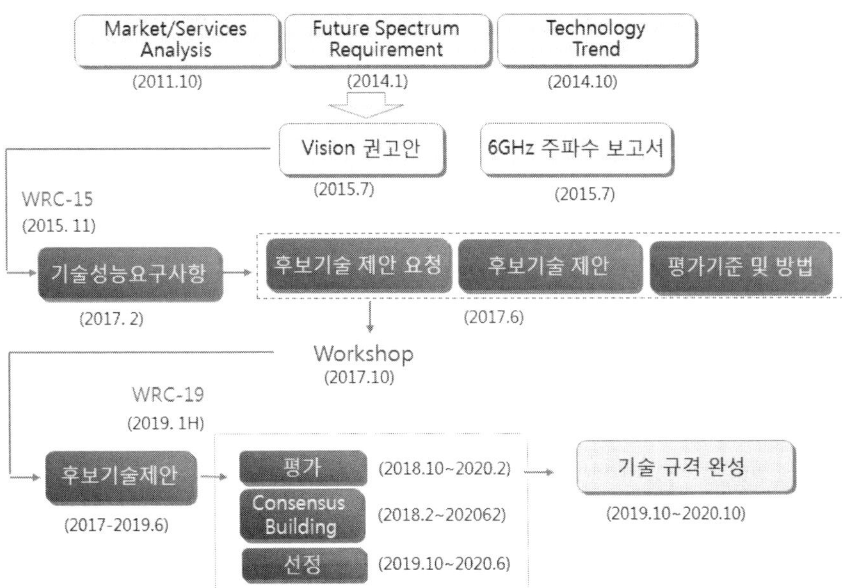


☑ **그림 3-24** ITU의 IMT-2020 기술 개발

회의 (2012년 5월)가 끝난 후 새로운 모바일 광대역 서비스 환경을 반영하여 주파수 소요량 산출, 5세대 이동통신 추가 주파수 검토, 5세대 이동통신 기술 동향, 5세대 이동통신 비전 권고안 등을 완료하였다. ITU는 5세대 이동통신 기술 개발을 위해 WRC-15 회의 이후 WRC-19까지 일정을 확정하였다.

ITU는 2015년 11월에 끝난 WRC-15 회의에서 1427-1452/1492-1518 MHz 주파수를 전 세계 IMT 공통대역으로 지정하고 470MHz, 1.4GHz, 3.6GHz 주파수 대역 일부를 국가 또는 지역에서 IMT용으로 사용할 수 있도록 하고, 2019년 개최될 WRC-19에서 6GHz 이상의 주파수 대역에서 5G IMT 주파수를 검토하기로 하였다. 후보 대역은 24.25-27.5GHz, 31.8-33.4GHz, 37-40.5GHz, 40.5-42.5GHz, 42.5-43.5GHz, 45.5-47GHz, 47-47.2GHz, 47.2-50.2GHz, 50.4-52.6GHz, 66-76GHz 및 81-86 GHz이다.

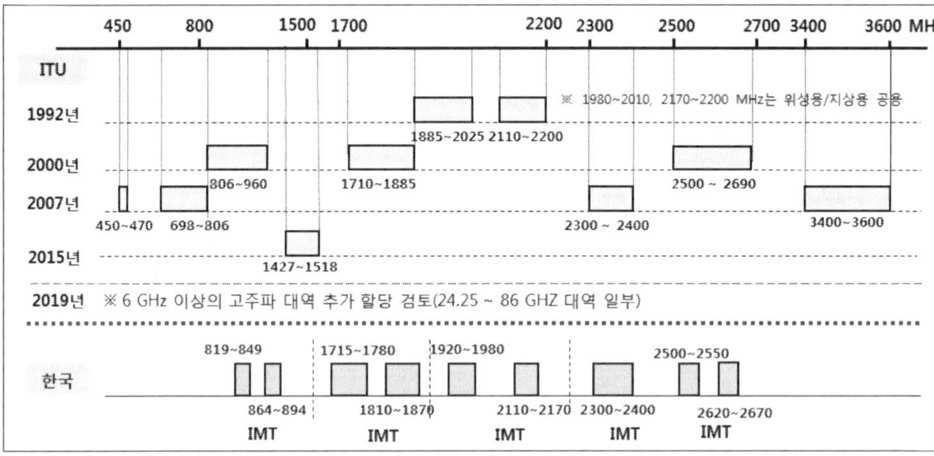


☑ **그림 3-25** WRC-15 이후 이동통신 주파수 분배 현황

## 3.5.4 IMT-2020 기술 표준화

ITU는 2000년 이후 3세대 이동통신(IMT-2000) 시스템의 기술 표준으로 3GPP가 제안한 WCDMA를 비롯하여 6개의 표준을 승인하였다. 또한 2012년 4세대 이동통신(IMT-Advanced) 시스템의 기술 표준으로 3GPP가 제안한 LTE-Advanced와 IEEE가 제안한 802.16m 2개의 표준을 승인하였다. 하지만 현재 진행 중인 5세대 이동통신(IMT-2020) 시스템의 기술 표준은 3GPP에서만 논의되고 있다. 3GPP가 4세대 이동통신의 기술 표준화와 5세대 이동통신에서 추진할 5G 기술 표준화 일정은 요약하면 〈그림 3-26〉과 같다.

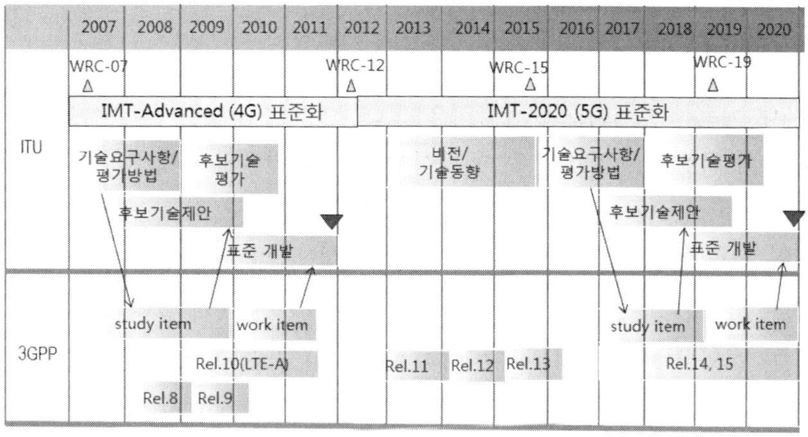


☑ **그림 3-26** 3GPP의 IMT-2020 기술 표준화 일정

3GPP는 ITU의 이동통신 국제 표준화 일정에 맞추어 IMT-2000 이후 이동통신 표준을 ITU에 제안하여 왔다. 3GPP는 Rel. 10에서 4세대 이동통신(LTE-Advanced) 기술 표준을 완료한 이후 지속적으로 개선된 기술을 표준화하고 있는데, Rel 11, 12, 13 등의 기술 표준들은 IMT-2020에서 구현하는 기술들의 기반 기술이 될 것이다. 현재까지 진행되는 기술 표준들을 요약하면 다음과 같다.

☑ **표 3-19** 3GPP의 기술 표준의 주요 내용

| 표준 | 기술 표준 주요 내용 | 비고 |
|---|---|---|
| Rel.8 (2009. 3) | LTE, All-IP(SAE), OFDMA, MIMO, CDMA와 호환성 없음 | 최초 LTE 표준 |
| Rel.9 (2010. 3) | SAE 개선, LTE와 WiMax 호환, Dual Cell HSPA (MIMO) | |
| Rel.10 (2011. 6) | LTE-Advanced, CA, Multi Cell HSPA (4개) | IMT-Advanced 표준 |
| Rel.11 (2013. 3) | Advanced IP (서비스 상호접속 개선), HetNet, CoMP, | |
| Rel.12 (2015. 3) | Enhanced Small Cell, FDD/TDD CA, 3D MIMO, massive MIMO, 수직 빔포밍 , MTC, D2D, eMBMS | |
| Rel.13 (2016. 3) | LTE-U(Unlicensed), Enhanced MTC, FD-MIMO, 수직 빔포밍, 실내 NB-IoT, CIoT, 위치 서비스 | LTE-A Pro |
| Rel.14 (2017. 6) | Energy Efficiency, LCS, Mission Critical Data/Video over LTE, Flexible Mobile Service Steering (FMSS), Multimedia Broadcast Supplement for Public Warning System (MBSP), enhancement for TV service, massive Internet of Things, Cell Broadcast Service (CBS), Cell Broadcast Service (CBS) | |
| Rel.15 (2018. 9) | Support for 5G Vehicle-to-x service, IP Multimedia Core Network Subsystem (IMS), Future Railway Mobile Communication System | IMT-2020 |
| Rel.16 (2020. 3) | IMT-2020 Phase 2 | |

## 3.5.5 서비스 전망

5세대 이동통신 서비스는 궁극적으로 인간이 가진 5개의 감각(청각, 시각, 미각, 후각, 촉각)의 신호를 보내고 받을 때 대상이 어디에 있든지 마치 바로 앞에서 이루어지는 것처럼 구현하는 것을 목표로 한다. 즉, 음파를 통해 소리를 전달하고 빛을 통해 영상을 보내고 받을 때 정보를 주고받는 대상이 어디에 있든지 바로 앞에서 인간의 귀로 느끼는 것과 인간의 눈으로 보는 것과 같이 대화하고 보는 것과 같이 실감할 수 있도록 하여야 한다. 이와 같은 통신이 이루어지기 위해서는 귀와 눈이 느끼는 충분한 데이터와 함께 신호의 전달 속도도 충분히 빨라야 한다. 또한 인간이 감지할 수 없는 사물의 정보 영역까지 확대하여 일상생활의 의사 결정을 지능화하고자 한다. 이를 위해서는 네트워크가 인지해야 할 단말 및 사물의 수가 대규모이다.

IMT-2020 서비스를 개발하면서 기존 이동통신 서비스와 다른 것은 기술 발전의 가속화이다. 기술의 발전은 인간이 공간과 시간에 제한 받지 않고 현실에 기초한 상상하는 모든 서비스가 현재 위치한 곳에서 이루어질 수 있도록 만들고 있다. 5세대 이동통신 서비스는 공간과 시간에 제한 받지 않도록 속도, 시간, 통신하는 대상의 제약을 극복하는 기술 발전으로 새로운 형태의 서비스를 제공할 것이다.

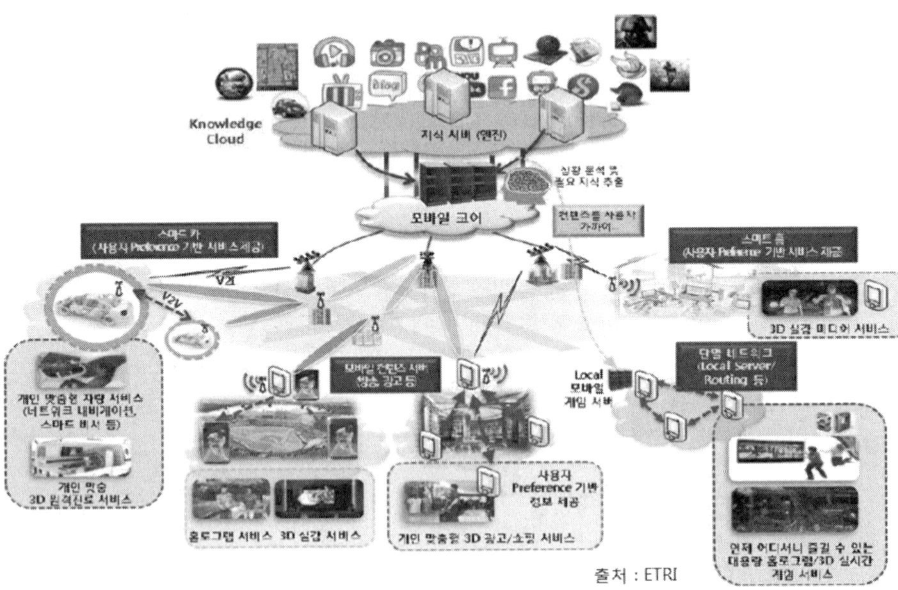


출처 : ETRI

☑ **그림 3-27** 5세대 이동통신 네트워크 발전

IMT-2020 네트워크는 초고속 서비스, 초저지연 서비스, 사물인터넷 서비스를 제공할 수 있는 네트워크와 다양한 단말을 기반으로 수집된 모든 정보를 지식화 하는 클라우드 서버/플랫폼으로 발전할 것이다. IMT-2020 네트워크는 사람에게 공간과 시간에 제약 받지 않는 지식화 된 5세대 이동통신 서비스를 제공할 것이다.

## 3.6 차세대 이동통신망의 효율적 운용

차세대 이동통신 서비스의 데이터 전송속도는 단순 메시지, 음성과 같은 저속 메시지부터 인터넷, V.R, AR, UHD TV 등과 같은 초고속 데이터 서비스까지 다양하다. 이동통신서비스를 위해서는 전송속도가 높아짐에 따라 전력 사용이 증가하게 되는데 이러한 원인으로 기지국을 중심으로 서비스별로 제공할 수 있는 서비스 커버리지가 달라진다. 5세대 이동통신이 본격화되면서 서비스별 커버리지의 불일치는 커질 것이다. 단말기의 수신전력에 따른 서비스 전송속도를 일반화하면 〈그림 3-28〉과 같다.

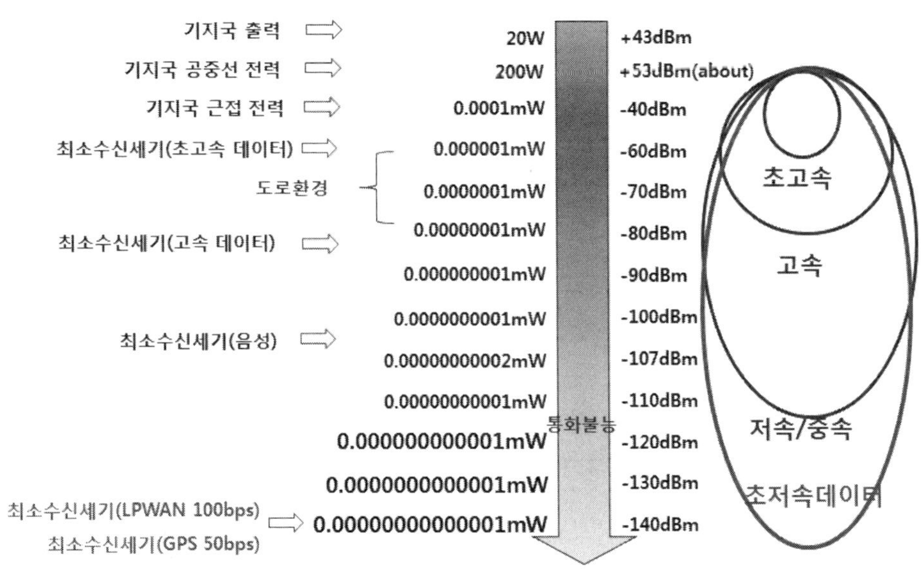


☑ **그림 3-28** 서비스 커버리지와 데이터 전송속도 환경

서비스별 수신전력의 한계는 서비스에 따라 셀 커버리지가 달라진다. 따라서 데이터 전송속도가 다른 여러 서비스를 하나의 셀에서 서비스하면 서비스 전송속도 저하 또는 셀 축소로 과도한 이동통신망 투자의 원인이 될 수 있다. 그러므로 〈그림 3-29〉와 같이 서비스 전송속도에 따른 다양한 셀을 설정하여 이동통신망의 셀설계를 최적화할 필요가 있다.

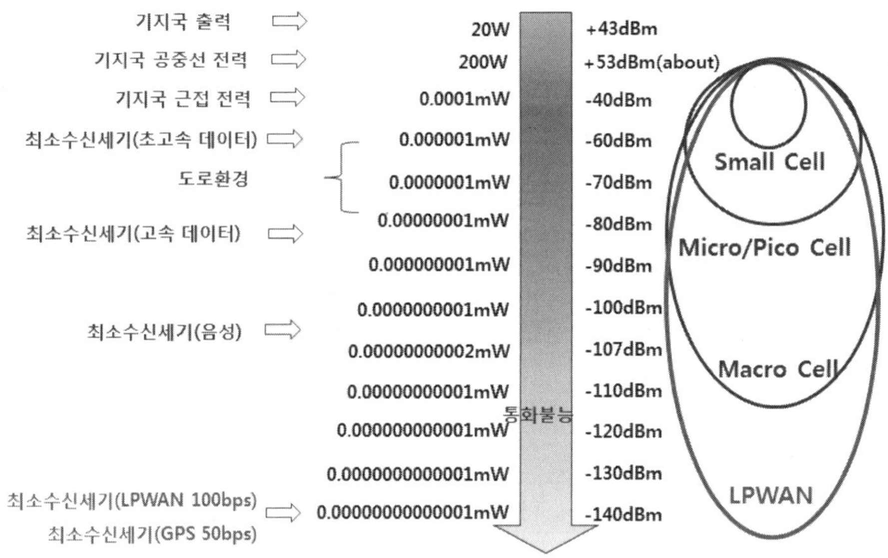


☑ **그림 3-29** 서비스 커버리지와 셀 설계 매칭

차세대 이동통신 서비스를 위한 이동통신시스템은 저속의 데이터 서비스(사물인터넷의 소량의 데이터)인 경우 NB-IoT, LTE-M, LoRa SigFox 등 LPWAN 이동통신시스템을 이용하고 보편적인 셀룰러 서비스는 LTE-Advanced, 시스테, 초고속 데이터 서비스는 향후 개발될 IMT-2020 시스템 등을 이용함으로써 서비스와 셀 그리고 서비스와 기술을 효율적으로 매칭함으로써 성능을 극대화할 수 있다. 〈그림 3-30〉은 데이터 전송속도, 서비스 커버리지, 이동통신 시스템을 매칭한 이동통신시스템 운용 환경을 나타내었다.

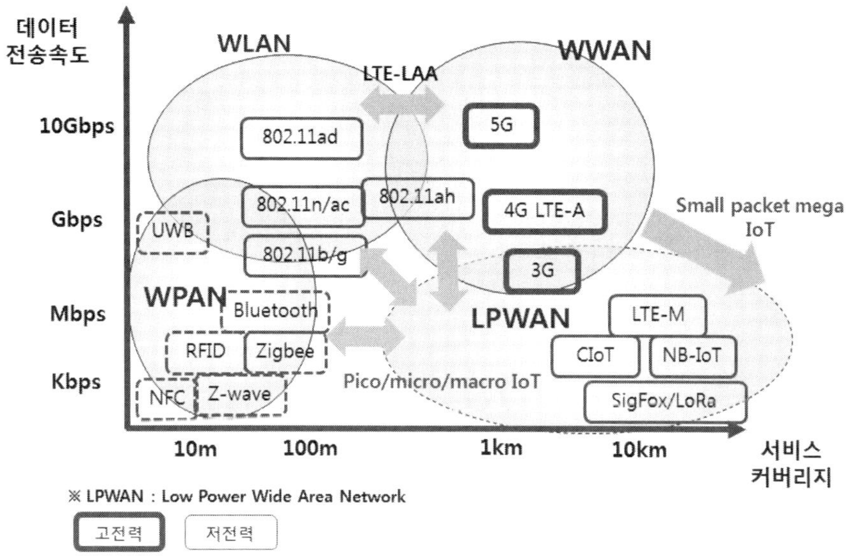


☑ **그림 3-30** 차세대 서비스를 위한 효율적인 이동통신 시스템의 운용

〈표 3-20〉은 데이터 전송속도와 서비스 커버리지의 관계를 비교할 수 있도록 대표적인 LTE 셀룰러 시스템과 LPWAN 시스템의 규격을 상세히 비교하여 나타내었다.

☑ **표 3-20** 주요 LTE 셀룰러 시스템과 LPWAN 기술 규격 비교

| | WAN | | | | LPWAN | | | |
|---|---|---|---|---|---|---|---|---|
| | LTE 계열 기술 | | | | | | LPWAN 전용 기술 | |
| | Rel 8 | Rel 8 | Rel 8 | Rel 12 | Rel 13 | Rel 13 | | |
| | CAT-4 | CAT-1 | CAT-0 | LTE-M | CIoT | NB-IoT | SigFox | LoRa |
| DL/UL 최고속도 (Mbps) | 150/50 | 10/5 | 1/1 | 1/1 | 100/100 (kbps) | 100/100 (kbps) | 0.1~0.6 (kbps) | 0.3~5(50) (FSK변조) (kbps) |
| MIMO | 2x2 | 2x2 | no | no | no | no | no | no |
| 다중접속 | OFDM | OFDM | OFDM | OFDM | OFDM | OFDM | FDMA | FDMA + CDMA |
| 변조 | PSK, QAM | PSK, QAM | PSK, QAM | PSK, QAM | PSK, QAM | PSK, QAM | DBPSK, GFSK | LoRa(Chirp FM SF 7~12) + FSK |
| DL/UL duplex | Full FDD | Full FDD | Half FDD | Half FDD | Half FDD | Half FDD | | |
| 대역폭(MHz) | 20 | 20 | 20/100RB | 1.4(6RB) | 0.2 | 0.2 or 0.18 | 0.1 (채널간격 0.2) | 0.125 (채널간격 0.2) |
| UE 최대출력 (dBm) | 23 | 23 | 23 | ~23 | ~23 | ~23 | ~14 | 기타 대역 : ~14(20)<br>900MHz : ~20(30)<br>( )는 선택사항 |
| 부반송파 간격 (kHz) | 15 | 15 | 15 | 15 | 3.75 (x48) | DL 15<br>UL 3.5, 15 | 0.1 | 125 |
| LTE호환성 | yes | yes | yes | yes | No | No | No | No |
| 동작주파수 대역 | LTE 인밴드 | LTE 인밴드 | LTE 인밴드 | LTE 인밴드 | LTE 인밴드 | LTE 인밴드 or 가드밴드 | 1GHz 이하 ISM 대역 | 1GHz 이하 ISM 대역 |
| 예상 모뎀가격 | 100% | 80% | 20% | 20% | 10% | 10% | | |
| 커버리지 확장 | 0 dB | 0 dB | 0dB | Up 15dB | above 20dB | | -138dBm | -138dBm |
| Ack | Yes | Yes | Yes | Yes | Yes | Yes | No | Yes |

# 2부

# 이동통신 망운용 기술 실무

Chapter

# 4 이동통신 무선망 설계

## 4.1 개 요

무선망 설계의 목적은 첫째 이용자 측면에서 이동통신 서비스 이용자에게 신뢰성 있는 통화 품질을 제공하기 위한 것이다. 즉, 이동통신 서비스 이용자가 만족할 수 있는 서비스 품질을 제공하는 것이다. 둘째, 사업자 측면에서 전체 이동통신망 투자비의 60% 이상을 차지하는 무선망 투자비를 최소화하는 것이다. 즉 정확한 기지국 위치 선정으로 무선망 투자비용을 최소화하여야만 경쟁력을 가질 수 있다.

무선망 설계의 절차는 다섯 단계로 나눌 수 있는데, 첫째 단계는 무선망 설계 준비 단계로서 무선망 설계를 위한 H/W, S/W, DB를 준비하고 이용자가 만족할 수 있는 무선망 설계 품질 기준 결정 그리고 셀 반경을 추정하기 위한 링크 버짓 분석(Link Budget Analysis)을 수행한다. 두 번째 단계로서 무선망 기본 설계 단계에서는 기본적인 서비스 영역(Coverage) 설계, 서비스 용량(Capacity) 설계 및 기지국 위치 선정 등을 수행한다. 세 번째 단계에서는 무선망 실시 설계 단계로서 측정지역에 대한 실사 및 드라이브 측정 분석, 후보지역 재실사 등을 수행하여 기지국 배치도, 서비스 영역 및 기지국 위치와 제원 등을 완성한다. 네 번째 단계로서 최적화 설계 단계에서는 기지국 ID 할당 설계(CDMA : PN 코드[511개], LTE : PSS/SSS 시퀀스[504개]), 핸드오프를 위한 이웃 셀(Neighbor Cell) 설계, 효율적인 호출을 위한 호출 영역 설계 등을 수행한다. 끝으로 다섯 번째 단계로서 망 확장 설계 단계에서는 도심의 서비스 불량지역, 교외의 서비스 확장 등을 수행한다. 지금까지 설명한 무선망 설계 개념은 〈그림 4-1〉과 같다.

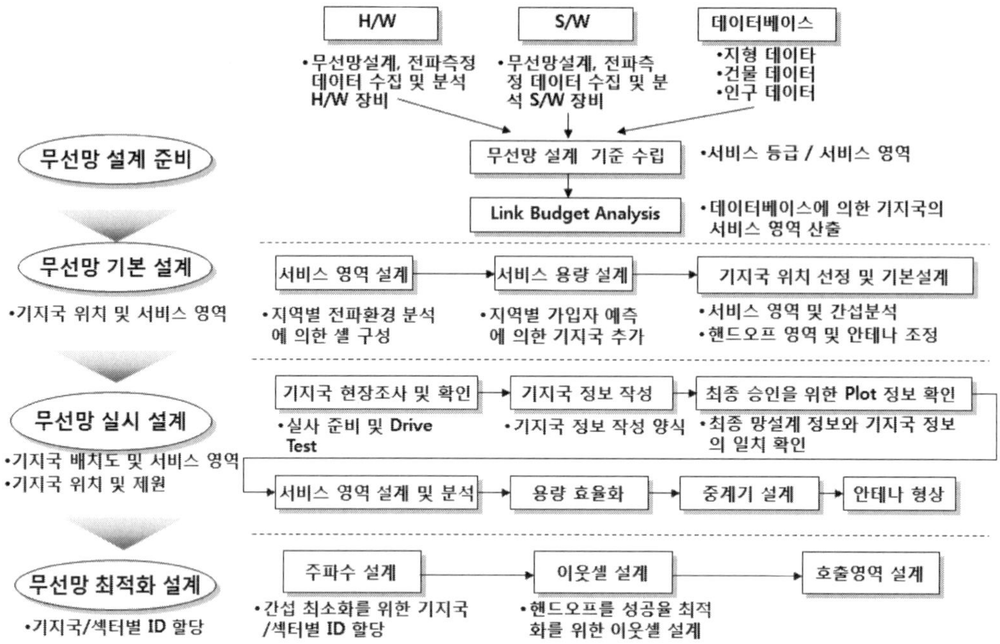


☑ **그림 4-1** 무선망 설계 개념

# 4.2 무선망 설계 준비

## 4.2.1 무선망 설계를 위한 H/W 및 S/W 준비

무선망 설계를 위해서는 우선 H/W 및 S/W를 준비하여야 한다.

H/W 장비로는 데이터를 측정할 때 데이터를 수집하기 위한 컴퓨터, 각종 데이터베이스들을 가지고 우리가 필요로 하는 정보들을 시뮬레이션하기 위한 프로그램을 구동하는 워크스테이션, 각종 데이터들을 출력하는 프린터 및 플로터, 기지국 역할을 수행하는 장비로써 single tone(10Hz)의 CW파(반송파)를 송신하여 기지국의 위치 및 안테나 높이, 안테나 방향 등을 미리 설정할 수 있는 데이터를 제공할 수 있는 가상 기지국 송신 장비 그리고 단말기 역할을 수행하는 장비로써 수신기와 GPS를 장착하여 측정한 데이터를 컴퓨터에 기록하는 가상 단말기 수신 장비 등이 있다.

S/W 장비로는 그래픽에 기반한 셀룰러 엔지니어링 설계 툴로써 전파모델링, 서비스영역, 간섭분석, 핸드오프 분석, 경로 분석, 기지국 배치도 및 서비스 영역을 작성하는 S/W인 무선망 설계 툴(Tool), 가상 기지국 송신 장비에서 송신한 신호를 수집하여 신호의 데이터를 이용자에게 유용한 데이터로 변환시켜주는 측정 데이터 수집 소프트웨어, 그리고 수집된 측정 데이터를 분석하는 측정 데이터 분석 소프트웨어 등이 있다.

## 4.2.2 데이터베이스

무선망을 설계하기 위해서는 3가지의 데이터베이스가 준비되어야 한다.

첫째 지형 데이터베이스(Terrain Database)는 서비스지역에서의 서로 다른 위치들에 대한 높이를 보여주는 정보로서 무선망설계 Tool은 기지국 위치 선정 및 기지국으로부터 단말기까지의 전파손실을 예측하는데 지형 데이터베이스를 이용하며 일반적으로 각 색깔이 고도의 범위를 나타낸다.

둘째 지형 형태 데이터베이스(Morphology Database)는 서비스지역에서의 지형 환경에 대한 정보를 나타내는데 예를 들어 서비스하고자 하는 지역의 인공적인 형태를 나타내는 것으로 산업단지, 주거지역, 산림지역, 농지 등등으로 나눌 수 있으며 지형 형태별로 각각의 환경에 근거한 데이터베이스 구분이 가능하다. 따라서 각각의 지형 형태에 따른 선파 환경 모델링을 나타낼 수 있다.

산업단지 평야지역 주거지역 해안지역 산악지역

☑ **그림 4-2** 다양한 지형 형태

셋째 인구 데이터베이스 (Demographic Database)는 인구밀도 등 인구 통계에 관한 데이터베이스로서 서비스 용량 설계에 이용된다.

## 4.2.3 무선망 설계 기준 수립

### (1) 서비스 영역(Service Coverage)

서비스 영역의 비율은 서비스 대상 지역에서 서비스가 가능한 비율을 나타낸다. 서비스 영역의 비율은 2가지로 구분할 수 있다. 첫째는 인구대비 서비스 영역 비율이고 둘째는 면적대비 서비스 영역 비율이다. 일반적으로 이동통신 무선망 설계에서는 서비스 영역 비율을 이야기할 때 인구대비 서비스 영역 비율을 사용한다.

서비스 대상 지역은 도심, 도심 외곽 지역, 농촌, 고속도로, 국도, 관광지 등 다양하다. 모든 지역을 서비스하기에는 시간과 비용이 제약되어 있으므로 서비스 대상 지역의 우선순위를 정하여 단계적으로 서비스 지역을 확대한다. 이동통신에서의 무선망은 기지국의 위치와 주변 환경에 따라 서비스 영역의 비율이 달라진다. 〈표 4-1〉은 단계별 서비스 지역 확대를 나타내는 한 예이다.

☑ **표 4-1** 서비스 영역 비율의 예

| 서비스 영역 | 1단계 | 2단계 | 3단계 | 비고 |
|---|---|---|---|---|
| 도심지역 | | | | |
| -도로 | ○ | ○ | ○ | |
| -인 빌딩 | | ○ | ○ | |
| -지하 | | | ○ | |
| 부도심지역 | | | | |
| -도로 | ○ | ○ | ○ | |
| -인 빌딩 | | ○ | ○ | |
| -지하 | | | ○ | |
| 고속도로 | ○ | ○ | ○ | |
| 국도 | | | | |
| -10,000대 이상 | ○ | ○ | ○ | 중요 국도 |
| -5,000대 이상 | ○ | ○ | ○ | 주요 간선도로 |
| -1,000대 이상 | | ○ | ○ | 읍면 지역 |
| -1,000대 미만 | | | ○ | 기타 지역 |
| 서비스 영역 비율 | 90% | 95% | 98% | 인구 대비 |

### (2) 서비스 등급 (GoS : Grade of Service)

서비스 등급은 사용자가 서비스 접속가능 지역에서 호 시도를 하여 호가 완료될 때까지 통화중단 없이 호가 유지될 수 있는 신뢰성에 대한 확률로 표현할 수 있다. 서비스 등급을 결정하기 위해서는 통화완료율, 핸드오프 실패율, 절단율(call drop), 단말기와 기지국간 FER, 기지국 장비 수용률 등이 있으며 서비스 등급은 최초 서비스 단계에서 안정화 단계로 가면서 서비스 등급을 단계적으로 올리는 것이 바람직하다.

☑ **표 4-2** 서비스 등급의 예

| 서비스 영역 | 1단계 | 2단계 | 3단계 | 비고 |
|---|---|---|---|---|
| 통화 완료율<br>-Land to Mobile<br>-Mobile to Land | <br>60% 이상<br>60% 이상 | <br>65% 이상<br>65% 이상 | <br>70% 이상<br>70% 이상 | |
| 핸드오프 실패율<br>-섹터간<br>-BSC간<br>-교환기간 | <br>3% 이하<br>3% 이하<br>5% 이하 | <br>2% 이하<br>2% 이하<br>3% 이하 | <br>1% 이하<br>1% 이하<br>2% 이하 | <br><br>동일기종<br>동일기종 |
| 절단율(call drop)<br>-Land to Mobile<br>-Mobile to Land | <br>3% 이하<br>3% 이하 | <br>2% 이하<br>2% 이하 | <br>1% 이하<br>1% 이하 | |
| FER | 2% 이하 | 1.5% 이하 | 1% 이하 | |
| 기지국 장비 수용률(Capacity) | 40% | 50% | 60% | |

### (3) 서비스 품질 (QoS : Quality of Service)

디지털 이동통신에서 서비스 품질을 결정하는 기준으로 데이터 전송속도, 정상적으로 수신하지 못하는 비트, 패킷, 프레임의 비율을 나타내는 BER, PER, FER과 송수신 신호의 지연시간 등이 있다.

#### 1) 데이터 전송 속도

디지털 이동통신 서비스가 음성에서 데이터 중심으로 변화하면서 요구되는 데이터 전송속도는 서비스 품질을 나타내는 중요한 지표가 된다. 데이터 전송속도가 높을수록 제공할 수 있는 서비스가 다양해지므로 데이터 전송속도가 높을수록 서비스 품질이 우수하다고 할 수 있다.

#### 2) 데이터 오류율

데이터 오류율은 양호한 서비스 품질 제공을 위해 요구되는 디지털 신호의 오류율 한계를 나타내는 객관적인 값으로서 시스템에서 채널 관리를 하는데 이용된다. 데이터 오류율에는 송신하는 전체 데이터에 대해 오류가 발생한 비트오류율(Bit Error Rate), 패킷오류율(Packet Error Rate) 또는 프레임 오류(Frame Error Rate) 등이 있다. 일반적으로 음성 서비스 품질은 사용자들의 주관적인 평가결과의 평균치(MOS : Mean Opinion Score)로 표현된다. MOS 3.8~4 정도의 양호한 통화품질을 제공하기 위해서는 FER 2%~1%의 에러조건이 유지되어야 한다. 최번시에 통화를 시도할 때 단말기와 기지국간 FER이 평균 2% 이내가 되지 않을 경우 FER은 기지국마다 다르게 나타나므로 FER을 감소시키기 위해서는 기지국에 무선채널을 충분히 설치해야 한다.

#### 3) 지연 시간(Delay Time)

이동전화망에서의 지연시간은 원천 부호화, 채널 부호화, 트랜스코딩, 이동통신망 구성요소(전송 시스템, 교환기 및 에코 제어기기 등과 같은 고정요소)에 의해 결정된다. 지연시간이 너무 길 경우 통화하기가 어려워진다. 즉, 신호가 원단으로부터 반사되어 송화자 자신에게 되돌아오는 반향(Echo)이 발생한다. 또 이상적으로 반향(Echo) 제어를 하더라도 송화자가 말하고 난 후 원단의 수화자가 응답을 들을 때까지의 지연이 통화를 어렵게 하기 때문이다. ITU-T 권고 G114 에 따르면 단방향 음성지연시간이 25~300m/sec 의 경우 허용 가능하며, 400m/sec 를 최대 지연시간의 한계로서 권고하고 있다. 또 권고 G131 에 의하면 단방향 음성지연시간 25m/sec 이상의 경우 반향 레벨을 줄이기 위해 적적한 반향제어가 필요한 것으로 권고한다. 데이터 전송지연 시간은 실시간 서비스(스트리밍 서비스 등)인 경우 CDMA 시스템에서 100ms 이내, LTE 시스템에서 약 30ms 이내, LTE-Advanced 시스템에서는 10ms 이내이다.

### 4.2.4 링크 버짓 분석(Link Budget Analysis)

#### (1) 개 요

링크 버짓 분석(Link Budget Analysis)은 무선전파 환경에서 한 개의 기지국과 단말기간의 서비스 영역을 계산하기 위해 기지국에서 방사되는 전파의 출력 (RF Loss, 안테나 이득, 기지국 출력 등)과 전파 환경에 따른 페이딩 등을 감안하여 기지국의 서비스 영역을 산출하는 것이다.

링크 버짓 분석의 목적은 기지국의 송신 전력을 결정하여 순방향(Down Link)에서의 최대 허용 경로 손실(Maximum allowable path Loss)과 역방향(Up Link)에서의 최대 허용 경로 손실이 같도록 하는 것이다. 링크간의 최대 허용 경로 손실을 같게 함으로써 기지국이 단말기의 신호를 수신할 수 있는 서비스 영역 어느 곳에서나 단말기는 기지국에 도달하는 충분한 전력을 가질 것이다.

링크 버짓 분석에서 기지국과 단말기의 하드웨어의 다양한 장비로 인한 손실을 빼고 이득을 더하여 역방향(Up Link)과 순방향(Down Link)에 대하여 송신 안테나에서 수신 안테나에 이르는 최대 허용 경로 손실을 계산한다. 일반적으로 순방향(Down Link)과 역방향(Up Link)에서의 환경 손실은 같다고 가정한다.

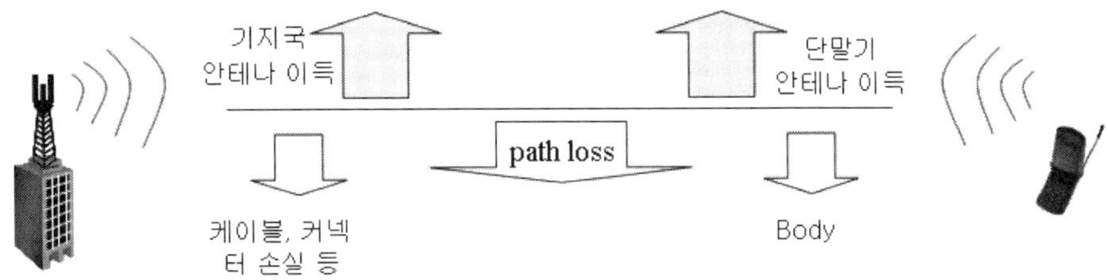


☑ **그림 4-3** 링크 버짓 분석의 개념

### (2) 통화권 설계

링크 버짓 분석을 이용하여 통화권역을 설정한다. 통화권역의 시스템 성능을 평가하는 기준으로 통화 채널의 비트에너지 대 잡음전력 스펙트럼 밀도에너지 $E_b/N_t$를 나타낸다. 이동단말기와 기지국에서 안전하게 통화를 하기 위해서는 최소 요구 $(E_b/N_t)_{req}$보다 높은 값을 수신하여야 하는데 실제 수신하는 $(E_b/N_t)_{recv}$값과 최소 요구 $(E_b/N_t)_{req}$값의 차이를 링크 마진(Link Margin : M)으로 정의한다. 링크마진은 식 (4-1)과 같이 나타낼 수 있다.

$$M(dB) = (E_b/N_t)_{recv} - (E_b/N_t)_{req} \tag{4-1}$$

여기서 $M$의 값이 양수이면 해당 링크가 페이딩 혹은 간섭에 대처할 여유가 있으나, 음수가 되면 링크가 효율적으로 동작할 수 없다. 즉, 이 링크 마진 값을 양수로 만들기 위해서는 여러 가지 파라미터(안테나이득, 급전선손실, 채널이득, 및 적정출력 등)를 조정해야 한다.

### (3) 순방향 링크 설계

순방향 링크설계는 기지국에서 발사한 전파를 이동단말기가 어느 정도의 거리에서 양호하게 통화할 수 있느냐를 설계하는 것으로서 기지국의 송신 출력, 안테나 이득, 급전선의 종류에 따라 서비스 영역에 영향을 받는다.

CDMA 방식에서 순방향 링크 설계의 기지국 출력은 파일럿 채널의 세기를 가정하여 설계한다. 실질적으로 파일럿 채널의 세기는 주어진 트래픽에서 순방향과 역방향 링크가 균형을 이루도록 값을 결정하여야 한다. 따라서 순방향 링크 설계는 파일럿 채널의 전력 대 간섭 전력의 비율인 $E_c/I_o$를 기준으로 이루어진다. 일반적으로 $E_c/I_o$을 -12 ~ -14 dB로 설계하면 통화품질이 양호하다

LTE 방식(OFDM방식)에서 순방향 링크 설계의 기지국 출력은 RS(Reference Signal)

의 세기를 가정하여 설계한다. 실질적으로 RS의 수신 세기(RSPP : Reference Signal Recieved Power)는 주어진 트래픽에서 순방향과 역방향 링크가 균형을 이루도록 값을 결정하여야 한다. 따라서 순방향 링크 설계는 RSRP 전력 대 간섭 전력의 비율인 SINR(Signal Interference Noise Ratio)을 기준으로 이루어진다. 일반적으로 SINR을 +20 ~ −5dB로 설계하면 통화품질이 양호하다. (기준의 정의는 8장 참조)

### (4) 역방향 링크 설계

역방향 링크설계는 순방향 링크를 통해 설정한 서비스 영역 안에 있는 단말기가 송신한 신호를 기지국이 충분한 통화품질을 유지하면서 수신이 가능하도록 설계하는 것이다. 단말기의 출력이 기지국에 비해 미약하므로 서비스 품질의 성능은 역방향 링크에서 좌우된다. 따라서 역방향 링크 버짓 분석은 매우 중요하다.

역방향 링크 설계의 기준은 비트 에너지 대 잡음 밀도의 비율로서 $E_b/N_o$로 정의한다. 여기서 간섭은 현재 셀에서 서비스 중인 가입자 수, 열잡음, 다른 셀로부터의 간섭 등이다. 기지국으로부터 전력제어를 받기 때문에 최소한의 $E_b/N_o$를 유지할 수 있을 정도의 수신 전력을 유지할 수 있도록 설계를 하여야 한다. 일반적으로 6dB 정도이면 통화품질이 양호하다. 하지만 고속의 데이터를 보내고자 하면 이 값은 더욱 커져야 한다.

# 4.3 무선망 기본 설계

## 4.3.1 서비스 영역 설계(Service Coverage Design)

### (1) 개 요

이동통신 시스템의 무선망 설계 및 최적화를 위한 커버리지 기준은 중요한 변수이다. 일반적으로 서비스 영역 기준은 링크 버짓에서 서비스 영역 기준에 따른 최대 기지국 반경을 계산하고 대략적인 물량을 산출한다. 하지만 이러한 대략적인 기준은 최적화 단계에서는 적용하기 어려우므로 무선망 설계 및 최적화는 각각 다른 기준을 이용하여 작업을 수행한다. 또한 이동통신 특성상 순방향 보다는 역방향 링크에 의해 커버리지가 제한되므로 무선망 설계에서는 역방향 링크에 대한 기준만 정하는 방법이 일반적이다. 안정적인 서비스를 제공하기 위하여 무선망 설계 단계부터 정확한 기준을 고려하여 설계를 하고 이를 다시 최적화 단계에서 현장 조사를 통하여 확인하여야 한다.

### (2) 서비스 영역 분류

링크 버짓 분석에서 서비스 영역 임계치 (Service Coverage Design)를 계산할 수 있다. 서비스 영역 임계치는 다양한 수신 환경과 기술에 대하여 다르게 나타난다. 무선망 설계 툴은 단말기가 도로에서 수신하는 신호 세기를 기준으로 설계하고 있으므로 차량 및 건물 내의 수신 전력이 감쇠되는 환경에서 서비스 영역을 설계한다. 일반적으로 단말기는 차량 안에서는 도로와 비교하여 10dB, 건물 안에서는 도로와 비교하여 20dB만큼 전력을 추가하여야 한다. 일반적으로 GSM 방식에서는 건물 내부 약 –75dBm, 차량 약 –85 dBm, 도로 약 –95dBm으로 설계하고, CDMA/LTE 방식에서는 도심 지역 약 –85~ –95dBm, 농촌지역 약 –100dBm으로 설계한다.

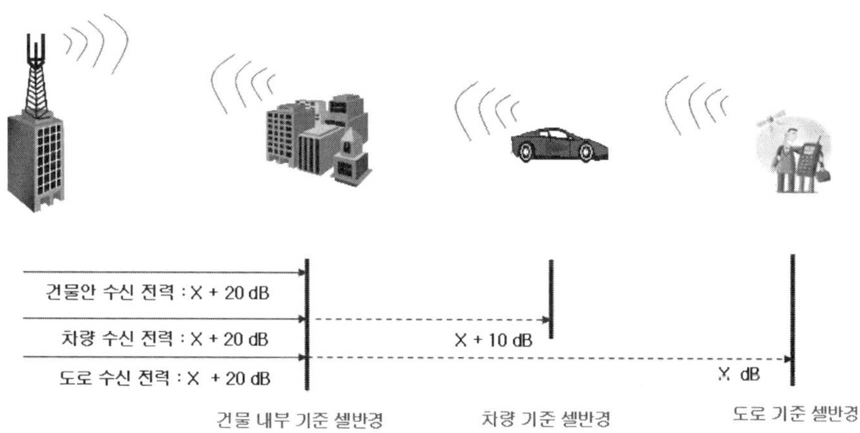


☑ **그림 4-4** 서비스 영역 분류

### (3) 기지국 및 단말기 최대 출력

전파통신서비스에 이용되는 무선국은 서비스 상호 간에 전파간섭을 주지 않도록 국가가 제정한 기술기준에 따라 운용하도록 되어있다. 따라서 이동통신 기지국 및 단말기도 기술기준에서 정한 최대 출력에 제한 받는다. 일반적으로 이동통신용 기지국은 약 1 kW ERIP, 단말기는 약 2 W EIRP 이내로 규정하는데 시스템마다 다소 다를 수 있다.

### (4) 서비스 영역 설계를 위한 기지국 수 산출

링크 버짓 분석을 이용하여 셀 반경을 구하고 서비스 대상 지역을 셀 면적으로 나누어 기지국 수를 산출한다. 그런데 서비스 대상 지역의 인구밀도, 트래픽 수요 등 여러 조건에서 동일하지 않으므로 각각의 지역을 분류한 후에 각각의 조건에 맞는 다양한 셀 반경을 계산해야 한다.

### (5) 서비스 영역 설계 시 고려 사항

최초 기지국 위치 선정은 밀집도가 높은 중심부에서 선정하고 점차적으로 경계 지역으로 이동한다. 물이 있는 지역은 일반적인 환경에 비하여 전파 손실이 적어 간섭이 커질 수 있다. 터널 또는 다리 밑에서는 전파 감쇠가 커지므로 해당 구조물이 기지국과 가시 영역(Line-of-Sight : LOS)인지 확인한다. 유리 건물, 눈 덮인 산 등과 같은 반사 표면을 가지고 있는 구조물들은 time dispersion에 의한 delay spread를 일으킬 수 있다. 셀 간 성공적인 핸드오프를 위해 중첩지역을 설정하는데 중첩지역이 크면 핸드오프 수와 시스템의 용량을 증가시키고, 반면에 중첩지역이 적으면 핸드오프를 수행하는 데 필요한 시간이 짧아지기 때문에 호절단율이 증가할 수 있다. 그러므로 우리는 설계 시 핸드오프에 필요한 충분한 중첩지역의 길이를 고려하여야 한다. 신호레벨 변동으로 인한 두 개의 기지국 사이에서 반복하여 핸드오프 할 경우 단말기의 호절단율이 커질 수 있다. 그러므로 다중 핸드오프는 바람직하지 않다. 핸드오프 윈도우는 이웃 셀의 신호 세기가 서비스 기지국의 신호 세기보다 적어도 3dB 높아야 핸드오프 되도록 설계한다.

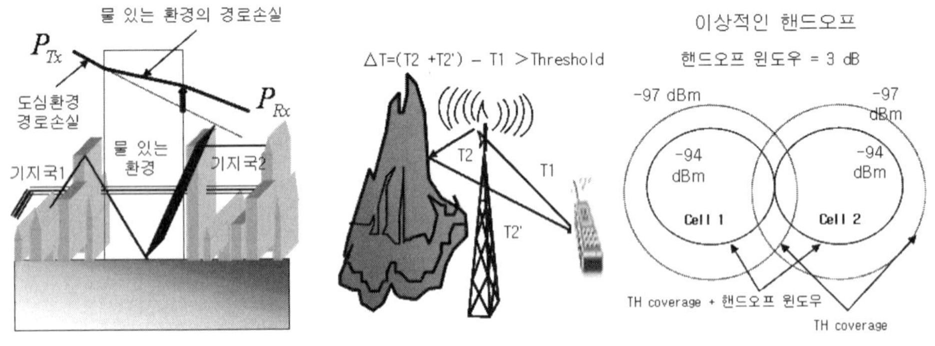


☑ **그림 4-5** 서비스 영역 설계 시 고려사항 예

## 4.3.2 서비스 용량 설계(Service Capacity Design)

### (1) 개 요

무선망 설계는 반드시 서비스 영역과 서비스 용량을 만족시켜야 한다. 기초적인 서비스 영역 설계가 이루어지면 트래픽 정보를 이용하여 용량 부족에 따른 부족한 기지국을 추가하여야 하는데 이것을 서비스 용량 설계라고 한다. 추가되는 기지국 수를 산출하기 위해서는 서비스 지역의 가입자 수와 가입자당 통화량이 필요하다. 서비스 지역의 가입

자 수는 $km^2$당 예상 가입자 수를 예측하는 것이 정확하나 균일한 서비스 지역일 경우 확대하여 평균치를 구하여 산출한다. 가입자 당 통화량은 2세대 이동통신에서는 음성 서비스 위주로 음성 통화량만을 고려하여 Erlangs/$km^2$만으로 설계하였으나 3세대 이후에는 음성, 데이터, 영상 트래픽이 함께 제공되므로 가입자 당 데이터 이용량(kbps)도 함께 설계에 반영하여야 한다. 모든 서비스 지역의 트래픽 밀도는 균일하지 않으므로 서비스 영역 설계 이후에 서비스 지역의 통화량을 분석하여 서비스 영역용 기지국의 용량으로 부족한 서비스 용량을 위해 기지국을 추가적으로 증가하거나 채널수를 증가시켜야 한다.

### (2) 기지국 용량 분석

음성 위주의 FDMA 를 이용한 AMPS 기지국은 섹터별로 고정된 주파수를 할당하고, 주파수 할당 수에 의해 기지국의 용량이 고정되어, 기지국의 용량 산출은 할당된 주파수에 따라 음성 통화 가능 시간을 나타내는 Erlang으로 나타냈다. 하지만 3세대 이동통신 이후에는 음성, 데이터, 영상 등을 포함한 멀티미디어 서비스를 제공하면서 기지국 용량을 주파수 당 kbps로 나타내고 있다. cdma2000, WCDMA와 같은 3세대 이동통신에서 이용되는 CDMA 기술과 LTE/LTE-Advanced와 같은 4세대 이동통신에서 이용되는 OFDMA 기술은 간섭에 따라 기지국 용량이 가변적이므로 가입자 분포가 셀 내에 임의적으로 분포되어 있다고 가정하여 평균적인 데이터 처리 용량을 산출한다. cdma2000, WCDMA 등이 약 150kbps/MHz, 1x EV-DO, HSDPA 등은 약 600kbps/MHz, LTE/LTE-Advanced는 약 3Mbps/MHz 이상의 데이터 처리 용량을 나타내고 있다. 예를 들어 CDMA 기지국은 인접 기지국, 기지국 내 섹터 간 동일 주파수를 코드 분할로 사용하므로 동일 주파수 내의 용량은 간섭에 의해 제한되어지고, 주파수가 증설될 경우 단말기의 제어방법에 따라 용량 산출방법을 달리하여야 한다. 따라서 기지국의 용량 산출 방법은 장비의 구조와 자원관리 알고리즘에 따라 달라진다. 음성통화만을 고려할 경우 데이터 처리 용량의 한계를 고려하여 CDMA 기지국의 FA 당 채널수를 결정하고 기지국의 섹터 수, 주파수 채널 수(FA)에 의해 결정지어진 총 통화 채널수를 Erlang B 공식으로 환산한다. 일반적으로 호차단율 1%이면 고품질의 서비스를 제공할 수 있다. Erlang B 공식은 채널수 N이 주어지고 호차단율이 결정될 때 처리할 수 있는 통화 시간을 의미한다.

CDMA 기지국의 용량 산출은 1개 기지국이 여러 섹터로 나뉘어져 있고 1개 기지국의 채널카드를 공유하는 형태이다. 이때 기지국 용량을 구할 경우 특정 섹터에서 1개 기지국의 채널 용량을 모두 사용할 수 있으면 기지국 용량이 증가할 수 있으나 기지국을 설계할 때 모든 기지국의 트래픽이 균일하다고 가정하며 설계하므로 채널 카드 측면에서가 아니라 전파 간섭 측면에서 보면 각 섹터가 독립된 기지국으로 가정하여 산출하는 것이 바람직하며, 기지국 용량은 식 (4-2)와 같이 나타낼 수 있다.

$$C = \text{Erlang}\left(\frac{\text{Traffic channel}}{\text{Sector}} \times \text{FA}\right) \times \text{Sector Gain} \tag{4-2}$$

LTE/LTE-Advanced 시스템은 패킷 망으로 음성/데이터/영상을 모두 패킷으로 처리하므로 기지국 용량을 bps/MHz 단위로 산출한다.

### (3) 통화량 예측

지역별 가입자 수 및 가입자 당 통화량은 서비스 용량 설계에 매우 중요하다. 지역별 가입자 수는 전체시장 규모에서 설계 시스템의 시장점유율을 예측하여 구한다. 서비스 내 가입자 수를 산출하여야 해당지역의 통화량 예측이 가능하므로 예상 가입자를 지역 단위로 산출한다. 가입자당 통화량은 가입자당 최번시 통화량을 예측하여 산출한다. 2세대 이동통신에서는 가입자당 통화시간을 예측하여 Erlang으로 환산하여(약 0.02 Erlang) 통화량을 산출하였으나 3세대 이동통신 이후부터는 음성뿐만 아니라 다양한 데이터 서비스 및 영상통화 등의 서비스의 전체 데이터 량을 반영하여 통화량을 산출한다. 즉, LTE/LTE-Advanced 시스템은 패킷 망으로 음성/데이터/영상을 모두 패킷으로 처리하므로 1개 기지국 당 단말의 수(단말형태에 따라 분류 예를 들어 스마트폰, IoT 용도의 센서 단말 등등)와 각 단말의 데이터 서비스 사용 평균량(음성, 데이터, 영상 등 모든 서비스를 포함)을 곱하여 통화량을 bps/MHz 단위로 산출한다. 통화량 예측을 통하여 산출된 시, 군, 구 단위의 가입자 수를 가입자 밀집 지역과 비 밀집 지역을 분류하여 해당 지역 내의 통화량 밀도를 파악한다. 실제 서비스 환경에서는 해당지역을 서비스 중인 교환기 등의 통화량 자료를 이용하여 통화량 밀도 분석이 가능하나 최초 설계할 때 정확한 데이터를 구하기 어려우므로 서비스 대상지역을 밀집도에 따라 분류하고 일정한 비율로 추정하기도 한다. 예를 들어 고밀도, 도심지역, 부심지역, 주거지역, 농촌지역, 고속도로의 비율을 4 : 3 : 2 : 1 : 0.01 : 0.01 x 차선수로 트래픽을 분배한다. 따라서 특정지역의 가입자가 10,000 명일 때 이 지역의 전체 면적이 100km²이며, 고밀집 도심, 도심, 부심, 주거, 농촌지역이 각각 20km²이라고 하면 고밀집 도심에 위치한 가입자 수는 각각 3996명, 2997명, 1997명, 1000명, 10명으로 나눌 수 있다.

### (4) 중계선 수량 산출

기지국과 기지국 제어기 간의 중계선 수는 기지국의 트래픽을 추정하여 산출한다. 즉 기지국이 처리하는 전체 트래픽을 추정한 후 중계선 용량으로 나누면 필요한 중계선 수가 나온다.

E1 링크 중계선은 2.048 Mbps 전송속도(128 kbps는 신호용)이고, T1 링크 중계선은 1.544 Mbps 전송속도 (신호용 64 kbps)이다. 하지만 트래픽의 증가 및 일시적인 변동을 고려 전체 처리용량의 80%만을 고려한다. 이 경우 E1 링크 중계선은 1587.2 kbps, T1 링크 중계선은 1184 kbps이다. 예를 들어 기지국 트래픽이 8Mbps이면 E1 링크 중계선 6회선 또는 T1 링크 중계선 7회선이 요구된다. 3세대 이후 데이터 트래픽의 증가는 기존 E1/T1 링크와 같은 동축선의 용량으로는 수용하기 어려워 대부분 광케이블로 대체되고 있다.

## 4.3.3 기지국 위치 선정 및 무선망 기본 설계

### (1) 기지국 위치 선정

기본적인 서비스 영역 및 서비스 용량 설계가 끝나면 최적의 서비스 영역을 제공하는 기지국 위치를 선정하는데 다음과 같은 원칙을 따른다. 우선 통화량이 많은 지역의 중심부를 선정한다. 둘째 트래픽 밀집 지역이 셀 경계에 위치하지 않도록 한다. 셋째 주변 환경 보다 낮은 지역을 배제할 수 있는 충분히 높은 건물에 위치하여야 한다. 넷째 구릉지, 산 중턱 정상에 있는 기지국은 주변 기지국에 간섭을 일으킬 수 있는 위치는 배제한다. 다섯째 기지국 위치 후보지의 기지국 위도/경도를 확인한다. 여섯째 안테나 설치 조건의 적합성 (주변 건물 등의 지형으로부터 5m이상)을 확인한다.

### (2) 무선망 기본 설계 절차

무선망 기본 설계 절차는 다음과 같은 순서로 진행한다.

#### 1) 서비스 영역 시나리오 작성 및 분석

커버리지 시나리오를 작성하기 위해서는 전파전파 특성, 적절한 셀 배치 방법, 기지국 치국, 현장실사 등 셀 설계 기술을 잘 알고 있어야 한다. 지도상의 지형 및 지물을 고려하여 가급적 지형에 의해서 커버리지가 결정되도록 조정하며, 통화량 분포 특성을 고려한 기지국별 통화량이 균등하게 분포될 수 있도록 인근 기지국과 적절하게 커버리지 역할 분담을 하는 것이 좋으며 만약 가입자가 증가하여 기지국의 셀 분할이 필요할 경우에는 기지국간 간섭이 최소화 될 수 있도록 조정이 필요하다. 커버리지 시나리오는 기지국 위치, 기지국 섹터방향, 기지국 통화량 분배 등을 분석하여 설계에 반영한다.

기지국 위치는 도심지의 밀집지역에서는 통화밀집 지역이 셀 경계에 위치하지 않도록 한다. 또한 언덕이나 산 중턱 또는 정산에 있는 기지국은 주변 기지국에서 간섭을 일으킬 수 있으므로 가급적 선정하지 않는 것이 좋으며 높은 건물은 주변에 멀리 떨어진 기지국까지 상호 간섭을 줄 수 있으므로 피하도록 한다.

기지국 섹터방향은 통화량이 많은 지역으로 섹터방향을 설정하고 통화량이 섹터 용량을 초과하는 경우 두 개의 섹터를 이용하여 통화량을 균등하게 나눌 수 있도록 섹터방향이 선정 되었는지 확인한다. 지형을 고려한 적정 커버리지를 확보할 수 있도록 섹터방향 설정되었는지 확인하고 또한 섹터방향 좌우로 간섭을 유발할 수 있는 지를 확인한다.

섹터별 통화량 분배는 섹터별로 통화량 불균형이 심할 경우 기존의 섹터 방향을 재조정하여 섹터별호 분산을 유도하며 섹터방향 변경이 곤란할 경우 수평방향 빔 폭을 조정하여 서비스 영역을 조정한다.

### 2) 클러스터 구성

여러 기지국의 서비스 영역을 지역 단위로 설계하는 클러스터 구성을 위해 서비스 대상 지역의 지형을 우선 파악하여야 한다. 대도시(광역시)애 대해서는 각 기지국 관점에서 전파전파에 제한이 되는 언덕이나 산 그리고 장애가 될 만한 대형 건물, 대규모 아파트 단지 등을 1 : 10,000 또는 그 이상의 정밀도를 가지는 지도에 기지국 정보(기지국 위치, 섹터방향, 틸트 등)와 함께 표시하여야 하며 반드시 클러스터 내의 기지국을 방문하여 주변 환경 및 기지국 안테나 형식, 설치상태(방향, 틸트) 등을 확인한다. 또한 정확한 지형조사를 위해 망원경을 이용하여 통화 불량지역을 파악한다. 클러스터 선정은 교환국의 BSC(Base Station Controller)별로 제어가 가능하여야 하므로 클러스터 별로 중첩되지 않는 범위 내에서 지형지물 조사에 의한 최적화 대상지역에 있는 기지국만으로 클러스터 구성한다. 클러스터는 가급적 지형적으로 분리되도록 선정하는 것이 바람직하다. 산이나 대규모 아파트 단지 등으로 인하여 전자파가 서로 영향을 주지 않을 것으로 판단되는 경계를 설정하여 기지국이 10~15개 정도 포함되도록 통화량 밀집지역은 소규모 지역으로 분리하며 산악지역은 넓은 범위로 확대하여 선정하면 지형에 의해서 각 클러스터가 분리되므로 상호 중첩할 필요가 없어서 효율적인 최적화 수행이 가능하다.

### 3) 안테나에 의한 서비스 영역 변화

기지국 안테나 틸트 적용은 기지국 서비스 영역을 조정하는 중요한 요소로서 가급적이면 가시영역(Line-of-sight)으로 주빔이 서비스 영역을 고루 전파하도록 하여야 한다. 설계 시 기지국의 셀 반경을 계산한 후 안테나 높이를 계산하면, 안테나 특성 중 수직 빔 패턴을 확인하고, 빔 패턴의 중심이 서비스 영역의 중심으로 가도록 삼각함수를 이용하여 Tilt 각을 계산한다. 기지국의 송신 안테나와 수신 안테나의 Tilt 각은 가급적이면 동일하게 유지되어야 한다. 안테나의 다운 틸트 각도는 일반적으로 −2° −4° −6° −8°를 사용하며 지역적인 여건이나 주변 환경에 따라 선택하여 적용한다. 안테나는 설치장소의 위치 및 틸트(Tilt)조정에 의해서 서비스 영역에 많은 영향을 미친다. 이동통신에서는 옴니 안테나와 섹터 안테나가 주로 사용되며, 다운틸트는 전기적인 방식과 기계적인 방식이 있으며, 기계적인 방식은 안테나를 수직방향에서 위 아래로 조정하는 방식이며, 전기적인 방식은 안테나 제작 시 특성 임피던스를 조정하여 틸트를 주는 방식이다. 틸트 적용 시 커버리지 변화는 수평방향의 이득이 감소함과 동시에 간섭이 줄어들고 서비스 영역도 감소한다. 또한 셀 반경을 계산할 때에는 링크 버짓 이내에 있어야 하며, 무선망 설계 도구를 사용할 경우에는 자동적으로 고려해 준다.

기지국 섹터 방향은 장애 구조물을 고려하여 신중히 결정한다. 기지국 섹터 방향은 진북을 기준으로 시계방향으로 진행하며 $\alpha$, $\beta$, $\gamma$로 표기 한다. 일반적으로 섹터간의 간격은 3 섹터인 경우 120° 를 기준으로 하나 주변의 전파환경에 따라 증감 될 수 있다. 이때 섹터간의 최소간격은 섹터간의 간섭, 안테나 철탑의 방향 들을 고려하여 60° 이상이 적합하며 그 이하로 구성 될 때는 2섹터를 고려한다. 또한 셀 설계 시 인접 기지국과의 섹터방향(Main Lobe)은 일직선상에 놓이지 않도록 하고 가시선을 기준으로 전방에 장애물 혹은 구조물이 있는 방향은 피한다.

#### 4) 옥외 서비스 영역 설계

기지국의 위치결정을 위해 개략적인 셀 설계를 수행한 이후에 기지국 장소 확보, 기본설계 및 실시설계 단계의 무선망 설계과정은 서로 연관되어 처리된다. 이러한 개략적 셀 설계에서는 조사 대상지역에서 적합하다고 판단된 기지국 후보지들을 무선망 설계 적합성이란 관점에서 주변 부대상활 시설의 현황(예로 전력공급 상태, 전송설비시설, 접근용이성 등)을 조사 분석함으로써 기지국 후보지들을 평가한다. 기지국 장소확보에 대한 협상을 시작하고 모든 기지국이 최종결정 될 때까지 이러한 과정을 계속 반복 수행한다.

농어촌 지역 서비스 영역 설계는 일반적으로 도심지역은 인구 밀집지역으로서 서비스 커버리지는 반경 500m～2km 이내로 매우 조밀하게 기지국이 위치하게 되며, 농어촌지역은 서비스를 최대로 확장하여 기지국 수를 줄여 투자비를 절약할 수 있다. 농어촌 지역의 셀 설계 시 기지국 위치는 주로 주거지역의 중심부에 위치하도록 하는 것이 좋다. 즉, 주거지역의 옥내 서비스 영역과 넓은 지역의 서비스를 잘 할 수 있기 때문이다.

#### 5) 옥내 커버리지 설계

옥내 커버리지는 옥외 커버리지와는 달리 반사파에 의한 다중 페이딩 영향 등으로 인하여 여러 경로에서 빌딩 투과손실 받으면서 수신된다. 투과손실은 빌딩 밀집지역에서 주파수, 빌딩 재질, 벽두께, 입사각, 내수벽수, 가구, 주변 빌딩에 의하여 영향을 매우 많이 받는다.

## 4.3.4 무선망 설계 도구

### (1) 개 요

무선망 설계 도구는 이동통신망의 서비스 품질 및 주파수의 효율적 이용을 위한 도구로서 실제 기지국을 시설하기 전에 지형, 지형 형태, 인구 밀도, 기지국 제원, 전파모델 등의 기초자료와 설계 기준을 소프트웨어로 구현하여 컴퓨터로 무선망을 설계한다. 이동통신망에서의 전파 도달거리에 대한 예측은 설계 시 가장 중요시되는 것으로서 실제 측정 작업을 통해 이루어지는 것이 가장 바람직하다. 그러나 서비스 제공지역이 넓고 계획된 기지국의 수가 많은 때에는 인력이나 장비에 대한 부담이 크며 시간도 많이 걸리게 된다. 또한 측정 결과치도 측정 장비의 신뢰성에 많이 의존하게 되며 측정을 통해 수집된 데이터도 제한된 지역의 정보여서 최적화된 망 설계에 한계가 있다. 따라서 무선망 설계 도구는 최적의 통신망을 구축하는데 비용측면에서는 효율적인 장비이다.

### (2) 무선망 설계도구의 기능

무선망 설계 도구는 가입자 및 트래픽 데이터, 지형, 지형 형태, 기지국 제원, 전파 모델, 서비스 영역, 서비스 등급, 서비스 품질, 서비스 영역 임계치, 핸드오프 비율, 기지국 용량 등의 기초 자료를 받아 프로그램을 이용하여 자동적으로 처리한다. 무선망 설계 도구는 프로그램 처리 결과로서 서비스 대상 지역의 기지국 배치도, 기지국 위치 및 제원, 기지국별 서비스 영역 및 핸드오프 영역, 서비스 지역의 전파 세기, 기지국별 트래픽 수용 량, 기지국별 주파수 배치도 등을 나타낸다. 무선망 설계 도구는 기본 설계가 끝나면 드라이브 테스트를 이용하여 최초 적용된 파라미터와 실제 파라미터의 차이를 분석하여 예측모델을 보정한다. 〈그림 4-6〉은 무선 망 설계 도구에 의한 기본 설계 과정을 나타낸다.

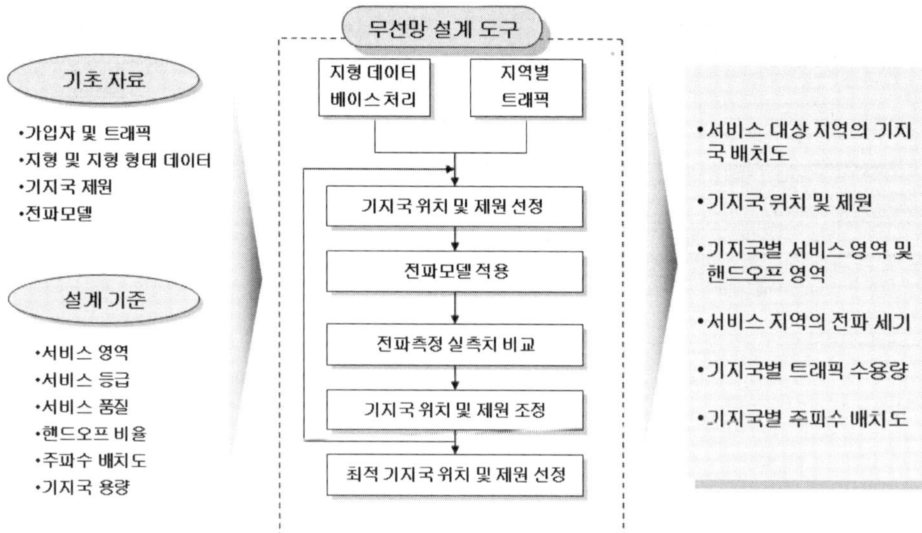


☑ **그림 4-6** 무선망 설계 도구의 처리 절차

# 4.4 무선망 실시 설계

## 4.4.1 실시 준비

우선, 마케팅 지도와 도로 지도를 가지고 서비스 대상 지역을 검토하여 고속도로, 대형 쇼핑 몰, 주거 지역 등의 특징을 확인한다. 둘째, 인접 사이트가 나타난 지도와 Plot(구역화 된 지도)을 준비한다. 셋째, 기지국 후보지역을 확인을 위한 휴대용 GPS(위도/경도 기록), Clinometer 및 줄자(건물 높이, 옥상/옥탑 면적, 난간, 급전선 길이 측정), 각도기 및 콤파스(주변 환경을 고려 안테나의 지향 측정), 사진기 및 망원경 (모든 방향의 주변 환경과 사이트를 촬영), 기지국 실사 보고서(옥상 및 옥탑의 구조나 안테나 위치 등의 그림 표시) 등을 준비한다.

**기지국 실사 보고서 양식**

| 기지국 ID(site ID) | | 방 문 일 자(Visit Date) | |
|---|---|---|---|
| 기지국명(site Name) | | 방문자(Visitor Name) | |
| 기지국 지역(site Region) | | 비디오 번호(Video#) | |
| 소유주(Property Owner) | | 전화번호(Contact#) | |
| 기지국 소유(site Address)) | | | |

1. 기지국 위치 (site Location)

| 기지국 위치(site Location) | 위도(Latitude) | 경도(Longitude) | 고도(GE) |
|---|---|---|---|
| 디자인 위치 (Design Location) | | | |
| 실제 위치(Current Location) | | | |

2. 안테나 형상 및 설치 방법(Antenna Configuration and Mounting Method)

| Sector | Orientation (degree) | | Radiation Center(m) | | AntennaModel( dB) | | Supporting Structure | Tilt (Degree) |
|---|---|---|---|---|---|---|---|---|
| | Design | Current | Design | Current | Design | Current | | |
| V1 | | | | m | | | | |
| V2 | | | | m | | | | |
| V3 | | | | m | | | | |

설치 위치(Installation Position) [On the Penthouse / Ground]
기지국 컨테이너 여부 (BTS Container) [ Y / N ]

3. 기지국 실사 견해 (Site Opinion)
커버리지 육안 검사 결과 (Coverage Visual Inspection Result) [Bad / Good / Other]
요구 되는 사항 (Requested Auction) [Nothing / Drive / Other Site Acquisition]

4. 인근 타 사업자 현황 / 인접된 장애물 (Nearby Obstacles or Other service provider status)
◆
◆

Comment: .
◆
◆
◆

별첨 (Appendix): 기지국 형상도 별첨 (Site Layout and Description)

기지국 형상도 (Site Layout)

| 건 물 높 이 (Structure Height) | M | 옥탑 높이(광고탑 높이) (Penthouse) | M(above roof) |
|---|---|---|---|

각 방향별 설명 (Description on each direction)

| 방향 (Direction) | 시야 (View) | 주된 지형 지물 (Remarkable Object) | 참 고 사 항 (Comment) |
|---|---|---|---|
| N | | | |
| NE | | | |
| E | | | |
| SE | | | |
| S | | | |
| SW | | | |
| W | | | |
| NW | | | |

☑ **그림 4-7** 기지국 실사 보고서 양식 예

## 4.4.2 현장 정보 수집

우선 기지국 후보지의 GPS 좌표, 건물 plot 부터 건물 높이, 공용화된 철탑에 안테나가 탑재된 지점을 기록하고 후보지를 촬영한다. 둘째 안테나의 설치 조건을 파악한다. 주변 건물 등의 지형과 관련하여 일정한 높이 이상인지(약 5m 이상)를 확인하고 틸팅, 아이솔레이션, 다이버시티 등이 가능한지 확인한다. 다이버시티의 경우 수평 다이버시티(10λ 이상 이격), 수직 다이버시티(20λ 이상 이격)를 구현할 수 있는지 확인한다. 인접 방해물 중 가장 심각한 영향을 주는 것은 안테나가 설치되어 있는 지붕이다. 안테나의 수직 반치각과 Tilt각을 고려하여 지붕의 길이를 확인하여야 한다. GPS 안테나는 건물, 산과 같은 장애물로 하늘의 25% 이상 막히지 않는 곳에 설치되어야 한다.

주요 도로와 서비스 대상 지역의 안테나의 예상패턴을 기록하고 후보지가 경쟁력을 갖는지, 얼마나 중첩(overlap)되는지, 서로 간의 Coverage Hole 지역을 보충하는지를 알기 위해 인접 기지국과 비교·기록한다. 지형적 특징, 건물 및 수목의 높이, 건물 형태 등을 기록한다.

다음은 틸트 각 7도, 수직 반치 각 6도인 경우 안테나 높이를 산출하는 예를 설명하고 있다.

$$h[\mathrm{m}] = d \times \tan\left(\frac{\theta_{tilt} + \theta_{half}}{2}\right) \tag{4-3}$$

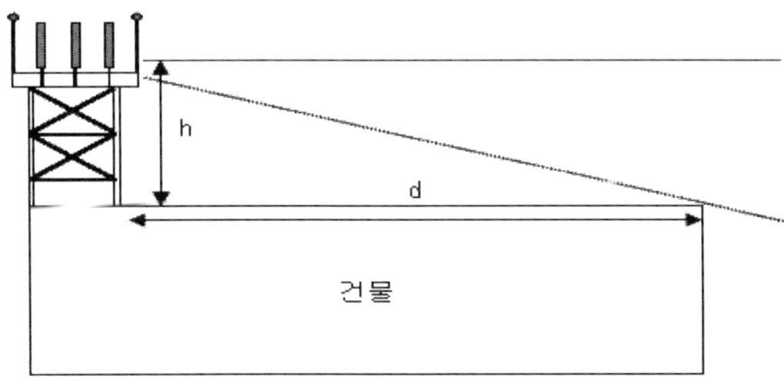


☑ **그림 4-8** 지붕위 안테나 높이 설치 예

## 4.4.3 후보 지역의 드라이브 테스트

Drive test를 수행 시 다음 사항을 고려한다.

① 사이트에서 눈으로  지형 분류를 하거나 지역 사진이나 지도를 이용한다.

② 한 쪽으로 편향되는 것을 피하기 위해 사이트의 계획된 서비스 지역을 동일하게 운전을 한다.

③ 신호세기가 No_service때 까지 Drive Test를 한다.

④ 가상 기지국 및 단말기 장비의 상태를 주기적으로 검사하고 정확한 전송전력과 정재파 비를 확인 한다.

⑤ 높이 설계 시 주변 건물 등의 지형 위로 5m 이상이 되게 하고 낮은 이득의 옴니 및 섹터 안테나를 사용한다.

⑥ Drive root가 매우 상이한 지역특색을 보일 때는 Drive test data를 분할해 기술적 판단을 적용한다. (ex: 밀집된 나뭇잎에 가려진 직선도로, 도시지역의 고가도로, 피할 수 없는 주변 건물 등의 지형에 의한 음영 등)

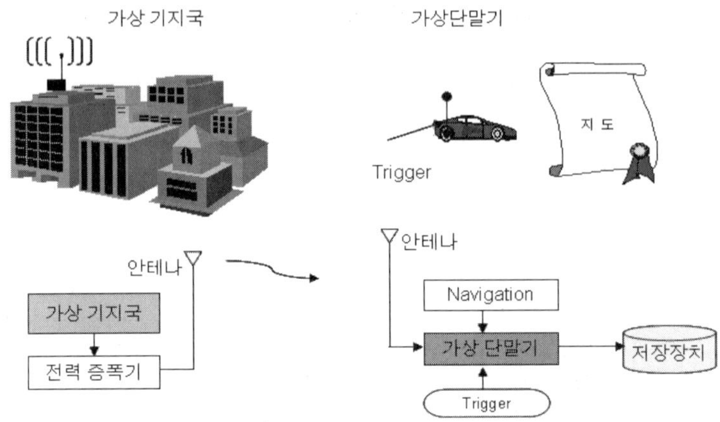


☑ **그림 4-9** 드라이브 테스트 구성도

# Drive Test Form

Site Region :
Site Name :
Site Address :

roperty Owner :
Contact# :
AMSL(MAP) :

Date:
Site ID :
RF Team :
SA Team :

| | Latitude | Longitude |
|---|---|---|
| MAP | | |
| GPS | | |

Structure Type :
Structure Height AGL :

**Plan drive route of site and get approval of RF Team.**
**Setup transmitter and antenna as specified in Site Approval Form.**
**Sketch equipment setup and make note of radiation center height.** m
**Verify transmit frequency.** Mhz
**Set transmit power with wattmeter attached.** w
**Drive as much of the planned test route as possible.**
**When stopped at traffic lights or congestion , hit F5 to discontinue saving data.**
**Continue on course until RSSI of – 100dB m is reach , if possible.**
**Terminate test by hitting ESC key.**
**After drive , verify wattmeter reading.** w
**Using CMA convert drive test data and average by 30 meter.**
**Provide RF Team with data on floppy disk , clearly labeled ;**

**Drive test Date :**
**Site ID :**
**Site Name :**
**TX Power(wattmeter) :**
**Antenna Type :**
**Drive Test Team#:**

* **Please make any notes of circumstance s that may have varied test :**

RF Team: Construction Team:

☑ **그림 4-10** 드라이브 테스트 양식 예

### 4.4.4 드라이브 테스트 결과 분석

드라이브 테스트 결과에 각 셀의 적정한 수정 요인을 포함시키고 슬로프 및 교차로는 평균을 구현한다. 드라이브 테스트된 셀에 슬로프와 교차로는 안테나의 이득 변동을 고려하여 특정한 추가 마진을 포함한다.

지형적 분석을 위해 파라미터를 확정하고, 설계과정 기간 동안 T_add/T_drop 또는 통화의 활성인자 같은 항목은 고객과 상호 협의 또는 RF 엔지니어링 내부에 의해서 수정될 수 있다.

분할된 각각의 데이터 세트와 관련하여 특별한 지형 등급을 정의하여 기술적 판단을 적용한다.

수집된 데이터를 검토하여 불량 데이터가 나타난 지역을 찾아내어 안테나를 설계할 때 참고 한다.

### 4.4.5 최종 후보지 선정

최종 후보지 최종 선정은 후보지의 자체 분석과 인접 셀의 관점에서 분석되어 결정된다.

#### (1) 후보지 자체 분석

후보지 자체 분석은 초기 후보지 사이트 답사 기록과 드라이브 테스트와 결과 분석 등으로 이루어진다. 아래의 점검 사항이 판단되어 져야 한다.

① Site 지역과 후보지가 공식적인 설계 지역이다.

② 사이트의 서비스 영역 대상이 후보지로서 적합하다.

③ 위험이 있는 AM방송 철탑을 확인하고 평가한다.

④ 후보지 위치에서 안테나 사이에 충분한 이격(Isolation)이 존재하고 상호변조(intermodulation) 간섭이 없어야 한다.

⑤ 안테나는 인접 장애물로 부터 대략 5m 위에 설치할 수 있어야 하며 다이버시티를 위해 충분한 수평 공간이 존재하여야 한다.

⑥ 안테나는 적절한 방위각을 지향할 수 있고 빔 패턴을 변형할 수 있어야 하며 틸팅이 가능하여야 한다.

⑦ GPS 안테나는 적절하게 위치되어야 한다.

⑧ Link budget 예외에 대한 구성을 평가한다.

### (2) 인접 사이트 관점의 분석

하나의 사이트 설계는 인접사이트의 설계에 연관을 갖고 있기 때문에 비어 있는 개별 공간에서의 후보지 평가는 불충분하다. 각 후보지의 선정은 현재 인접 사이트들의 현재 상황과의 관계 속에서 평가되어야 한다. 인접 사이트의 설계의 설계가 아직 완성되지 않았다면 기지국 위치와 높이, 안테나 모델과 방향을 가정하고 후보지를 판단한다.

① 인접 사이트와의 근접 지역에서 coverage의 목표는 달성 되었다. 후보지를 통해 얻은 지식과 예측 사항을 첨부하여 복합적인 드라이브 테스트를 반드시 토의하고 평가해야 한다.

② 예상된 핸드오프 지역을 가늠한다. 예측과 드라이브 테스트 결과는 다시 핸드오프가 발생 하는지를 결정하는 데 활용된다. 핸드오프가 발생할 만한 지역인데도 핸드오프가 생기지 않는 지역은 기록을 남긴다.

③ 총체적 평가절차를 만족스럽게 마치고 난 후 최종 사이트 후보지를 결정한다.

## 4.4.6 최종 후보지 RF Design Form 작성

RF엔지니어는 후보지 평가와 최종 후보지 선정이 완료된 후에 RF Design Form을 작성해야 한다. RF Design Form에 맞춰 작성하고 다양한 Plot 작성에 사용 될 수 있도록 다음 항목을 기재하여야 한다.

① Site 식별번호, 후보기지국 ID/명

② RF엔지니어의 이름과 작성일자/연락처

③ 검토자의 이름, 날짜와 사인

④ 건물 형태와 배치(전 방향 혹은 섹터화 된)

⑤ 섹터별 사양 :

안테나의수, 안테나 모델과 배열 수평면 혹은 수직면의 빔 폭, 진북 혹은 자북을 가리키는 방위각, 수평면분리, 추산된 안테나 급전선의 소요 길이/형태, 기계적 하향 경사 (down tilt), 지상에서 사이트 안테나의 높이

⑥ GPS 안테나 사양 : 델, 동축 케이블 형태, 예상된 케이블의 길이와 손실

⑦ 부가적인 설명을 위한 여백

## Site RF Design Form

| Site Region | | Date | |
|---|---|---|---|
| Site Name | | Site ID | |
| Site Address | | Map page | |
| | | RF Team | |
| | | Construction Team | |

Antenna Mounting Method

Tower@Roof Top__m Penthouse __m Other ___m

Pole Mount at Building Edge : Detailed sketch attached

Wall Mount at Side of Building : Detailed sketch attached.

| Sector | Orientation | Radistion Center | Antenna Model | Beam Width (H/V) | Mech Tilt | Estimated Cable Run(m) | Cable Thickness | Estimated Cable loss (d B) |
|---|---|---|---|---|---|---|---|---|
| | | | | | | | | |
| | | | | | | | | |
| | | | | | | | | |

Minimum Recommended Diversity Receive Antenna Separation ____m

Comments:

Antenna Configuration Sketch

RF Team: Construction Team:

☑ **그림 4-11** RF Design Form 예

### 4.4.7 최종 승인을 위한 Plot 검토

최종 승인 전에 어떤 불일치가 있는지 RF_FORM 관해서 기지국 후보지양식과 Plot를 검토한다.

① 안테나의 위치와 방위 ② 안테나 형태와 높이, 간격

③ 안테나의 경사(tilting) ④ 안테나 지지 형태(mounting type)

⑤ 케이블 길이, 형태, 굵기 ⑥ 안테나로부터 찍은 전경 사진

⑦ 기지국 반송파의 수 ⑧ 케이블 형태와 길이

⑨ 기지국 송신 및 수신 주파수 ⑩ 안테나 형태와 모델 번호

# Site Approval Form

Site Region :
Site Name :
Site Address :
roperty Owner :
Contact# :
AMSL(MAP) :

Date:
Site ID :
RF Team :
SA Team :

| | Latitude | Longitude |
|---|---|---|
| MAP | | |
| GPS | | |

Structure Type :
Structure Height AGL :

Distance from requested location.
Is the structure height suitable? (+/- 5 meter of design)
Are there any taller structures within 100 m immediate vacinity of site ?
By visual inspection , will the site meet coverage objective ?
Is there adequate space on the roof for the antenna tower ?
Is there adequate space in the building for the BTS equipment ?
Is the site easily accessable ?
Is power and telephone available at site ?
Are there RF transmitting antennas near site ?
Celluar ____ Microwave ________ AM ____ FM _______TV_____.
Is a drive test required ?
Is the property owner amicable
Attach tape moonop sketch :

| | |
|---|---|
| Y | N |
| Y | N |
| Y | N |
| Y | N |
| Y | N |
| Y | N |
| Y | N |
| Y | N |
| Y | N |
| Y | N |
| Y | N |
| Y | N |

Video tape review comments :

RF Team: Construction Team:

☑ **그림 4-12** 기지국 후보지 승인 양식 예

## 4.4.8 효율적인 무선망 설계

섹터 이득의 최대화를 최대화한다. 섹터 이득을 최대화하기 위해서는 안정적인 소프트 핸드오프가 가능한 범위 내에서 섹터 사이에 중첩되는 면적을 최소화 시키는 것이 바람직하다.

소프트 핸드오프 영역을 최소화한다. 핸드오프 통화량을 최소한으로 줄여서 기지국 당 통화량을 증대시키기 위해서는 안정적인 핸드오프가 가능한 범위에서 기지국간의 중첩되는 면적을 최소화 시키는 것이 바람직하다.

가입자 분포를 고려하여 섹터를 배치한다. 가입자의 분포가 특정지역으로 집중될 것으로 예상되는 지역에는 섹터의 크기를 적절히 조정한다. 도로의 경우에는 도로의 방향을 따라서 섹터의 서비스 범위가 타원형으로 형성되도록 배치하고 산악지형의 경우에는 가변적인 섹터 형태로 설계한다. 트래픽이 집중되는 섹터는 각종 중계기의 마스터 신호를 변경시키거나, 광 중계기 마스터 고유번호를 변경한다.

## 4.5 무선망 최적화 설계

기지국의 위치를 결정하고 서비스 영역 및 서비스 용량 설계를 마치면 기지국 사이에 간섭이 없이 통화가 잘 이루어 질 수 있도록 주파수 및 시스템 파라미터를 최적화하는 설계를 하여야 한다.

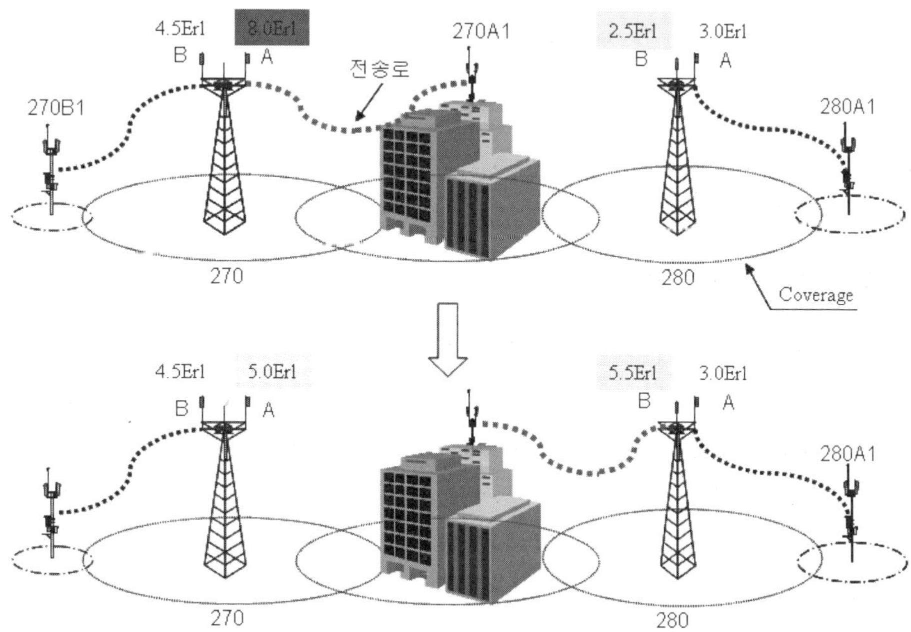


☑ **그림 4-13** 중계기 마스터 신호 변경

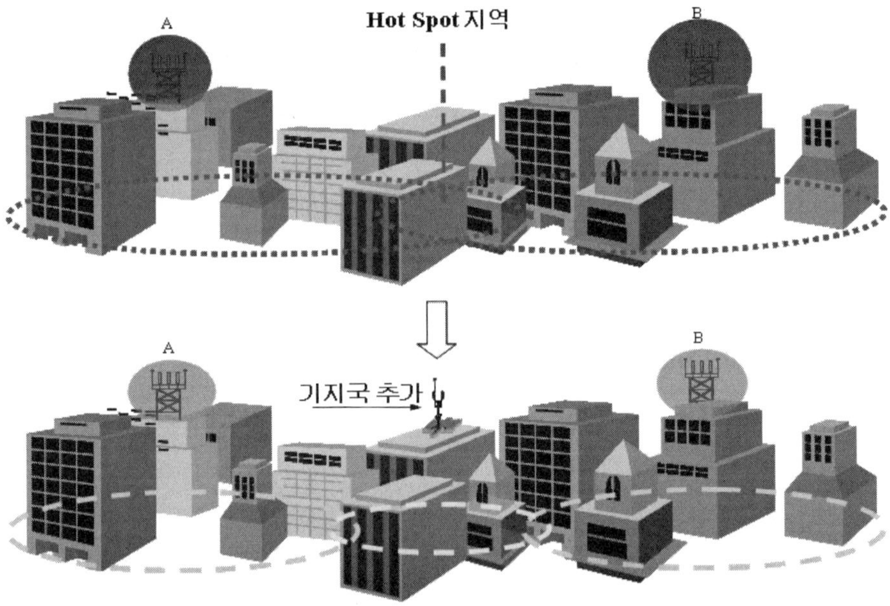


☑ **그림 4-14** 트래픽 과다지역의 기지국 추가

## 4.5.1 기지국 셀 설계

### (1) CDMA망의 셀 설계

**1) 개요**

무선망 최적화 설계의 예로 CDMA 이동통신망에서 간섭을 줄이기 위한 PN 코드 설계와 통화품질을 위한 이웃 셀(Neighbor Cell) 설계, 호출의 정확성을 높이기 위한 호출 영역 설계에 대하여 설명한다. CDMA 이동통신 시스템의 모든 기지국은 동일한 주파수를 이용하면서도 각 섹터별로 PN Code(Pseudo random Noise Code)를 할당하여 섹터 간 간섭을 피한다. PN Code의 뜻은 임의의 잡음이란 뜻으로 단말기가 접속하는 기지국의 PN Code만이 의미가 있고 다른 기지국의 PN Code는 잡음으로 처리하게 된다. 즉 송수신 신호의 PN Code가 동기가 되어 동일한 코드임을 확인하면 높은 상관 계수(Correlation Factor)를 가지게 되어 자신이 접속할 기지국을 획득하게 된다.

PN Code는 n개의 시프트 레지스터와 특정 레지스터 값을 모듈러 2연산하여 첫 단으로 궤환하는 궤환 시프트 레지스터(Feedback Shift Register)를 이용하여 생성한다. 이때 궤환 탭을 어떻게 만드는가에 따라 PN Code의 종류는 달라진다. 레지스터의 초기 값에 상관없이 일정한 주기마다 반복되는 경우 선형성이 있다고 하며 Maximal 코드라고 한다. 이 경우 $2^{n-1}$개의 코드를 만들어 내지만 모든 코드의 상관성이 보장되지 않는다. Maximal Code 종류로는 cdma2000에서 이용하는 Short PN Code, Long PN Code 등이 있다. 반면 레지스터 초기 값에 따라 주기가 다른 별개의 코드가 만들어지는 것을 비선형성이라고 하며 Nonmaximal Code라고 한다. Nonmaximal Code는 상관성이 높아 제한된 레지스터 수로 구현하기에 용이하다. Nonmaximal Code로는 WCDMA에서 이용하는 Gold Code가 있으며 기타 Kasami Code가 있다.

CDMA 이동통신망에서 PN Code의 설계는 기지국간 간섭을 방지하는데 매우 중요하다. cdma2000 이동통신 시스템에서 사용 중인 PN Code는 섹터를 구분하기 위한 Short PN Code와 단말기 음성 암호화 및 단말기 식별을 위한 Long PN Code가 있다. Short PN Code는 15개의 시프트 레지스터로 구성되어 32768개의 chip을 26.67ms마다 반복하는데 이는 매 2초마다 PN Code 시퀀스를 75번 반복하는 것을 의미한다. Long PN Code는 42개의 시프트 레지스터로 구성되어 약 4조개의 chip을 반복하는데 Long PN Code의 주기는 약 42일이 소요된다. 이 장에서는 우선 PN Code의 간단한 원리를 이해하고 기지국간 간섭을 최소화하기 위한 Short PN Code 설계 개념을 설명한다.

이 장에서는 cdma2000에서 기지국을 구분하는 Short PN Code를 이용하여 PN Code의 설계 개념을 설명한다. cdma2000 기지국의 모든 섹터는 Maximal Code인 Short PN Code를 사용하면서도 시간을 다르게 함으로써 각 섹터를 구분한다. 단말기는 Short PN Code에서 제일 먼저 파일럿 신호를 수신하여 기지국을 구분하고 동기를 맞춘다. 각 기지국들과 단말기까지의 거리는 서로 다르므로 각 Short PN Code는 서로 다른 전파지연 시간 후에 단말기에 도착하게 된다. 그런데 모든 Short PN Code가 동일하고 수신시간만 다르므로 이러한 전파지연 후에 단말기에 도착한 Short PN Code 들이 서로 구분될 수 있도록 각 섹터의 파일럿들은 충분한 시간만큼 이격 되어 있어야 한다. 하지만 CDMA이동통신시스템에서 이용되는 Short PN Code는 일정한 주기를 가지므로 사용할 수 있는 Short PN Code의 개수는 제한되어 Short PN Code의 재사용이 필수적이다. 따라서 Short PN Code 설계의 목적은 기지국간 간섭을 최소화하는 것이다.

### 2) Short PN Code 생성 원리

Short PN_Code 생성은 궤환 시프트 레지스터를 이용하여 만드는데 〈그림 4-15〉는 시프트 레지스터의 초기 값이 001일 때의 PN 코드 생성 과정을 나타낸 것이며 출력은 1001011 이 계속해서 $2^3 - 1 = 7$ 주기로 반복한다.

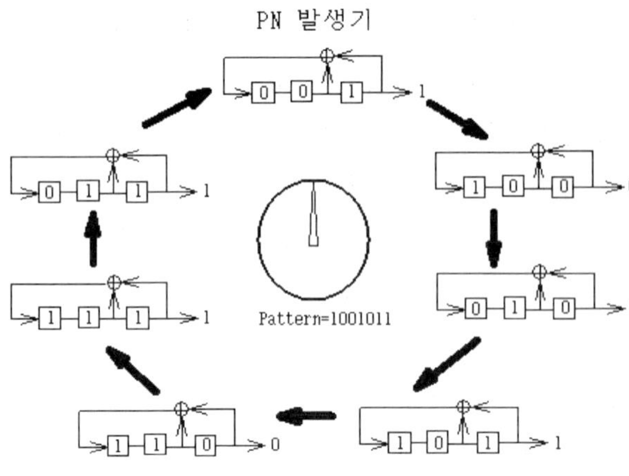


☑ **그림 4-15** Maximal Code 생성 원리

### 3) Short PN Code offset

각 기지국은 동일한 Short PN Code를 사용한다. 15개의 시프트 레지스터를 이용하므로 $2^{15}-1=32767$의 Maximal PN Code이어야 하나 매 2초마다 Short PN 코드가 정확히 75번 주기로 일치하도록 1개의 chip을 강제로 삽입하여 32768이 되었고 1.2288 Mbps로 전송되어 32768 chip을 순환하는 데 26.6666m/sec가 소요된다. 이때 각 기지국에 할당되는 Short PN Codes는 인접 기지국과의 전파지연으로 인한 간섭을 방지하기 위해 64 chip만큼 떨어 뜨려 코드를 할당하므로 총 512 개의 PN_Offset 값을 가질 수 있다. 동일한 PN Code를 사용하고, 각 PN 을 Shift 하여 기지국 및 섹터를 구별 할 수 있다.

Zero Offset Pilot 시퀀스는 기지국 전송 시간을 기준으로 매 짝수 초마다 출력되는 값을 시퀀스의 시작점으로 잡는다. Zero Offset Pilot 시퀀스의 시작점은 바로 이전의 15개의 출력 값이 "0"인 경우로 정의한다. Zero 옵셋 파일럿 PN 시퀀스로 부터 주어진 파일럿 PN 시퀀스에 대한 옵셋 값은 인덱스에 64를 곱한 값과 같다(chip 단위). 만약 Pilot 시퀀스 옵셋 인덱스가 15라면, 파일럿 PN 시퀀스 옵셋은 15×64= 960 chip 이다. 이 경우에 파일럿 PN 시퀀스는 기지국 전송시간을 기준으로 매 짝수 초의 시작점으로부터 718.25 $\mu s$ 후에 시작됨을 의미한다. 임의의 기지국에서 할당된 모든 주파수에 대하여 동일한 파일럿 PN 시퀀스 옵셋을 사용한다.

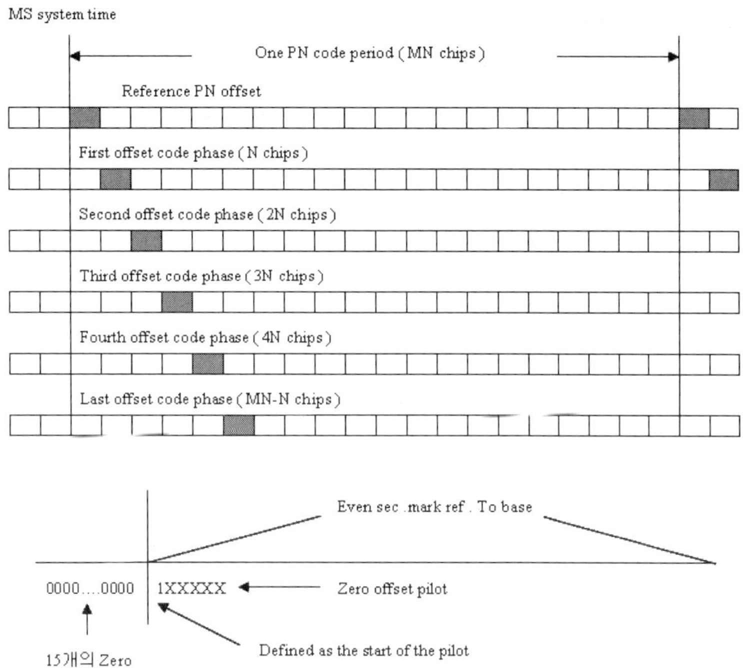


☑ **그림 4-16** Short PN Code Offset

### 4) PN 설계 절차

PN 설계 절차는 다음과 같다.

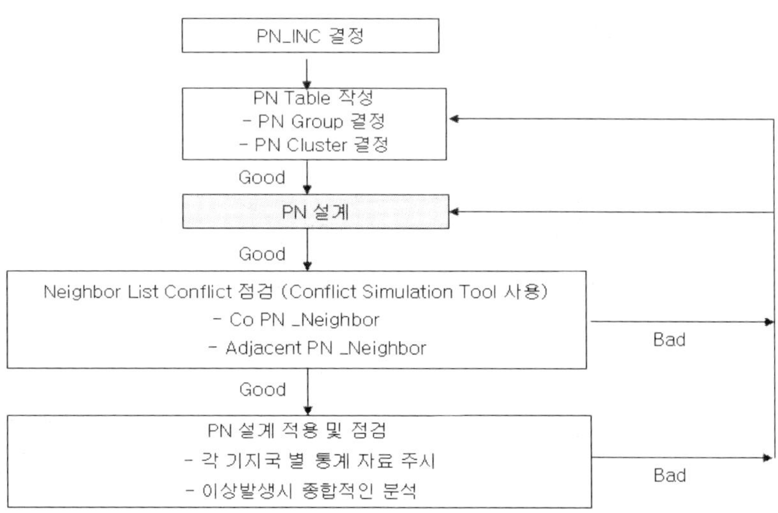


☑ **그림 4-17** PN 설계 절차

### 가. PN_Increment 결정

PN_Increment는 기지국에서 단말기로 송신하는 시스템 파라미터로써 단말기가 Pilot을 검색하는 기준이 되며, 단말기는 Pilot 검색 시 PN_INC의 배수만큼 PN_Offset을 증가하며 탐색(PN Offset은 PN_INC의 정수배로 할당)한다.

Short PN 코드는 15개의 쉬프트 레지스터로 구성 되므로, 모든 기지국의 PN 코드의 시작점을 한 chip 씩 이동하여 사용한다면, 각각 다른 32768 종류의 PN 코드를 얻을 수 있으며, 이론적으로는 32768개의 매우 많은 기지국 구분이 가능하게 되어 PN Offset Planning이 필요하지 않게 된다. 그러나 한 chip의 차이는 실제적인 전파 환경에서는 많은 문제점을 야기 할 수 있게 된다. PN 코드의 chip 속도는 1.2288Mbps이며, 한 chip의 시간은 0.814$\mu$/sec로 전파 전달 시간은 244.14m가 된다. 위의 수치를 근간으로 하여 한 chip의 간격(기지국 A와 기지국 B가 1chip 간격이라고 가정)으로 PN 코드가 구분되어 있는 기지국을 가정하고, 아래의 그림과 같이 이동국이 A 기지국으로 부터 488m, 기지국 B로 부터는 244m 떨어져 있다고 가정하면, 기지국 A로 부터의 거리 488m는 PN 코드 2chip에 해당하며, 기지국 B로 부터의 244m는 PN 코드 1에 해당한다. 따라서 단말기에서 기지국 A신호는 2chip이 delay되어 도달하며, 기지국 B 신호는 1chip이 지연되어 도달하게 된다. 이렇게 시간 delay되어 도달한 두 종류의 PN 코드는 단말기에서 같은 코드로 보이기 때문에 이동국은 어느 기지국에서 송신한 PN 코드 인지를 구분할 수 없게 된다. 이와 같은 문제점을 방지하기 위해, 거리에 따른 전파 전달속도에 의한 시간 지연을 고려하여 CDMA 규격에서는 기지국 PN 코드 최소 이격을 64chip으로 정의하고 있으며, 이에 대한 배수 64X N으로 사용하도록 규정되어 있다.

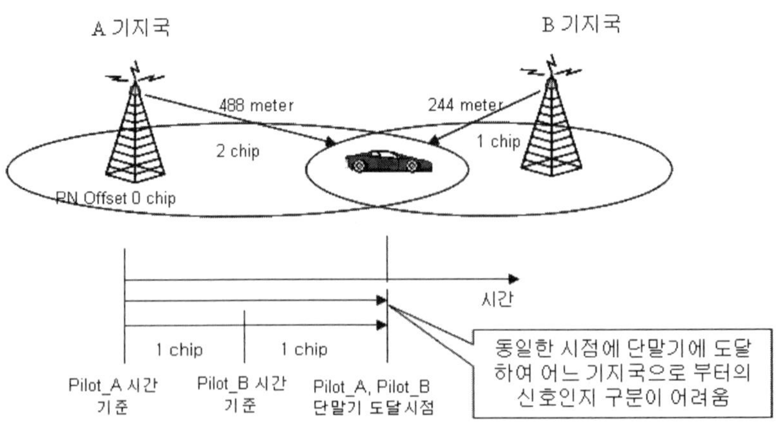


☑ **그림 4-18** PN Code Offset에 따른 기지국 구분 가능 거리

이러한 64chip에 의해 기지국 간 PN 코드 시간 delay를 고려하더라도 구분 가능한 거리는 15.6km이다. 외곽지역에 위치한 기지국 간에는 전파가 매우 먼 거리까지 도달이 가능하기 때문에 PN 코드 구분에 혼돈을 야기할 수 있으므로, 좀더 PN 코드의 이격이 필요하다. 이러한 문제점을 방지하기 위해 PN_INC 파라미터를 이용하여 64 X PN_INC 만큼씩 PN 코드를 이격하여 설계한다. PN_INC=2인 경우에 각 기지국은 128 chip의 배수로써 구분되어 256개의 기지국(섹터) 구분이 가능하게 되며, 기지국 간 거리가 31.2 km까지 PN 코드로 구분이 가능하게 된다.

### 나. PN Offset 설계

기지국 별로 적절하게 PN Offset을 할당하여 단말기에서 PN 코드 구분 시 혼동과 상호 간섭을 최소화 하도록 기지국별 PN Offset을 할당하고, 먼 거리에서 같은 PN Offset 값을 재활용하는 작업을 PN Offset설계라고 한다.

하나의 단말기가 같은 PN Offset을 사용하는 기지국으로부터 간섭을 받는 경우나, 단말기에 의하여 보고된 PN Offset이 기지국에서 유일하게 구별될 수 없는 경우는 하나 이상의 기지국에서 같은 Pilot PN Offset을 사용함으로써 발생할 수 있는 상황이다. 이 두 가지 상황은 같은 Pilot PN Offset을 지리적으로 적절히 이격하여 해결할 수 있다.

예를 들어 통화 중인 단말기에서는 Active Window Size 안에 다른 기지국 신호가 검색되면, 자기가 통화하고 있는 기지국 신호의 다중 반사파로 착각하게 되어 rake 복조기의 핑거(finger)에 할당하게 되며, 이것은 간섭으로 작용하게 된다. 〈그림 4-19〉에서 기지국 A에서 단말기까지 전파 시간×chip이 y chip과 비교하여 Active Window Size 범위 내에 있지 않도록 설계한다.

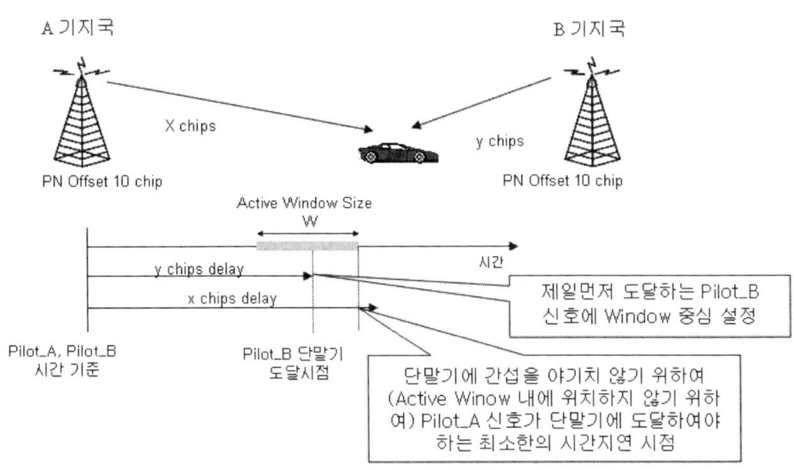


☑ **그림 4-19** PN Code Offset 설계

## (2) LTE망의 기지국 셀 설계

### 1) 개요

셀룰러 이동통신망은 기본적으로 셀 내 및 셀 간 간섭을 최소화하여 신호를 수신할 수 있도록 설계된다. 그런데 OFDM 기술을 기반으로 한 LTE 망의 무선망 설계는 CDMA 기술을 기반으로 한 cdma2000, WCDMA 망의 무선망 설계와 기본적인 개념에서 차이가 있다. CDMA망과 OFDM 망의 무선망 설계 개념은 다중 경로에 의한 셀 내 간섭과 외부 셀로부터 오는 셀 간 간섭을 처리하는 방식에 차이가 있다.

CDMA 방식은 동일한 주파수를 동일한 시간에 함께 쓰여도 직교성을 가지는 코드 때문에 셀 내 및 셀 간 간섭을 제거한다. 따라서 Active Window Size 범위 내에 있는 셀 내 간섭은 시간이 다를 경우 Rake 수신기를 이용하여 복조하면 시간 다이버시티의 효과로 오히려 이득을 얻을 수 있다. Active Set에 포함된 셀의 셀 간 간섭은 소프트 핸드오프의 이득을 얻을 수 있다.

OFDM 방식은 이용하는 주파수와 시간을 나누어 직교성을 가지도록 하여 셀 내 및 셀 간 간섭을 제거한다. 따라서 셀 내에서 동일한 신호가 다중경로에 의해 시간적으로 겹치지 않도록 심볼 사이에 일정 시간을 떨어뜨린 CP(Cyclic Prefix)를 삽입한다. 만일 CP(Cyclic Prefix) 이상의 지연으로 발생하는 셀 내 간섭은 ISI(Inter Symbol Interference)로 작용하여 복조 시 간섭을 발생시킨다. 셀 간 간섭은 주파수의 직교성이 떨어져 신호가 겹치는 경우 발생한다. 외부 셀로 인한 셀 외 간섭은 하드 핸드오프 특성으로 ICI(Inter Cell Interference)로 작용하여 복조 시 간섭을 발생시킨다.

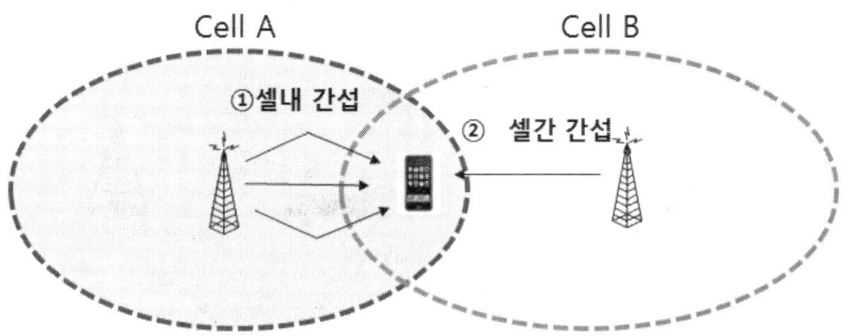


☑ **그림 4-20** CDMA와 OFDM 망 설계 차이

CDMA망과 OFDM 망의 셀 내 및 셀 간 간섭을 최소화 하는 방식에 따라 무선망 최적화 설계 개념에서도 차이가 발생한다.

CDMA 망의 경우 셀 내 및 셀 간 간섭은 코드가 다를 경우 모두 독립적으로 신호 검출이 가능하므로 동일한 신호가 여러 형태로 나타날 경우 동일한 신호로 결합이 가능하므로 통화품질이 떨어질 경우 셀을 중첩시켜 최적화함으로써 통화품질을 개선할 수 있다. 반면 OFDM의 경우 셀의 중첩 지역이 크면 동일한 신호가 시간적으로 겹치거나 동일한 주파수를 이용할 수 없으므로 가능한 중첩 지역을 최소화함으로써 최적화한다.

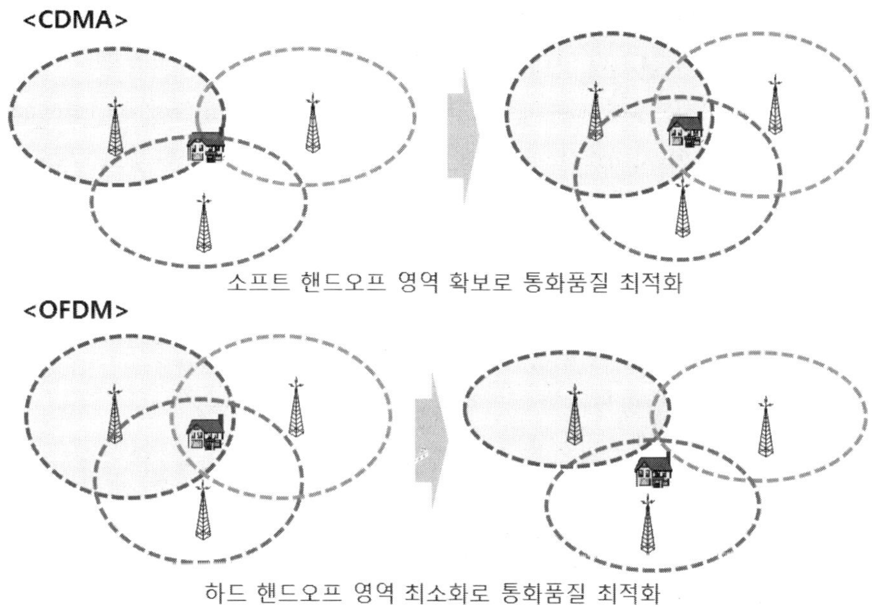


☑ **그림 4-21** CDMA와 OFDM 망의 최적화 설계 차이

### 2) LTE 망 셀 설계를 위한 기지국 파라미터 설정

LTE 망에서는 기지국 셀 탐색 및 획득을 위해 CDMA의 파일럿 채널과 같이 가장 강한 PSS(Primary Synchronous Signal) 심볼을 감지하고 SSS(Swcondary Synchronous Signal)를 수신하여 Cell ID, CP 길이 추출한 후 RS(Reference Signal)와 매핑하여 시스템 정보를 수신한다.

CDMA에서 Cell ID를 구분하기 위해 PN 코드를 이용하는 것과 같이 LTE 망에서도 Cell ID를 구분하기 위해 PSS 심볼에서는 Zadoff-Chu코드를 SSS 심볼에서는 골드코드를 이용한다. 무선망 설계를 할 때 cdma2000 망에서 Short PN 코드는 PN offset에 의해 셀 반경이 제한된다. 하지만 LTE 망에서는 PN 코드는 셀을 구분하는 것이 주요 역할이고 셀 내 간섭을 최소화하기 위한 CP 길이가 셀 반경을 제한한다.

LTE 망에서 첫째, 단말기는 여러 기지국으로부터 오는 신호 가운데 가장 신호 세기가 큰 기지국의 신호를 찾는다. PSS는 기지국에서 보내는 가장 큰 신호를 보내는 심볼로써 우선 심볼 타이밍을 획득하고 주파수의 동기를 맞춘다, 또한 3개 그룹 Cell ID를 인지하고 하프프레임의 경계를 맞춘다. 이때 PSS Cell ID는 Zad off-Chu코드로 확인한다. 둘째 PSS 수신 후 인접한 SSS 신호를 확인하여 168개 Cell ID가운데 해당 기지국 Cell ID를 확인하고 프레임의 경계를 확인하고 2개의 프레임 경 가운데 1개를 결정한다. 그리고 CP 길이의 종류를 확인한다. 셋째, Cell ID는 고유한 RS 위치와 매핑한 후 넷째, 방송채널을 통해 MIMO 안테나 형태, MIB(Master Information Block)로부터 운용 주파수 대역폭 등을 수신하고 하향링크 제어채널을 통해 SIB(System Information Block)으로부터 단말의 서비스 제공 환경, 스케쥴링 정보, 이웃 셀 정보 등등을 수신한다.

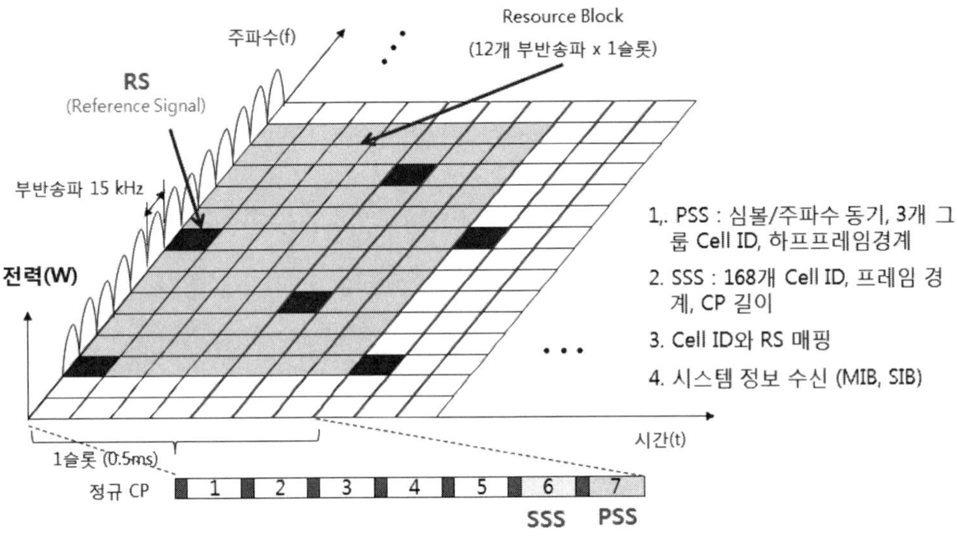


☑ **그림 4-22** LTE 망설계를 위한 기지국 파라미터 설계

단말은 PSS와 SSS를 통해 얻은 ID 값을 토대로 Cell ID를 획득하게 된다. PCI의 Mod 3(0,1,2)에 따라 RS(Reference signal)의 위치가 결정된다. 인접셀 끼리 같은 Mod를 사용시 동일한 위치에 있는 RS 충돌로 SINR 저하된다. Mod가 중첩되지 않도록 PCI 할당이 필요하다. RS SNR이 개선되면서 CQI를 높게 올려 DL Throughput을 개선하는 효과가 있다. PSS0은 모드1(1, 7, 4, 10), 모드2(2, 8, 5, 11), 모드3(3, 9, 6, 12) 서브캐리어를 할당하는데 MIMO 안테나 시스템을 이용할 경우 앞의 2개는 안테나 1, 뒤의 2개는 안테나 2에 할당한다.

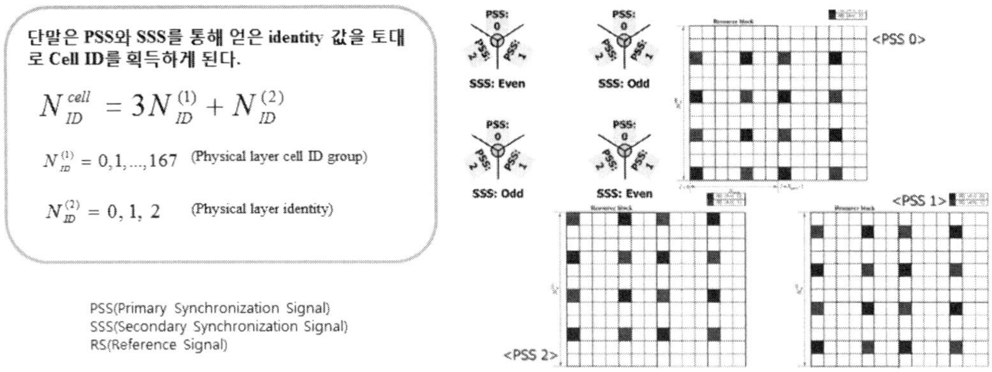


☑ **그림 4-23** PCI(Physical Cell ID) 설계

### 3) LTE 망 셀 설계를 위한 CP 파라미터 설정

LTE 망의 셀 설계는 다중 경로에 의한 셀 내 간섭을 방지하기 위해 CP를 설정하는데 CP 길이가 길면 다중 경로의 지연시간이 길어져도 간섭을 피할 수 있게 된다. 따라서 셀의 반경이 CP의 길이와 관련 있어 스몰 셀, 표준 셀의 경우 정규 CP를 광대역 셀의 경우 확장 CP를 적용하여 설계한다. 정규 CP의 경우 4.7us의 시간으로 설계되는데 이는 전파속도가 30만km/초인 것을 고려하면 약 1.4km의 시간 지연에 의한 간섭을 제거할 수 있다. 따라서 확장 CP의 경우 16.7us의 기간을 교려하면 정규 CP를 사용하는 셀보다 약 4배 정도의 셀은 확장할 수 있다. 아래 그림에서 Path 2 시연신호는 심볼의

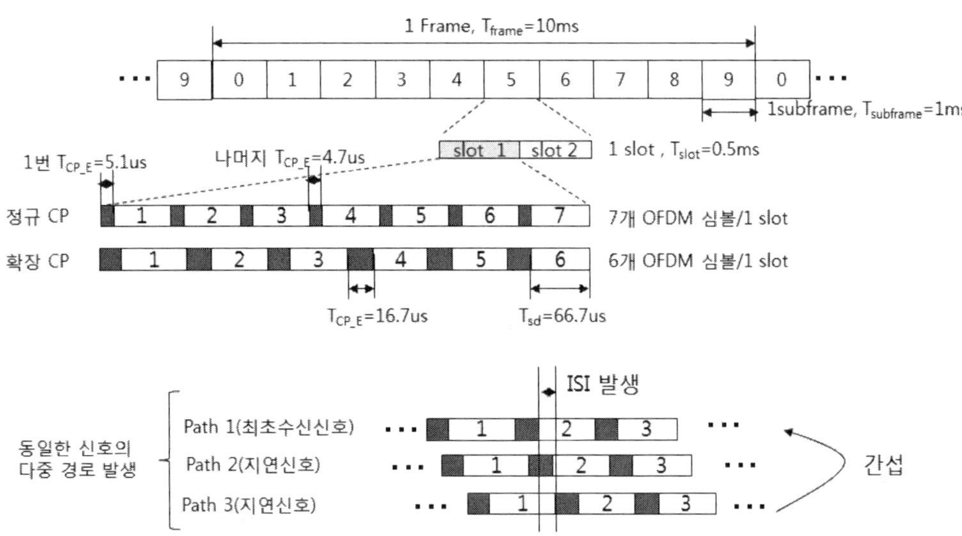


☑ **그림 4-24** LTE 망 셀 설계를 위한 CP 파라미터 설정

정규 CP 시간 내에 있으므로 다음 심볼의 간섭 신호를 발생시키지 않지만, Path 3 지연 신호는 지연 시간이 늦어져 심볼 2의 최초 수신 신호와 겹쳐 간섭을 발생시킨다. 단말기는 최초 셀을 탐색하여 획득하는 과정에서 기지국으로부터 기본적인 시간, CP 길이 등을 확인할 수 있다.

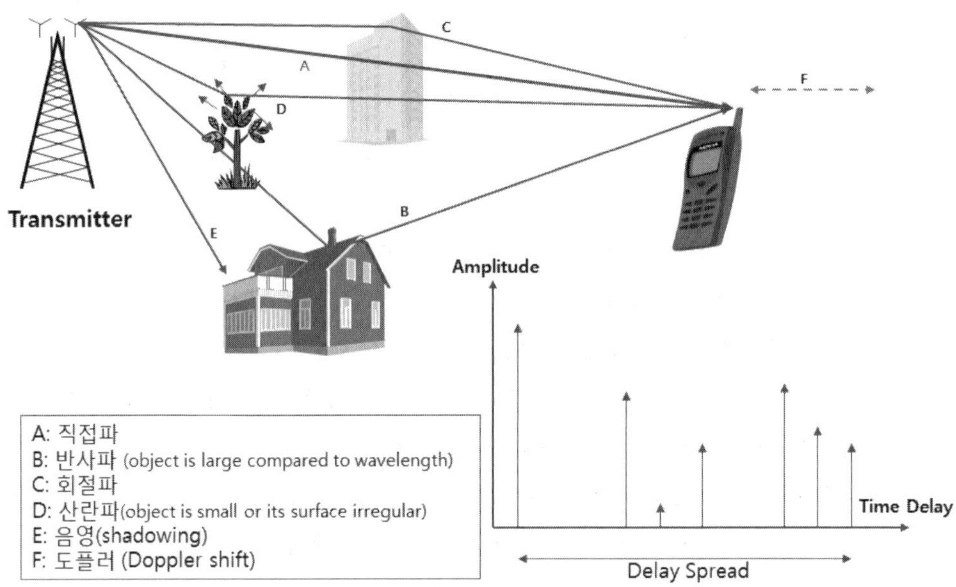


☑ **그림 4-25** 다중 경로 환경

## 4.5.2 이웃 셀 설계

### (1) 개 요

셀룰러 이동통신 시스템은 단말기의 이동성을 보장하기 위해 위치등록과 핸드오프를 이용한다. 핸드오프를 구현하기 위해서는 반드시 기지국에 Neighbor List가 존재하여야 한다. 단말기가 기지국 간을 이동하기 위해서는 주변 기지국을 검색하여 이동할 기지국을 결정해야 한다. 그러나 실질적으로 기지국의 수는 수배 또는 수천 개로 구성되기 때문에 현실적인 검색이 불가능하다. 따라서 주변 기지국의 신호를 효율적으로 검색하기 위해서는 주변 기지국의 정보를 사전에 단말기가 알고 있어야 한다. 즉, 현재의 기지국은 단말기에게 가까운 주변 기지국의 주파수 등의 정보를 알려주고, 단말기는 현재의 기지국이 알려준 주변 기지국의 신호를 우선적으로 검색한다. 이러한 주변 기지국 정보를 이웃 셀 목록(Neighbor List)이라 하는데, 이러한 정보는 단말기가 처음 전원을 켤 때 또는 핸드오프를 통하여 소속 기지국이 바뀔 때마다 기지국으로부터 계속적으로 갱신된다. 즉 수신 대기 중에는 호출채널을 통하여 "Neighbor List Message"를 수신하며, 통화 중 핸드오프로 기지국이 바뀌었을 때는 통화 채널을 통하여 "Neighbor List Update Message"를 수신하게 되어 단말기는 동적으로 주변 기지국들의 정보를 관리한다. 현실적으로 단말기가 효율적으로 관리할 수 있는 주변 기지국의 정보는 약 20개 정도 이며, 일반적인 기지국은 3섹터 신호로 구성되므로 약 6~7개의 주변 기지국 신호를 효율적으로 검색하게 된다.

### (2) Neighbor_list 설계 절차

Neighbor_list를 설계하는 절차는 다음과 같다.

첫째, 기지국과 광중계기가 갱신된 지도에서 해당 기지국의 위치를 확인한다.

둘째, 해당 기지국의 실사 보고서를 참조하여 RF Form, 사진, 드라이브 테스트(Drive Test), Cell Coverage를 고려하여 순방향 Neighbor_list를 작성한다. 즉, Neighbor_list를 작성하고자 하는 해당 기지국(섹터)을 기준으로 주변 기지국의 Pilot 또는 RSRP Strength와 가장 빠르게 도착하는 Pilot 또는 RSRP 신호를 고려하여 우선순위 별로 INDEX(0~19)를 작성한다.

셋째, 역방향 Neighbor List Index를 작성한다. 즉, 기준을 주변 기지국(섹터)으로 옮겨 신규기지국으로부터의 Pilot 또는 RSRP Strength와 도착하는 Pilot 또는 RSRP 신호의 우선순위를 고려하여 INDEX를 결정한다.

넷째, 역방향 Neighbor List 개수를 확인하여 20개 초과 시 삭제 List를 작성한다.

다섯째, 타 기지국 INDEX 변경 및 추가 시 List를 작성한다.

Neighbor List를 작성할 때 핸드오프는 항상 양방향성이 있으므로 Neighbor List는 반드시 Serve 기지국과 Target 기지국 양방향으로 입력하여야 한다. 또한 Neighbor List 작성 시 기지국 ID, 기지국명, INDEX를 항상 표기하여야 한다. Neighbor List는 섹터당 최대 20개이므로 추가 전에 항상 양방향으로 개수를 확인하여야 한다.

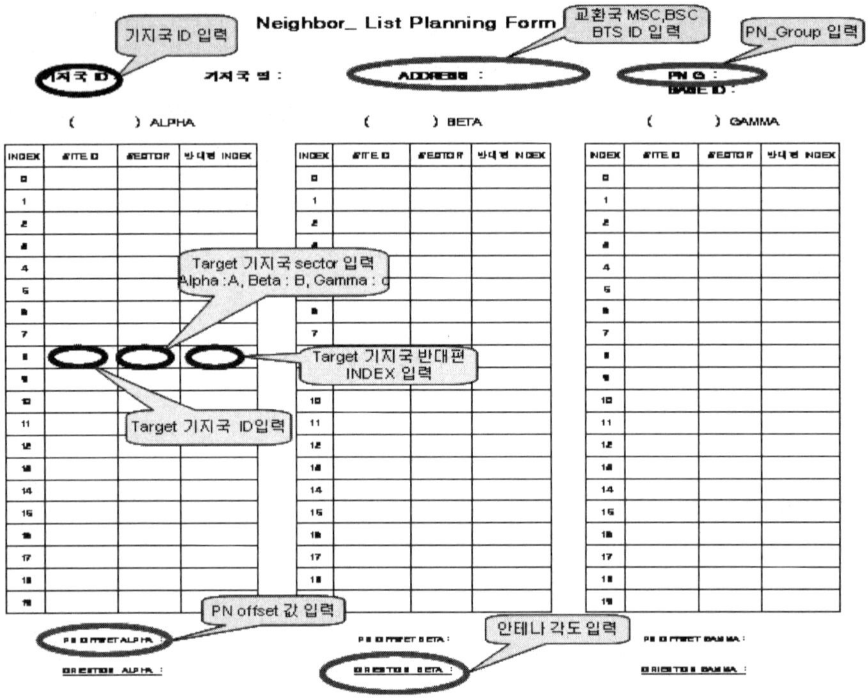


☑ **그림 4-26** Neighbor List 작성 예

## 4.5.3 호출 영역 설계

### (1) 개 요

이동통신 시스템은 단말기를 호출할 때 1차 호출을 존(Zone) 단위로, 2차 호출을 더욱 넓은 지역(예 교환기 관할 지역)으로 확대한다. 따라서 호출 성공률은 적당한 Zone 설정과 밀접한 관계가 있고 단말기가 Zone을 옮길 때마다 수행하는 등록이 또한 중요한 요소가 된다. 호출 수에 따른 시스템 부하를 검토하여 최대 허용 호출 수를 도출하고, 이 값에 기초하여 호출 영역을 설계한다.

### (2) 등록 종류

등록은 기지국이 착신호에 대해 해당 단말기에 효과적으로 호출할 수 있도록 단말기가 자신의 위치와 그 밖의 정보를 기지국에 알리는 일련의 과정으로, 등록을 어떻게 운용하는가는 소통율과 시스템에 큰 영향을 미치게 된다. 등록의 종류는 아래와 같다.

**1) Power_on 등록**

단말기가 전원을 켜면 Mobile Station idle State로 들어가게 되고, 이후 20초를 기다린 후 등록 메시지를 송신한다. 현재 등록을 위해 POWER_UP_REG을 1로 설정 한다.

**2) Power_down 등록**

사용자가 단말기의 전원을 끌 경우 등록 과정을 수행한 후 전원을 끄게 한다. 단말기가 등록을 수행하기 위해서는 POWER_DOWN REG를 1로 설정한다.

**3) Timer_based 등록**

정해진 시간 간격마다 단말기가 등록하게 한다. 예를 들어 cdma2000 단말기는 REG_COUNTs를 일정 시간(예 80msec) 마다 증가시켜 REG_COUNT_MAX가 되면 등록을 수행한다. System Parameter Message로 부터 받은 REG_PRD를 0으로 설정하면 등록을 수행하지 않는다. 단말기는 COUNTER_ENABLEDs를 가지고 있으며, 이 값이 yes인 경우에만 REG_ COUNTs를 증가시킨다. COUNTER_ENABLEDs가 no에서 yes로 바뀌면 단말기는 REG_COUNTs를 0과 REG_COUNT_MAXs-1 사이의 임의 숫자로 설정하고 REG_ COUNTs를 동작시킨다. 예를 들어, REG_PRD가 64로 설정되어 있으면 최장 87.4분 (80msec*264/4=5242.88msec)에 한번씩 Timer-based 등록을 수행한다. 이동 중인 가입자는 기타등록에 의해 수시로 등록을 수행하게 되므로, 착신 대기상태의 동일 Zone내에 있는 단말기에 대해 의미가 있는 등록 방법이다.

**4) Distance_based 등록**

단말기가 지난번 등록한 기지국과 현재 기지국과의 거리(Distance)가 System Parameter Message로 부터 수신한 REG_DIST 보다 큰 경우에 등록을 수행한다.

**5) Zone_based 등록**

Zone은 시스템 내의 기지국들의 집합으로 단말기가 속해 있는 Zone은 System Parameter Message의 REG_Zone에 의해 확인된다. 현재 TOTAL_ZONE은 1로 단말기는 하나의 Zone 만 관리할 수 있다.

**6) Parameter_Change 등록**

단말기가 SLOT_CYCLE_INDEXp, SCMp, MOB_TERMs의 내부 파라미터를 바꾼 경우에 등록을 수행한다. 위 파마미터 바뀐 경우 단말기는 SID_NID_LISTs 의 모든 내용을 삭제한다.

**7) Ordered 등록**

기지국으로부터 Registration Request Order 를 받은 경우 단말기는 등록을 수행한다.

**8) Implicit 등록**

단말기가 발신이나 Page 응답을 하는 경우 기지국은 이 메시지들로부터 단말기의 위치를 추론하고 등록을 수행할 수 있다. 이를 묵시적 등록이라 한다.

**9) Traffic_Channel 등록**

단말기가 통화 채널 상태에서 있는 경우에 기지국은 등록 처리를 하고 단말기에 Mobile Station Registered Message를 내려줄 수 있다.

1차 호출이 Zone 단위로 이루어진다는 점과 관련하여 단말기가 수행하는 등록 방법 중 POWER ON/OFF와 같은 기본적인 등록이외에 Zone-based 등록이 중요하다.

### (3) 호출 채널 용량 계산

호출 채널 설계는 기지국에서 발생하는 단말기 호출에 의한 트래픽과 기지국이 모든 단말기에 전송하는 메시지에 의해 발생하는 트래픽을 호출채널 용량으로 나누어 일정한 비율을 초과하지 않도록 한다. 이것을 식으로 나타내면 다음과 같다.

$$PL[\%] = \frac{\dfrac{N_{hour} \times T_{pagin}}{3600 + T_o}}{C_{paging\,channel}} \tag{4-3}$$

여기서, $PL$(Paging Load)는 호출채널의 부하율, $N_{hour}$는 시간당 기지국 당 단말기 호출 수, $T_{paging}$는 호출 당 트래픽 량 $T_o$는 오버헤드 메시지의 트래픽 양, $C_{pagingchannel}$은 호출채널의 시스템처리용량이다.

PL은 시스템 운용에 따라 다를 수 있다. CDMA 이동통신 시스템에서 $C_{pagingchannel}$는 4800 kbps 또는 9600 kbps 이다.

### (4) 호출 영역 설계

호출 영역 설계 절차는 다음과 같다.

첫째, 교환기가 수용하는 기지국 수 결정

둘째, Paging Zone 수를 변화하면서 Paging Load를 계산한다.

셋째, 계산된 Paging Load 가 최대 Paging Load 초과 여부 판단

넷째, Paging Load 를 초과하지 않는 Paging Zone 수를 결정

다섯째, Paging Zone수에 의한 Paging Zone 설계

# 4.6 서비스 영역 확장 설계

## 4.6.1 개 요

서비스 영역 확장을 위한 커버리지 재구성은 도심지역에서 음역지역, 불량지역, 트래픽 과다 또는 불균형 지역을 대상으로 기지국 및 중계기를 이용하여 해결한다.

## 4.6.2 도심지역 서비스 영역 확장 설계

### (1) 음영지역 설계

도심에서 발생하는 음역지역은 빌딩에 의해서 최번시 도심 내 순방향 수신세기 불량 현상으로 나타나며, 해소방안은 광중계기 또는 지상중계기를 시설하여 해결한다는 것이 바람직하다. 도심지역에서 지상중계기의 사용은 주파수 재발신을 고려하여 하여야 한다. 광중계기를 이용할 경우 인접 기지국 중 트래픽이 상대적으로 적은 기지국을 이용하여 2 km 이내의 거리로 설계한다. 이것은 광케이블에 의한 전송 지연으로 거리에 제한을 받기 때문이다. 광중계기를 도입하였을 경우 트래픽 분산 및 서비스 영역 확장 효과가 있다.

### (2) 불량지역 설계

도심에서 발생하는 불량지역은 최번시에 여러 기지국의 신호가 동시에 수신되어 신호 대 간섭비가 매우 낮은 지역이다. CDMA의 경우 순방향 Pilot 신호가 4개 이상 과다하게 수신되며, $E_c/I_o$가 −10 dB 이하인 지역 또는 LTE인 경우 SINR이 0dB 이하인 지역을 말한다. 특히 불량 원인으로는 여러 지역에서 수신된 Pilot 신호가 비슷하기 때문이다. 해소방안은 광중계기 또는 레이저 중계기 시설로 해소가능하며 모국 선정은 인접기지국 중 서비스 영역이 상대적으로 적은 곳을 택한다.

### (3) 과부하 지역설계

과부하 지역이라 함은 최번시 통화 부하율 과대 편차가 평균 50% 이상인 지역으로서 특정 기지국에 통화량이 집중되었을 경우에는 광중계기를 시설하는 것이 바람직하며, 기지국 전체에 과부하 발생시기에는 기지국 추가로 시설하는 것이 바람직하다. 기지국 신설 또는 광중계기를 신설하였을 경우 트래픽의 부하 균등 배분이 되도록 안테나의 조정 등이 필요하다.

### (4) 인 빌딩 설계

인빌딩 서비스의 서비스 면적에 따라 기지국, 대형 중계기, 소형 중계기, 광 분산 안테나, 누설 동축 케이블, 혼합 방식 등이 있다. 인 빌딩에 대한 시스템 도입 시 기지국, 대형 중계기, 소형 중계기 등을 선정하기 위하여 건물의 면적, 활동인구, 인접기지국의 트래픽 들을 고려하여 도입기종을 선정하여야 하며, 특히 인접기지국에 영향을 최소화하여야 한다. 만약에 중계기 도입이후에 $E_c/I_o$ 또는 SINR 값이 떨어지는 경우가 많이 발생하는데, 이는 중계기 도입 시 수신 안테나의 분리도(Isolation)가 적정치 않은 경우와 중계기 증폭이 비정상적인 경우 등이 있다.

## 4.6.3 농어촌지역 서비스 영역 확장설계

도심지역과 농어촌지역을 비교할 경우 우선 트래픽면에서 많은 차이를 가져오므로 트래픽이 증가되지 않는 농어촌지역에서의 서비스 영역 확장 설계는 대형중계기, 주파수 변환 중계기, 광중계기 등을 공급할 수 있으며 지역여건에 따라 공급방식을 선택한다. 서비스하고자 하는 지역의 가입자가 200~300명 이하인 경우에 중계기를 도입하며, 공급지역은 지방 국도, 외곽국도, 면 단위 등이다. 시설 시 고려사항은 유지보수의 접근이 용이한 곳이어야 한다.

Chapter

# 5 이동통신 무선망 최적화

## 5.1 개 요

이동통신 무선망 설계를 마친 후 이동통신 무선망 시스템을 설치한다. 무선망 최적화는 무선망 설계에서 제시된 품질과 성능을 만족시키기 위해 기지국 시스템 설치를 위하여 사용 주파수의 전파환경 분석 및 불법전파 소거 작업부터 기지국 시스템 설치 후 안정화 단계에 이르는 과정까지 지역적으로 다양한 전파 환경을 분석하고 각 기지국에 운용되는 무선구간 및 기지국 관련 시스템 파라미터 및 안테나 등을 조정하여 양호한 서비스 품질(서비스 영역, 서비스 등급, 서비스 품질 등)을 유지하면서 기지국별로 통화량을 적절히 분산시키고 잠재적인 수용용량을 최대로 확보할 수 있도록 하는 작업으로 정의한다. 또한 작업 중 생기는 여러 가지 문제점들을 취합하여 무선망 설계 단계로 피드백시켜 셀 재설계(기지국 이설 및 추가)를 수행하는 일련의 작업도 포함된다. 무선망 최적화는 기지국 단위, 클러스터 단위, 시스템 단위로 단계적으로 확대한다.

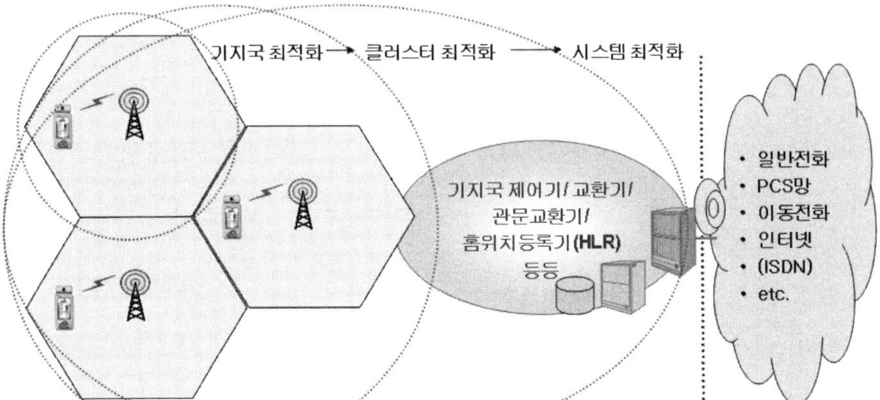


☑ **그림 5-1** 이동통신 무선망 최적화 개념

무선망 최적화의 주요 목표는 서비스 영역 최적화, 호소통율 및 핸드오프율의 제고, FER 저하, 트래픽의 균등 분배 등이다.

무선망의 통화품질은 주변 환경(지형 및 지역특성 등) 및 가입자통화량에 의해서 다양하고, 지속적으로 변화하기 때문에 단기간 조정 작업으로 최고의 품질을 얻을 수 없고, 지속적으로 무선망 측정데이터와 통화량 통계 데이터, 호절단 원인 및 장애 분석 데이터를 분석하여 단계적이며 체계적으로 최적화를 수행하여야 한다.

무선망의 품질개선은 무선망 설계, 치국, 시설, 운용 등의 모든 단계에서 최적화 결과가 반영되므로 각 지역별로 일관성 있게 셀 설계와 최적화를 동시에 수행하는 것이 바람직하다.

무선망 최적화 절차는 기지국 최적화, 클러스터 최적화, 시스템 최적화 등으로 단계적으로 확대한다. 기지국 최적화에서는 이동통신 기지국의 각종 파라미터 확인, 호시험, 핸드오프 시험, 서비스 영역 시험, 안테나 조정, 기지국 출력 조정 등을 수행한다. 클러스터 최적화 시험에서는 인접 기지국의 각종 파라미터 확인, 무선망 설계 단계와 최적화 단계 파라미터 비교, 서비스 영역 조정 등을 수행한다. 시스템 최적화는 기지국, 기지국 제어기, 교환기 등 모든 시스템의 트래픽 통계, 프로세서 부하율, 호출 위치 등록 등의 시스템 파라미터를 분석하여 네트워크 전체의 최적화를 수행한다.

CDMA망과 LTE 망의 무선망 최적화 개념은 기본적으로 유사하다.

첫째, 전파 환경의 주요 측정항목으로 전파의 수신 세기, 신호 대 간섭비는 CDMA 망의 경우 파일럿 전력 세기와 $E_c/I_o$를 이용하는데 LTE 망의 경우 RSRP와 SINR을 대체하여 적용할 수 있다.

둘째, 단말기가 기지국을 접속하기 위해서는 일정한 시간(Search Window) 동안 주변 기지국의 전파 세기(파일럿 전력 또는 RSRP)를 측정한다. 셀을 재선정하거나 핸드오프를 위한 접속 기지국의 후보군 선정을 위한 알고리즘은 유사하다.

셋째, 핸드오프 절차에서 현재 서비스 중인 기지국과 새로 핸드오프 할 기지국의 전파 세기를 비교하여 새로운 기지국을 추가하고 탈락하는 알고리즘도 유사하다. 다만 CDMA망에서는 핸드오프 절차에서 소프트 핸드오프를 포함하지만 LTE망에서는 하드 핸드오프를 수행하는 차이가 있다.

넷째, 단말기가 기지국에 접속할 때 전력제어에 의해 효율적으로 전력을 사용하기 위해 CDMA에서는 초기 전력을 설정하고 이후 접속이 안 되면 전력을 단계적으로 높이는데 LTE 망에서도 초기 Preamble 전력을 송신하고 접속이 안 되면 단계적으로 전력을 높이는 방법을 사용하는데 알고리즘은 유사하다.

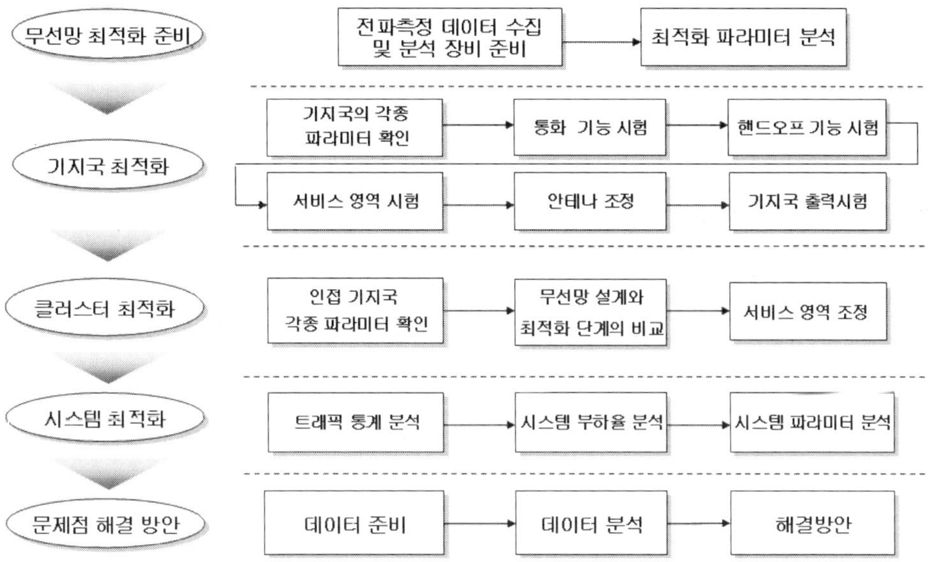


☑ **그림 5-2** 이동통신 무선망 최적화 절차

## 5.2 무선망 최적화 준비

### 5.2.1 전파측정 데이터 수집 및 분석 장비 준비

무선망 최적화를 위한 전파 측정 데이터를 수집하고 분석하는 방법은 다양한 방법이 있다. 첫째 일반적으로 도로 등에는 차량에 장비를 설치하고 측정하는 방법을 사용한다. 주어진 클러스터의 현황을 정확하게 파악할 수 있도록 차량이 통행 가능한 모든 길을 대상으로 측정경로를 선정한다. 특히 통화량이 많은 지역에 대해서는 통화기능을 정밀하게 실시한다. 둘째 지하 및 건물 내부에는 사람이 직접 단말기를 이용하여 전파를 측정한다. 사람이 직접 단말기를 이용하여 측정할 경우에는 같은 장소에 주기별로 고정된 시간에 측정을 하는 것이 바람직하며, 주변 환경의 변화를 고려하여 음영지역을 파악한다. 셋째 철도 및 지하철 등에는 사람이 노트북을 사용하여 전파를 측정한다. 철도 및 지하철은 통화시험을 하여 불량구간의 원인을 분석 후 적절한 장비공급 계획을 세운다. 전파 분석 측정 장비로 전파 환경을 측정($E_c/I_oE_c/I_o$, RSSI, SNR, RSRP, RSRQ, FER, Mobile TX Power 등등)하여 음역지역 및 통화불량 지역 파악이 가능하다. 측정 장비는

CDMA의 각종 파라미터를 측정하고 이를 저장하여 데이터를 분석하며 그래픽으로 결과를 나타낸다. 전파 분석 측정 장비에 대하여는 7장에서 자세히 설명한다.

## 5.2.2 최적화 파라미터

무선망 최적화 절차 중에 각종 CDMA 파라미터는 상용 서비스에 앞서 많은 위험을 극복하기 위해 트래픽 부하 상태에서 시뮬레이션에 의해 조정된다. 순방향 링크에서의 시뮬레이션을 위한 트래픽 부하는 OCNS (Orthogonal Channel Noise Simulator)가 사용되며, 역방향 링크는 단말기 측에서 Circulator & Attenuator를 이용하여 시뮬레이션이 이루어진다.

### (1) Search Window

CDMA 이동통신 시스템의 모든 기지국은 GPS로부터 수신한 기준 신호에 의해 동기화되어 있으며, 기지국은 이 기준신호를 셀내의 모든 단말에게 순방향 채널을 통해 방송한다. 셀내의 단말은 기지국으로부터 수신한 참조 시간 신호를 이용하여 기지국과 순방향 동기를 이루게 되고, 기지국 중심으로부터 각각의 단말은 임의의 장소에 위치함으로 인해 전파지연 및 다중 경로파에 의해 단말에 수신되는 신호는 서로 다른 시간 지연을 가지게 되는데 이러한 전파 지연된 신호를 복조하기 위해 신호 탐색창(Search Window)으로 유효한 기지국 신호를 획득하게 된다. 이러한 탐색창은 단말의 각각의 PN Set에 따라 다음과 같은 3가지 종류의 Search window로 구분된다.

① SRCH_WIN_A : Active set의 Search Window Size로 Active 되어 있는 Pilot의 신호를 추적할 때 사용된다.

② SRCH_WIN_N : 단말이 보유 중인 Neighbor Set의 PN에 있는 기지국 신호를 추적할 때 사용된다.

③ SRCH_WIN_R : 위의 두 가지 경우를 제외한 PN_INC를 이용 정수배의 PN을 탐색할 경우 사용된다.

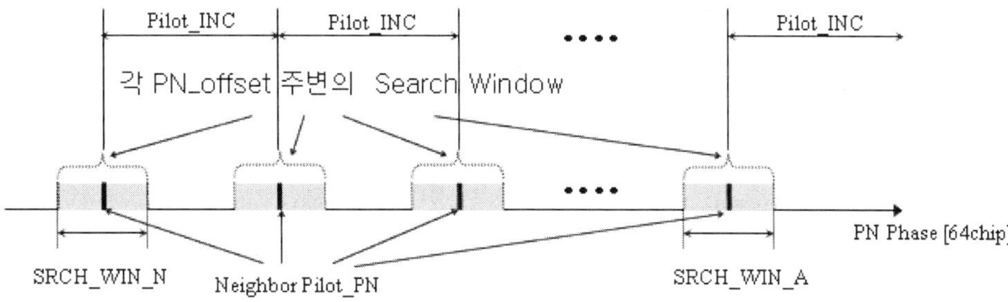


☑ **그림 5-3** Search Window 파라미터 종류

## (2) Handoff Window

**1) T_ADD (Handoff Add Threshold)**

단말이 핸드오프 과정을 시작하는 PSMM(Pilot Strength Measurement Message) 전송 여부를 결정하는 파라미터이다. T_ADD 값이 너무 낮으면 단말은 유용하지 못한 약한 신호를 Active Set에 포함시켜 잦은 핸드오프 수행으로 인한 시스템의 부하 및 자원(CE)의 효율적인 사용에 문제가 생긴다. T_ADD 값이 너무 높으면 단말은 유용한 신호를 Active Set에 포함시키지 못하여 강한 신호가 간섭으로 작용하게 되고 핸드오프 지연에 의하여 통화품질에 영향을 줄 수가 있다. 특히 핸드오프 영역이 작은 지역에서는 호 절단의 원인이 될 수도 있다. 일반적으로 $E_c/I_o$가 약 −13 dB 근방에서 설정된다.

**2) T_DROP (Handoff Drop Threshold)**

단말이 현재 Active 되어 있는 신호의 Drop 수행을 위해 T_DROP Timer의 동작의 시작을 결정하는 파라미터이다. T_DROP 값이 너무 낮으면 단말은 유용하지 못한 약한 신호를 Active Set에 오랫동안 포함하게 되어 자원(CE)의 효율적인 사용에 문제가 생긴다. T_DROP 값이 너무 높으면 Overlap이 심한 지역에서는 유용 가능성이 있는 신호의 절단으로 인하여 간섭과 PSMM 증가의 원인이 될 수 있으며 또한 Pilot Pollution 지역에서는 호 절단의 원인이 될 수도 있다. 일반적으로 T_ADD 값보다 다소 낮은 값으로 설정되며 약 −15dB 근방에서 설정된다.

**3) T_COMP**

Candidate Set과 Active Set의 비교 Threshold를 결정하는 파라미터이다. T_COMP 값이 너무 낮으면 Active와 Candidate의 작은 변화가 생겨도 단말이 PSMM을 계속 하여 보내게 되고, T_COMP 값이 너무 높으면 빠르게 변화하는 신호 세기의 핸드오프 처리가 늦어진다. 일반적으로 Candidate Set은 Active Set + (0.5×T_COMP) 값으로 선정된다. 예를 들어 5이면 Candidate Set은 Active Set보다 2.5dB 더 커야 한다.

#### 4) T_TDROP

Active와 Candidate Set의 Pilot의 세기가 T_DROP 이하인 경우 해당 Pilot의 제거를 위한 Timer이다. Multi Path 및 Fading 환경에 의한 Pilot Signal의 급격한 변화를 고려한 적절한 값이 중요하며 적절한 값은 과도한 Handoff Swap을 예방할 수 있다. 일반적으로 약 2초 정도 설정한다.

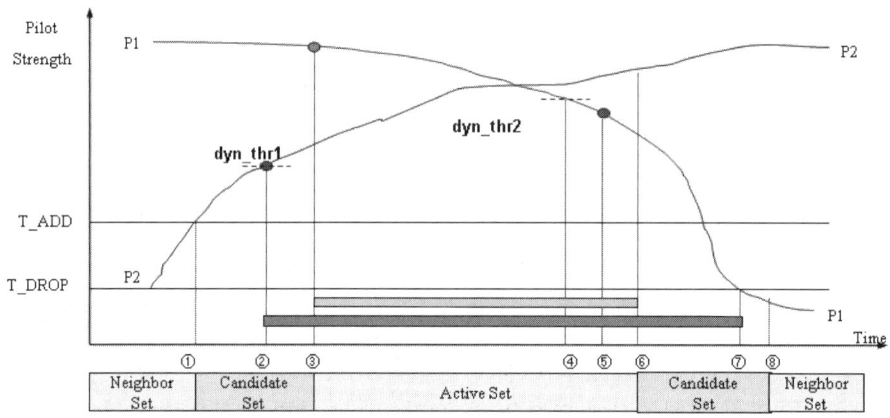


☑ **그림 5-4** 핸드오프 파라미터 종류

### (3) Access Parameter

CDMA 단말기는 전력을 절약하기 위해 전력제어를 사용한다. 이동통신 단말기는 기지국으로부터 수신된 전력을 이용하여 송신 전력을 결정한다.

$$\text{mean out power[dBm]} = -\text{mean input power[dBm]} - 76 + 2 \times (\text{Nom\_pwr} + \text{Init\_pwr}) + N \times \text{Pwr\_step[dB]} \quad \cdots (5\text{-}1)$$

#### 1) INIT_PWR (Initial power offset)

기지국은 단말기에서 액세스 채널 초기 전송을 위한 open loop power estimate시에 사용하는 correction factor 값을 1dB 단위의 2진 보수 값 형태로 설정한다. 역방향 통화 채널이 초기화 되고 첫째 전력 제어 비트가 수신될 때, initial_pwr은 −16~15dB 이고 nominal value는 0dB 이다.

#### 2) NOM_PWR : Nominal Transmit Power Offset

기지국은 단말기에서 액세스 채널 초기 전송을 위한 open loop power estimate 시에 사용하는 correction factor 값을 1dB 단위의 2진 보수 값 형태로 설정한다. 역방향 통화 채널이 초기화 되고 첫째 전력 제어 비트가 수신될 때, nominal_pwr는 -8~7dB 범위의 값이며 nominal value는 0dB이다. 단말기의 access probe를 기지국에게 보낼 때의 Nominal transmit power offset을 표시한다.

#### 3) PWR_STEP : Power Increment

기지국은 이 필드를 access probe sequence에서 연속된 probe 사이에 단말기가 증가시키는 전력량 값을 1dB 단위형태(1step)로 설정한다. 역방향 통화 채널이 초기화되고 첫째 전력제어 비트가 수신될 때, access probe sequence의 순차적인 probe는 응답을 얻거나 sequence가 종료될 때까지 증가된 전력 레벨(PWR_STEP)로 송신한다.

### (4) Digital Gain

CDMA에서의 순방향 채널의 전력 할당은 시스템의 성능에 많은 영향을 주기 때문에 정확한 순방향 전력 할당이 매우 중요한 사항이다. 만약 전력할당이 잘못될 경우 불요 간섭의 증가로 서비스 품질에 악영향을 초래한다. 전력 할당은 순방향 링크의 오버헤드 전력 및 통화 채널에 적당히 할당되며 실제 환경에서 각 채널의 전력 비율은 통화량에 따라 연속해서 변화한다. 예를 들어 CDMA에서는 오버헤드 전력 및 통화 채널 각각의 비율을 DGU라는 용어를 사용하여 임의의 전력을 디지털 수로 표시하여 각 채널에 수치를 할당하여 비례한다. 즉 0~127의 디지털 전력 표시 가운데 파일럿 채널을 108로 하고 다른 오버헤드 채널을 34, 68 그리고 70인 통화채널 19개로 할 때 전체전력에 대한 파일롯 채널의 비율은 $108^2/(108^2+34^2+68^2+(19\times 70^2))\times 100 = 10.55\%$이 된다.

### (5) CDMA 시스템 파라미터

CDMA System에 사용되는 수많은 각각의 Parameter는 System 전반의 Coverage, Capacity, Quality등에 많은 영향을 미친다.

#### 1) Primary Parameter

Primary Parameter는 Coverage Spillover에 의한 서비스영역 과다 조정과, Multi Pilot 서비스 지역이 발생하는 경우의 서비스 영역 조정에 사용되어지며, 기본적으로 이루어져야 할 핸드오프를 위한 Neighbor List 등이 중요한 Factor이다.

① Neighbor List Entries

② Total Forward Transmission Power

③ Changes to Antenna Configuration

④ Hard Handoff Threshold

**2) Reserved Parameter**

Primary Parameter로의 조정이 불가한 경우 조정이 논의되어야 하며, 문제가 발생하는 Spot Coverage에 대해 적용될 수 있으며, 조정 후의 예상되는 영향으로는 System Capacity, Channel Element Utilization이다.

① Soft Handoff Thresholds(t_add, t_drop, t_tdrop, t_comp)

② Active Set Search Window Size & Neighbor Search Window Size

③ Access Channel Parameter(Nominal Power, Initial Power)

④ DGU Settings for Pilot, Sync, Paging

**3) Fixed Parameter**

Fixed Parameter는 무선망 최적화 과정에서 조정이 엄격히 제한된다.

① Forward Power Control Threshold

② Reverse Power Control Threshold

③ Remaining Set Search Window Size

④ Forward overload control setpoints

⑤ Reverse overload control setpoints

⑥ Minimum, maximum and nominal traffic channel DGU

# 5.3 기지국 최적화

## 5.3.1 개 요

최적화 이전 준비사항으로 첫째 PN Offset Plan에 의해 기지국의 PN Offset을 적절하게 할당한다. 둘째 초기 Neighbor List를 인접기지국에 연계하여 작성한다. 셋째 측정차량, 측정 장비, 단말기(채널별)와 측정경로 표시 지도, 전파 분석 프로그램을 준비한다. 넷째 1단계 최적화의 합부 판정기준을 정의하는데 주요 항목은 예상 Coverage와 실제 기지국 Coverage와의 비교, 경로 균형(Path Balance)(TX, RX, TX_adj, $E_c/I_o$,

SNR), 핸드오프 영역, FER 등이다. 다섯째 설정 파라미터 값의 변경 및 이력을 관리하기 위한 절차를 수립한다.

최적화를 하는 동안 검토사항은 다음과 같다.

① 호처리 메시지

② Handoff Region : Softer, Soft 및 Hard Handoff

③ Pilot $E_c/I_o$, SINR, Searcher & Fingers

④ 단말의 Rx, Tx, Tx_adj

⑤ FER(Frame Error Rate) 통계

⑥ 측정경로(GPS Data활용)

⑦ 여러 개의 Pilot 신호들로 인한 $E_c/I_o$, SINR이 열악한 지역

⑧ 지나치게 많은 Pilot이 나타나는 지역

⑨ Neighbor List 누락 여부

⑩ 단말 수신신호가 저조한 지역

⑪ Search Window Size가 부적절한 지역

⑫ 설정치 이외의 변경된 각종 Parameters의 관찰

⑬ 서비스예상지역에서의 해당신호가 나타나지 않는 지역

⑭ Call Quality : 음성품질

⑮ RF중계기 확인 : 기지국 Coverage 내에 설치된 중계기의 입력 Level 재확인
(중계기의 발진을 사전 예방 : 초소형, 소형, 옥내형, 옥외형 등)

## 5.3.2 호 통화 시험

### (1) 시험 전 확인 사항

① 교환국에 연락하여 기지국 장비의 이상 유무를 확인 한다.

② 기지국의 주 프로세서인 BSP에서 전체프로세서의 정상 상태를 확인한다.

③ NO Traffic상태에서 기지국의 오버헤드 채널 전력이 설정된 값과 일치 하는지를 확인한다.

### (2) 호 통화 시험

① 호 통화시험은 기지국의 정상적인 호 설정 상태 및 통화 상태를 점검하기 위하여 실

시한다.

② 기지국의 단독 셀에서의 호 설정 및 통화 상태, 핸드오프의 호 상태를 확인한다.

③ 각 섹터, FA별 기지국의 상태를 확인한 후 $\alpha$, $\beta$, $\gamma$ 섹터에 대해서 각각 호 설정 상태 및 통화 상태 시험(3 섹터 기준)을 한다.

④ 각 FA별(1~4) 단말기를 이용하여 M to M, M to L, L to M을 실시한다.

⑤ 기지국으로부터 Line Of Sight 약 100 m 이격 거리에서 호 통화시험을 하여 기지국의 호 처리 관련 상태 및 RF 환경(주변 장애물 등)을 점검한다.

⑥ 각 Sector 별로 기지국으로부터 약 100 m 거리에서 호 시험 을 실시한다. 각 통화 시험은 최소 1분 이상 호를 유지하도록 하며, 시험결과를 관리 Sheet 및 보고서 로 작성하며, 필요시 주관적인 음질 (반향, 잡음, 혼신, 통화단절, One Way Call)을 기록한다.

## 5.3.3 핸드오프 통화 시험

측정지역 기지국 그룹을 선정한 후 단말기로 호를 설정하여 트래픽 상태에서 소프터 핸드오프, 소프트 핸드오프, 하드 핸드오프 등이 정상적으로 이루어지는가를 확인하고 또한 반대 방향으로 확인한다. 전파분석 장비를 이용하여 단말기 Rx Power, Tx Power, Tx adjust, Voice Quality, FER, $E_c/I_o$, SINR, Hand Off Status 등을 확인한다. 핸드오프 실패인 원인을 확인하고 다음과 같은 방법으로 해결한다.

### 1) Neighbor List의 누락

Neighbor List를 확인하여 Neighbor 첨가 및 우선순위 조정을 한다.

### 2) GPS 시간 오차

GPS time이 정상인 기지국의 GPS time을 비교하여 오차가 발생하였을 경우 GPS time 재조정 및 하드웨어를 교환한다.

### 3) 핸드오프 중첩이 부족한 경우

두 기지국의 Pilot이 겹쳐지는 핸드오프 중첩 영역이 부족하여 핸드오프 실패로 인한 호 절단이 발생할 수 있다. 기지국의 출력을 증가하여 충분한 핸드오프 지역을 만들어 주거나, 안테나 Tilting 및 위치 조정을 통하여 해결할 수 있다.

### 4) 관련 파라미터 조정

T_Add, T_Drop, T_Comp, T-T Drop 등 시스템 파라미터의 변경을 통하여 핸드오프

영역을 조정 하거나, 빈번하게 swap 이 발생하는 지역, 사거리에서 갑자기 나타나는 신호로 인한 핸드오프 지연 등의 해결을 위해 적정한 파라미터의 설정이 요구된다.

**5) 안테나 Up-Down Tilting**

안테나의 Down Tilt 시에는 인접 Cell과의 핸드오프 중첩 영역의 변화 여부를 확인해야 한다. 안테나의 Up Tilt 시에는 인접 Cell에 미치는 영향을 최소화 하여야 하고 불필요한 핸드오프 발생으로 인한 기지국 통화량 자원의 낭비를 초래해서는 안 된다.

## 5.3.4 서비스 영역 시험

### (1) 무부하 환경에서의 서비스 영역 시험

기지국의 트래픽이 없는 상태에서 기지국의 Pilot Channel의 서비스영역을 확인하기 위해 실시하며, 기지국의 트래픽이 증가된 부하 환경 하에서의 시험의 기초 자료가 된다.

**1) 현장 시험 확인 사항**

① 현장 시험을 통하여 Best $E_c/I_o$, 또는 SINR FER, $E_c/I_o$ 〉 −15 dB 또는 SINR 〉 6dB 인 Pilot의 개수, 단말기의 Tx, Rx Power, Hand Off Status 등을 확인한다.

② 특히 단말기의 Best $E_c/I_o$가 −12dB 또는 SINR이 9dB 보다 작은 지역, Coverage Hole 및 Multiple Pilot이 나타나서 FER 증가에 따른 통화 품질 저하를 초래하는 Pilot Pollution 지역을 확인한다.

③ 현장 시험 중 호 절단 발생된 지역이 있으면 먼저 Neighbor 누락이나, 기지국 하드웨어 장비의 이상 유무를 확인한다.

**2) 핸드오프 서비스 영역**

① 기지국의 부하 없는 환경 하에서의 핸드오프는 트래픽이 증가된 부하 환경 하에서 보다 Pilot 서비스 영역이 증가함에 따라 핸드오프가 빈번하게 발생하며

② Full Loading 상태에서의 Pilot의 $E_c/I_o$는 무부하 상태에서 보다 약 5dB 정도 낮게 나타나게 된다.

③ 서비스 영역 상에 Hole이 존재하면, 기지국의 트래픽이 증가함에 따라 각 단말기에 할당되는 Pilot의 전력이 감소함에 따라 Coverage Hole이 증가하게 된다.

**3) 최적화 현장 시험 검토 사항**

① 기지국의 트래픽을 고려하여 출력 조정을 검토한다.

② 안테나 방향 및 Tilt 조정을 통하여 Pilot Pollution, FER증가, Hand Off 빈번 발생 지역에 대해서 최적화를 실시한다.

③ 안테나 Type의 변경(ex : 15dBd → 16dBd, 16dBd → 18dBd, Electrical Down Tilt 추가 안테나로 교체 등)을 통한 안테나 방사 패턴의 변화로 Coverage 조정을 한다.

④ 서비스 영역 부족의 경우 지역적인 환경 및 기지국의 트래픽을 고려하여 추가적인 자원 투입(새로운 기지국이나 중계기)을 고려한다.

### (2) 부하 환경하의 서비스 영역 시험

기지국의 트래픽이 증가된 부하 환경 하에서의 현장 시험은 무부하 상태에서와 동일한 드라이브 시험 루트로 실시하며, Best $E_c/I_o$, 또는 SINR FER, $E_c/I_o$ 〉 −15 dB 또는 SINR 〉 6dB인 Pilot의 개수, 단말기 Tx, Rx Power, Hand Off Status 등을 확인하고 데이터를 무부하 상태의 시험 결과와 비교 분석하여 문제 지역의 해결에 반영한다. 무부하 환경에서 보다 트래픽으로 인해 기지국의 서비스 영역이 감소하게 되어 핸드오프 영역이 부족하여 호 절단이 발생할 수도 있다.

최적화 현장 시험의 검토사항은 다음과 같다.

① Loading 환경에서의 서비스 지역에 3, 4개 혹은 4개 이상의 약한 Pilot이 여러 개 나타나는 것 보다 Strong Pilot이 1, 2개가 존재하도록 조정한다.

② 4개 이상의 약한 Pilot 신호들이 나타나는 지역에 대해서는 근접 위치한 Pilot의 전력을 증가시키거나, 미약하게 나타나는 Pilot들의 안테나 Reorientation 및 Down Tilting 작업, 안테나 형태 변경을 통한 이득 축소, 기지국 출력 조정을 통해 해결한다.

③ 기지국의 출력 조정을 통한 문제 지역의 해결을 고려할 때에는 기지국 서비스 영역에 Hole의 발생 유, 무를 반드시 확인 한다.

④ Pilot 이득을 변경하여 Pilot 전력을 변경할 수 있으나, 전체 시스템에 미치는 영향을 고려하여 꼭  필요한 경우에만 실시한다.

## 5.3.5 안테나 조정

### (1) 개 요

안테나의 조정은 셀의 성능에 중대한 변화를 초래하는 요소 중의 하나이며, 안테나의 조정을 통하여 안테나 조정 대상 셀의 섹터 간 및 인접 셀의 서비스 영역 변화와 서비스 품질에 어떠한 영향이 미칠지를 확인해야 한다. 안테나 위치 조정 및 Downtilting(안테나의 경사 각도조정)은 셀의 커버리지를 변경하는 중요한 방법 중 하나이며, Reorientation & Downtilting을 통하여 서비스 영역 조정을 통하여 불필요한 핸드오프 발생을 감소시킴으로 인해 셀 간의 상호 간섭을 감소하여 통화 품질 개선, 기지국 통화량 증대, In-Building 서비스를 제공할 수 있다.

### (2) 안테나 조정 전 사전 검토사항

① 성능의 점검 : 모든 기지국은 잠재된 문제가 있다고 생각하고, 기지국의 성능이 정상적으로 발휘 되는지를 점검하여야 한다. 파악된 문제점이 전부가 아닐 수 있다고 생각한다.

② 현장 확인 : 설계당시의 목적과 현재의 서비스 영역 목표가 일치하는지에 대하여 해당지역에 방문하여 현장에서 현장 시험을 통해 확인하고, 안테나 및 급전선 부문의 시스템을 점검한다.

③ 현장 시험 실시 : 기지국의 호통계 데이터를 통해 문제가 예상되는 지역을 확인하고, 현장 시험을 통해 수신되는 기지국 신호의 세기 및 서비스 영역 상태호 시험 등을 통해 해당 지역의 전파환경을 관찰한다. 안테나 Downtilting 전후의 Mobile Tx, Rx, $E_c/I_o$, 또는 SNR, FER, Hand Off Status 등을 수집하고, 안테나 조정 대상 셀 및 인접셀의 트래픽의 변화와 호통계 데이터(소통율, 절단율, 완료율)를 비교, 분석한다.

④ 셀 서비스영역의 재점검 : 현장 시험을 통해 수집된 자료로 주변 환경 및 인접 셀의 서비스 영역, 향후의 기지국 또는 광중계국 추가 계획을 고려하여 커버리지를 재규정한다.

⑤ 안테나 변경 검토 : 안테나 각도 변경의 목적, 셀 또는 섹터의 목표 서비스 영역, 예상 변경 각도 등을 고려, 안테나 조정 대상 국소를 확인한다.

☑ **그림 5-5** 현장 시험 지역의 예

⑥ 결과정리 : 위 사항의 시험 종료 후 $E_c/I_o$, 또는 SNR, FER 및 PSMM의 발생빈도수를 비교하고, 호통계 중 소통율, 절단율에 변화가 없는지 확인한다. 이때 소통율의 감소, 절단율의 증가 등의 이상 상태가 발생한 경우는 변경사항을 재검토하여 수정 작업을 한다.

### (3) 안테나 조정 기본개념

15 dBd 90º 안테나의 경우 수직 반치각이 약 7º이므로, $h/d = \tan(3.5)$의 수식으로부터 Main lobe에 의한 서비스 반경은 $d = 25 / \tan 3.5 = 408\text{m}$ 라고 할 수 있다. 기지국의 설치 높이를 25m, 기지국 서비스 영역 반경을 약 200m로 가정한 경우 Main Lobe에 의한 간섭을 줄이기 위한 안테나의 평균 Tilt 각도는 다음과 같이 산출할 수 있다.

$$\Theta = 90 - \tan^{-1}\frac{200}{25} = 90 - 82.875 = 7.125(\text{약 } 7\text{도}) \qquad (5\text{–}2)$$

다양한 각도의 안테나 다운틸팅의 개념을 나타내면 〈그림 5-6〉과 같다.

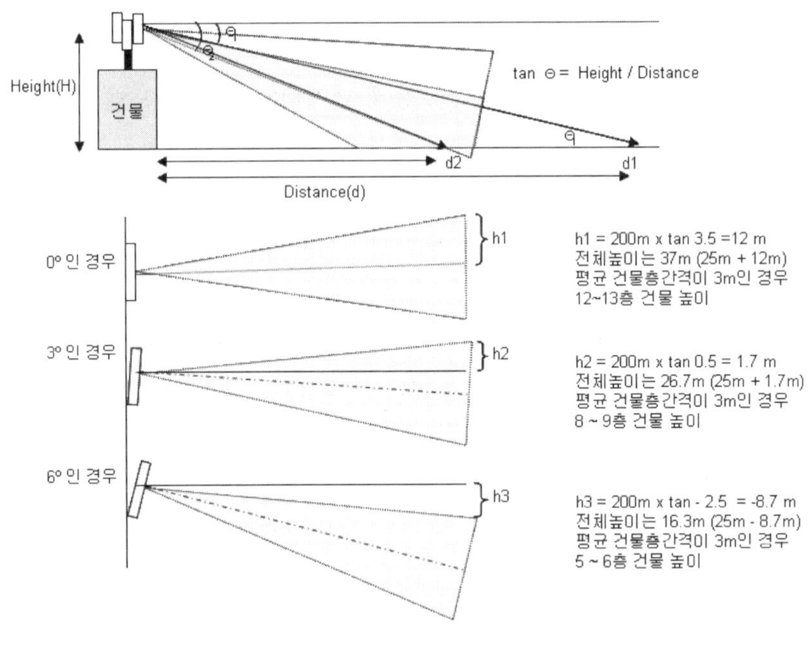


☑ **그림 5-6** 안테나 다운틸팅의 예

### (4) 안테나 조정 대상국 선정

안테나 조정 대상국소 결정시 가장 중요한 사항은 셀 간 핸드오프에 충분한 중첩지역을 유지하는 가운데 인접 셀에 간섭을 줄이기 위한 Reorientation 및 Downtilt로 인한 서비스 영역  문제가 발생하지 않아야 한다.

**1) 1단계 : 기초 데이터 수집**

**2) 2단계 : Downtilt가 필요한 지역 선정**

① 무부하 상태에서 Dominant Pilot의 $E_c/I_o$값이 −11dB 이하 또는 SINR 〈 10dB 인 지역

② Pilot의 $E_c/I_o$값이 −15dB 또는 SINR 값이 6dB인 신호가  3개 이상인 지역(간섭 과다 발생 지역)

③ 여러 개의 Pilot신호들이 나타나는 Pilot Pollution 지역

④ Mobile의 수신레벨은 적정하나  단말의 송신출력(Mobile Tx)이 20dBm 이상인 지역(Reverse Link Coverage가 약해 문제가 될 수 있음)

**3) 3단계 : 선정지역의 Tilt 대상국 결정**

위 조건에 부합되는 지역의 Pilot 신호 중에서 아래의 항목에 해당되는 섹터부터 안테나의 Downtilt, Orientation 변경, 오버헤드 전력 조정 또는 핸드오프 파라미터를 변경한다.

① 대상지역의 신호 중 오버헤드 전력이 높게 설정된 섹터

② 기지국 또는 광중계국 안테나의 설치위치가 높은 고층 건물에 설치되어 불필요한 핸드오프 빈번하게 발생하는 섹터

③ 인접 셀에 쌓여 저지대의 제한된 지역을 서비스하는 섹터 (대역내의 S/N비 증가가 목적)

④ 인접 셀과 근접되어 Cell간  거리가 가까워 핸드오프 중첩 지역이 과도한 기지국의 섹터

⑤ Pilot Pollution 지역의 불필요하게 나타나서 통화 품질 저하의 원인이 되는  셀의 섹터 안테나

⑥ 멀리 있는 기지국에 영향을 끼쳐 간섭으로 작용 FER 증가에 따른 통화 품질 저하로 호 절단율 증가 국소의 안테나

### 5.3.6 기지국 출력 조정

기지국에 대한 출력을 조정할 때에는 조정 후의 결과를 확인한다.

(1) 출력 조정할 때에는 기지국 서비스 영역 내의 단말기 Tx, Rx 간의 Link Balance의 영향도 고려되어야 하여야 한다.

(2) 출력을 증가 시킬 경우 인접 Cell에 미치는 영향, 호 품질 저하 및 타 지역에 간섭 영향을 최소한으로 하여야 한다.

(3) 핸드오프 경계 지역에서 출력을 조정할 때 안테나 Tilt 조정 및 관련 파라미터 조정을 먼저 실시한 후 기지국 출력 조정을 하여 적당한 핸드오프 지역을 유지해야 한다.

(4) 출력을 감소시킬 경우 셀의 경계 지역에서 Coverage Hole의 발생여부를 점검해야 한다.

(5) 서비스 영역이 부족할 때 기지국의 출력을 증가시킨다.

(6) Pilot Pollution 지역에 대해서는 멀리 떨어져 있는 신호가 불필요한 핸드오프를 발생시키는 Pilot에 대해서 출력을 조정한다.

(7) 기지국의 트래픽 고려 오버헤드 채널 전력의 조정을 검토 한다.
트래픽 과다 국소에 대해서는 먼저 안테나 Tilting 작업을 실시한 후 기지국 주변 건물의 In-Building 서비스를 고려하려 기지국의 출력을 조정한다.

## 5.4 클러스터 최적화

### 5.4.1 개 요

클러스터 단위의 최적화는 무선망 설계 및 단위 셀 최적화 수행 결과를 바탕으로 현장 시험을 통하여 수집된 데이터를 분석/조정하여 서비스 목표에 만족하도록 전파 환경을 조정하는 단계이다.

측정범위의 설정은 첫째 Multi Cell 최적화 시험은 특정 Cell에서 지형적으로 구분할 수 있는 Cluster 단위로 구성하여 실행한다(6~10 기지국 정도). 둘째 기지국간에 서로 충분한 Coverage상의 중첩을 통한 핸드오프가 발생해야 한다. 셋째 중심 기지국으로부터 첫 번째 Tier의 기지국은 중심 기지국과 중첩되어야 한다.

측정 점검 항목은 첫째 인접 기지국으로부터 수신되는 각종 CDMA 파라미터를 확인할 수 있어야 한다. 둘째 Best $E_c/I_o$, FER, 규정 이상의 Pilot이 나타나는 곳, Mobile의

Tx, Rx, Tx_adj, Hand Off Status, Search $E_c/I_o$ 등을 Plot하여 확인한다. 셋째 기본 설계의 파라미터와 드라이브 테스트를 통해 얻어진 각종 파라미터를 비교한다. 넷째 문제되는 서비스 대상($E_c/I_o$ −12dB이하, 여러 개의  Pilot신호 지역) 지역을 구분한다. 다섯째 핸드오프(소프터, 소프트, 하드) 측정 중에 발생한 호 절단을 분석하여 Neighbor List 누락, 하드웨어 이상 여부를 파악한다. 여섯째 클러스터 기지국의 최적화가 끝나면 지역단위 최적화 단계를 준비한다.

〈그림 5-7〉은 LTE 시스템에서 일부 기지국의 데이터 전송속도 저하가 발생할 경우 클러스터 단위로 최적화하는 절차를 나타내고 있다.

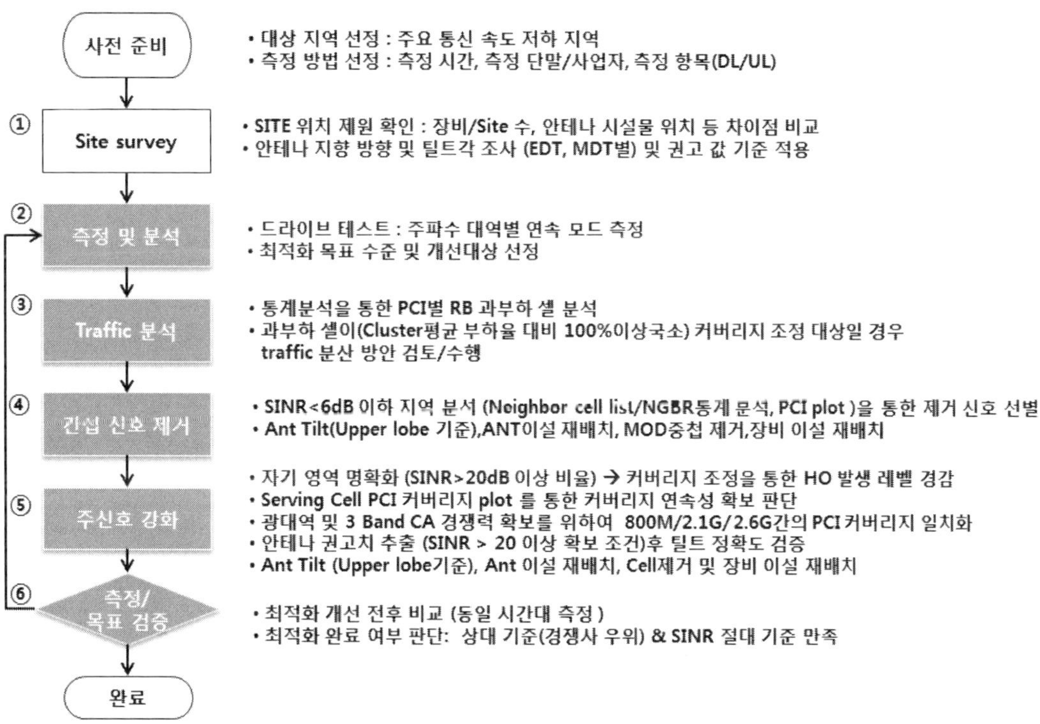


☑ **그림 5-7** 클러스터 최적화 절차

## 5.4.2 드라이브 테스트 준비

드라이브 테스트 전에 다음과 같은 기지국 장비에 대한 각종 파라미터의 재확인하는 작업이 선행되어야 한다.

(1) Antenna Type, Orientation, Downtilt, Feeder, 설치 상태
(2) Reverse Link Noise Floor Check
(3) Call Statistics
(4) UDCA Board에 대한 점검
(5) Channel Card 상태
(6) 광중계국의 적정 동작 여부
(7) RTD(Round Trip Delay)
(8) Drive Test Route 설정 상태

드라이브 테스트 절차는 다음과 같다. 첫째 연속 호통화 시험을 실시한다. 연속통화를 이용한 드라이브 테스트는 이미 선정된 경로를 따라 이동하면서 FER 증가, 호 절단 등 발생하는 제반 문제를 확인하기 위한 시험이다. 또한 핸드오프 발생 지역을 확인하고, 광중계기에 의해  확장되는 서비스 영역일 경우 순방향 링크의 Chip Delay등을 주의 깊게 관찰 할 필요가 있다. 둘째 단말의 대기 상태에서의 시험(Idle Test)을 실시한다. Idle 상태의 시험은 전력 제어가 이루어 지지 않으므로 보다 쉽게 해당 기지국의 서비스 영역을 확인할 수 있으며, 각각의 기지국의 각종 파라미터 상태, 확인 되지 않은 광중계기의 Chip Delay 확인, 특정 지역에서의 나타나는 Pilot의 종류를 쉽게 유휴모드에서 확인할 수 있다.
최적화 수행은 다음과 같은 기본 지침을 바탕으로 해당 지침을 충족할 때까지 계속해서 수행해야 하며, Benchmarking을 통해서 시스템의 성능향상을 위해 계속 실시되어야 한다.
(1) 드라이브 테스트가 행해지는 셀 영역 내에서 Forward FER이 10% 이상을 초과 하거나 초과된 FER이 6초 이상 계속 유지되는 경우는 없어야 한다.
(2) 규정된 셀 영역 내에서의 호 절단이 완전 제거되어야 한다.
(3) 정규 부하 환경 하에서 핸드오프 오버헤드 팩터를 1.8 이하로 유지해야 한다.

## 5.4.3 드라이브 테스트 수행

### (1) 클러스터 선정

클러스터란 여러 개의 단위 셀로 구성된 몇 개의 기지국을 선별하여 서로 상호작용을 하는 Site들을 묶은 집합이다. 클러스터내의 Site의 수는 지형적 위치, 지리적 위치, 인

접 Site의 개수 등에 따라 다르게 묶을 수 있고(6~10 기지국) 동일 기지국 제어기에 속한 기지국끼리 클러스터를 선정하는 것이 효율적이다. 클러스터 구분 시 지역적인 가입자 유형별 및 도심의 업무 환경 특성에 따라 나누면 각 기지국들 간의 영향 분석이 용이하고, 효율적인 최적화 작업을 관리할 수 있는 이점이 있다.

### (2) 루트 설정

현장 드라이브 테스트에는 세부 루트를 작성(민원 고려)하고 보다 효율적인 측정을 할 수 있도록 클러스터 지도(각 기지국, 광중계기, 민원지역 위치 표시), 측정 경로와 방향이 표시된 지도, 각 기지국들의 PN Offset 및 안테나 방향, 각 기지국 및 광중계기 관련 파라미터, 측정 장비 등을 준비한다.
루트를 선택할 때 클러스터에 대한 확실한 드라이브 테스트 계획을 세워야 한다. 드라이브 경로를 너무 적게 선정하면 명확한 분석을 위한 충분한 자료가 되지 못하므로 최적의 루트를 설정하여 업무의 효율을 극대화한다.

루트 선정 시 고려사항은 다음과 같다.
① 주요 지역(도로) 및 이면 도로, APT단지 포함
② 양 방향에서 수행, 문제 발생지역은 2회 이상 실시
③ 적정 핸드오프 중첩지역을 확인할 수 있도록 경로를 선택하여 실시
④ 도로 사정을 감안하여 최적루트 선정( 일방통행, 우회전 기준, 중복배제 등)

### (3) 드라이브 테스트 지침

① 호 절단, 간섭, Cross Talk 와 같은 중요한 사건은 기록한다.
② 이때의 원인을 분석할 수 있는 파라미터를 조사 한다.
③ 호 중단l 발생할 때 당시의 전파 환경을 확인 및 기록 한 후 원인 분석이 가능할 경우에는 원인을 제거 한 후 재측정을 실시한다.
④ 재측정 및 고객 민원에 의한 드라이브 테스트일 경우 호 절단 지점을 반복 측정하여 원인을 분석 한다.

## 5.4.4 서비스 영역 시험

### (1) 개 요

서비스 영역 시험의 목적은 서비스 지역의 음영지역(NO Service), 핸드오프 지역 및 호 절단 지역, 호 차단 지점을 파악하고 개선하는 것이다. 특히 다음과 같은 지역은 세밀한 측정과 분석을 하여야 한다.

① 주요도로(고속도로, 국도, 간선도로 등)

② 인구 밀집 지역(사무실 빌딩, 상업 지역, 유흥가 등)

③ 도심 상가

④ 공항, 경기장, 대학가 등

이외 지역의 드라이브 테스트도 Site 내의 모든 영역이 포함되도록 계획하여 측정하여야 한다. 드라이브 테스트동안 생성된 측정 데이터에 의하여 각각의 신호 세기 및 $E_c/I_o$를 색깔별로 출력 하여 분석에 활용하고 서비스 영역의 문제 지역이 확인되면 문제의 원인을 분석하여 해결할 수 있는 조치를 결정한다.

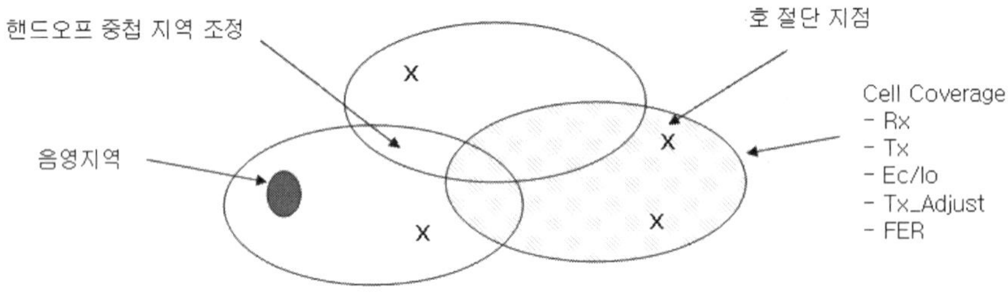


☑ **그림 5-8** 서비스 영역 시험 결과 예

### (2) 서비스 영역 시험 절차

① 기지국 및 광중계기 위치 확인, 측정 경로 선정, 기지국 및 광중계기 데이터 확인(기지국, 광중계기 위치, 관련 파라미터, 안테나 사양 및 Orientation & Tilt, PN Offset, 기지국 출력, 기지국 실사 보고서)

② 전파분석 장비를 이용하여 데이터 수집 및 분석

③ 데이터 갱신 (기존 데이터 Plot : 실시설계에서의 전파 측정 결과 (Rx)와 단독 셀의 측정 결과를 비교한다)

④ 재측정 여부 판단 및 Data Base 구축

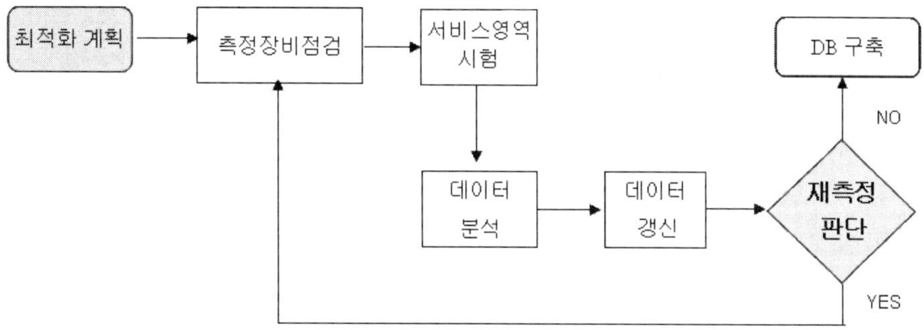


☑ **그림 5-9** 서비스 영역 시험 절차

### (3) 서비스 시작 이후 시험

서비스 시작 이후 예상하지 못한 서비스 영역의 문제들이 발생 할 수 있다. 이때 호 통계 데이터 및 민원 데이터를 이용하여 서비스 영역 시험에 활용할 수 있다.

#### 1) 호 통계 데이터

기지국의 BSM은 통계적 자료뿐만 아니라 각종 파라미터를 확인 및 변경, 장애 내역 확인 및 조치를 취할 수 있다. BSM에서는 파라미터가 적절하게 설정되어 있는지 확인할 수 있고, 호통계 데이터(소통률, 완료율, 절단율) 및 기지국의 장애 내역 등의 통계 데이터를 활용할 수 있다.

#### 2) 민원 네이터

서비스 시작 이후 최적화 업무의 기초자료로 활용한다. 고객들로부터 고객 민원 내용, 민원 발생 위치, 단말기 기종, 서비스의 불편사항, 기타 필요한 사항 등을 활용하여 문제의 유형과 발생 위치를 정확하게 기록하고 해당 지역에 대한 서비스 영역의 문제점을 확인 및 분석한다.

특정 지역에 서비스 영역 문제점이 발견되면 드라이브 테스트를 실시하여 정확한 원인을 발견하고 문제점을 개선할 수 있는 조치를 취한다.

## 5.4.5 서비스 영역 개선

서비스 영역 부족으로 인해 문제가 발생하였다면 아래와 같은 순서에 따라 서비스 영역 부족 문제를 해결한다. 우선순위의 결정은 경비 및 투자비용이 적은 것부터 많은 것으로 설정한다. 이때 해당 서비스 영역의 문제점만 해결한다는 생각보다는 주변 기지국과의 간섭상의 문제를 항상 고려해야 한다.

#### 1) 시스템 및 무선 환경 분석

① 시스템에서 기지국 출력과 관련된 장비의 장애 발생 여부를 확인한다.

② 케이블 및 급전선의 VSWR을 점검한다.

③ 각종 커넥터의 연결 상태를 확인한다.

④ 무선 환경에 방해되는 장애물을 확인한다.

#### 2) 안테나 변경

① Up-Down Tilting

안테나를 Down Tilt 시에는 서비스 영역의 음영지역 발생으로 인한 통화 품질 문제가 발생하였는지를 확인해야 한다. 인접 셀과의 핸드오프를 위한 적당한 중첩을 유지하는지 확인해야 한다. 셀 영역의 변화를 위한 조정은 해당 셀과 인접 셀 모두 통화량 변화에 대해 검토해야 한다. 조정 시에는 클리노미터를 이용하여 조정 한다.

② Orientation 조정

서비스 영역 문제 해결과 서비스 품질의 문제 해결을 위하여 수행 하며, 조정 시에는 나침반을 이용하여 안테나의 주빔의 각도를 고려하여 조정하도록 한다. 이때 주의하여야 할 사항은 특정 지점의 문제를 해결하기 위하여 또 다른 지점의 문제 발생여부를 반드시 확인 하여야 한다.

③ 안테나 변경

안테나 변경은 셀의 무선 환경에 큰 변화를 주게 되므로 서비스 영역과 품질 시험은 클러스터 단위로 재측정 하여야 하며, 특히 안테나 변경 전과 변경 후의 Service Area상의 변화를 주시하고 문제 지역의 해소 여부를 확인한다.

#### 3) 장애물 회피

Coverage Hole 발생 시 방사를 직접적으로 막는 건물 광고 간판, 숲, 철탑 등과 같은 장애물이 있을 수 있다. 이러한 경우 기지국을 방문하여 안테나 방향의 변경을 검토한다.

#### 4) 안테나 높이 조정

일반적으로 안테나의 높이에 관련된 조정은 다른 방법들보다 더 신중한 검토가 필요하다. 안테나 높이의 조정으로 문제를 해결하기 위해서는 안테나가 설치되어 있는 구조물을 변경 및 추가 시설이 필요하므로 시간과 비용의 문제가 발생 하게 된다. 따라서 안테나 높이 조정은 신중한 결정을 필요로 한다.

### 5) 중계기 추가

중계기는 기지국에 비해 비용이 저렴하고, 크기가 작아 설치가 용이한 장비로써 기지국의 서비스 영역을 증가시켜 보다 나은 통화 품질을 제공할 수 있다. 반면에 기지국의 용량 과다 국소에 대하여서는 중계기의 설치로 인해 추가적인 용량 증가를 초래할 수 있기 때문에 설치하지 않는 것이 바람직하다.

### 6) 기지국 추가

기지국의 Traffic 과다로 인해 중계기 설치가 곤란한 지역 및 사무실 빌딩 밀집 지역, 유흥가 등  트래픽 증가 가능 지역의 주변 환경을 고려하여 기지국 추가를 고려한다.

## 5.4.6 Link Balance

### (1) 개 요

기지국의 Reverse Link와 Forward Link Unbalance 현상은 호에 지대한 영향을 미친다. 양방향 Link Balance를 맞추도록 최적화가 이루어져야 하며 CDMA에서는 순방향 링크보다는 역방향 링크가 기지국의 서비스 영역을 결정하는 중요한 요인이 된다.

### (2) Link Budget Analysis

Link Budget Analysis는 셀 크기를 추정할 수 있는 최대 경로 손실 값을 산출한다.

#### 1) Reverse link Path Loss

다음은 Reverse link Path Loss를 산출하는 구성 요소이다.

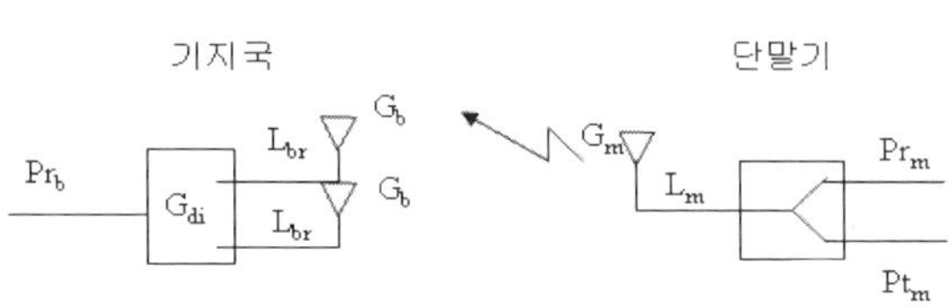


$$Pr_b = Pt_m - Lp_{up} - L_{dup} - L_m + G_m + G_b - L_{br} + G_{div} - FM - other$$

$$Lp_{up} = Pt_m - Pr_b - L_{dup} - L_m + G_m + G_b - L_{br} + G_{div} - FM - other$$

Lbr = Base receiver cable loss ( dB )
Gb = Base antenna Gain ( max ) ( dBi )
Lpup = Uplink Path loss ( dB )
Gm = Mobile antenna Gain ( max ) (dBi )
Lm = Mobile cable loss (dB )
Ldup = Mobile duplex loss ( dB )
Ptm = Power output of Mobile transmitter ( dBm )
Prb = Signal level at base receiver ( dBm )
Gdiv = Nominal Diversity Gain at Base Rx ( dB )
Lbody = Body loss ( dB )
Lcar = In Car loss ( dB )
Lbuilding = In Building loss ( dB )
FM = Fade Margin ( dB )
Other = Lbody + Lcar ( or Lbuilding)

☑ **그림 5-10** 역방향 Link Budget Analysis

예) Reverse Link path 상에서 광중계기 역방향 링크 불량으로 인한 부정합

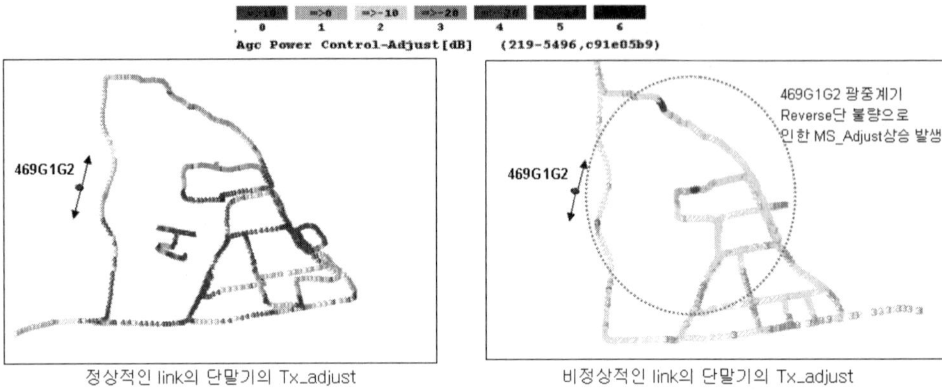


☑ **그림 5-11** 역방향 링크의 단말기 송신 전력 조정 비교

**2) Forward Link와 Reverse Link의 Link Balance**

Forward Link와 Reverse Link Budget을 통해 산출한 경로 손실 값이 서로 균형을 이루는지 확인한다.

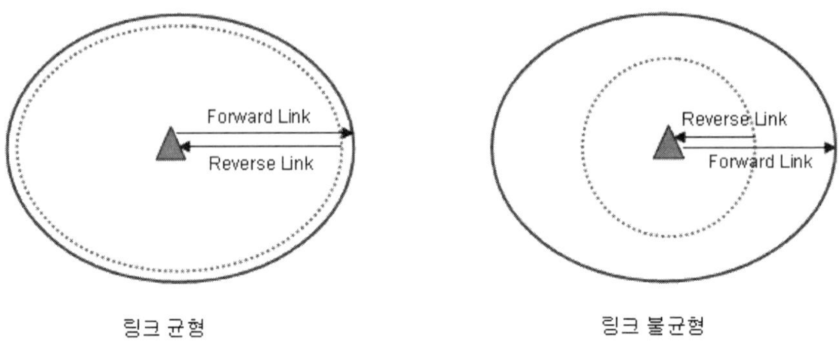


☑ **그림 5-12** 링크 균형 상태에 따른 서비스 영역 비교

**3) 링크 불균형의 상황 분석**

링크 불균형 상태의 경로에서는 신호의 세기와 질 모두를 고려한다.

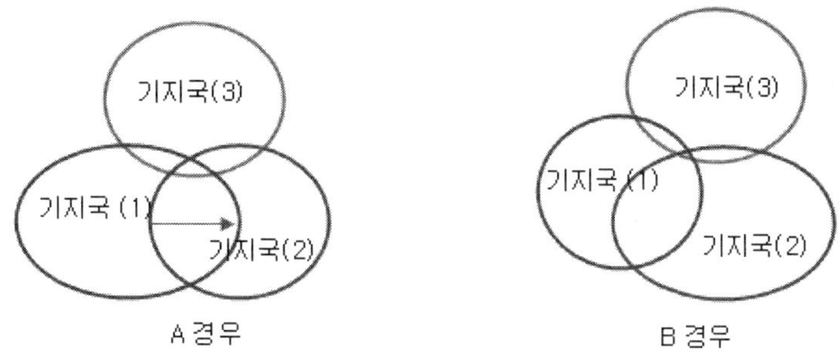


☑ **그림 5-13** 링크 불균형 상황 분석

A의 경우 기지국 (1)로부터 시작한 호가 기지국 (2)로 이동하는 상태인데 기지국 (1)의 순방향 링크의 신호 세기가 너무 강하여 기지국 (2)까지 들어온 상태이다. 이렇게 되면 핸드오프 빈번 발생으로 인한 두 기지국의 용량 저하 및 간섭에 의한 서비스 품질에 문제를 일으킨다. B의 경우 기지국 (1)에서 기지국 (2)로 이동하는 단말기에 기지국 (2)의 신호 세기가 강하게 나타남에 따라 단말기에서는 PSMM의 발생으로 핸드오프를 요구하게 되지만 기지국 (2)의 역방향 서비스 영역이 작은 링크 불균형이 발생하게 됨에 따라 단말기의 Tx 레벨이 급격히 증가하거나, 출력 부족으로 인해 핸드오프 실패의 결과를 초래할 수 있으며, 기지국 (1)에 간섭으로 기지국 자원의 용량 저하 및 서비스 품질의 저하를 초래할 수 있다.

## 5.5 시스템 최적화

시스템 최적화는 기지국 및 무선 환경 포함한 이동통신망의 전체적인 관점에서 장비 기능의 점검 및 분석이 이루어진다.

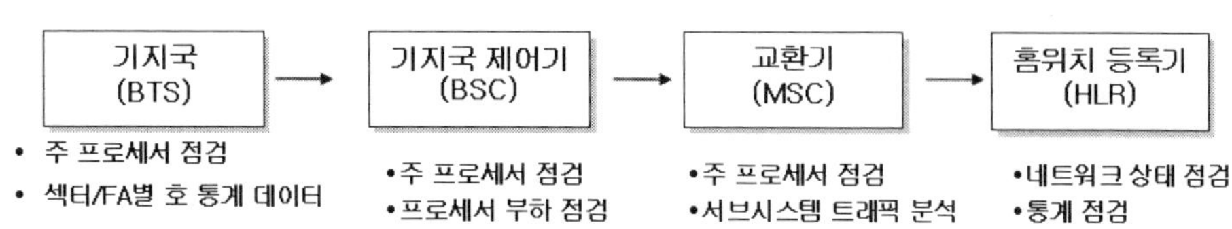


☑ **그림 5-14** 시스템 최적화 절차

첫 번째, 기지국 분야는 원격 방식에 위한 주 프로세서의 점검이 이루어지고 섹터 및 FA별 통계 데이터 분석으로 FA별 호 완료율 편차에 따른 기지국의 집중적인 점검이 필요하다. 지역단위 최적화는 단위 셀 기지국 최적화 종료 후 실시하며, 기지국의 호통계 데이터(소통율, 절단율) 분석과 전체 지역의 광범위한 측정을 통하여 현장 데이터 분석 후 문제 지역(호 절단 발생 지점, FER 증가 지역, Pilot Pollution 지역 등)에 대한 개선, 핸드오프 비율의 조정을 통하여 전체적으로 시스템의 부하를 감소시키고, 통화 채널 사용 효율을 증가시키기 위해 실시하며, 문제 지역을 해결하기 위하여 Reserved, Primary Parameter를 검토하여 조정한다. 두 번째, 기지국 제어기는 주 프로세서의 점검과 기지국 제어기 상호 간의 간섭 용량을 검증하기 위하여 기지국 형태가 7 클러스터인 상황에서 중심기지국 용량을 점검한다. 세 번째, 교환기는 주 프로세서의 점검과 구간별 트래픽 추이분석을 통하여 호 절단율의 상세 분석을 실시한다. 호 절단율은 접속 완료율에 대한 중단된 호수로 정의한다. 넷째, HLR은 이동통신 응용서비스의 통계 점검과 이동통신망 전체의 상태를 점검한다.

# 5.6 문제점 해결 방안

## 5.6.1 개 요

문제점 해결을 위해 전파 측정 방비를 이용한 현장 시험, 기지국에서 Spectrum Analyzer를 이용한 기지국 출력 측정, LNA 상태 점검 및 In Band 대역의 Noise 측정, 기지국 호통계 데이터의 확인, 기지국에 입력된 각종 파라미터의 적절한 입력 여부 확인, GPS 위치와 시간 데이터 확인, 호 절단 발생 위치와 현장의 상황을 수집한다. 필요시 교환기의 Call Trace와 호 실패 원인을 기록하도록 한다.

수집된 데이터를 가지고 다음과 같은 현장 환경을 분석한다.

(1) Forward, Reverse FER(기지국에서 측정)

(2) Handoff Status

(3) 단말기의 Tx, Rx, Tx_Adjust

(4) Finger $E_c/I_o$

(5) Search $E_c/I_o$

(6) 기지국 통화량

(7) 기지국 실사 자료

## 5.6.2 No Service가 발생하는 경우

No Service는 단말기가 기지국의 Serving Sector로부터의 Pilot 신호 세기가 부족하여 시스템의 정보를 획득 하지 못하는 상태를 말한다.

### (1) Pilot 채널의 Coverage Hole 발생

① 이때에는 기지국의 출력 증가, T_DROP 하향 조정, 안테나 방향을 조정 하거나 Tilt 조정 및 중계기 또는 새로운 기지국 등의 자원을 추가하여야 한다.

② 기지국 및 중계기 장애로 인한 발생 시는 하드웨어 장비 점검 실시

### (2) 역방향 Overload Control False Alarm 발생

① 기지국의 Reverse Path에 배경 잡음의 증가로 인하여 역방향 링크에서 과부하가 발생할 수 있다. 이때에는 Noise Floor의 상태 확인, 외부 Noise 유입으로 인한 Reverse Path Noise Floor 증가 시는 이를 확인하여 추적, 제거하도록 한다.

② 광중계기 Gain Setting 오류로 인한 Noise Floor 증가 시 광중계기 Master Unit에서 Reverse Gain을 조정하여 기지국의 Noise Floor를 낮추어 주어야 한다.

### (3) Paging or Access Channel Message Failure

① 호출 채널에서 출력조정이 안되거나, 핸드오프 중첩 Margin이 없을 때 발생할 수 있다.

② 접속 시 Closed Loop 전력 제어가 안 될 경우는 송신출력을 점검한다.

③ 광중계기 광케이블의 선로 Delay 과다로 인하여 단말기의 접속 실패로 인하여 No Service가 발생할 수 있다.

## 5.6.3 호절단 및 FER이 증가하는 경우

### (1) 서비스 영역 부족

기지국의 서비스 영역의 부족으로 인해 발생하는 통화권 이탈(NO SVC) 지역을 말하며, 해당 서비스 영역의 셀 경계에서 단일 PN만 Add된 상태에서 $E_c/I_o$ 저하와 단말기 수신 레벨이 −106dBm 이하로 낮아짐에 따라 Add 되는 Pilot 신호가 없으므로 인해 호 절단이 발생한다. 예를 들어 $E_c/I_o$가 아주 좋아도 단말기의 수신 신호 레벨이 매우 낮으면, 즉 Rx=−106dBm, $E_c/I_o$=−3dB인 경우 서비스 영역의 불량으로 수신이 되지 않는다.

⇒ 추가적인 자원 투입(기지국, 광중계기, RF 중계기 등)으로 해결 할 수 있다.

### (2) 순방향 링크의 문제로 인한 호 절단

① Candidate Set에서 Active Set으로 Pilot이 바뀌지 않았는데, Active Set에 있는 Pilot이 떨어져 나가는 경우에 호 절단이 발생 ⇒ Neighbor List 및 Neighbor의 우선순위를 확인 및 조정하여 해결할 수 있다.

② T_Drop은 높고 T_Tdrop이 작을 때 (특히 상대적으로 T_Add와 T_Comp가 큰 경우) 단말기가 핸드오프 시 간섭에 의하여 일시적으로 현재 서비스 기지국의 $E_c/I_o$가 감소하게 되어 T_drop이하로 떨어지게 되면, PSMM 발생 시 Drop 요청을 하게 되고 이로 인해 호 절단이나 통화 품질 저하가 발생될 수 있다. 도심지의 건물로 쌓인 사거리에서 발생될 수 있으며, 〈그림 5-15〉에서 볼 수 있듯이 도심지역 내 단말기가 셀 A에 의한 서비스 영역 지역에서 수직 방향으로 이동할 때 Cell B와 교차되는 지점이 있다고 가정하여 보자. 만일 T_T drop이 0으로 설정되어 있다면 기지국 B의 신호가 주변 건물에 의하여 차단된 지점에서 바로 Drop 명령이 수행 될 것이고 다음 교차지점에서 갑작스럽게 T_add 값 이상으로 들어오는 Cell B에 핸드오프하기 위한 지연시간 동안 Cell B는 강한 간섭으로 작용하게 된다. 또한 교차지점마다 불필요한 Add와 Drop을 반복해야 함으로써 생기는 신호 데이터 전송에 의한 통화 신호의 손실과 핸드오프 처리에 의한 프로세서의 부하를 증가시킬 수 있다. 반면 T_T drop 값이 너무 클 경우는 유용하지 못한 신호를 T_Tdrop 시간 동안 항상 포함하게 되어 자원의 효율적인 사용에 문제가 생긴다.

⇒ T_Drop과 T_Tdrop 값을 적절하게 변경하여야 한다.

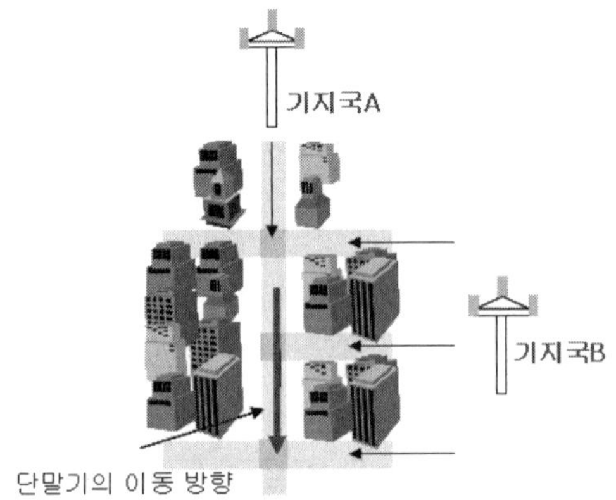


☑ **그림 5-15** 핸드오프 시 호 절단 사례

③ 기지국 트래픽 과부하로 인한 트래픽 채널 할당 실패 또는 Pilot 전력이 부족하거나 부하의 증가로 인하여 시스템에서의 응답이 지연되는 경우 호 절단이 발생할 수 있다. ⇒ 기지국 호 통계 자료 분석을 통해 확인하고 해당 기지국의 안테나 조정 및 트래픽 분산용 기지국을 추가하여 통화량을 분산 시켜 준다.

### (3) 핸드오프 중첩 영역 부족으로 인한 핸드오프 실패

해결방안으로 첫째 단말 유효 Pilot의 Search Time Delay 축소를 위한 파라미터 변경, 둘째 충분한 기지국 간 중첩지역 확보를 위해 안테나 틸팅 및 기지국의 이득 조정 등 물리적인 변경 셋째 중계기 등의 추가적인 자원 투입 등이 있다.

### (4) Neighbor 누락

기지국은 핸드오프 요구 시 Neighbor List에 있는 Pilot 들에 한해서만 핸드오프를 수행하게 되어 있으며, 단말기가 Pilot Signal의 $E_c/I_o$가 증가하여 T_add 이상의 신호를 Search한 후 add 요청하는데 DB에 입력되어 있는 해당 기지국 Neighbor에 누락되어 있다면, Add가 되지 못하고 강한 간섭으로 작용하여 Active Set의 Pilot $E_c/I_o$가 급격히 감소하고 FER증가에 따른 호 절단 또는 통화품질 저하를 유발 하게 된다.

⇒ 호 절단이 발생하면 Neighbor List를 확인 후 Neighbor가 없을 경우에는 우선순위를 고려하여 Neighbor를 추가해야 한다.

### (5) 기지국 장애 발생으로 인한 호 절단 발생

넓은 지역을 서비스하기 위하여 Pilot 및 트래픽 증가로 증폭기에 과부하가 걸리는 경우 단말기에는 강한 간섭으로 작용되어 호 절단이 발생한다. 또한 기지국 하드웨어 불량으로 인한 호 절단 발생할 수 있다. ⇒ 증폭기의 전력 세기를 제한하여 관리하고 필요시 증폭기의 장비 점검 및 교체를 실시한다.

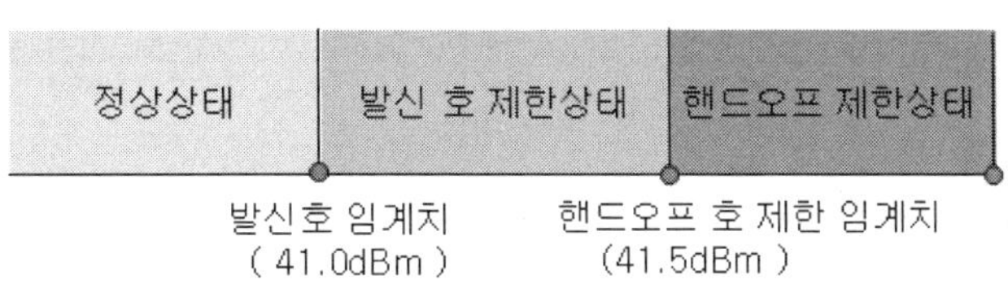


☑ **그림 5-16** 증폭기의 전력 제한 예

### (6) Pilot Pollution으로 인한 호 절단 발생

도심 및 도시 지역에 더욱 많은 기지국이 고층 빌딩에 추가되게 되면 인접 셀 간의 간섭은 증가하게 되고, 무선 환경에서는 더 많은 Pilot Signal이 나타나게 된다. 이러한 지역에서 Add와 Drop이 연속적으로 발생하는 경우 순간적으로 신호 세기가 강해지는 Pilot은 간섭으로 작용하여 Swap시 Delay나 Ec/It의 저하 원인이 된다. 서비스 영역내에 많은 Pilot들이 모이게 되면 신호 대 잡음비가 나빠지게 되어 Best $E_c/I_o$가 −12 이하인 Pilot들이 많이 모이게 되어 핸드오프가 빈번하게 발생하고 이에 따라 통화 품질의 저하가 나타나게 되고, 서비스 제공할 수 있는 Pilot 신호가 없어지는데 이러한 지역을 Pilot Pollution지역이라고 한다. 이러한 Pilot Pollution 지역을 감소시키게 되면 서비스 품질의 개선이 이루어지고 기지국의 채널 용량이 증가한다.

⇒ Pilot Pollution을 해결방법으로는 3개 이상의 비슷한 세기의 Pilot 신호가 있는 것보다는 1~2개 있는 것이 가장 좋다. 여러 개의 Pilot이 있는 Pilot 혼잡을 줄이기 위해서 미약한 신호세기로 서비스하는 섹터들의 송신 출력을 낮추거나 Dominant Pilot을 만들어 주는 것이 좋다. 또한 안테나 형태를 변경하거나 안테나 Orientation 및 Down Tilting 조정, 안테나의 Back Lobe 및 Side Lobe를 제거하기 위한 반사판 부착 및 기지국 송신 전력을 조정하는 방법 등이 있다.

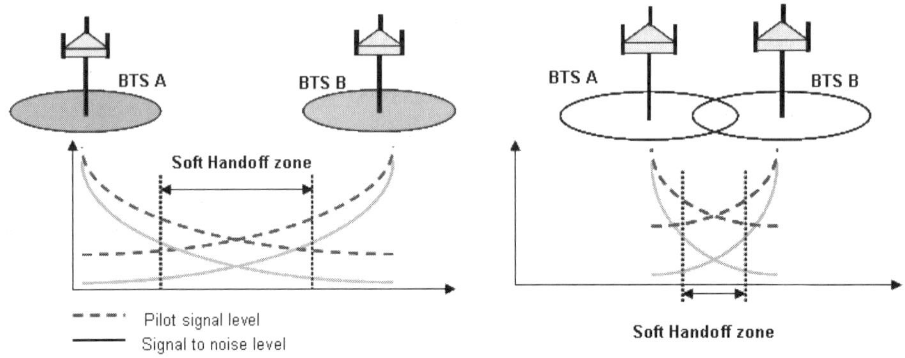


☑ **그림 5-17** Pilot Pollution으로 인한 호 절단 사례

### (7) 광중계기 출력 저하로 인한 서비스 영역 부족

광중계기 예상 서비스 영역 내에서 광중계기 신호가 T_add 이상의 신호를 나타내지 않고 광중계기 안테나 전방에서 단말기의 Rx Level이 −60dBm 이하일 때 출력 저하를 점검한다.

### (8) 파라미터의 입력 오류로 인한 FER 증가 및 호 절단 발생

① 순방향 Search Window Size(SRCH_WIN_A, N, R)가 적절하지 못한 지역

⇒ 해당 광중계기 신호의 Chip Delay를 확인 한 후 조정해야 할 Search Window Size가 Active 신호인지 Neighbor 신호 인지를 확인하여 적절한 크기의 Size로 조정해야 한다.

② Reverse 파라미터가 적절하지 못할 때

⇒ 기지국 검색 시간에서 광중계기로 인한 시간 지연 등의 파라미터를 조정하여 핸드오프하는 동안 호 절단을 방지하여야 한다.

③ 기지국에서 순방향 채널로 데이터를 송신할 때 실제 송신단인 안테나까지 나가는 데는 걸리는 시간을 보상하기 위하여 이 지연 시간만큼 미리 송신한다. 광중계기에서 광케이블 길이에 의한 시간 지연은 섹터별로 보상하기 위하여 조정된다. 표준 기지국이나, 트래픽 분산용 기지국의 경우 Tx_Timing_Adv, Tx_Section_Adv가 잘못 입력되어 있으면 해당 기지국 서비스 영역 내에서 단말기의 Tx가 지나치게 낮게 나타나 호 설정 실패가 발생할 수 있다.

⇒ Tx_Timing_Adv, Tx_Section_Adv의 값을 적절하게 조정한다.

### (9) PN 설계 오류로 인한 Neighbor List 충돌

서로 다른 기지국의 Neighbor가 동일한 PN일 때 고층 건물에서 만나는 경우 간섭으로 작용하여 호 절단이 발생할 수 있으며, 호 절단 후 충돌되는 PN의 상호 신호의 세기에 따라 단말기의 호 시도시 접속 실패나 호 설정 지연이 발생할 수 있다.

⇒ 교환기의 기지국 고유번호를 확인하여 충돌이 되는 두개의 기지국 가운데 한 개의 기지국의 PN을 변경하여야 한다.

### (10) 기지국 Neighbor 입력 오류로 인한 호 절단

기지국의 Neighbor List 가운데 PN은 동일하지만 해당 기지국의 서비스 영역 내에서 다른 기지국의 동일한 Neighbor가 입력되어 있는 경우 단말기가 핸드오프 시 혹은 호시도시에 단말기의 Tx 레벨이 지나치게 낮게 나타날 수 있다.

⇒ 메시지에서 기지국고유번호를 통해 확인할 수 있으며 Neighbor의 입력을 수정하여야 한다.

### (11) GPS 수신 상태 불량

① GPS 시간 수신 상태 불량으로 인한 시간 동기가 맞지 않아 핸드오프 실패로 호 절단이 발생한다.

⇒ GPS 수신 신호상태의 이상을 확인하려면 호 통계에서 비정상적으로 절단율이 높고 통화 채널의 사용수가 적은 기지국을 확인한다.

② GPS수신에 이상이 발생한 경우

⇒ 단말기의 액정화면에 나타나 있는 시스템의 시간과 날짜를 GPS가 정상 상태인 기지국의 서비스 영역 안에 있는 단말기의 시스템 시간과 날짜와 비교한다.

### (12) 역방향 링크의 문제에 의한 호 절단

① 역방향 링크의 간섭 증가로 인하여 $E_c/I_o$가 낮아지거나 FER이 높은 경우는 단말기의 PSMM이 전달되지 않게 되어 핸드오프가 이루어 지지 않는다.

② Open Loop Power Control시 단말기가 멀리 떨어져 있는 기지국으로부터 오는 신호에 호를 시도하였다면 단말기는 그 기지국의 시간 기준에 동기를 맞추게 되고 그 기지국의 Neighbor List를 갖고 서비스하기 때문에, 근거리에 위치한 기지국으로부터 서비스를 받지 않게 되어, 근거리에 위치한 기지국의 Pilot의 세기가 커지게 되면 핸드오프할 때 간섭으로 작용하게 되어 단말기는 송신 출력을 증가 시키게 되고 호 절단이 일어난다.

### (13) 잡음 유입에 의한 영향

CDMA 시스템은 간섭에 의해 많은 영향을 받는다. 간섭은 잡음을 증가시키며 호 절단을 유발시키고, 특히 CDMA 시스템에서는 가입자 용량에 큰 영향을 준다. 따라서 단말기 또는 기지국의 대역 내에 수신되는 강한 신호는 간섭으로 작용하여 통화 품질에 영향을 주므로 해당 지역 최적화 엔지니어는 그에 따른 잡음을 제거해야 한다. 해당 서비스 영역 내에서 연속적인 호 설정 실패와 호 설정 후 또는 핸드오프 add시 별다른 원인없이 단말 Tx 상승 및 통화 품질 저하로 호 절단이 발생할 수 있다.

⇒ 간섭의 원인 및 발생 지점 등을 확인하고 제거한다.

### (14) 산등성이, 언덕, 다리에서 발생하는 문제점

기지국이 산 정상에 위치하거나 단말기가 언덕에 위치하는 경우에 단말기가 이동하면 Neighbor List가 입력되어 있지 않아 이동시 핸드오프 실패에 의하여 호 절단이 발생할 수도 있다. 또한 산악지역, 호수 강, 해안가 건물 밀집 지역 등에서 시간 지연에 의한 분산이 이루어지는데 Window Size 이외에 시간적으로 지연되어 들어오는 신호는 간섭으로 작용하여 손실이 됨으로 인해 Pilot의 $E_c/I_o$ 저하의 원인이 되고, FER 증가 및 통화 품질 저하의 원인이 된다.

⇒ One Way Neighbor일 경우는 필요한 방향으로만 Neighbor List를 입력하여 해결할 수 있다. 고지대의 기지국 신호의 안테나를 Down Tilt를 실시하거나, 기지국의 출력을 조정한다. 고층에 위치한 기지국에 설치되어 있는 안테나로 부터 나타나는 Side Lobe에 의한 영향일 경우에는 Electrical Down Tilt가 적용된 안테나 형태로 변경을 검토 한다.

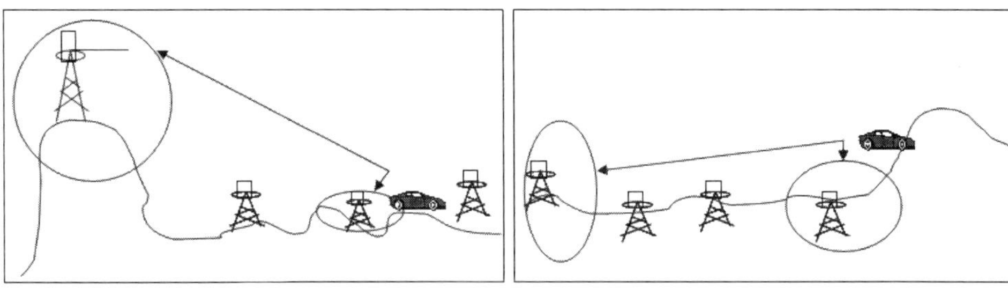

(a) 기지국이 산정상에 위치한 경우 (b) 단말기가 언덕에 위치한 경우

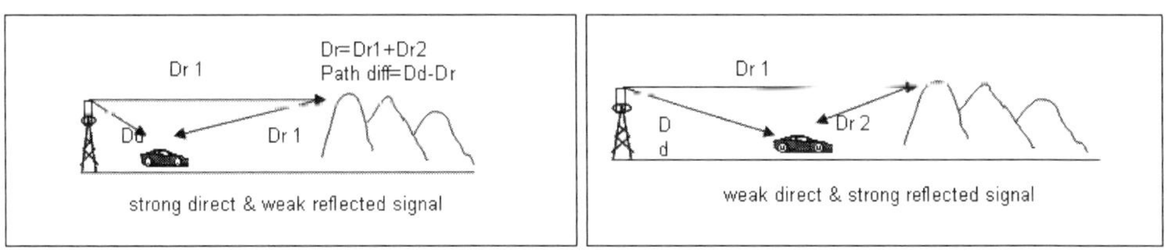


(c) 분산에 의한 간섭 : 기지국에 가까이 있을 때 (d) 분산에 의한 간섭 : 기지국 멀리 있을 때

☑ **그림 5-18** 지형에 따른 문제점

## (15) 도심지 사거리 주변, 언덕 근처 및 터널에서 나올 때 발생하는 문제점

빌딩지역, 언덕, 터널 내부와 같이 장애물로 가려지는 지역에서는 Pilot의 신호 세기는 작아지지만, 다른 기지국으로 부터의 간섭영향이 줄어들기 때문에 $E_c/I_o$는 크게 변하지 않는다. 터널로부터 단말기가 갑자기 나타나게 될 때 외부 신호로 인해 $E_c/I_o$가 급격히 감소하게 되고, 핸드오프가 일시적으로 지연이 되어 FER이 증가할 수 있다.

⇒ Dominant Pilot을 터널 인근에 만들어 줌으로써 여러 신호의 난립으로 인한 핸드오프 발생 빈도의 감소를 통해 문제점을 개선할 수 있다.

# Chapter 6 이동통신 무선국 검사

## 6.1 개 요

전파법은 전파의 효율적인 이용 및 관리에 관한 법으로서 전파를 공정하고 효율적으로 이용할 수 있도록 용도를 정하고 이용권을 할당하고 관리 및 감독 절차를 나타내고 또한 전파이용 및 전파에 관한 기술의 개발을 촉진함으로써 전파의 진흥을 도모하고 공공복리의 증진에 관한 사항 등을 규정하고 있다. 전파관련 법은 전파법을 포함하여 하위법으로 전파법 시행령, 시행규칙, 고시 등을 포함하고 있다.

전파는 유한한 자원으로 특정인이 전파를 이용하면 다른 사람은 특정인이 사용하는 주파수 대역과 전파 이용 지역에서 이용할 수 없는 배타적인 성격을 갖게 되므로 수요가 많은 주파수 대역의 경우 경쟁 수요가 발생한다. 따라서 국가에서는 이용권을 주고 전파 이용자가 다른 사람으로부터 간섭을 받지 않고 또한 다른 사람에게 간섭을 주지 않도록 무선국을 관리하여야 한다.

무선국은 전파를 보내거나 받는 전기적인 설비인 무선설비와 무선설비를 조작하거나 설치 공사를 하는 기술 자격증이 있는 사람인 무선종사자를 함께 포함하고 있다. 국가는 무선국이 전파를 효율적으로 안전하게 이용할 수 있도록 허가 받은 경우에만 사용할 수 있도록 정하고 있다.

따라서 전파를 이용하여 이동통신 서비스를 제공하고자 하는 경우 이동통신 무선국을 국가로부터 허가 받아야 한다. 지금부터 무선국 허가를 위한 검사 절차 및 이동통신 무선국 허가를 위한 기술 기준을 소개하고자 한다.

## 6.2 이동통신 무선국 검사 절차

무선국 검사는 허가 받은 무선설비가 전파법령에서 정하는 기술기준에 적합한지와 무선종사자 배치 및 허가 시 지정 받은 제반사항의 이행여부를 확인하는 절차이다. 무선국 검사의 목적은 불량유해전파발사를 차단하여 전파혼신으로부터 전파 이용자와 국가 주요 통신망을 보호하는데 있다.

무선국 검사의 종류로는 무선국을 최초로 설치할 때 받는 준공검사, 허가된 무선국에 대해 정기적으로 검사하는 정기검사, 무선국의 내용을 변경하는 변경검사, 전파의 효율적인 이용을 위해 필요시 수행하는 임시검사 등이 있다. 무선국 검사 절차는 〈그림 6-1〉과 같이 수행하는데 안전에 필요한 8개 항목과 기술 기준에 관한 6개 항목의 적합성을 검사한다.

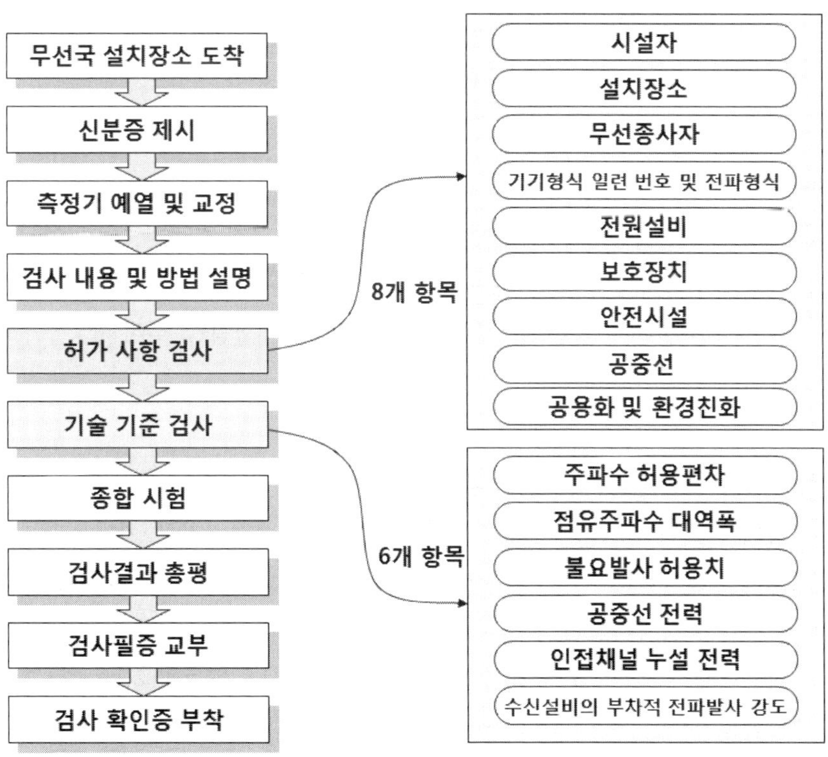


☑ **그림 6-1** 일반적인 무선국 검사 절차

# 6.3 허가 사항 검사 항목

## 6.3.1 허가사항 검사 항목

### (1) 시설자

① 정의 : 허가 시 지정받은 시설자와의 일치 여부를 확인

② 목적 : 무선국 운용 주체를 확인하여 타인에게 무선설비 임대 및 명의 도용 등의 불법 운용을 방지하며 전파사용료 징수업무를 원활히 함

### (2) 설치장소

① 정의 : 허가받은 무선설비 설치장소와 실제 설치된 무선설비 설치장소가 동일한지를 확인

② 목적 : 지정된 장소 이외의 불법 운용을 방지하여, 법을 준수하고 있는 다른 무선국을 혼신장애로부터 보호하며, 인명안전과 직결된 항공국 및 해안국 주변에 임의의 무선국 설치를 차단하여 인명안전을 보호

### (3) 무선종사자

① 정의 : 무선국종별로 전파법령에서 지정하는 기술자격자 배치 여부 확인

② 목적 : 무자격자의 통신 운용으로 인한 전파질서 교란, 통신장애 유발 및 통신 보안 위반을 사전에 예방하며, 무선국 운용에 대한 책임감 부여 및 책임 주체를 명확히 하여 법규 위반 사례 발생 예방

### (4) 기기형식 일련번호 및 전파 형식

① 정의 : 허가 시 지정 받은 사항과 설치된 무선설비가 일치하는지를 확인

② 목적 : 전파형식 및 주파수를 임의 변경하여 다른 용도로 활용하는 것을 방지하며, 인증 받지 않은 불법 무선기기 유통을 방지하여 불량전파발사 사전 차단 및 합법적 제조업체 보호 또한 허가 받지 않은 주파수 사용을 차단하여 혼신장애로부터 전파 이용환경을 보호

### (5) 전원설비

① 정의 : 전원전압계로 전원설비의 전압을 측정하여 무선설비 동작 상태를 확인

② 목적 : 공급전압의 불안정으로 인한 무선설비의 운용 두절 방지, 주전원인 상용전원 단절 시에도 신속한 예비전원으로의 전환을 통하여 인명안전 및 공중통신용 무선국의 통신 지속성을 유지

### (6) 보호장치

① 정의 : 전원회로에 정격 퓨즈 또는 과전압 유입을 방지하기 위한 자동차단기가 설치되어 있는지 확인

② 목적 : 과부하로 인한 무선설비 손상예방 및 인명안전 확보

### (7) 안전설비

① 정의 : 피뢰기 및 접지장치 설치여부를 확인, 송신설비 고전압 증폭부 절연차폐체 등이 통신설비 및 인체를 적절하게 보호할 수 있는지를 확인

② 목적 : 낙뢰 및 서지로부터 인명안전을 확보하고 재산과 무선설비를 보호하며, 송신설비 증폭부에서 발생되는 고전압 전자파로부터 주민과 보행자 보호

### (8) 공중선

① 정의 : 실제 설치된 공중선 형식, 구성, 이득이 허가 받은 사항과 일치 여부를 확인

② 목적 : 고이득 공중선 임의사용으로 인한 타 통신 혼신 장애 유발을 방지하거나(예 : 6dB 허가 후 12dB 공중선을 사용하여 임의로 통달거리 확장 하는 경우), 공중선 형식 구성 등의 임의 변경으로 인한 타 통신 혼신장애 방지(예 : 옴니 허가 후 섹터 설치하여 지향성 향성 및 안테나 수를 임의 증가하여 통신 커버리지 확대하는 경우)

### (9) 공용화 및 환경 친화

① 정의 : 무선국 허가 대상 국소가 공용화 및 환경 친화 대상인지 확인

② 목적 : 무선국의 난립으로 유해한 전파 환경 형성을 방지

## 6.3.2 기술기준 검사 항목

### (1) 불요방사 허용치 (Unwanted Emission)

① 정의 : 통신에 필요한 전파이외에 발사되는 불필요한 전파가 기술기준에서 정한 허

용치 이내인지 확인

② 목적 : 불요파로 인한 혼신을 방지하여 모든 전파이용기기의 원활한 소통 확보 및 불요파가 수신 주파수와 일치하여 발생되는 수신부 피드백 발진으로 인한 통신망 두절 방지

### (2) 점유 주파수 대역폭 (Ocupied Bandwidth)

① 정의 : 변조 후 발사되는 고주파에너지의 99%가 허가된 대역폭 이내인지 확인

② 목적 : 인접신호에서의 유입방지를 통해 주변 무선국의 원활한 통신 소통 확보 및 적정한 점유주파수대역폭 확보를 통하여 원활한 통신이 가능하도록 함

### (3) 주파수 허용편차 (Frequency Tolerance)

① 정의 : 허가 시 지정받은 주파수와 발사되는 주파수와의 차이가 기술기준에서 허용하는 주파수 편차이내인지를 확인하는 것으로 주파수의 틀어짐 정도를 말함

② 목적 : 인접 주파수를 사용하는 무선국의 혼신발생 방지를 통하여 원활한 통신을 확보

### (4) 공중선 전력 (Power)

① 정의 : 공중선의 급전선에 공급되는 전력이 지정된 전력의 허용치를 초과 또는 미달하여 전력을 발사하는지를 확인

② 목적 : 공중선 전력 초과로 인한 통달거리 확장으로 타통신의 장애발생을 방지 및 공중선 전력 저하로 인한 음영지역 발생방지로 국민의 원활한 ㅌㅇ화권 확보 및 무선설비 수명 단축 예방

### (5) 인접채널 누설전력 (Adjacent Channel Leakage Ratio)

① 정의 : 자기 채널의 전력이 인접 채널의 주파수로 얼마만큼 넘어가는지를 나타나는지를 확인하는 것으로 자기 채널 전력 대 인접채널 전력 비율로 나타냄

② 목적 : 인접채널의 간섭 방지

### (6) 수신 설비의 부차적 전파발사

① 정의 : 수신주파수 발진자 불안정으로 인해 수신기에서 발생되는 전파가 기술기준에서 정한 허용치 이내인지 확인

② 목적 : 불요파로 인한 혼신을 방지하여 모든 전파이용기기의 원활한 소통 확보 및 수신 감도 저하를 방지

## 6.4 주요 기술 기준 항목의 분석

### 6.4.1 주파수 허용 편차

주파수허용편차는 발사에 의하여 점유하는 주파수대의 중심주피수와 지징주파수 사이에 허용될 수 있는 최대편차 또는 발사의 특성주파수와 기준주파수 사이에서 허용될 수 있는 최대편차를 말하며 백만분율 또는 헤르츠(Hz)로 표시한다.

**용어정리**

- 지정주파수 : 무선국에서 사용하는 주파수마다의 중심주파수
- 기준주파수 : 지정주파수에 대하여 특정한 위치에 고정되어 있는 주파수
- 특성주파수 : 주어진 발사에서 용이하게 식별되고, 측정할 수 있는 주파수

현재의 주파수 스펙트럼 체계는 동시에 많은 사람들이 한정된 주파수를 세분화하여 협대역으로 사용하는 체계이며, 현재 통신체계에서는 송신주파수의 근소한 편차로 인해 통신품질의 저하를 초래하여 더욱더 혼신을 발생시킬 우려가 있고, 송신 주파수를 결정하는 발진기는 높은 안정성이 요구되나, 사용 상태나 환경이 나쁘면 큰 주파수 변동이 생긴다. 이 때문에 송신 주파수 허용편차를 측정해야 한다.

주파수 측정은 물리적인 주파수 측정이지만 무선기기의 특성상 지정된 값에서 편차만을 문제 삼기 때문에 단순히 무선 주파수 혹은 고주파 측정이라고 말하지 않고 주파수 허용편차라고 말한다.

### 6.4.2 점유주파수 대역폭

점유주파수대역폭은 변조의 결과로 생기는 주파수대폭의 하한주파수 미만의 부분과 상한주파수를 초과하는 부분에서 각각 발사되는 평균전력이 따로 정하는 경우를 제외하고 각각 0.5퍼센트와 같은 주파수대폭을 말한다.

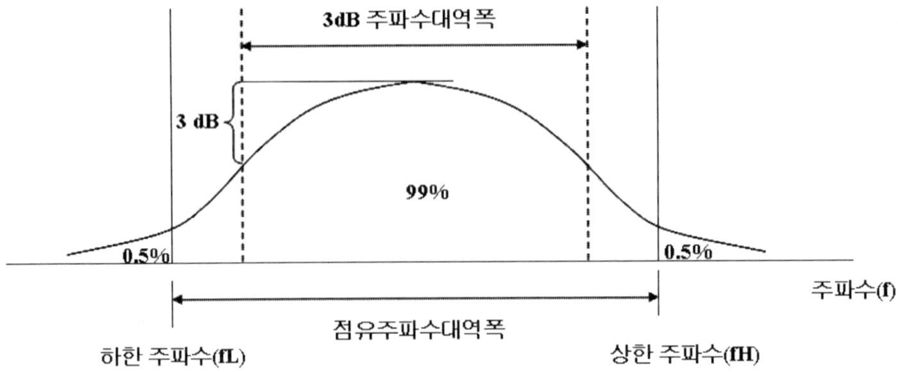


☑ **그림 6-2** 점유주파수 대역폭

현재의 많은 무선기기는 주파수대를 세분한 채널을 통신로로 하는 주파수 분할방식에 의해 운용되고 있다. 이 때문에 각각의 무선기기는 발사 전파의 스펙트럼을 정해진 주파수 대역폭의 범위 내에 놓고 통신을 해야 한다. 만약 점유주파수대폭을 초과하는 전파가 발생하면 다른 통신에 큰방해가 되는 것은 말할 필요도 없다. 이러한 이유로 점유주파수대폭은 무선기기의 중요한 특성이며 측정을 해야 한다. 무선통신에서의 점유 주파수대폭은 자동차 주행의 도로 폭에 비유할 수 있다.

이동통신 서비스에서는 무선국 관리에 사용되는 점유 주파수 대역폭뿐만 아니라 필요대역폭(Necessary Bandwidth)이라는 주파수 대역폭의 개념을 사용한다. 필요대역폭은 주어진 전파형식에 대하여 특정 조건하에서 요구되는 속도 및 품질로 정보전송을 보장하기에 충분한 주파수 대역폭으로 정의된다. 예를 들어 3 dB 주파수 대역폭으로 정보전송의 속도 및 품질이 보장되면 3 dB 주파수 대역폭은 필요 대역폭이 된다.

### 6.4.3 불요발사

불요발사란 대역 외 발사와 스퓨리어스 발사를 말하는데, 스퓨리어스(Spurious) 발사는 필요 주파수대폭 바깥쪽에 위치한 하나 이상의 주파수에서 발생하는 발사(대역 외 발사를 제외한다)로서 정보전송에 영향을 미치지 아니하고 그 강도를 저감시킬 수 있는 것으로 고조파발사, 기생발사, 상호변조 및 주파수 변환 등에 의한 발사를 포함한 발사를 말하며, 대역외발사란 변조과정에서 발생하는 필요주파수대폭의 바로 바깥쪽에 위치한 하나 이상의 주파수에서 발생하는 발사 (스퓨리어스 발사를 제외한다)를 말한다.

송신기에서 발사되는 전파는 본래의 반송파 이외에 주파수 변환회로 또는 증폭기의 비직선성이나 내부변조 등으로 인해 발생하는 불요파를 함유하고 있으며, 이 불요파는 어느 기준치를 초과할 경우 타 통신망에 혼신을 유발시켜 다른 통신에 큰 방해가 되고 통신을 할 수 없는 상황까지 발생되므로 관리가 필요하다.

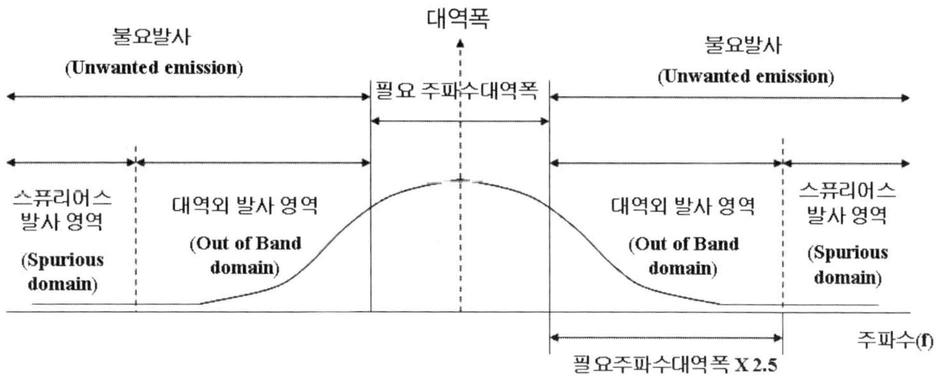


☑ **그림 6-3** 불요발사

## 6.4.4 공중선 전력

공중선전력은 송신기로부터 공중선계의 급전선에 공급되는 전기신호의 전력으로 평균전력, 첨두포락선전력, 반송파전력, 규격전력을 말한다.

**용어정리**

- 평균전력(PY) : 정상동작 상태에서 송신장치로부터 송신공중선계의 급전선에 공급되는 전력으로서 변조에 사용되는 최저주파수의 1주기와 비교하여 충분히 긴 시간동안에 걸쳐 평균한 것
- 첨두포락선전력(PX) : 정상동작 상태에서 송신장치로부터 송신공중선계의 급전선에 공급되는 전력으로서 변조포락선의 첨두에서 무선주파수 1주기 동안에 걸쳐 평균한 것

**용어정리**

- 반송파전력(PZ) : 무변조 상태에서 송신장치로부터 송신공중선계의 급전선에 공급되는 전력으로서 무선주파수의 1주기 동안에 걸쳐 평균한 것
- 규격전력(PR) : 송신장치의 종단증폭기의 정격출력
- 등가등방복사전력(EIRP, Effective Isotropically Radiated Power) : 공중선에 공급되는 전력과 공중선 절대이득(등방성안테나 기준)의 곱
- 실효복사전력(ERP, Effective Radiated Power) : 공중선에 공급되는 전력과 공중선 상대이득(다이폴안테나 기준)의 곱

전파는 가능한 많은 사람에게 널리 이용되어야 하지만 그 공간을 공유하는 성질 및 주파수대역의 유한성 때문에 각 무선국이 점유하는 공간은 필요 최소한으로 한정된다.

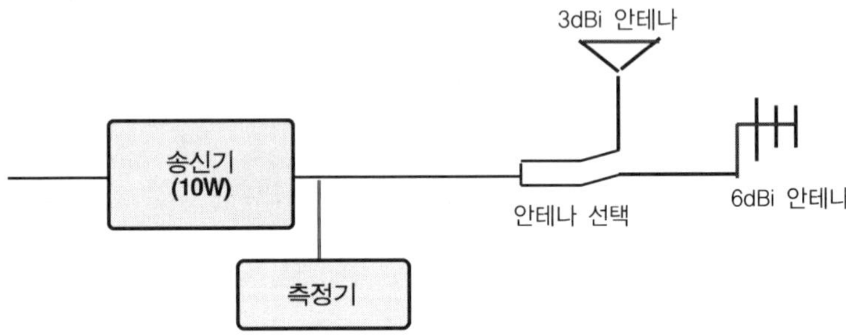


☑ **그림 6-4** 10W 무선설비 공중선전력 측정

# 6.5 이동통신 무선국 검사방법

## 6.5.1 개 요

### (1) 검사 준비

이동통신 무선국을 검사하기 위해서는 일반적으로 측정 장비로는 스펙트럼분석기, 고주파출력계(파워미터) 등을 사용하고 있으며 측정 장비 외에 측정할 무선국의 신호의 검출과 전달을 위해 다양한 RF 소자들이 필요하다. 대표적으로 신호 전력의 일부를 검출하는 방향성 결합기, 신호의 세기가 측정하기에 적합하도록 감쇠시키는 스텝 감쇠기, 신호를 전달하는 케이블, 케이블과 RF 소자를 연결하는 커넥터, 안전하고 정확한 측정을 위한 접지선 등을 준비하여야 한다.

또한 이동통신 무선국을 검사할 때 신호가 전달되는 과정에 반사파에 의해 신호가 진행하는 것을 방해 받는데 이를 제한하기 위한 정재파비의 개념을 이해한다.

### (2) 정재파비(VSWR : Voltage Standing Wavelength Ratio)

정재파비는 도선이 무한대로 연결되어 있지 않고 개방되었거나 선로의 특성 임피던스와 부하 임피던스가 같지 않아 임피던스 정합(Impedance Matching)이 되지 않으면 종단에서 반사파가 생기고 이 반사파와 진행파가 합성되어 도선 위에 $\lambda/2$마다 최대와 최소치를 갖는 전압, 전류 분포가 생기고 이를 외부에서 보았을 때 파가 도선 위에 멈추어 있는 것처럼 보이는데 이것을 정재파 (Voltage Standing Wave)라고 한다.

정재파는 특성 임피던스와 부하 임피던스의 정합 정도에 따라 최대점과 최소점의 진폭이 달라지는데 최소점에 대한 최대점의 비율을 정재파비(Voltage Standing Wave Ratio)라고 정의한다. 정재파비는 식 (6-1)과 같이 정의한다.

$$S=\frac{Max.\ Votage}{Min.\ Voltage}=\frac{|V_f|+|V_r|}{|V_f|-|V_r|}=\frac{1+\Gamma}{1-\Gamma} \tag{6-1}$$

여기서 $S$는 정재파비, $|V_f|$는 진행파 전압 진폭 절대 값, $|V_r|$는 반사파 진행파 전압 진폭 절대 값, $\Gamma$는 반사계수를 의미한다. 즉, 만일 반사파가 없으면 $|V_r|$는 0V이므로 반사계수 $\Gamma$도 0이 되어 $S$는 1이 된다. 만일 반사파가 진행파와 같다면 $|V_r|$이 $|V_f|$ 되고 반사계수 $\Gamma$은 1이 되어 $S$는 무한대가 된다. 반사파가 일부만 있으면 S는 1과 무한대 사이에 존재한다. 일반적으로 완전한 선로는 없기 때문에 적절한 $S$값을 가지는 선로를 선택하는데 전체 전력의 96%가 부하에 전달되는 약 1.5 이하의 정재파비를 선택한다.

### (3) 듀플렉서(Duplexer)

기본적으로 듀플렉서는 한 개의 공용 안테나를 이용해서 신호의 송수신 및 조합(Combination)이 가능한 3-port 소자이며, 이러한 조합은 신호의 분리를 위해 두 개의 대역통과필터 (Band Pass Filter)가 사용되고, 사용 대역의 신호 송수신을 하나의 포트로 처리하는 RF소자이다. 듀플렉서는 서큘레이터를 사용하지 않으므로 Port Isolation은 두개의 대역통과필터에 의해 이루어진다. 듀플렉서의 3rd Order IM(Intermodulation)은 전송대역내의 두개의 RF Carrier에서 Tx Port와 Rx Port 사이에서 측정되며, 그 IM 신호 레벨은 -100dBm 보다 낮고 5th Order IM은 -120dBm 보다 낮아야 한다.

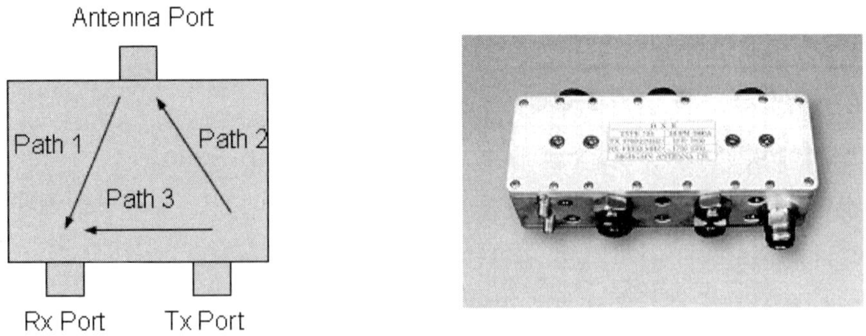


☑ **그림 6-5** 듀플렉스 개념과 실제 제품

## (4) 방향성 결합기(Directional Coupler)

방향성 결합기는 Power Level에 선형성을 갖는 고출력 신호를 표본화하는 소자이며, 또한 방향성 결합기는 전송라인의 전력을 도파관을 이용하여 표본화하는 역할을 담당한다. 방향성 결합기의 일반적인 감쇠는 30dB이며, 이것은 메인 전송라인에 영향을 거의 미치지 않는 Coupling Level이기 때문이다. 따라서 방향성 결합기를 이용한 신호의 Coupling은 Splitter를 이용한 신호의 추출에 비해 감쇠가 훨씬 적을 것이다.

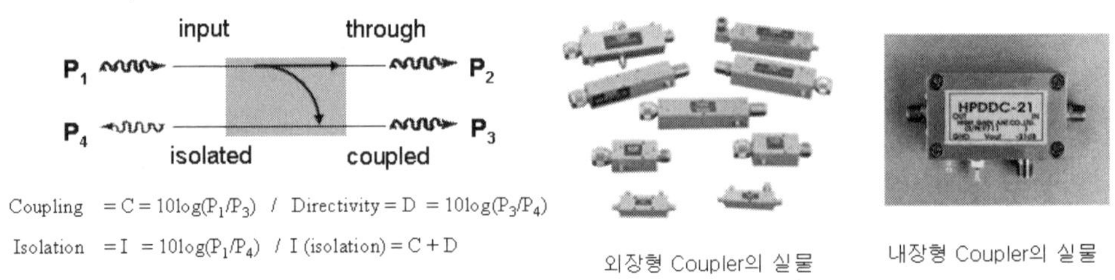


☑ **그림 6-6** 방향성 결합기 개념과 실제 제품

## (5) 커넥터(Connectors)

마이크로웨이브(Micro wave)용 동축(Coaxial) 커넥터는 반드시 전송라인과의 임피던스 정합과 최소의 반사계수를 통해 커넥터를 통한 전력의 방사가 없어야 한다. 정밀한 특성의 커넥터는 제조 과정 및 효과적인 사용에 의해 전력손실의 감소가 없으며, 대부분의 커넥터류의 특성 임피던스는 50Ω이다. 기지국에서 일반적으로 사용되는 커넥터의 종류와 주파수 대역을 〈표 6-1〉에 나타냈다.

☑ **표 6-1** 동축 케이블 커넥터의 종류

| 형 태 | 주파수 대역 | 용 도 |
|---|---|---|
| APC-3.5 | 34 GHz 까지 | Precision |
| APC-7 | 1.0~18.0 GHz | Precision |
| BNC | 1 GHz 이하 | 사용 범위에 의해 제한 |
| SMA | 24 GHz 이하 | Miniature |
| SMC | 17 GHz 까지 | SMA 보다 작은 커넥터 |
| TNC | 12 GHz 까지 | Threaded 커넥터 |
| Type N | 1.0 ~ 12.0 GHz | 낮은 VSWR |

BNC 커넥터는 1 GHz~4 GHz 주파수 대역에서 주로 사용되며, TNC 커넥터는 BNC 커넥터를 Thread Design을 이용하여 사용 주파수 대역을 12 GHz까지 향상 시킨 커넥터이다.

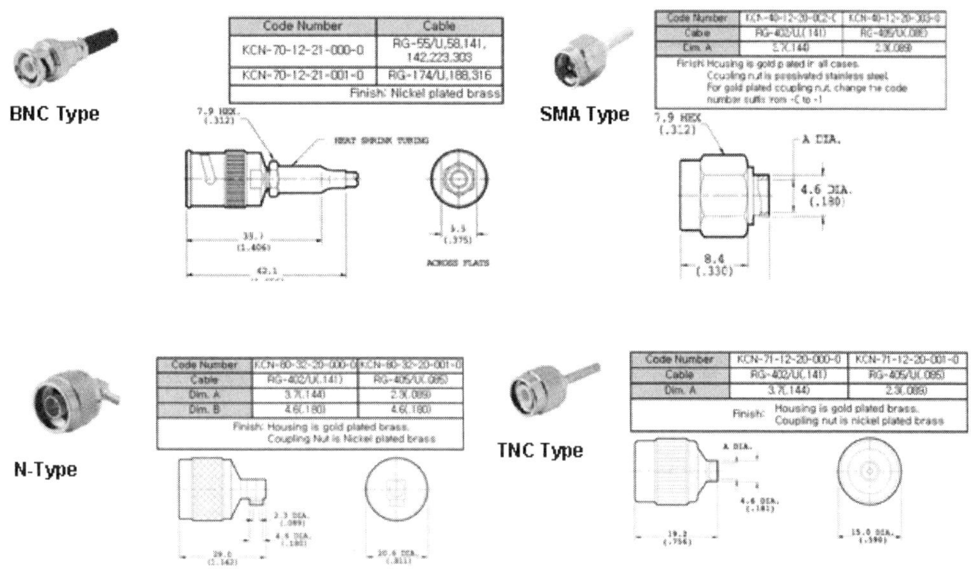


☑ **그림 6-7** 커넥터 종류

## (6) 감쇠기 (Attenuator)

감쇠기 기능은 신호전력의 고정 및 조정에 사용되며, 감쇠기는 반드시 전송라인과 임피던스 매칭이 이루어져야 하고 최소의 반사계수를 가져야 한다. 감쇠기는 모든 전력 전송라인에 널리 사용되고 있으며, 감쇠기의 손실은 다음과 같이 결정된다.

$$A\,[\mathrm{dB}] = 10\log_{10}\frac{P_{input}}{P_{output}} \qquad \cdots\ (6\text{-}2)$$

여기서 $A$는 Device 통과 손실(dB), $P_{input}$는 Attenuator 입력 전력, $P_{out}$는 Attenuator 출력 전력이다.

감쇠기의 종류로는 Fixed / Step / Variable / Slide-Vane / Flap Attenuator 등이 있으며, 감쇠기의 선택은 반드시 동축 케이블과의 임피던스 정합 및 사용 주파수 대역, VSWR은 거의 1.0 가까운 감쇠기이어야 하고 추가적으로 위상특성(Phase Linearity), Power Rating, 감쇠기 값 등이 사용에 앞서 고려되어야 한다.

### (7) 아이솔레이터 (Isolator)

전송라인의 임피던스 부정합은 송신전력이 다시 전송라인으로 역류하는 경우를 발생시킨다. 이러한 반사에너지는 불요한 에너지이며, 일반적으로 송신주파수의 변동을 유발한다. 만약 이를 해결하기 위해 전송라인에 감쇠기를 삽입할 경우 전력 진행 방향으로의 전력이 변화하게 된다. 또한 반사파는 삽입된 감쇠기를 거쳐 이중의 감쇠를 겪고, 감쇠기의 잦은 사용은 전송라인의 임피던스를 변화시켜 VSWR를 증가 시킨다. 이렇게 감쇠기를 사용함으로써 발생하는 전력 감쇠와 임피던스 문제를 개선하기 위해 사용 되는 소자가 아이솔레이터이다. 아이솔레이터는 전송라인의 순방향 전력은 감쇠 없이 전송하고, 역방향에 대한 반사파에 대해서만 방향성 감쇠를 가지게 하는데 사용된다. 그 대표적인 아이솔레이터가 패러데이(Faraday) 회전(Rotation) 아이솔레이터이다. 이러한 패러데이 아이솔레이터는 페라이트 소재를 조합하여 주변의 전자파의 위상을 변화 시키고 감쇠기 판(Vane)은 저항성 소재의 병렬 구조로 반사파의 전장을 감쇠시켜 반사파를 제거한다. 그 밖의 아이솔레이터의 종류로는 공진흡수 아이솔레이터 (Resonant Absorption Isolator)가 있다.

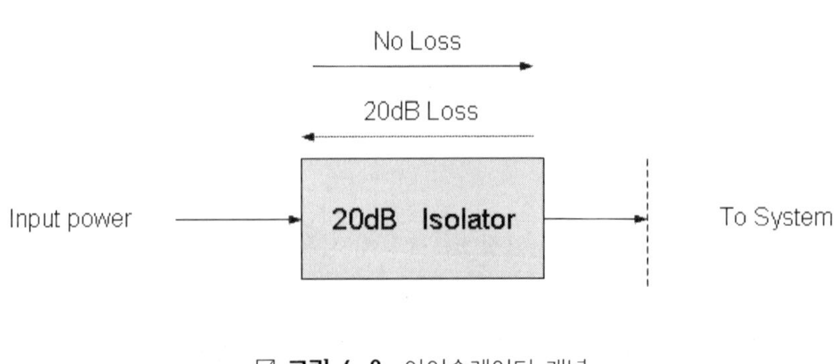


☑ **그림 6-8** 아이솔레이터 개념

### (8) 전송선(Transmission Line : Feeder Line)

#### 1) 전송선의 RF 성능

기지국에 사용되는 급전선 선택은 다음과 같은 주요한 팩터를 만족하는 Feeder Line을 선택해서 사용해야 한다.

① Attenuation Loss / Insulation

② VSWR(Voltage Standing Wave Ration)

③ Peak Power Rating / Ambient Temperature

전송선은 일반적으로 주파수가 높아짐에 따라 손실이 증가하며, 전송선의 손실은 이동통신 시스템에서 셀 반경 및 서비스 영역 등과 직접적인 연관이 있으므로 전송선의 선택은 매우 중요한 사항이다. 케이블의 VSWR은 전송선의 임피던스 부정합에 의해 가중되므로 VSWR을 1.01 : 1 ~ 1.15 : 1로 관리해야 한다. 또한 케이블의 VSWR이 기준치 보다 클 경우, Return Loss의 감소로 인해 전송선의 손실이 증가하게 되며 VSWR이 1.15 : 1인 경우의 Return Loss는 23dB에 해당 된다.

#### 2) 물리적 특성

그 밖의 추가적인 물리적 특성도 케이블 선택에 중요한 요인에 속한다. 물리적 특성으로는 기지국에 사용되어질 케이블 길이(Cable Length), 최소 구부림 반경 (Minimum Bending Radius), 케이블 무게 (Cable Weight), 풍압하중 및 설치비용이 고려된 급전선을 선택해야 한다. 기지국에서 안테나까지의 급전선의 총 손실을 2~3 dB로 설계하는 것이 바람직하다.

## 6.5.2 CDMA 이동통신 검사방법

### (1) 개 요

CDMA(Code Division Multiple Access) 이동통신 무선국은 직접확산방식의 주파수분할 복신방식으로 점유주파수대폭은 1.25 MHz 이내이다. CDMA의 진화 시스템인 CDMA 1X EV-DOr1은 전송속도가 최고 하향 3.1 Mbps/상향 1.8 Mbps로서 영상전화·글로벌로밍·초고속대용량데이터 전송이 가능하다.

## (2) 측정 구성도

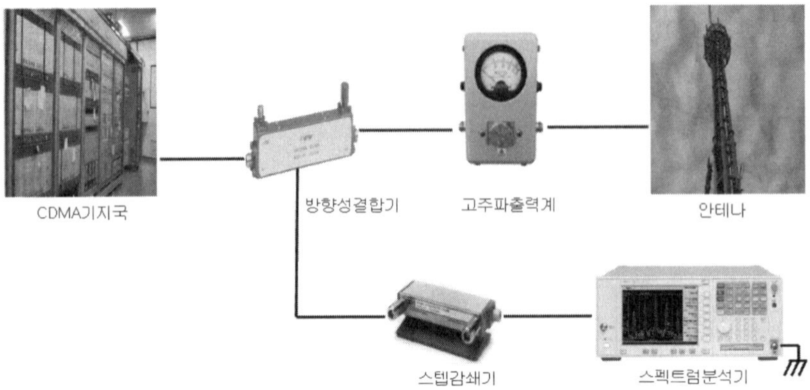


☑ **그림 6-9** CDMA 이동통신 무선국 측정 구성도

## (3) 항목별 측정방법

### 1) 공중선 전력

① 스펙트럼분석기의 ref level offset 값을 보정한다.

② 통화량이나 통화조건 등 환경에 따라 전력이 수시로 변화하므로 정상적인 운용 상태에서의 정격출력 측정은 곤란하다. 따라서 일반적인 공중선 전력의 분포전체를 100%로 보았을 때 Pilot 20%, Syn 3%, Paging 2%, Traffic 75%로 구성되도록 노트북 등으로 기지국 제어부에 명령어를 입력하여 설정하고, 방향성결합기에 의사부하를 연결하여 정격전력을 측정한다.

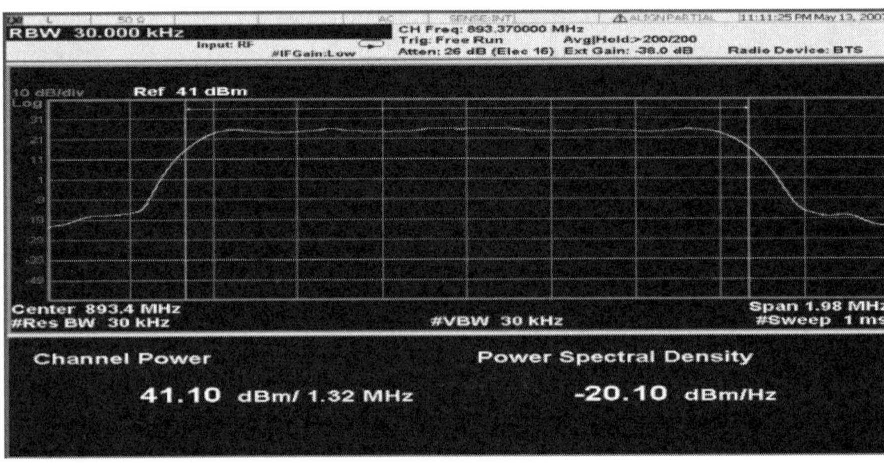


☑ **그림 6-10** 공중선전력 측정결과 화면

③ 실제 운용 상태에서의 측정은 기지국 장비의 방향성결합기 측정포인터 단자에 스펙트럼 분석기를 연결하여 스펙트럼 분석기의 measure키 → channel power키를 이용하여 측정한다.

▸기술기준 : ⇨ 상한 : 20%, 하한 : 제한 없음

**2) 점유주파수 대폭**

① 스펙트럼 분석기의 Span을 CDMA이동전화 대역폭(1.32 MHz)보다 약간 크게 설정(대략 2~5 MHz)한 후, 측정하고자 하는 CDMA 신호를 스펙트럼분석기의 중앙에 위치시킨다.

② 스펙트럼 분석기의 measure키 → occupied BW키를 차례로 실행시켜 측정값을 얻는다.

③ 공중선전력 측정 시에 offset값을 보정하였기 때문에 offset값 보정 없이 측정한다.(offset값은 1회 보정하면 다른 항목 측정에도 지속적으로 보정됨)

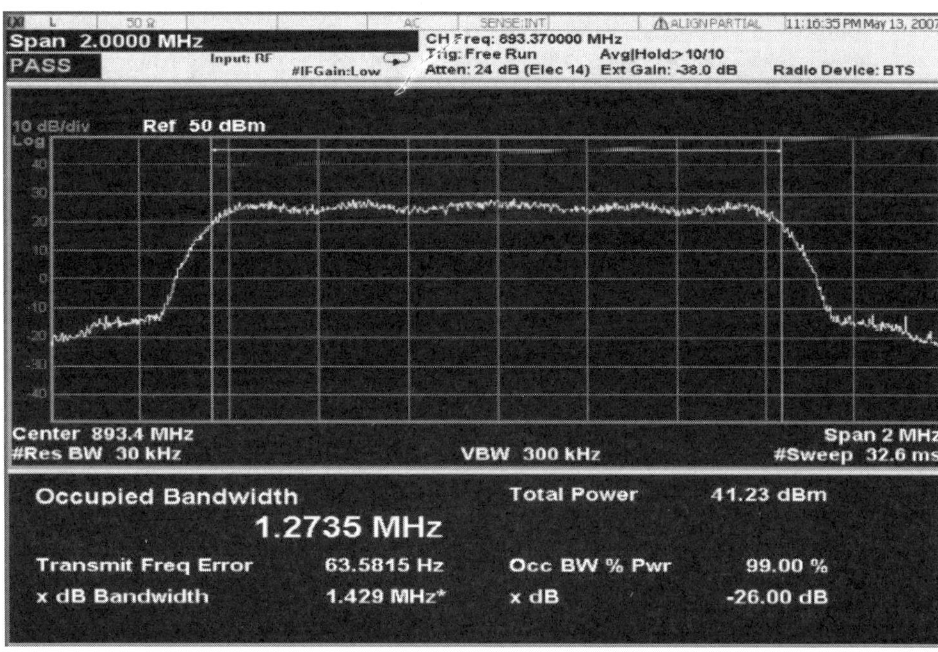


☑ **그림 6-11** 점유주파수대폭 측정결과 화면

▸기술기준 : ⇨ 1.32 MHz 이내

### 3) 주파수 허용편차

① 대역확산 신호이기 때문에 일반적인 방법으로는 정확한 주파수의 측정이 곤란하므로 외부에서 별도의 단일 캐리어신호를 입력하여 측정한다.

② 신호발생기의 주파수를 허가주파수로 만들기 위해 IF주파수(4.95MHz)로 조정하고, 스펙트럼분석기는 span을 5MHz, count res을 1Hz로 조정한 다음 peak search로 주파수편차를 측정한다.

③ 신호발생기의 입력이 UPC(up converter) 및 HPA를 통과하여 측정하므로 실제 운용 상태에서는 측정방법이 달라진다.

④ 실제 운용 상태에서의 측정은 변조된 신호를 복조시킴으로서 가능한데, 기지국의 even clock 신호를 스펙트럼분석기의 trigger에 입력하고 PN offset값을 설정한 후 스펙트럼분석기에 탑재되어 있는 자동측정 프로그램의 변조품질(Rho) 기능을 이용하여 측정한다.

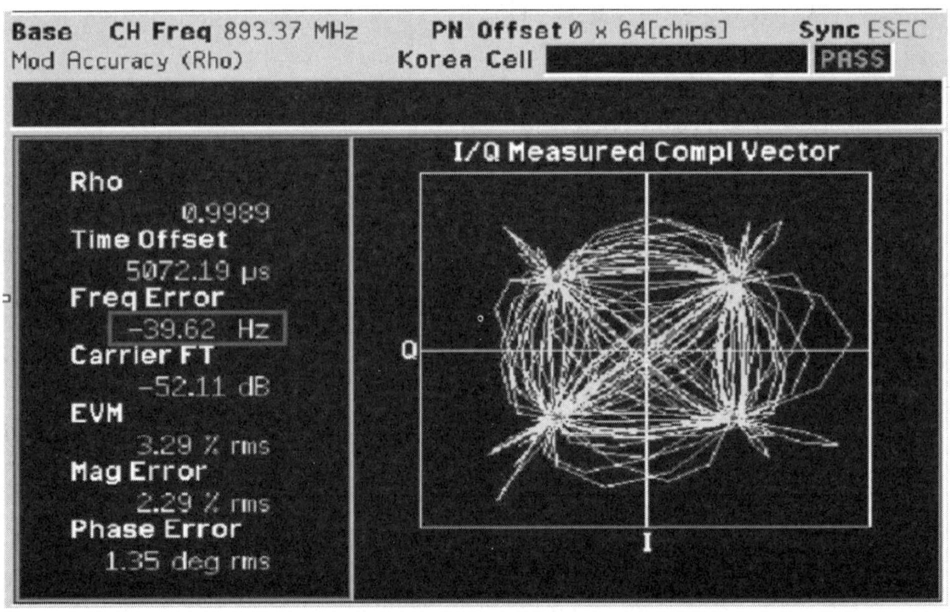


☑ **그림 6-12** 주파수 허용편차 측정결과 화면

▸ 기술기준 : ⇨ $\pm 5 \times 10^{-8}$ 이내

#### 4) 불요발사

① 최대(허가된) 출력방사 상태에서 스펙트럼분석기의 주파수를 측정하고자 하는 해당 FA의 중심주파수에 맞춘 후, span은 5MHz·RBW는 30kHz(VBW는 RBW의 1/100권고)로 설정한다.

② 중심주파수에서 ±750kHz이상의 지점과, ±1.98MHz이상의 지점을 Marker 기능을 이용하거나, measure키 → spur emissions키를 이용하여 측정한다. (측정값은 동일함)

③ 스펙트럼분석기의 span은 10MHz·RBW는 100kHz로 설정한 후, Marker 또는 measure기능을 이용하여 중심주파수에서 ±3.125MHz이상의 지점을 측정한다.

④ Frequency키를 이용하여 start 주파수를 896MHz, stop 주파수를 900MHz로 설정하고 RBW가 100kHz가 되도록 설정한 다음 896~900MHz 사이의 절대값을 측정한다. (이때 VBW는 RBW의 3~10배 권고)

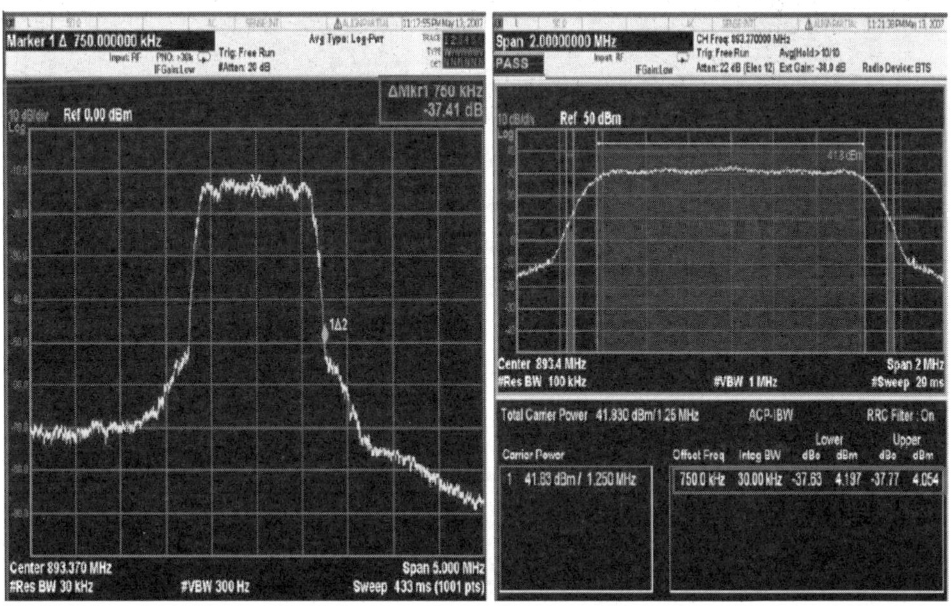


☑ **그림 6-13** ±750kHz 이상(좌 : Marker 이용, 우 : Measure이용)

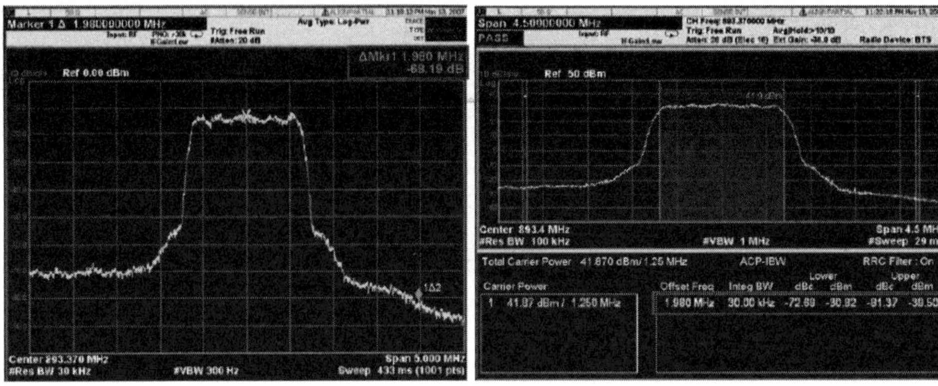


☑ **그림 6-14** ±1.98MHz 이상(좌 : Marker이용, 우 : Measure이용)

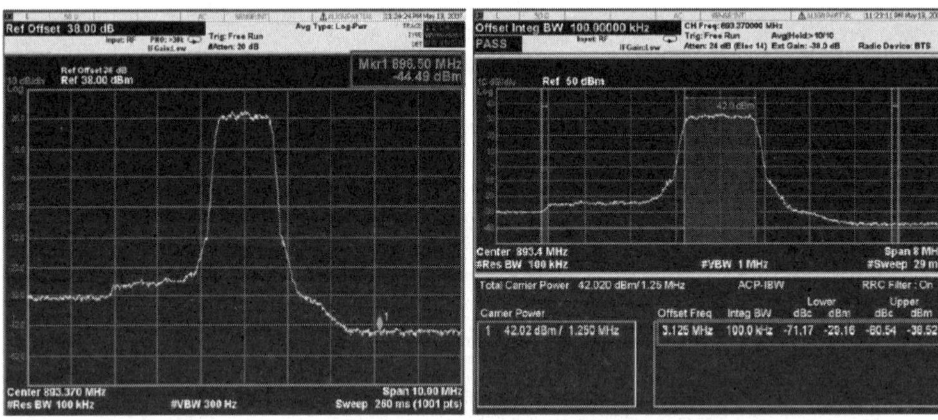


☑ **그림 6-15** ±3.125 MHz 이상 (좌 : Marker이용, 우 : Measure이용)

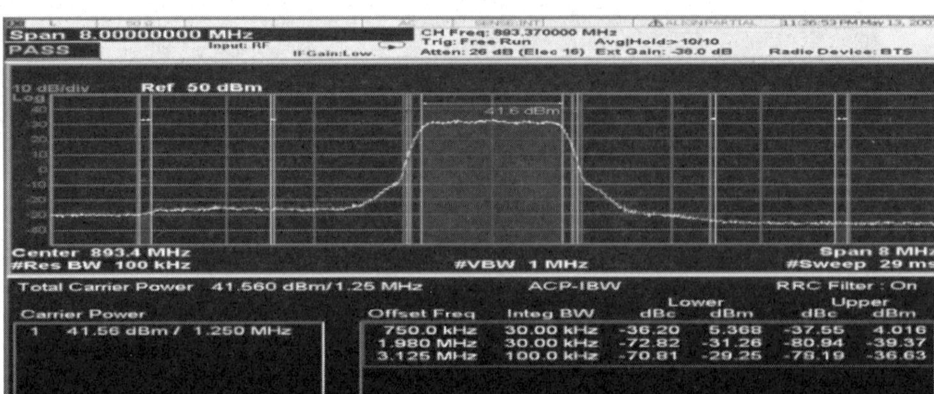


☑ **그림 6-16** 멀티 불요발사 측정결과 화면

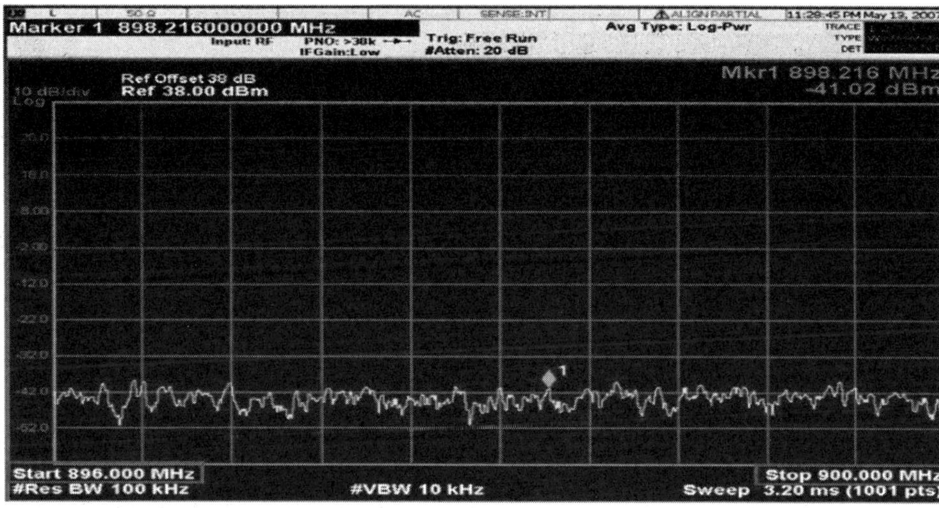


☑ **그림 6-17** 896~900 MHz 측정결과 화면

▸ 기술기준

- Fc±750kHz 이상 (RBW 30kHz) : −45dBc 이상 낮을 것
- Fc±1.98MHz 이상 (RBW 30kHz)
  - 평균전력 33dBm 이상 : −60dBc 이상 낮을 것
  - 평균전력 28~33dBm 미만 : −27dBm 이하
  - 평균전력 28dBm 미만 : −55dBc 이상 낮을 것
- Fc±3.125MHz 이상 (RBW 100kHz) : −13dBm 이상 낮을 것
- 896MHz 이상 900MHz이하의 주파수 범위에서 발사되는 불요발사는 위 조건에 불구하고 송신 급전단에서 100kHz 분해대역폭으로 측정한 평균전력이 −32dBm 이하일 것

### 5) 부차적 전파발사

① 스펙트럼분석기에 입력하고자 하는 신호의 외부 감쇠 값이 "0"이 되도록 감쇠기 등을 모두 제거한다. (부차적 전파발사 강도가 낮기 때문에 외부 감쇠기를 거치면 부차적 전파가 검출되지 않는다.)

② CDMA 이동전화 기지국을 수신 상태로 하고 수신 설비 종단에 스펙트럼 분석기를 직결한다.

③ 해당 수신 장치의 전 대역 주파수에 맞도록 스펙트럼분석기의 주파수를 설정하고 full span으로 전 대역을 확인한 후, 필요시 적정 span을 선정하여 측정한다.

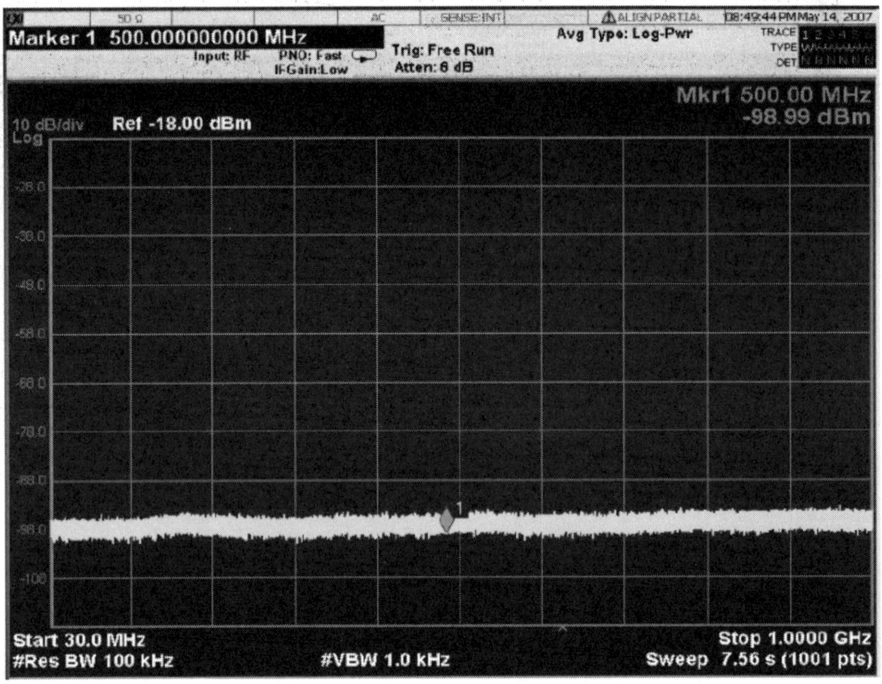


☑ **그림 6-18** 부차적 전파발사 측정결과 화면

▸ 기술기준 : ⇨ −54dBmW 이하

## 6.5.3 WCDMA 이동통신 검사방법

### (1) 개 요

WCDMA(Wideband CDMA)는 직접확산 방식의 주파수분할 복신방식으로 점유주파수 대폭은 5MHz 이내이다. WCDMA(Wideband CDMA)의 진화 시스템인 HSDPA (High Speed Downlink Packet Access, 고속하향패킷접속)는 전송속도가 최고 14.1Mbps로서 화상통화·글로벌로밍·초고속대용량데이터 전송이 가능하다.

## (2) 측정 구성도

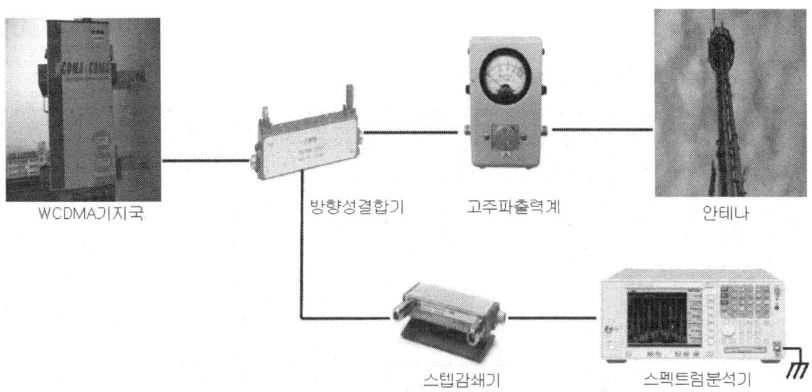


☑ **그림 6-19** WCDMA 이동통신 무선국 측정 구성도

## (3) 항목별 측정방법

### 1) 공중선 전력

CDMA의 공중선 전력 측정방법과 동일

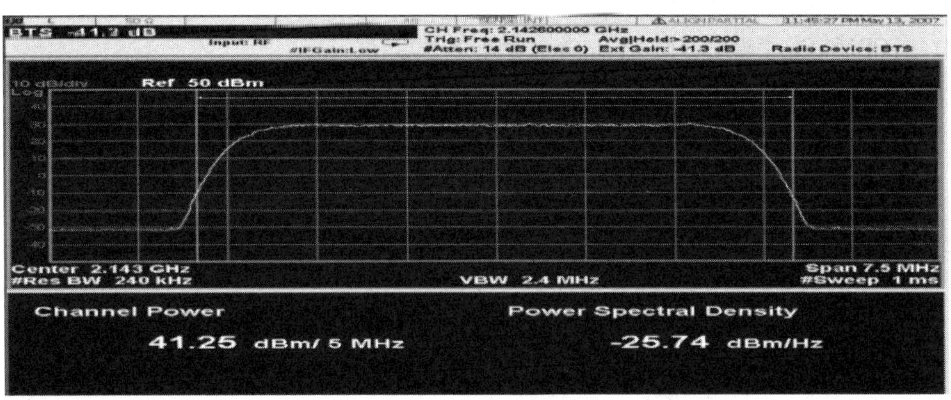


☑ **그림 6-20** 공중선전력 측정결과 화면

▸ 기술기준 : ⇨ 상한 : 20%, 하한 : 제한 없음

### 2) 점유주파수 대폭

CDMA의 점유주파수 대폭 측정방법과 동일

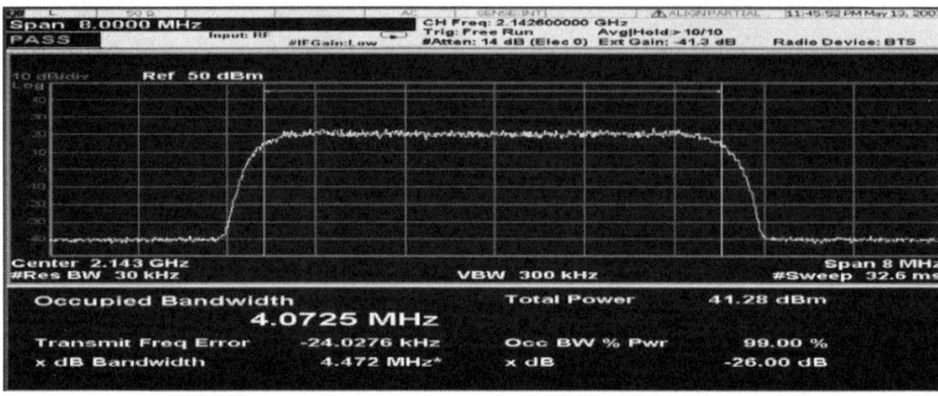


☑ **그림 6-21** 점유주파수 대폭 측정결과 화면

▸기술기준 : ⇨ 5 MHz 이내

### 3) 주파수 허용편차

CDMA의 주파수 허용편차 측정방법과 동일

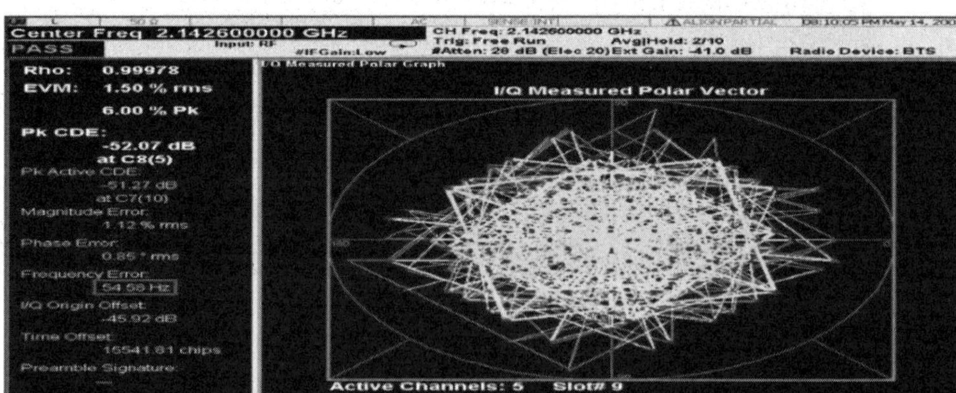


☑ **그림 6-22** 주파수 허용편차 측정결과 화면

▸기술기준 : ⇨ $\pm 5 \times 10^{-8}$ 이내

#### 4) 인접 채널 누설전력

① 스펙트럼 분석기의 주파수와 Span을 설정한다.

② 스펙트럼 분석기의 measure키 → ACLR키를 차례로 실행시켜 측정값을 얻는다.

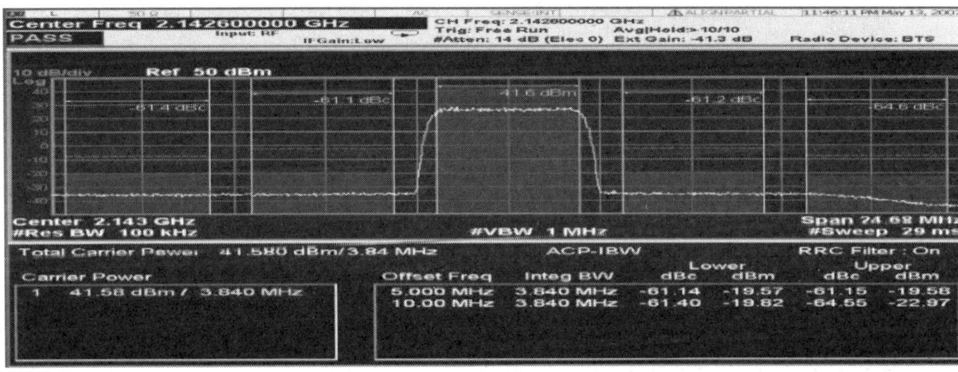


☑ **그림 6-23** 인접 채널 측정결과 화면

▸ 기술기준 : ⇨ Fc±5MHz (Integ BW : 3.84MHz) : 44.2dBc 이상 낮을 것
Fc±10MHz (Integ BW : 3.84MHz) : 49.2dBc 이상 낮을 것

#### 5) 불요발사

CDMA의 불요발사 측정방법과 동일

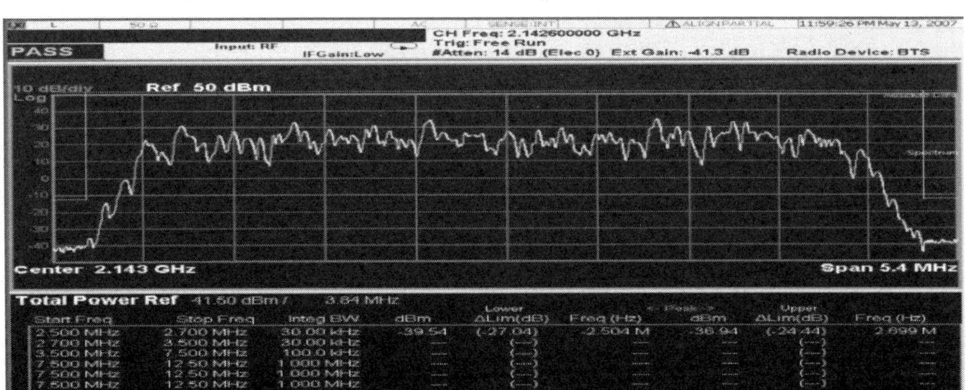


☑ **그림 6-24** ±2.5MHz 이상 ~ ±2.7MHz 미만 측정결과 화면

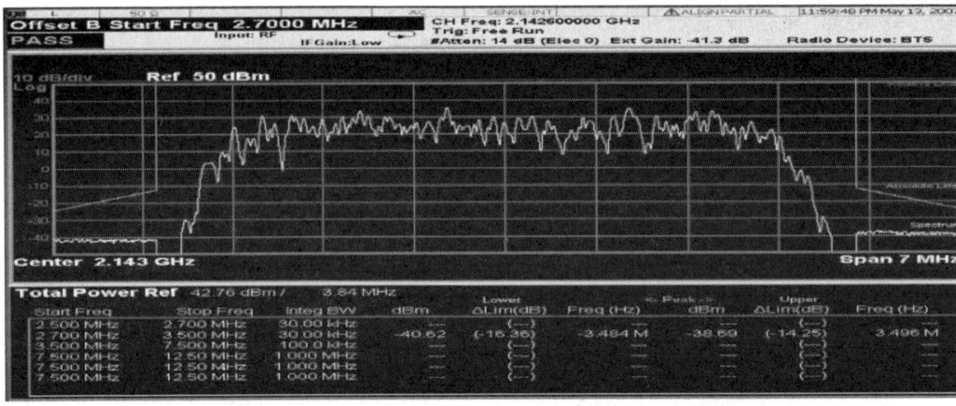


☑ **그림 6-25** ±2.7MHz 이상 ~ ±3.5MHz 미만 측정결과 화면

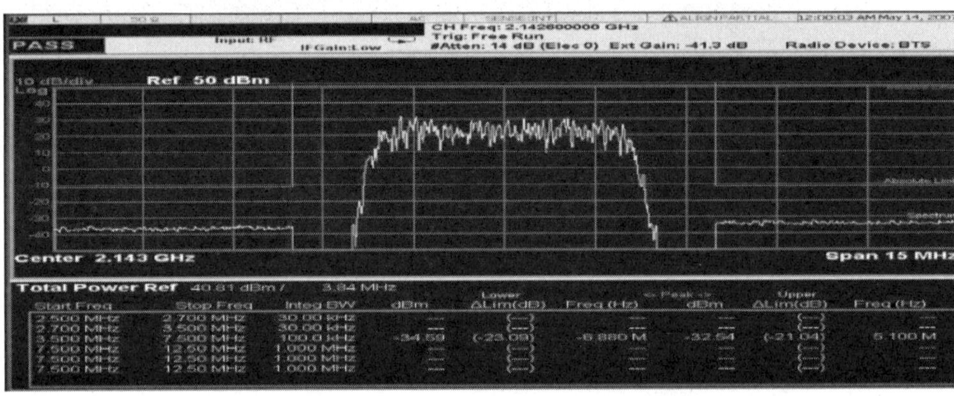


☑ **그림 6-26** ±3.5MHz 이상 ~ ±7.5MHz 미만 측정결과 화면

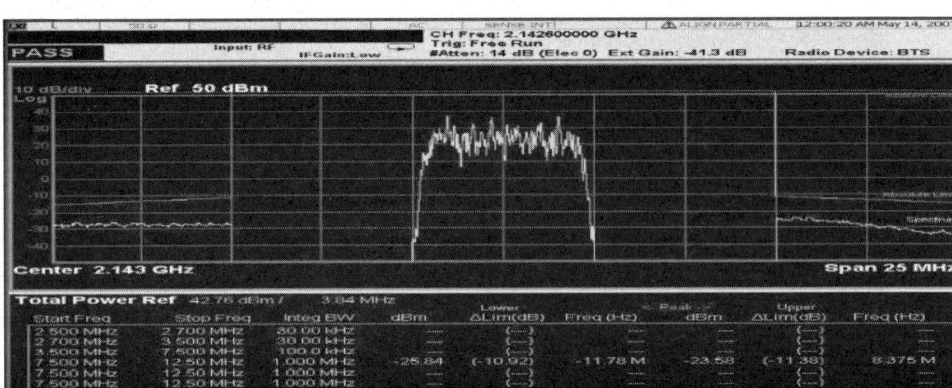


☑ **그림 6-27** ±7.5MHz 이상 ~ ±12.5MHz 미만 측정결과 화면

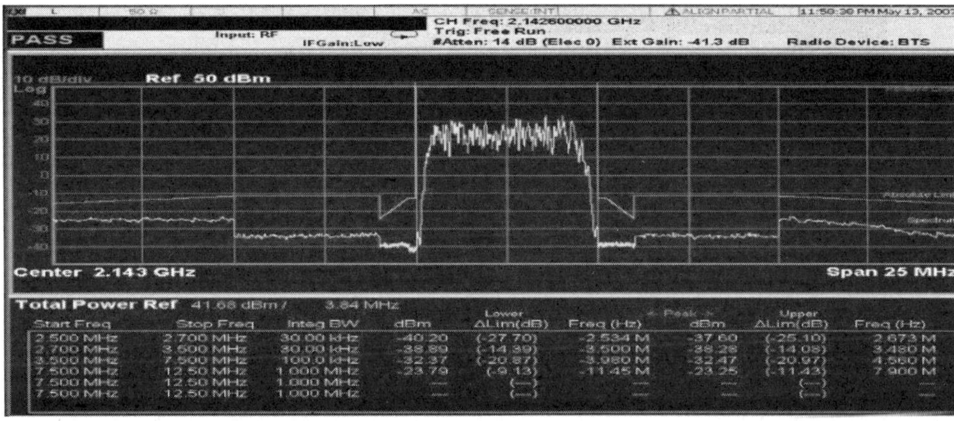


☑ **그림 6-28** 멀티 불요발사 측정결과 화면

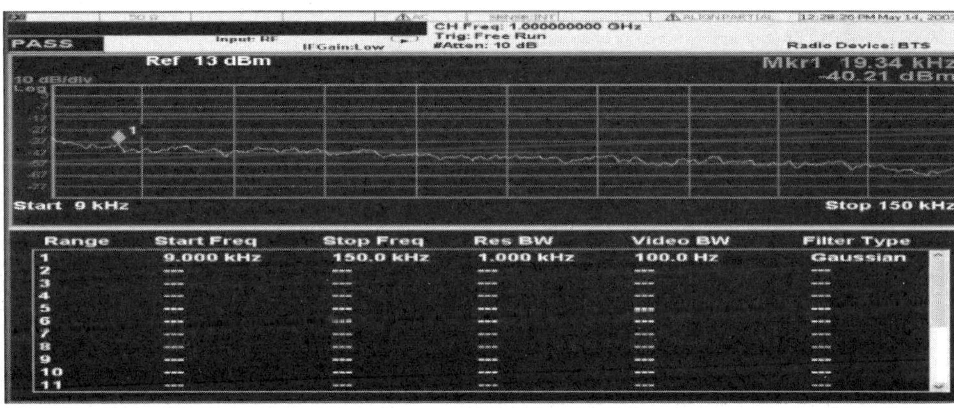


☑ **그림 6-29** 9kHz 이상 ~ 150kHz 미만 측정결과 화면

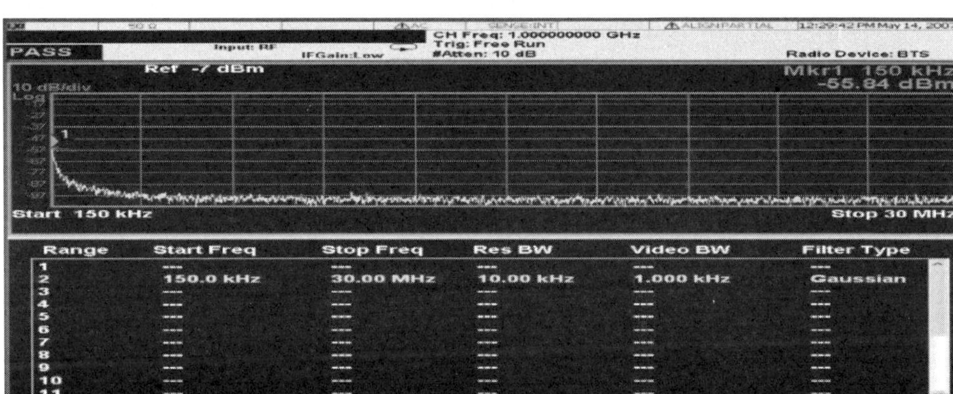


☑ **그림 6-30** 150kHz 이상 ~ ±30MHz 미만 측정결과 화면

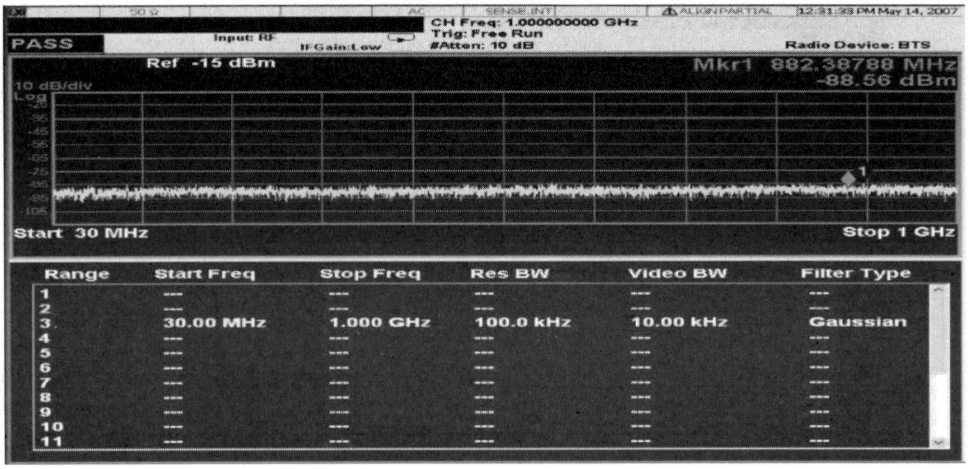


☑ **그림 6-31** 300MHz 이상 ~ 1GHz 미만 측정결과 화면

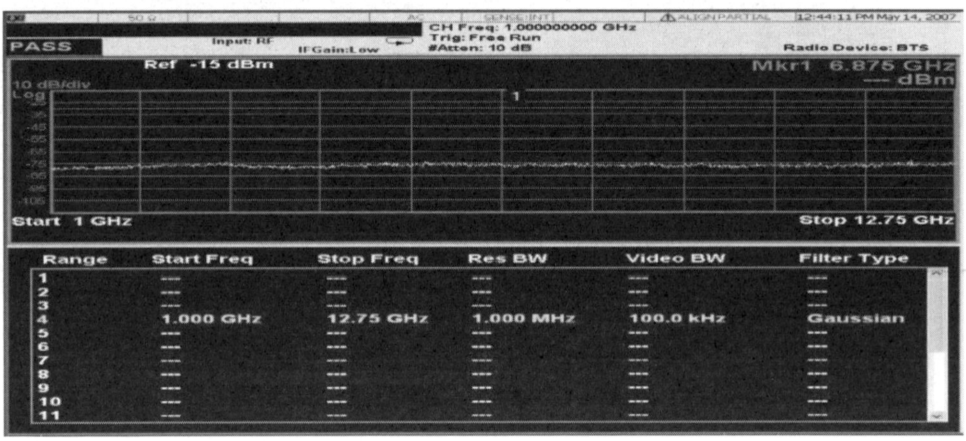


☑ **그림 6-32** 1GHz 이상 ~ 12.75GHz 미만 측정결과 화면

▸ 기술기준

① fc ± 12.5 MHz 미만

| 측정지점 Fc | | ±2.5~2.7MHz | ±2.7~3.5MHz | ±3.5~7.5MHz | ±7.5~12.5MHz |
|---|---|---|---|---|---|
| RBW | | 30kHz | 30kHz | 1MHz | 1MHz |
| 평균전력 | 43dBm이상 | −12.5dBm | −[12.5+15X(△f−2.7)] [dBm] | −11.5dBm | −11.5dBm |
| | 39dBm이상 43dBm미만 | −12.5dBm | −[12.5+15X(△f −2.7)][dBm] | −11.5dBm | PY−54.5[dBm] |
| | 31dBm이상 39dBm미만 | PY−51.5[dBm] | PY−[51.5+15X(△f−2.7)][dBm] | PY−50.5[dBm] | PY−54.5[dBm] |
| | 31dBm미만 | −20.5dBm | −[20.5+15X(△f −2.7)] [dBm] | −19.5dBm | −23.5dBm |

② fc ± 12.5MHz 이상

| 측정지점 Fc | 9kHz이상 ~ 150kHz미만 | 150kHz이상 ~ 30MHz미만 | 30MHz이상 ~ 1GHz미만 | 1GHz이상 ~ 12.75GHz미만 |
|---|---|---|---|---|
| RBW | 1kHz | 10kHz | 100kHz | 1MHz |
| 기준치 | −13dBm | −13dBm | −13dBm | −13dBm |

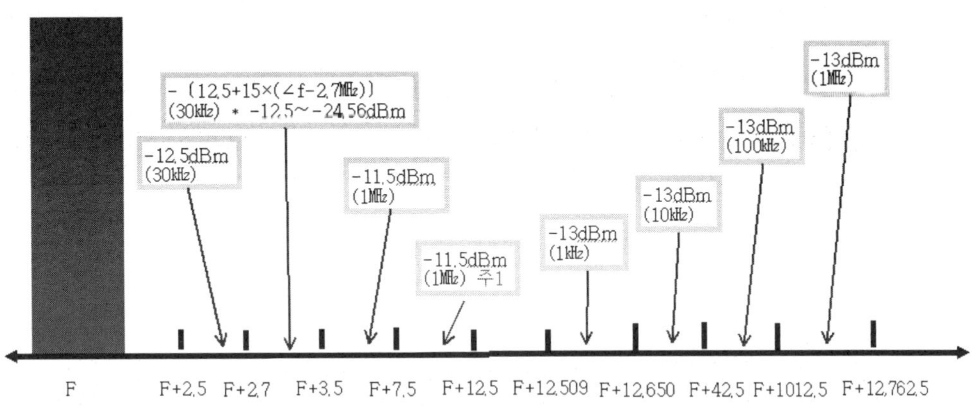


☑ **그림 6-33** 기본주파수의 평균전력이 43dBm 이상인 경우의 불요발사기준

### 6) 부차적 전파발사

CDMA의 부차적 전파발사 측정방법과 동일

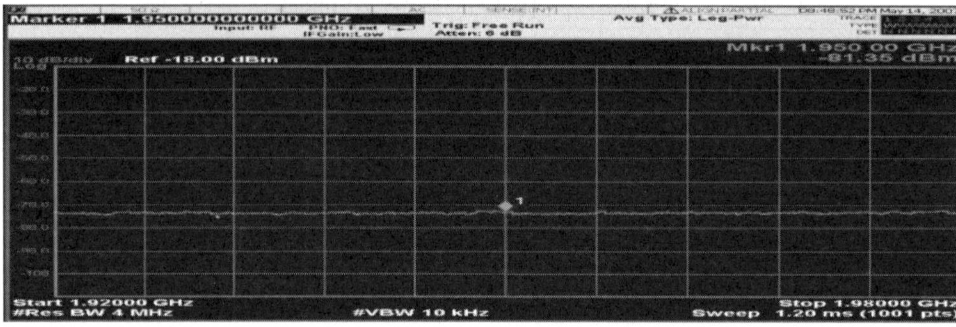


☑ **그림 6-34** 1920MHz 이상 ~ 1980MHz 미만 측정결과 화면

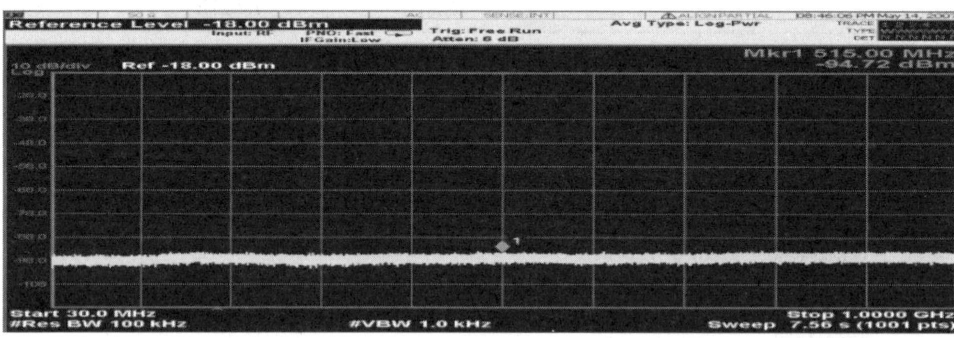


☑ **그림 6-35** 30MHz 이상 ~ 1GHz 미만 측정결과 화면

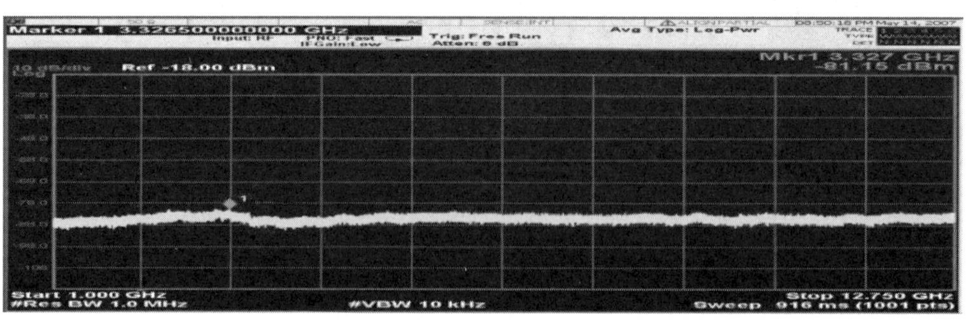


☑ **그림 6-36** 1GHz 이상 ~ 12.75GHz 미만 측정결과 화면

▸ 기술기준
- 1920MHz 이상 ~ 1980MHz 미만 (RBW 3.84MHz) : −78dBm 이하
- 30MHz 이상 ~ 1GHz 미만 (RBW 100kHz) : −57dBm 이하
- 1GHz 이상 ~ 12.75GHz 미만 (RBW 1MHz) : −47dBm 이하

### 6.5.4 휴대인터넷(WiBro) 검사방법

#### (1) 무선국 개요

직교주파수분할다중접속방식(OFDMA, Orthogonal Frequency Division Multiple Access)의 시분할 복신방식으로 점유주파수대폭은 9MHz 이하이다. WiBro (Wireless Broadband Internet)는 언제, 어디서나 정지 및 이동 중에 고속으로 무선 인터넷 접속이 가능한 서비스다. 노트북·PDA·차량용 수신기 등의 휴대 기기에 무선 랜과 같은 와이브로 단말기를 설치하여 이동하는 자동차 안이나 지하철에서도 휴대폰처럼 자유롭게 인터넷을 이용할 수 있다.

#### (2) 측정 구성도

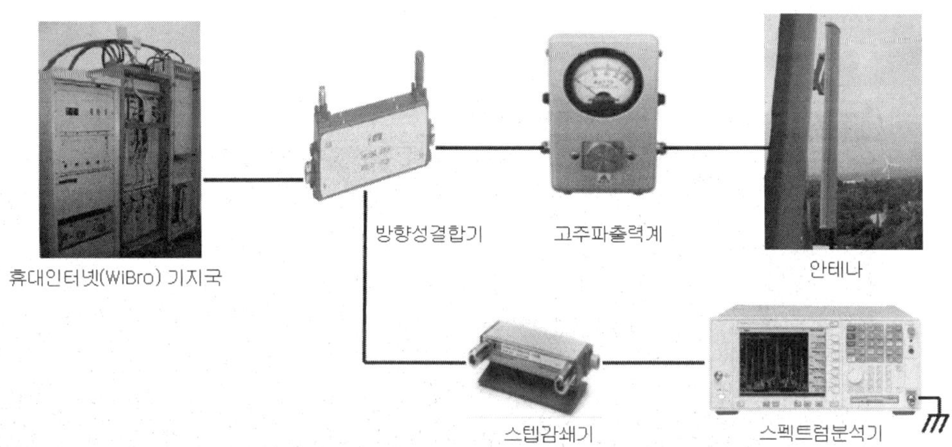


☑ **그림 6-37** 와이브로 이동통신 무선국 측정 구성도

#### (3) 항목별 측정방법

OFDMA 특성으로 인해 부반송파가 수시로 변동될 경우에는 장비의 10MHz Ref 신호를 스펙트럼 분석기의 외부입력 트리거에 연결 Sync 설정 후 측정한다.

### 1) 공중선 전력

CDMA의 공중선 전력 측정방법과 동일

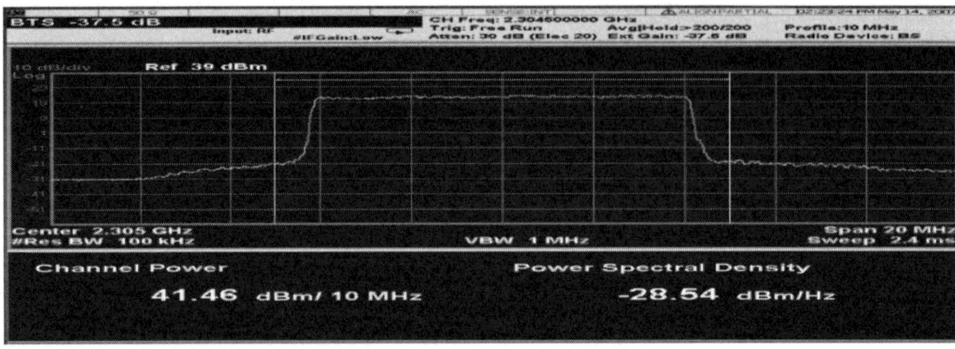


☑ **그림 6-38** 공중선전력 측정결과 화면

▸ 기술기준 : ⇨ 상한 : 20%, 하한 : 제한 없음

### 2) 점유주파수 대폭

CDMA의 점유주파수 대폭 측정방법과 동일

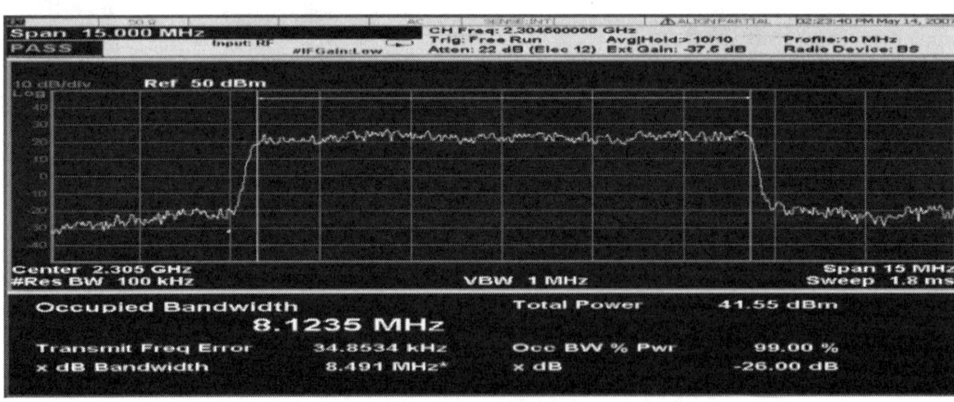


☑ **그림 6-39** 점유주파수 대폭 측정결과 화면

▸ 기술기준 : ⇨ 9 MHz 이하

### 3) 주파수 허용편차

CDMA의 주파수 허용편차 측정방법과 동일

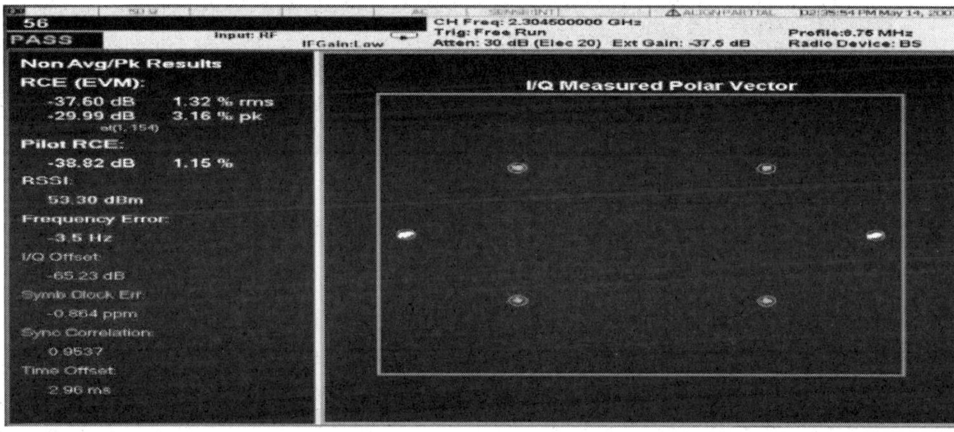


☑ **그림 6-40** 주파수 허용편차 측정결과 화면

▸ 기술기준 : ⇨ 평균전력이 40dBm 이상 : $\pm 2\times10^{-8}$ 이내
⇨ 평균전력이 40dBm 미만 : $\pm 5\times10^{-8}$ 이내

### 4) 불요발사

CDMA의 불요발사 측정방법과 동일

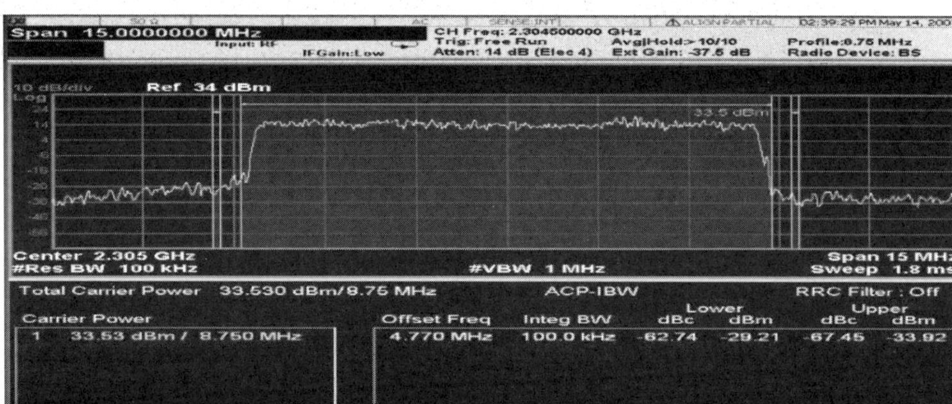


☑ **그림 6-41** Fc ± 4.77MHz 이상 측정결과 화면

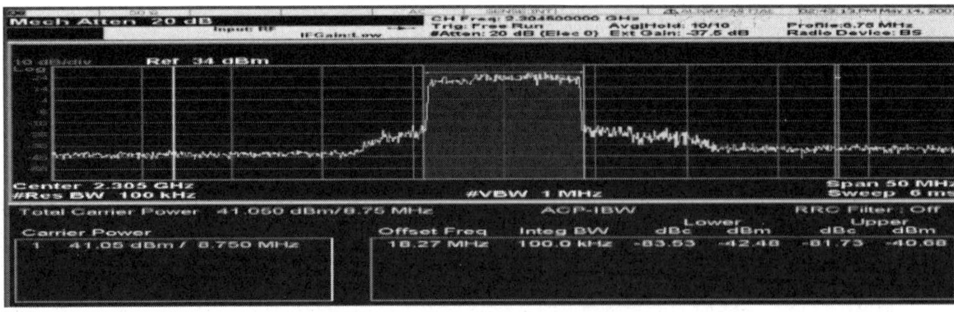


☑ **그림 6-42** Fad±9.2MHz 이상 측정결과 화면

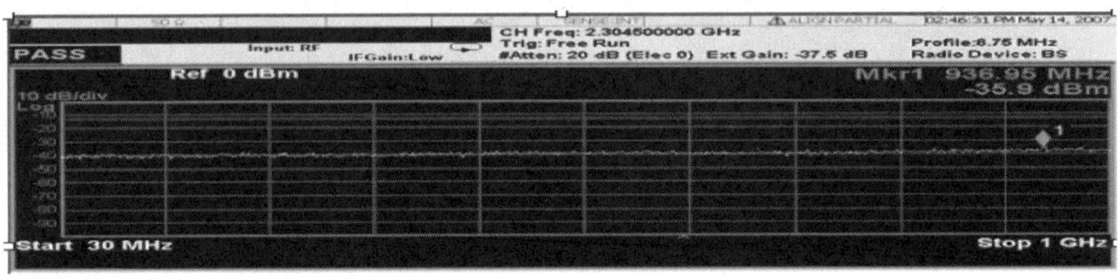


☑ **그림 6-43** 30MHz 이상 ~ 1GHz 미만 측정결과 화면

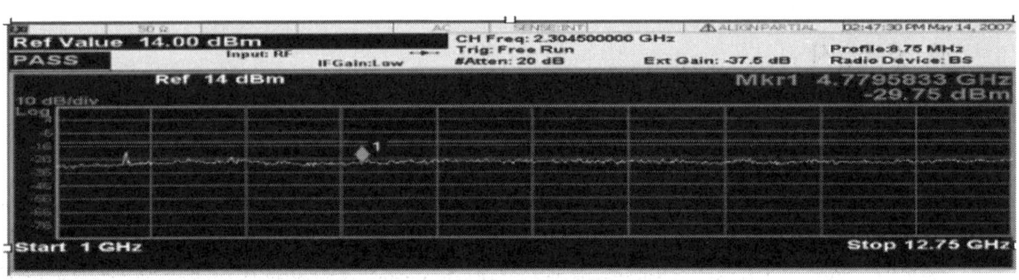


☑ **그림 6-44** 1GHz 이상 ~ 12.75GHz 미만 측정결과 화면

▸ 기술기준

<table>
<tr><th colspan="2" rowspan="2">측정지점 Fc</th><th rowspan="2">±4.77MHz</th><th rowspan="2">±9.27MHz</th><th colspan="2">±22.5MHz</th></tr>
<tr><th>30M~1GHz</th><th>1G~12.75GHz</th></tr>
<tr><td colspan="2">RBW</td><td colspan="2">100kHz / 1MHz</td><td>100kHz</td><td>1MHz</td></tr>
<tr><td rowspan="3">평균전력</td><td>40dBm이상</td><td>-37.5dBc</td><td>-60dBc</td><td rowspan="3">-13dBm</td><td rowspan="3">-13dBm</td></tr>
<tr><td>39~29dBm</td><td>-34.5dBc</td><td>-29dBm</td></tr>
<tr><td>28dBm</td><td>-14.5dBm</td><td>-29dBm</td></tr>
</table>

5) **부차적 전파발사**

측정방법 및 기술기준은 CDMA와 동일

## 6.5.5 위성방송보조국(위성DMB Gapfiller) 검사방법

### (1) 개 요

위성과 휴대전화 겸용 또는 전용 단말기(휴대용 또는 차량용)를 통하여 다채널 디지털 멀티미디어 방송을 제공하는 위성DMB의 위성 커버리지 음영지역(GAP)을 채우는 지상 중계실비로서, 2.6GHz 대역을 사용하며 주파수 대역폭은 25Mz 이내이다.

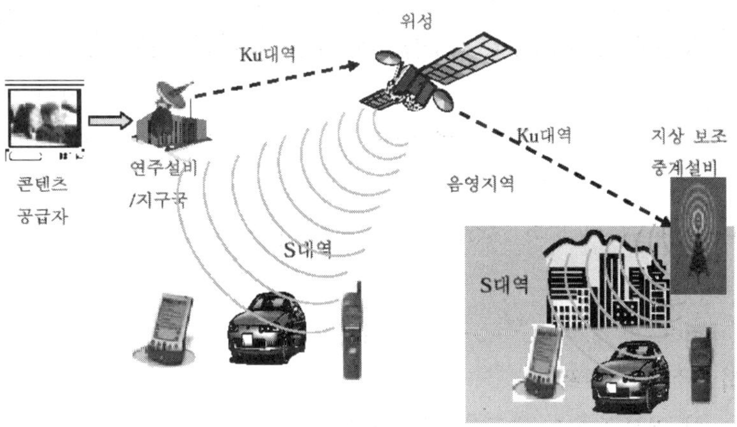


☑ **그림 6-45** 위성방송 보조국 개념

### (2) 측정 구성도

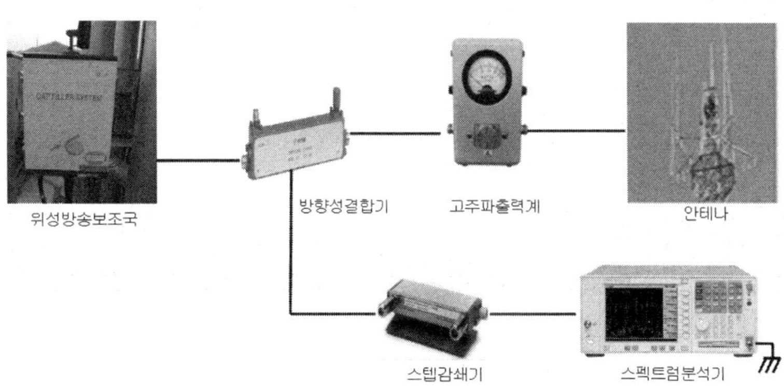


☑ **그림 6-46** 위성방송 보조국 측정 구성도

## (3) 항목별 측정방법

### 1) 공중선 전력

CDMA의 공중선 전력 측정방법과 동일

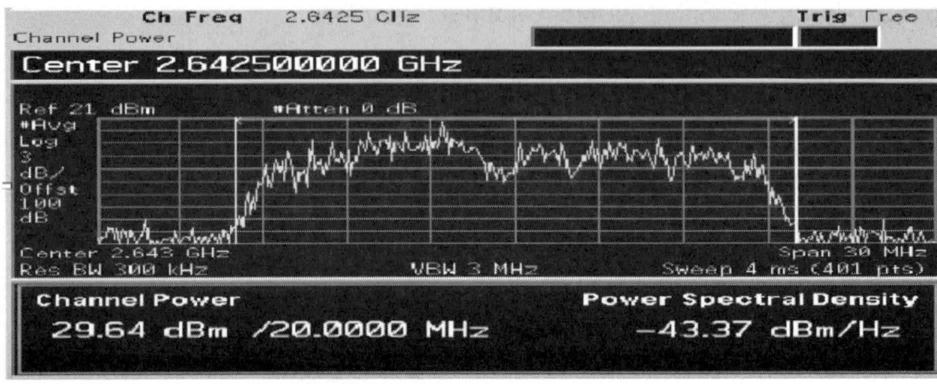


☑ **그림 6-47** 공중선 전력 측정결과 화면

▸기술기준 : ⇨ 상한 : 20%, 하한 : 제한 없음

### 2) 점유주파수 대폭

CDMA의 점유주파수 대폭 측정방법과 동일

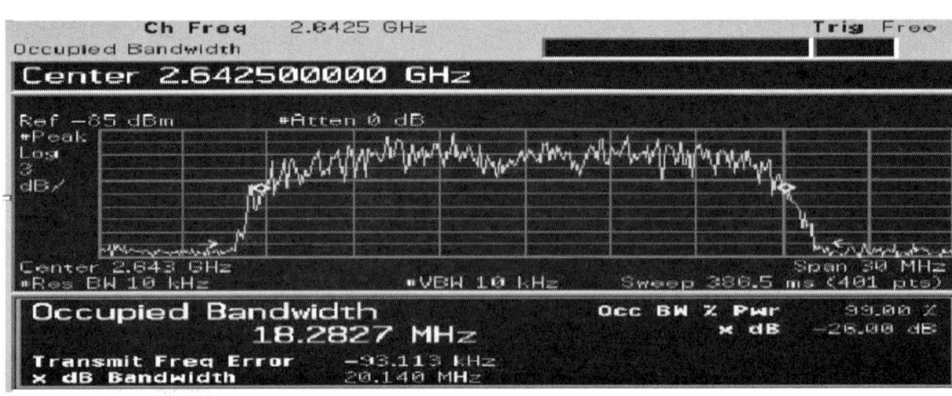


☑ **그림 6-48** 점유주파수 대폭 측정결과 화면

▸ 기술기준 : ⇨ 25MHz 이내

### 3) 주파수 허용편차

스펙트럼분석기의 중심주파수를 측정하고자 하는 신호의 지정주파수로 설정하고, Span을 1 kHz 이하로 조정한 후 Peak search로 중심주파수를 측정한다.

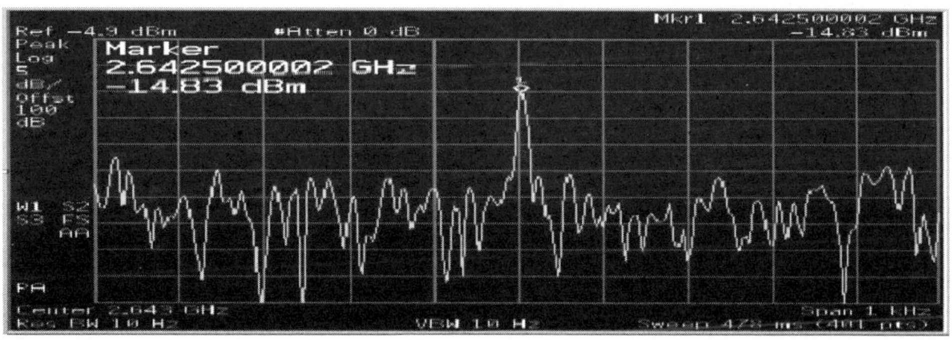


☑ **그림 6-49** 주파수 허용편차 측정결과 화면

▸ 기술기준 : ⇨ $\pm 50 \times 10^{-6}$ 이내

### 4) 불요발사

송신기의 출력을 최대로 조정하고 기본주파수의 평균전력을 측정한 다음 30MHz ~ 5고조파(In Band제외) 대역에서 측정한다.

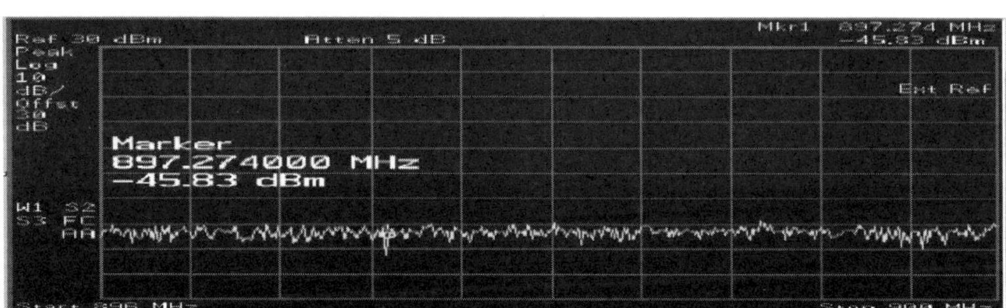


☑ **그림 6-50** 불요발사 측정결과 화면

▸ 기술기준 ⇨ 43+10log(PY) 이상 또는 70dBc 중 덜 엄격한 값

5) **부차적 전파발사**

측정방법 및 기술기준은 CDMA와 동일

## 6.5.6 LTE 이동통신 검사방법

### (1) 개 요

LTE는 역방향 링크에서는 단일주파수 다중접속방식(SC-FDMA)을 사용하고, 순방향 링크에서는 직교주파수분할 다중접속방식(OFDMA)을 사용한다. 점유 주파수 대역폭은 1.4, 3, 5, 10, 20MHz 등이 있으며 LTE-Advanced 시스템은 반송파 결합으로 100MHz까지 확장될 수 있다.

### (2) 측정 구성도

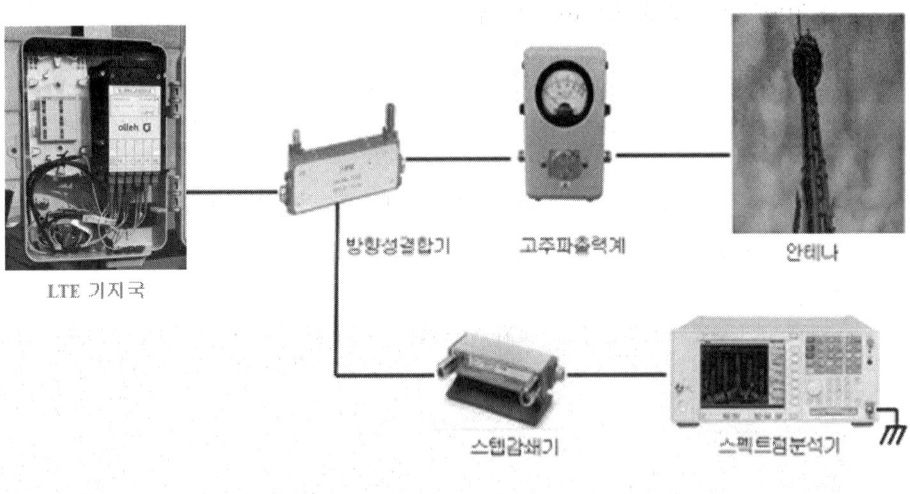


☑ **그림 6-51** LTE 이동통신 무선국 측정 구성도

## (3) 항목별 측정방법

### 1) 공중선 전력

CDMA의 공중선 전력 측정방법과 동일

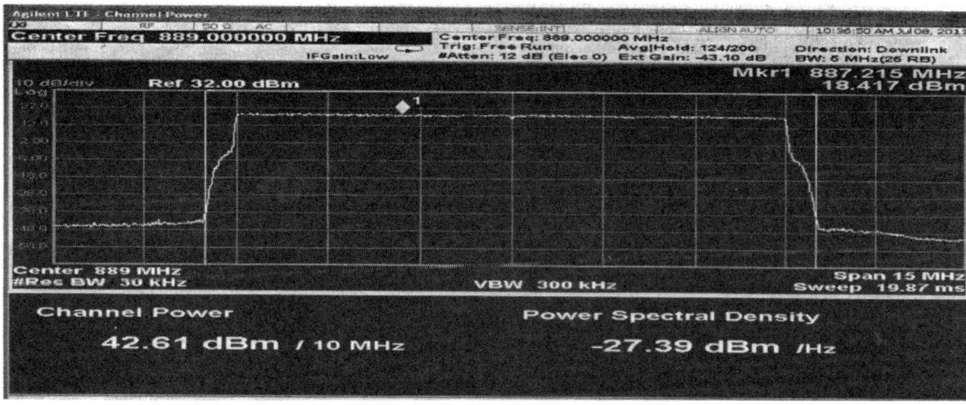


☑ **그림 6-52** 공중선전력 측정결과 화면

▸ 기술기준 ⇨ 상한 : 20%, 하한 : 제한 없음

### 2) 점유주파수 대폭

CDMA의 점유주파수 대폭 측정방법과 동일

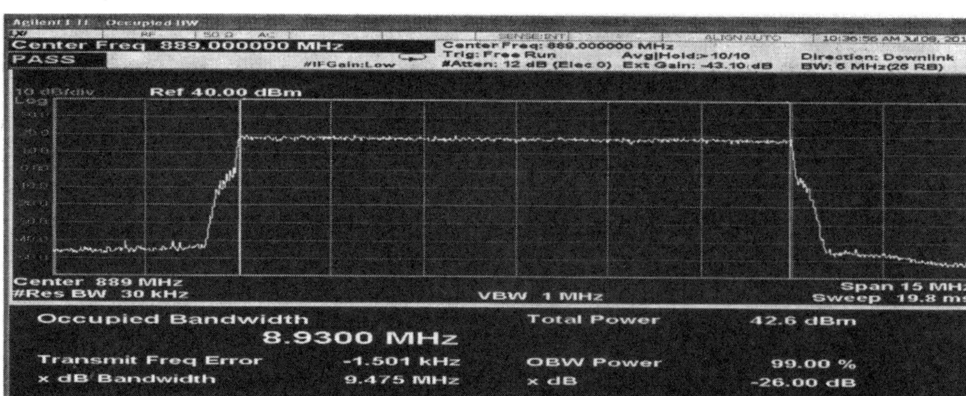


☑ **그림 6-53** 점유 주파수 대폭 측정결과 화면

▸ 기술기준 ⇨ 10MHz 이내

### 3) 주파수 허용편차

CDMA의 주파수 허용편차 측정방법과 동일

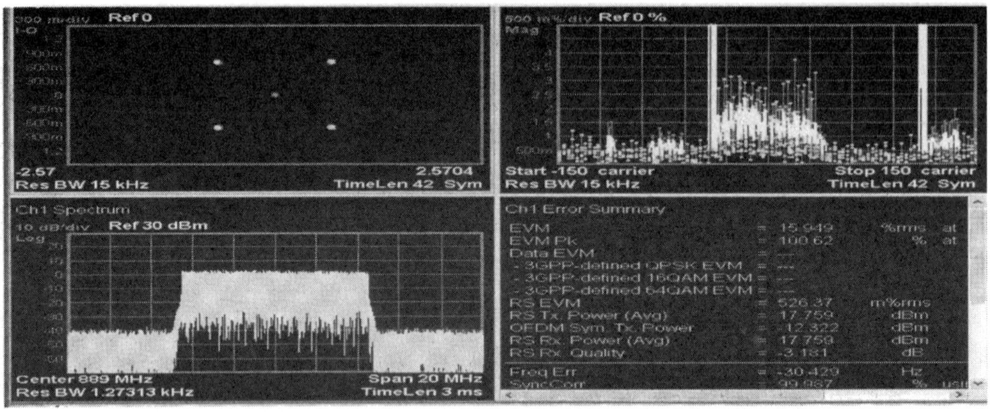


☑ **그림 6-54** 주파수 허용편차 측정결과 화면

▸ 기술기준 ⇨ ±(지정 주파수×5×$10^{-8}$+12Hz)

### 4) 인접 채널 누설 전력

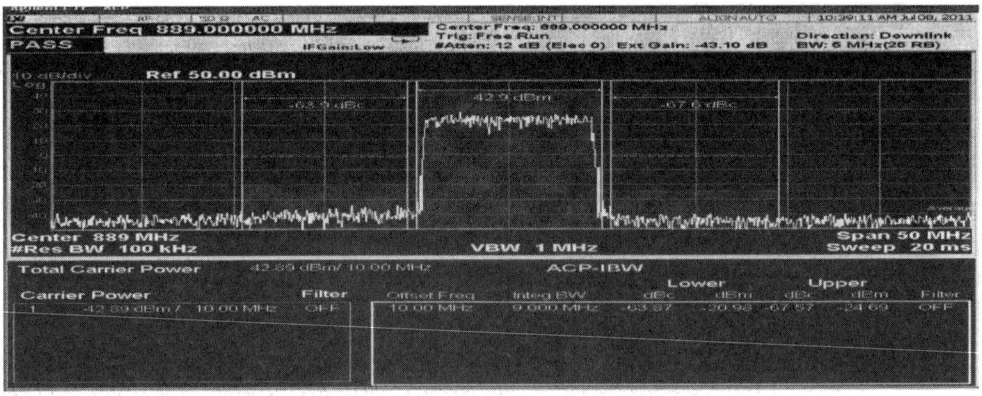


☑ **그림 6-55** 인접 채널 누설전력 측정결과 화면

▸ 기술기준 ⇨ Fc±5MHz (Integ BW : 3.84MHz) : 44.2dBc 이상 낮을 것
Fc±10MHz (Integ BW : 3.84MHz) : 49.2dBc 이상 낮을 것

### 5) 불요발사

CDMA의 불요발사 측정방법과 동일

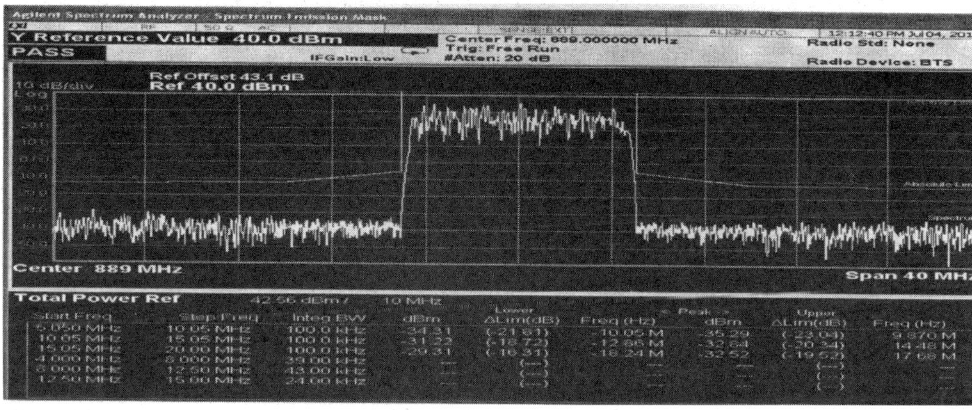


☑ **그림 6-56** 불요발사 측정결과 화면

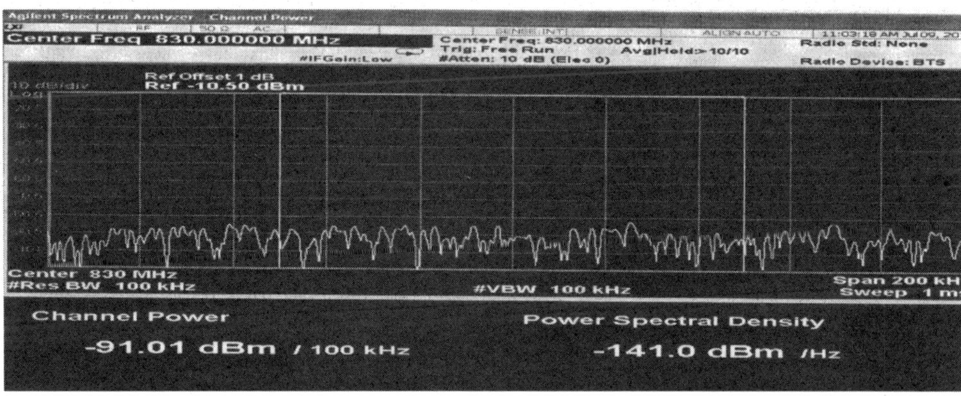


☑ **그림 6-57** 824-849MHz 측정결과 화면

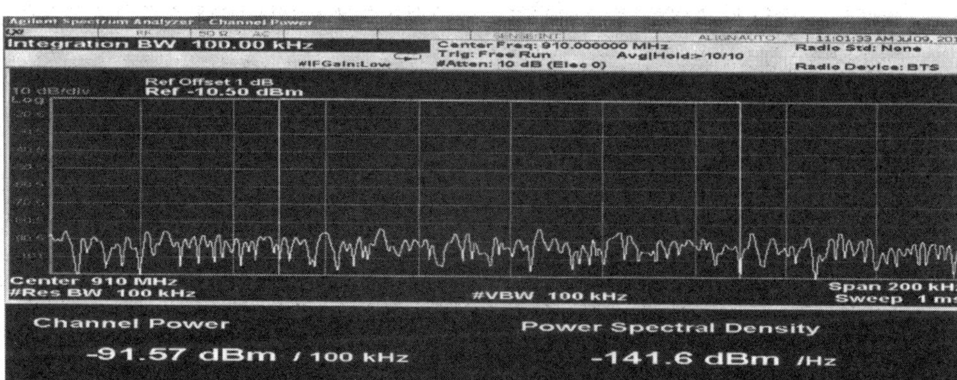


☑ **그림 6-58** 905-915MHz 측정결과 화면

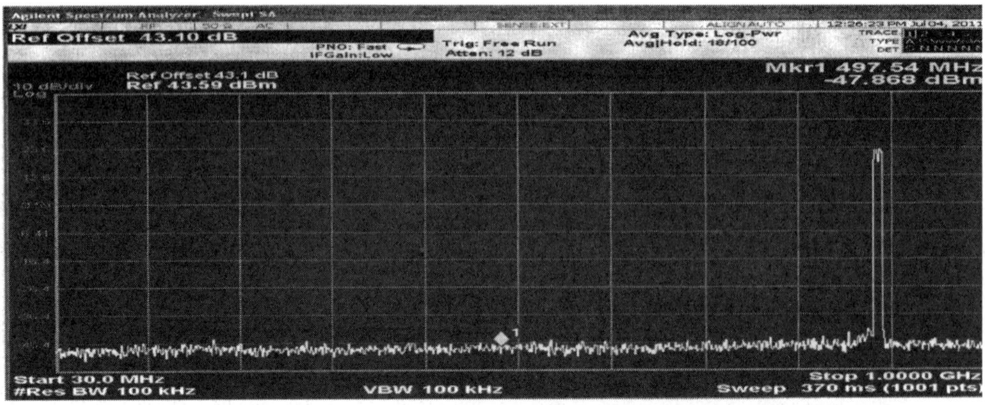


☑ **그림 6-59** 30MHz-1GHz 측정결과 화면

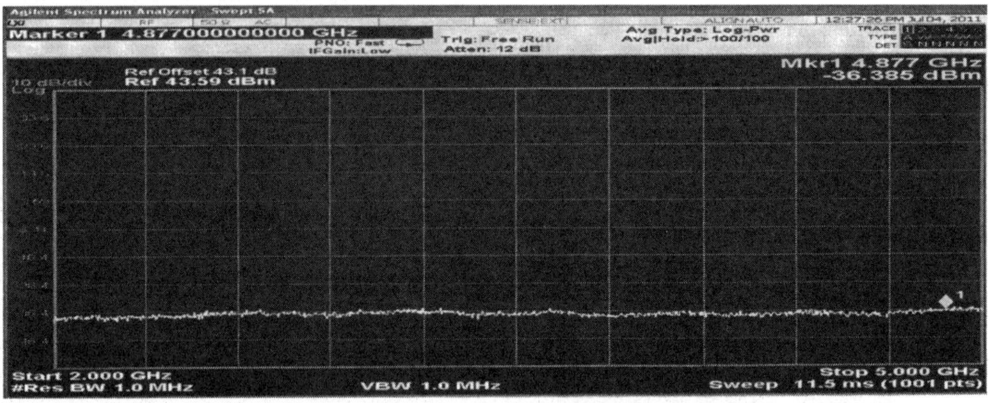


☑ **그림 6-60** 1GHz-12.75GHz 측정결과 화면

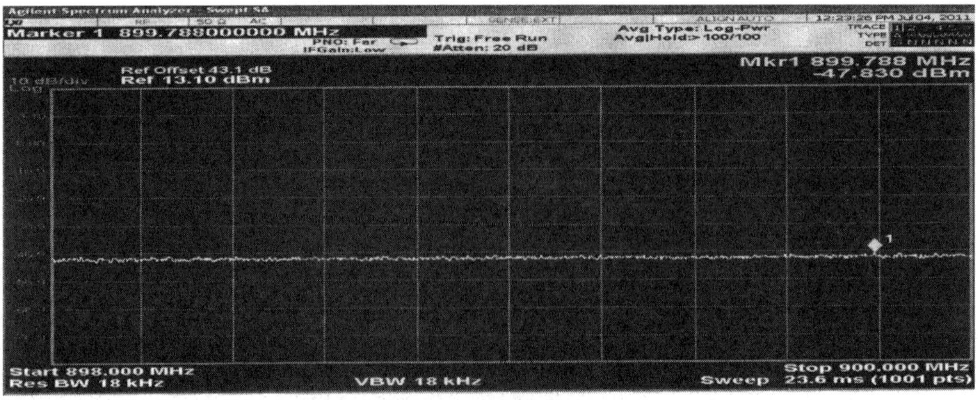


☑ **그림 6-61** 898-900MHz 측정결과 화면

▸ 기술기준

<table>
<tr><th>규격<br>공중선전력</th><th>Fc±5.05~10.05 MHz/<br>RBW:100kHz</th><th>Fc±10.05~15.05 MHz/<br>RBW:100kHz</th><th>824~849MHz<br>905~915MHz<br>/RBW:100kHz</th><th>898~900MHz<br>/RBW:100kHz</th><th>Fc±15.05MHz이상<br>(824-849/905-915 MHz 제외)</th></tr>
<tr><td>24dBm이상</td><td>-5.5 ~-12.5dBm</td><td>-12.5dBm 이하</td><td>-76dBm 이하</td><td rowspan="3">-32dBm이하</td><td rowspan="2">30MHz~1GHz/<br>100kHz: -13dBm<br>1GHz~12.75GHz/<br>1MHz : -13dBm</td></tr>
<tr><td>20dBm초과<br>24dBm미만</td><td>-28.5~-35.5dBm</td><td>-35.5dBm 이하</td><td>-76dBm 이하</td></tr>
<tr><td>20dBm이하</td><td>-34.5~-40.5dBm</td><td>-40.5dBm 이하</td><td>-71dBm 이하</td><td rowspan="2">수신장치<br>부차적전파발사<br>30MHz~1GHz/<br>100kHz: -57dBm<br>1GHz~12.75GHz/<br>1MHz : -47dBm</td></tr>
<tr><td>인접채널<br>누설전력</td><td colspan="4">Fc(in)±10MHz : 44.2 dB 이하 / 9 MHz</td></tr>
</table>

| 구분 | 6 MHz | 7 MHz | 8 MHz | 9 MHz | 10 MHz |
|---|---|---|---|---|---|
| 24 dBm | -6.8 | -8.2 | -9.6 | -11.0 | -12.4 |
| 20 -24 dBm | -29.8 | -31.2 | -32.6 | -34.0 | -35.4 |
| 20 dBm | -35.6 | -36.8 | -38.0 | -49.2 | -40.4 |

### 6) 부차적 전파발사

측정방법과 기술기준은 CDMA와 동일

# Chapter 7 이동통신망 운용을 위한 측정 장비

## 7.1 개 요

일반적으로 통신은 전기와 전파를 이용하여 이루어진다. 이동통신은 전기와 전파 모두를 이용하여 신호를 전달한다. 전기와 전파 신호의 해석은 신호세기가 시간에 따라 변화하는 것을 확인하는 방법과 주파수에 따라 변화하는 것을 확인하는 방법이 있다. 통신신호 해석을 위한 대표적인 장비로서 신호의 시간에 따른 변화를 측정하는 오실로스코프(Oscilloscope)와 신호의 주파수에 따른 변화를 측정하는 스펙트럼 분석기(Spectrum Analyser)가 있다. 일반적인 통신신호의 형태는 〈그림 7-1〉과 같으며 신호의 특성은 고유한 시간 및 주파수 특성을 가지게 된다.

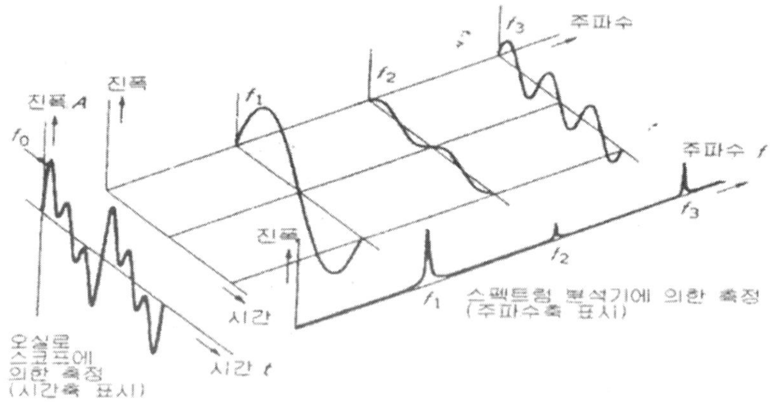


☑ **그림 7-1** 일반적인 통신 신호의 형태

이동통신망의 운용을 위해 다양한 측정 장비를 이용한다. 이동통신망 운용을 위해 일반적으로 사용되는 몇 가지 장비들을 소개하면 다음과 같다.

(1) 오실로스코프(Oscilloscope)는 시간의 변화에 따른 전기적인 신호들의 크기 변화를 측정할 수 있는 장비이다.

(2) 파워미터(Power Meter)는 기지국으로부터 출력되는 전체 출력(Total Power)을 측정할 수 있다. 예를 들어 4FA기지국의 경우에는 4FA 전체 출력을 측정하는데 1개 FA만 측정할 수 없다는 단점이 있다. 출력전력을 가장 정확히 측정할 수 있다. 1개 FA만을 측정하려면 다른 FA를 끄고 측정해야 한다. 측정할 수 있는 레벨은 파워미터의 엘리먼트에 따라 범위가 결정된다.

(3) 스펙트럼 분석기(Spectrum Analyzer)는 주파수의 변화에 따른 전기적인 신호들의 크기 변화를 측정할 수 있는 장비이다. Spurious 신호(±885kHz, 1.98MHz, 2.25 MHz등 일정 주파수 떨어진 간격에서 원하지 않는 신호)의 측정, FA별 채널 전력(CH Power) 측정, 사용자가 설정한 특정대역의 RF 출력전력을 측정할 수 있으나, 파워미터에 비해 정확도는 떨어진다. 따라서 정확한 측정을 위해서는 파워미터와의 Offset을 측정하여 보정해주고 사용하면 된다. 스펙트럼 애널라이저도 매우 다양한 모델이 있다.

(4) 네트워크 분석기(Network Analyser)는 오실로스코프가 시간 영역의 신호 분포를 표시하고 스펙트럼 분석기가 주파수 영역의 신호 분포를 확인하는 반면에 하나의 장비에 주파수 source와 스펙트럼 분석기가 들어 있어서 입력과 출력의 주파수 신호 분포결과를 분리하여 측정할 수 있는 장비이다.

(5) 코드영역 분석기(Code Domain Analyzer)는 CDMA의 Forward 신호를 분석하는데 사용하며 Walsh Code별로 신호레벨 및 $E_c/I_o$ 등을 측정할 수 있다. 코드 영역 분석기는 신호발생기/스펙트럼분석기 기능까지 모두 포함하기도 한다.

(6) 신호 발생기(Signal Generator)는 시스템의 RF 특성을 시험할 때 입력Source로 사용한다. CDMA 신호 및 CW 신호를 발생하는데 사용한다. 사용용도에 따라 CW신호만 발생하는 저가형 모델도 있다.

(7) 페이딩 발생기(Fading Generator)는 페이딩(Fading) 전파환경을 제공공하는 장비로서 기지국과 단말기간의 무선 환경을 임의로 제공할 수 있다.

(8) 잡음 발생기(Noise Generator)는 AWGN 신호를 발생시켜, 광대역 White Gaussian Noise를 발생시킨다. 기지국 및 단말기의 성능을 시험할 때 임의의Noise 신호를 발생시키는데 사용된다.

(9) 잡음 지수 측정기(Noise Figure Meter)는 중계기 및 기지국 시스템의 Noise Figure를 측정할 때 사용된다.

(10) 단말기는 기지국으로부터 신호를 수신할 때 기지국 신호의 전파 세기, 신호 대 잡

음의 간섭비 등을 측정할 수 있는 장비의 역할을 할 수 있다. 이것은 단말기 내에 기지국의 신호의 여러 가지 파라미터를 분석할 수 있는 시험 기능을 내장하고 있기 때문이다.

(11) 전파 측정 장비는 기지국과 단말기 사이에 송수신 신호의 파라미터 및 메시지를 분석하는 장비로서 분석 보고와 결과를 그래픽으로 나타낸다.

끝으로 이동통신망 운용을 위한 측정 장비를 사용할 때 대부분의 장비에 적용되는 공통 작업 가운데 가장 중요한 전원 및 접지 사용에 대해 설명한 후 각 장비에 대해 세부적으로 설명하고자 한다.

모든 측정 장비는 전원을 이용하는데 전원 상태가 불량할 경우 측정에 오차가 발생할 수 있다. 따라서 측정 장비에 이용할 전원은 다음과 같은 사항을 고려하여 사용한다.

(1) 입력전압 변동 허용치 : −10% ~ +5% 이내

(2) 소모 전력이 큰 전기기기의 전원과 분리하여 사용한다. 에어컨. 동력용 모터. 공기청정기 등의 작동 순간 및 멈춤 순간에는 전압강하. 계측기의 손상을 유발시키는 원인이 되므로 계측기의 전원을 분리시키고 전원 케이블을 배치할 때 교차 및 근접을 피하여 연결한다.

(3) 적절한 전원 플러그 및 전원 콘센트를 사용한다.

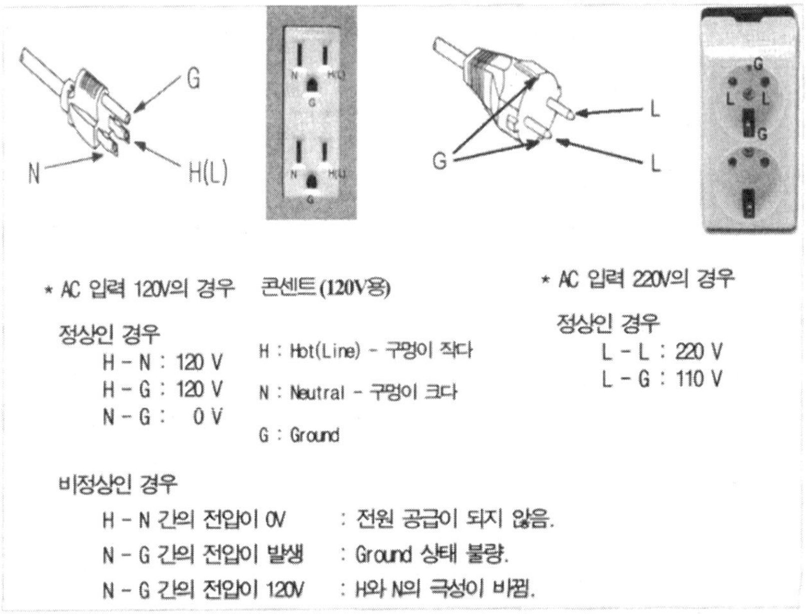


☑ **그림 7-2** 전원플러그 및 콘센트 구성

(4) AC110V / AC220V 혼용사용 통신실의 경우

① 반드시 측정 장비를 AC220V에 연결하고 측정 장비와 무선설비의 전원 코드 방향을 바꿔보면서 측정 장비와 무선설비간의 전위차가 낮은 방향을 선택한 다음 접지선을 먼저 연결하고 RF 케이블을 연결한다. 가급적이면 무선 설비가 연결되어 있는 전원 콘센트에 측정 장비를 연결한다.

② 3상 전원을 사용하고 있는 경우 통신실의 무선설비는 2,3번 전원(110V)에 연결되어 있고 측정 장비는 1, 2번 전원(110V)에 연결되어 있을 경우 측정 장비(프리전압사용과 무관)와 무선 설비 간에는 220V(1,3번)의 전위차가 발생되어 측정 장비 또는 무선설비의 파손뿐만 아니라 측정 장비 운영자에게도 감전사고가 우려되어 아주 위험하다.

③ 이러한 경우는 측정 장비를 무선 설비가 연결된 전원에 같이 연결하거나 1,3번(220V)에 연결하여 무선설비와 측정 장비 사이 전위차가 낮은 방향을 찾아 전원을 연결하고 접지를 한 다음 RF케이블을 연결하여 측정한다.

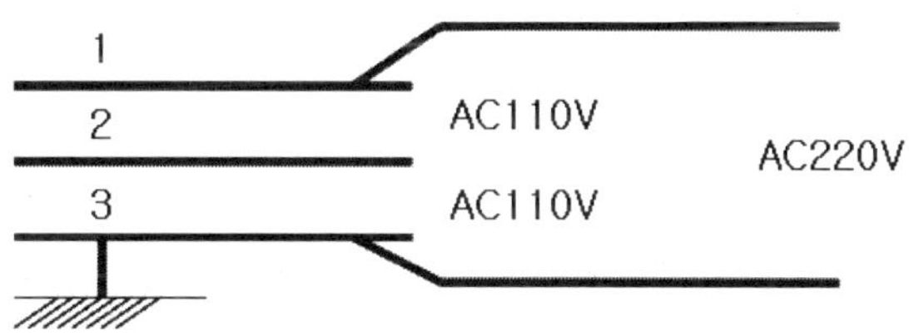


☑ **그림 7-3** AC110V / AC220V 겸용 통신실의 전원 구성

접지는 내 외부 잡음(Noise)이 측정 장비 및 무선 설비에 영향을 미쳐 측정 오차 및 장비 손상을 발생시키는 것을 방지한다. 여기서 접지가 안 된 상태와 올바른 접지 상태를 설명한다.

(1) 전원접지가 되어있지 않은 경우에는 측정 장비 및 무선 설비의 내부, 외부 노이즈 성분이 포함된 측정결과를 초래한다. 또한 측정 장비 및 무선설비가 전위차에 의한 손상 위험이 있다.

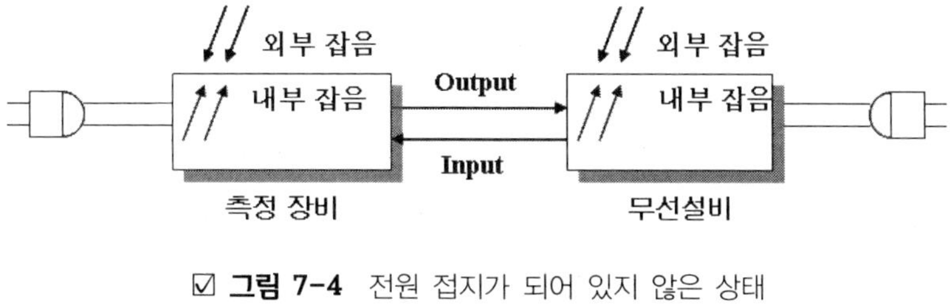


☑ **그림 7-4** 전원 접지가 되어 있지 않은 상태

(2) 측정 장비 및 무선설비의 접지가 되어있는 경우에는 노이즈가 접지로 흘러 측정 장비와 무선설비에 영향을 주지 않는다. 또한 측정 장비와 무선설비의 전위차가 0V에 가까워지기 때문에 측정 장비와 무선설비의 전위차에 의한 손상을 예방할 수 있다.

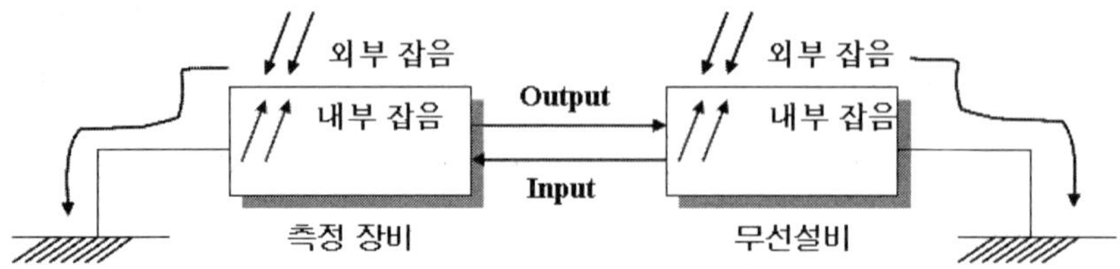


☑ **그림 7-5** 전원 접지가 되어 있는 상태

# 7.2 오실로스코프

## 7.2.1 개 요

오실로스코프(Oscilloscope)는 전기적인 신호가 시간의 변화에 따라 신호들의 크기가 어떻게 변화하고 있는지를 화면에 나타내 주는 장비로서 수직축(Y축)은 전압의 변화 수평축(X축)은 시간 변화를 나타내며 화면의 명암이나 밝기는 Z축에 표시시하는 장비이다.

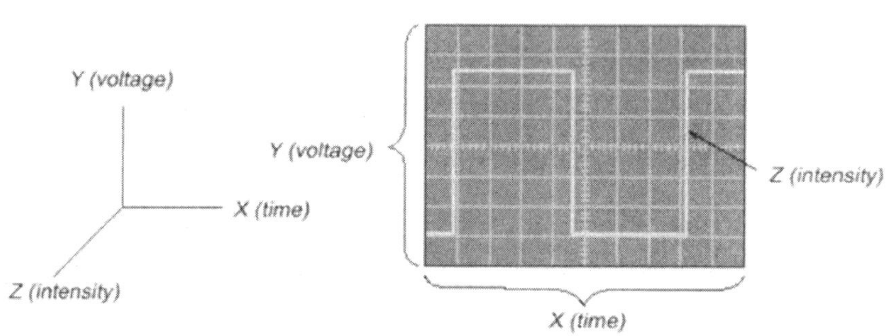


☑ **그림 7-6** 오실로스코프 화면

오실로스코프의 종류는 아날로그 오실로스코프와 디지털 오실로스코프가 있다. 아날로그 오실로스코프는 인가된 전압이 화면상에 전자빔을 움직여서 파형을 바로 나타내며 전압에 비례하여 빔을 위 아래로 편향시켜 화면에 파형을 주사하기 때문에 곧바로 파형을 재현한다. 디지털 오실로스코프는 구성은 대부분 아날로그 오실로스코프와 같지만 데이터 처리 시스템이 추가되어 파형을 샘플링한 후 아날로그 디지털 변환하여 측정한 전압을 디지털로 변환시키고 이 변환시킨 디지털 정보를 파형으로 재구성하여 화면에 재현한다.

## 7.2.2 오실로스코프 구성 및 동작 원리

### (1) 아날로그 오실로스코프

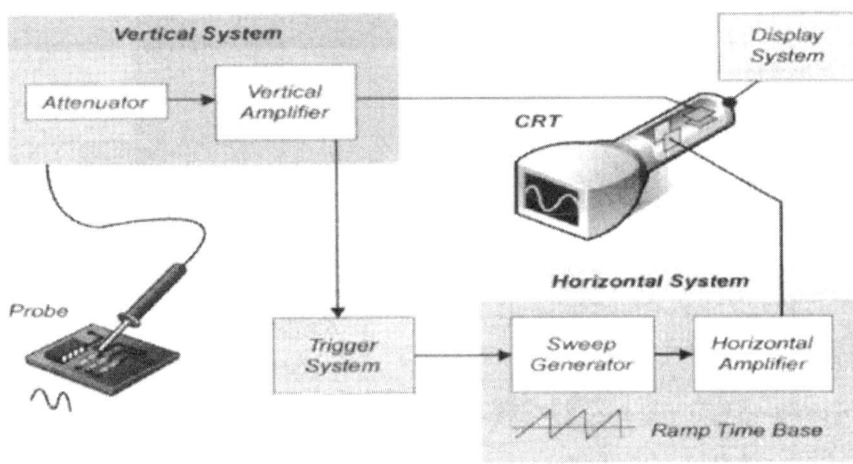


☑ **그림 7-7** 아날로그 오실로스코프 구성도

오실로스코프의 프로브를 회로에 접속시키면 전압신호는 프로브를 통해 오실로스코프의 수직부로 전달된 후 입력된 신호는 정해놓은 수직축 크기(Volts/Division)에 따라 감쇠기로 줄어지거나 증폭기로 증폭되고 증폭된 신호는 CRT의 수직 편향판에 전달된다. 편향판에 가해진 전압에 따라 화면의 밝은 점이 움직이게 되는데 양 전압 점들은 위쪽으로 음전압은 아래쪽으로 이동되고 신호는 동기부로 들어가 수평축 스위프를 시키거나 동기를 시작한다.

수평부의 동작은 화면상의 밝은 점이 수평축 방향으로 이동하는 것을 말하며 수평축을 트리거링 하는 것은 일정 시간 간격으로 화면의 좌에서 우로 밝은 점이 움직이도록 수평축 타임 베이스를 조정하며 스위프가 빠르게 연속적으로 많이 발생하면 밝은 점들은 직선을 만든다.

수평 스위프와 수직편향이 합해져서 화면에 신호가 그려지게 되는데 이때 동기는 계속되는 신호를 안정화시키는데 필요하며 반복되는 신호를 같은 점에서 스위프하면 화면상에 깨끗한 파형이 나타난다.

### (2) 디지털 오실로스코프

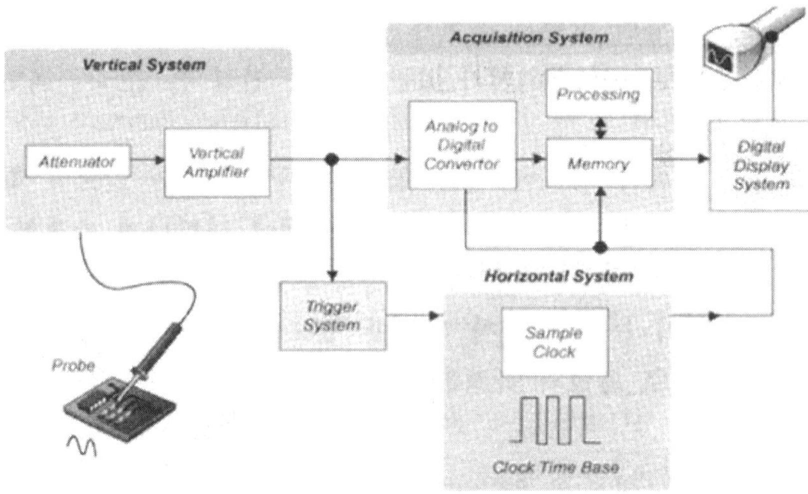


☑ **그림 7-8** 디지털 오실로스코프 구성도

디지털 오실로스코프는 DPS(Distributed Processing System)에서 전체 파형의 데이터를 모아서 화면에 나타내며 오실로스코프의 프로브를 회로에 연결했을 때 수직 시스템은 아날로그 오실로스코프에서처럼 신호의 크기를 조절한다.

획득시스템(Aquisition System)에 있는 아날로그 디지털 변환기(Analog to Digital Converter)에서 이산적인 점들로 신호를 샘플한 후 이 디지털 값들을 전압으로 변환한다. 디지털 값들을 샘플점이라 하며, 수평 시스템에 있는 샘플 클럭은 ADC가 샘플을 취하는 빈도를 나타내며 클럭에 의해 발생하는 샘플비를 샘플율이라하고 Sample/Second로 표시한다.

ADC로부터 얻어진 샘플 점들은 메모리에 파형 점으로 저장되고, 이점은 한 개 이상의 샘플 점들로 구성되며 이런 파형 점들이 모여서 한 개의 파형 레코드를 구성한다. 일반적으로 파형 레코드를 구성하는 파형 점들의 수를 레코드 길이라고 하며 동기 시스템은 이 레코드의 시작과 끝의 점을 결정하고 레코드 점들은 메모리에 저장된 후에 화면에 표현된다.

### 7.2.3 오실로스코프 사용 방법

(1) 오실로스코프의 입력 전원은 접지가 잘 되어 있는 상태에서 사용한다. 110/220V 전원 선택 스위치가 있는 장비는 연결 전 반드시 확인한다.

(2) 전압측정 : 수직축 감도에 칸 수를 곱해서 얻을 수 있으며 측정할 때는 화면에 나타나는 신호가 가능한 수직축 전체에 나타나게 조정한 후 중앙의 작은 눈금에서 측정하는 것이 좀 더 정확하게 전압 측정이 가능하며 대부분 오실로스코프들이 눈금 상에서 계산할 필요 없이 커서를 이용하여 스크린 상에서 자동적으로 파형의 측정값들을 확인할 수 있다.

(3) 시간 및 주파수 측정 : 오실로스코프의 수평축 시간 간격을 사용해서 파형의 시간에 관한 사항들을 측정할 수 있으며 이 측정에는 주기, 펄스폭, 펄스의 타이밍 등이 포함된다. 주파수는 시간 측정도 가능한 화면의 넓은 부분에 파형이 놓이도록 해서 측정하고 중앙의 수평 눈금에 있는 작은 눈금을 사용하면 더 정확한 측정을 할 수 있다.

(4) 펄스의 상승시간(Pulse Rise Time)과 펄스폭(Pulse Width) 측정 : 표준 펄스 측정에는 펄스의 상승시간과 펄스폭을 측정하는 것이 있다. 으며, 상승 시간은 상승시간의 펄스가 저전압에서 고전압으로 바뀌는데 걸리는 시간으로 일반적으로 펄스 전체 전압의 10%에서 90%까지로 측정한다. 그리고 펄스폭은 펄스가 저전압에서 고전압으로 된 후 다시 저전압으로 될 때까지의 시간으로 보통 전체 전압의 50% 지점에서 측정하며, 펄스폭을 측정할 때에는 때때로 미세 동기 조정을 필요로 한다. 이러한 기능은 동기 홀드오프와 디지털 오실로스코프에서 프리트리거로 설정이 가능하며 수평 확대는 펄스를 측정하는 또 다른 기능이며, 빠르게 변하는 펄스의 미세한 부분도 자세히 측정할 수 있다.

(5) 위상차(Phase Shift) 측정 : 수평 제어부에 있는 XY 모드는 수평축이 시간 축 대신에 입력신호를 나타낸다. 이 모드를 동작시키면 위상 측정 화면으로 바뀌며 파형의 위상은 한 사이클의 시작에서 다음 사이클이 시작 할 때까지의 시간이며 각도로 측정된다. 위상차는 두 개의 똑같은 주기적인 신호에서 단지 시간차이를 나타낸다.

(6) 반송파 측정 : 오실로스코프의 입력단자에 프로브를 연결한 다음 송신기에 결합 후, 수검기기를 1,400Hz 정현파 신호에 의한 80%변조 상태, 즉 송신기 출력이 정격 출력의 80%로 되는 변조입력을 가한 상태(일반적으로 송신기에 내장된 Tone 신호를 ON 한다)로 하고 지시된 첨두치를 읽는다. 이때, 신호의 크기에 따라 수직축(Volts/Div)을 조절하고, 시간 축에 대한 동일 크기를 표현하기 위하여 수평축(Sec/Div)을 조절한다. 오실로스코프를 위 조건으로 하고, 변조신호를 OFF 하여 송

화기를 동작시켜 지시된 첨두치를 읽는다. 이때의 신호는 매우 미약함으로 수직축(Volts/Div)을 작게 설정, 표현되는 값을 크게 하여 확도를 높여야 한다.

(7) 변조도 측정 : 송신기를 운용 상태로 하고, 오실로스코프의 입력 단에 프로브를 연결한 다음 송신기에 결합시킨다. 송신기를 동작시켜 송신기의 출력을 오실로스코프에 인가시켜, 오실로스코프의 수직축(Volts/Div)을 조절하여 신호 크기를 조절하고, 수평축(Sec/Div)을 조절하여 파형이 나타나도록 한 다음 Hold시킨다.

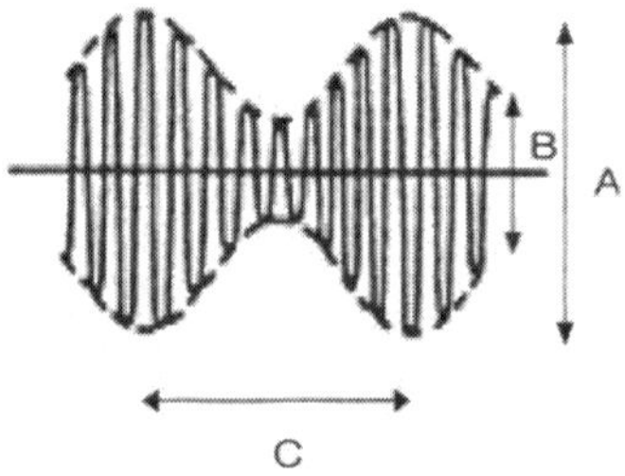


- 변조도 $M=\dfrac{A-B}{A+B}\times 100[\%]$로 산출
- $T$=파장의 길이($C$)×시간축의 지시치
- 변조주파수 $F=\dfrac{1}{T}$

☑ **그림 7-9** 오실로스코프의 변조도 측정

## 7.2.4 오실로스코프의 프로브 사용 방법

프로브 역할은 측정 대상에 접촉하는 테스터의 리드봉과 같은 역할을 하는 도구로서 오실로스코프는 일반적으로 손잡이에 슬라이드 스위치가 달려서 1 : 1과 10 : 1 혹은 10 : 1과 100 : 1로 변경하여 입력 저항 값을 조정할 수 있다. 이때 1 : 1은 측정 대상의 파형이 5mV~0.5V 정도일 때 사용하고 1 : 10은 측정 대상의 파형이 0.5V~50V 정도, 1 : 100은 측정 대상의 파형이 50V~5000V 정도일 때 사용한다.

프로브의 사용 팁은 측정 환경에 따라 입력 저항 값을 변경하여 사용한다. 첫째, 부하에 대해 영향을 줄일 때 오실로스코프의 경우 보통 입력저항이 1MΩ이다. 그러나 이보다 더 높게 하기 위해 10 : 1을 사용하는데 10 : 1을 사용하면 10MΩ이 된다. 둘째, 고주파를 측정할 때 1 : 1 프로브를 사용하면 5~10MHz 정도 밖에 측정이 안 되지만, 10:1을 사용하면 500MHz이상 측정이 가능하다. 그러므로 높은 주파수를 측정할 때는 반드시 10:1을 사용한다. 셋째, 입력전압이 높을 때 오실로스코프는 보통 400V 입력까지는 견디지만 이보다 높은 전압을 측정할 때는 10 : 1을 사용한다.

# 7.3 파워 미터

## 7.3.1 개 요

파워 미터(Power Meter)는 전기전류계 및 전압계의 원리를 응용해 전력을 직접 측정하는 장비로써 전류력계형(교류/전류), 정전형(교류), 열선형(교류/직류), 유도형(교류) 등이 있으며 일반적으로는 전류력계형 전력 측정 장비가 가장 널리 쓰인다. 고주파 출력계라고도 한다.

## 7.3.2 파워미터 원리 및 구성

파워 미터는 전류를 흐르게 하는 고정 코일로 만들어진 자기장 속에 가동 코일을 놓으면 가동코일에는 전류와 전압의 곱에 비례하는 회전력이 발생하는 원리를 이용하여 전력을 측정한다. 파워 미터의 구성은 다음과 같다.

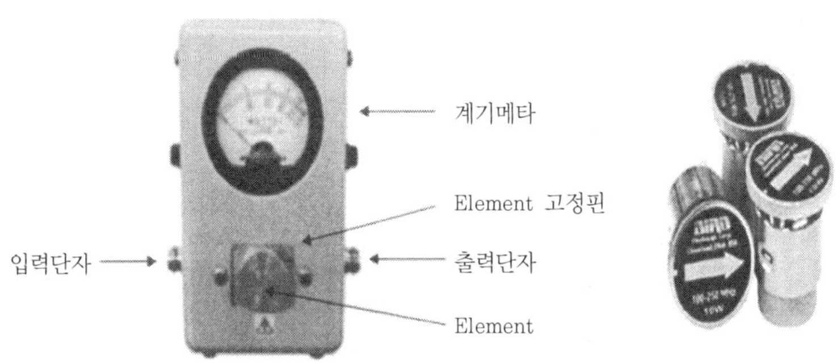


☑ **그림 7-10** 파워 미터의 예

## 7.3.3 파워미터 사용 방법

(1) 측정하고자 하는 기기의 주파수 및 출력 범위를 확인한다.

(2) 확인된 주파수와 출력범위에 맞게 엘리먼트(Element)를 선택한다.

☑ **표 7-1** 엘리먼트 종류

| 전력 범위 (Watt) | 주파수 대역 (MHz) | | | | | |
|---|---|---|---|---|---|---|
| | 2~30 | 25~60 | 50~125 | 100~250 | 200~500 | 400~1000 |
| 5 | – | 5A | 5B | 5C | 5D | 5E |
| 10 | – | 10A | 10B | 10C | 10D | 10E |
| 25 | – | 25A | 25B | 25C | 25D | 25E |
| 50 | 50H | 50A | 50B | 50C | 50D | 50E |
| 100 | 100H | 100A | 100B | 100C | 100D | 100E |
| 250 | 250H | 250A | 250B | 250C | 250D | 250E |
| 500 | 500H | 500A | 500B | 500C | 500D | 500E |
| 1000 | 1000H | 1000A | 1000B | 1000C | 1000D | 1000E |
| 2500 | 2500H | – | – | – | – | – |
| 5000 | 5000H | – | – | – | – | – |

(3) 선택된 엘리먼트를 파워미터에 연결한 후 엘리먼트 고정핀을 이용하여 엘리먼트를 고정시키고 측정기기의 출력부분은 파워 미터의 입력 단자에 안테나는 파워 미터의 출력단자에 연결한다.

(4) 파워 미터 엘리먼트 앞부분의 화살표를 출력단자 쪽으로 돌린 후, 계기 미터를 이용하여 진행파의 출력을 측정하고 화살표를 입력단자 쪽으로 돌린 후 계기 미터를 이용하여 반사파를 확인한다. 파워 미터 이동시 계기 미터의 바늘을 고정시키기 위해서 화살표를 위쪽 계기 미터 방향으로 돌린 후 이동한다.

진행파

반사파

이동시

☑ **그림 7-11** 파워 미터의 전력 측정 위치

# 7.4 스펙트럼 분석기

## 7.4.1 개 요

스펙트럼 분석기(Spectrum Analyzer)는 마치 프리즘이 빛을 파장(주파수)별로 분해하여 보여주듯이 신호의 주파수를 분해하여 그 크기를 화면에 표시하여 주는 장비이다. 〈그림 7-12〉는 프리즘의 분광 작용과 스펙트럼 분석기의 주파수 분석 작용을 보여준다.

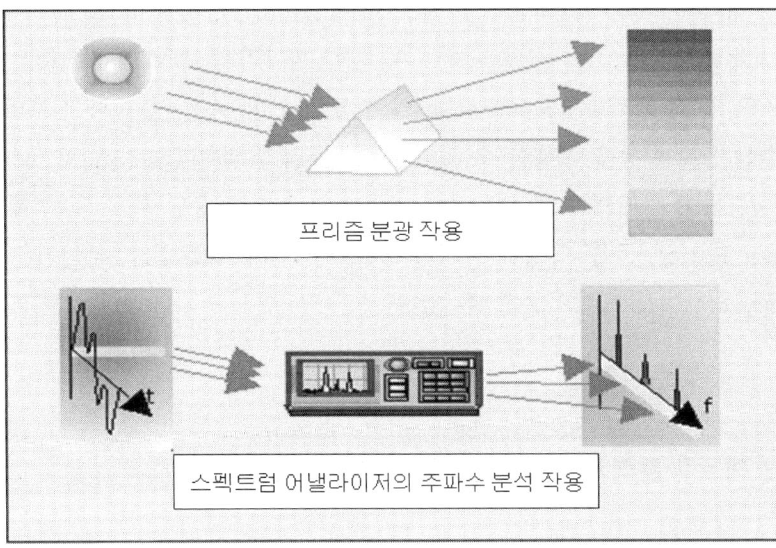


☑ **그림 7-12** 스펙트럼 애널라이저의 개념

스펙트럼이란 어느 주파수 성분의 신호들이 어느 정도의 세기를 가지고 있는가를 표시해 주는 것으로서 수평축의 단위는 kHz, MHz, GHz 등의 주파수로 나타내고 수직축은 dBm, W 등의 출력 단위를 나타낸다. 수평축 주파수 간격과 수직축 레벨 간격을 각각 Span과 Scale 이라고 한다. 스펙트럼 분석기의 구현 방식은 입력 신호를 액티브 필터로 주파수를 변화시키면서 각각의 독립된 신호를 검출하는 필터를 이용하는 방식, 아날로그 방식으로 스위프 제너레이터를 동기신호로 Local Oscillator를 Mix하여 검출하는 헤테로다인 방식(Heterodyne Spectrum Analyzer), 디지털 방식으로 입력신호를 디지털로 변환시켜 데이터를 처리하는 FFT 방식(Fast Fourier Transform Analyzer) 등이 있다. 디지털 방식의 FFT 스펙트럼 분석기(Fast Fourier Transform Analyzer)는 스위프 속도의 한계가 있으나 데이터의 보존 및 활용도가 용이하고 정확하여 100kHz 이하의 주파수 분석에 사용된다. 스펙트럼 분석기는 실시간 처리 방식과 Heterodyne 방식 등 여러 방식의 제품이 있지만 일명 주사 스펙트럼 분석기(Scanning Spectrum Analyzer) 라고 불리는 헤테로다인 방식의 스웨프트 스펙트럼 분석기(Swept Spectrum Analyzer) 가 수백 GHz까지 측정할 수 있고 고해상도이며 진폭, 주파수, 감도 측정이 우수하여 널리 사용된다.

스펙트럼 분석기는 수신 신호의 각 주파수 성분들을 분석하여 각 주파수별 신호의 크기를 표시하여 준다. 따라서 스펙트럼 분석기는 각 신호의 주파수 및 신호 세기 측정, 주파수 대역폭 측정, 잡음 전력 및 신호 대 잡음비(C/N, S/N Ratio)측정, 상호 변조(Inter Modulation) 및 고조파(Harmonic)에 의한 찌그러짐 측정(Distortion Measurement), 변조도 및 Frequency Modulation의 주파수 편이 측정, 불요파 신호(Spurious) 측정, 송수신기 교정 등을 수행할 수 있다. 또한 추적 발생기(Tracking Generator)와 브리지를 이용하여 필터의 통과 대역폭과 증폭기의 주파수 응답 특성 및 정재파비 (Standing Wave Ratio) 등을 측정할 수 있으므로 스칼라 네트워크 분석기(Scalar Network Analyzer) 기능으로 사용될 수 있다.

## 7.4.2 스펙트럼 분석기의 구성 및 입력 신호의 제한

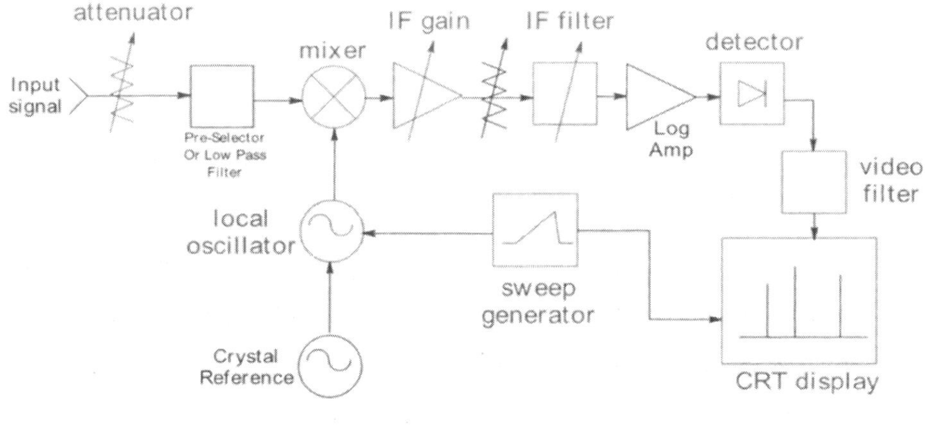


☑ **그림 7-13** 스펙트럼 분석기의 구성

### (1) 개 요

〈그림 7-12〉는 스펙트럼 분석기의 구성도이다.

입력된 신호가 저역 통과 필터(low-pass filter)를 통과하여 믹서(mixer)로 넘어가고 이 신호는 합성기에서 다시 국부 발진기(Local Oscillator)가 보내는 신호와 혼합된다. 이 믹서는 비선형 장치이기 때문에 믹서의 출력에는 원래 투입된 두 개의 신호뿐만 아니라 이들 신호의 고조파 및 원래의 주파수와 그 고조파 간의 합과 차도 포함된다.

혼합된 신호의 일부가 중간주파수(IF) 필터의 통과대역 내에 떨어지는 경우 해당 신호는 처리되고(증폭 및 로그), 포락선 검파기(envelope detector) 를 통해 정류된다. 현재 사용되고 있는 대부분의 분석기의 경우 디지털화를 거쳐 음극선관(CRT)의 수지판에 적용되어 CRT 스크린에 수직으로 비춰진다.

스위프 발생기는 CRT빔을 스크린에 좌측에서 우측으로 수평으로 비춰진다. 또한 스위프는 LO의 주파수가 스위프 전압에 비례하여 변경되도록 LO를 동조(Tuning)한다.

### (2) 입력단의 신호 세기 제어

스펙트럼 분석기의 입력은 가변 감쇠기와 때때로 증폭기로 구성되어 있다. 입력 부분의 기능은 계측기에 인가되는 신호 레벨을 제어하기 위한 것이다. 신호 레벨이 너무 높으면 분석기의 회로가 왜곡 성분을 발생시킴으로 원하는 측정 결과가 나오지 않는다. 반대로 신호 레벨이 너무 낮으면 측정코자 하는 신호는 측정기 자체에서 발생하는 잡음에 가려 버릴 수 있다. 이 같은 문제가 측정 다이내믹 레인지(Dynamic Range)를 제한하는 요소가 된다. 일반적인 스펙트럼 분석기의 입력부는 아주 민감해서 잘못 사용하면 바로 손상을 입게 된다.

#### 1) 기준 레벨(Reference Level)

스펙트럼 분석기의 기준 레벨이란 입력 신호의 크기를 제작사에서 규정한 초단 믹서의 최적 입력 레벨에 RF Step Attenuator의 감쇠량을 더한 값이다. 예를 들어 입력이 -10dBm이라고 할 때 입력 감쇠기를 20dB 감쇠 시켜주면 믹서에는 -30dBm의 최적 입력 레벨이 걸리게 된다. 〈표 7-2〉는 초단 믹서 최적 입력 레벨 및 Attenuator에 따른 기준 레벨의 사례를 나타낸다.

#### 2) 최대 허용 입력 레벨

스펙트럼 분석기는 초과할 수 없는 최고 입력 레벨이 있다. 이것은 입력단의 파괴레벨로 규정되며 일반적으로 +20dBm에서 +30dBm 정도이다(2.2V~7.07V, 50Ω의 입력 임피던스). 입력에 걸리는 신호가 이 레벨을 초과할 때 RF Step Attenuator 혹은 믹서가

☑ **표 7-2** 기준 레벨의 사례

| Ref Level | RF Step ATT | Mixer In | Mixer Out |
|---|---|---|---|
| −50dBm | 0dB | −50dBm | −58dBm |
| −30dBm | 0dB | −30dBm | −38dBm |
| −10dBm | 20dB | −30dBm | −38dBm |
| 0dBm | 30dB | −30dBm | −38dBm |
| +10dBm | 40dB | −30dBm | −38dBm |
| +20dBm | 50dB | −30dBm | −38dBm |

파괴되어 스펙트럼 분석기의 치명적인 고장을 초래한다. 최고 입력으로 규정되어 있는 레벨은 입력단에 연결된 모든 신호의 합(직류는 제외)으로서, 화면상에 신호가 있든지 없든지 관계없이 모두 포함한다.

### 3) DC 입력 레벨

입력단에서 직류 전압을 허용하는 스펙트럼 분석기는 최대 허용치가 입력단 부근의 전면판에 표시되어 있으며 이 허용치를 절대로 초과할 수 없다. 만약에 초과한다면 최대 허용 입력 레벨을 초과할 때보다 더 치명적인 고장을 초래 할 수 있다.

### 4) 스펙트럼 분석기의 안전한 사용 방법

측정할 신호의 레벨을 잘 모르는 경우에는 안전하게 사용하기 위한 몇 가지 방법이 있다. 첫째 항상 계측기 자체의 입력 감쇠기를 최대로 한다. 둘째 가능한 최대 기준 레벨로 한다. 셋째 입력 신호가 화면에 나타나지 않는 것을 방지하기 위해서는 가장 큰 수평축(Span/Div 또는 Max Span)을 이용한다. 넷째 총 신호레벨이 스펙트럼 분석기의 입력 허용치를 넘을 경우에 대비하여 가능한 외부 감쇠기를 사용한다. 다섯째 과도하게 큰 신호들이 화면에 나타나는가를 주의 깊게 살피면서 스펙트럼 분석기 입력단에 신호선을 시험적으로 접촉(Contact)시켜 본다. 여섯째 신호선을 안전하게 연결한 후, 측정기내 화면의 가장 큰 신호가 기준 레벨에 일치하도록 기준 레벨을 줄여 나간다. 일곱째 파워 미터(Power Meter)를 가지고 있다면 신호원을 스펙트럼 분석기에 연결하기 전에 파워미터를 이용하여 신호레벨을 점검한다. 전력계는 입력에 연결된 모든 신호들의 합의 크기를 나타낸다. 여덟째 스펙트럼 분석기에 신호를 연결하기 전에 오실로스코프, 전압계 등으로 직류나 교류신호의 레벨을 점검한다.

### 5) 다이내믹 레인지(Dynamic Range)

다이내믹 레인지는 신뢰성을 가지고 동시에 측정할 수 있는 최대 레벨의 신호와 최소

레벨 신호 사이의 범위이다. 즉 진폭이 큰 신호가 존재하는 상황하에서 얼마만큼 작은 신호를 측정할 능력이 있는가를 판가름하는 기준이다. 스펙트럼 분석기의 다이내믹 레인지는 “규정된 정확도를 가지고 측정할 수 있는 입력단에 나타나는 두 신호의 최대 비”라고 정의된다. 스펙트럼 분석기 자체의 진폭 응답 특성에 비해 큰 입력 신호가 가해지면 하모닉 왜곡이 발생되며, 두 개 이상의 입력 신호가 동시에 존재하게 되면 상호변조를 야기하게 된다. 또, 분석기 내부의 잡음이 존재하는데 이 잡음들은 진폭이 작은 신호를 가려버리기에 충분하다. 이러한 모든 현상들이 스펙트럼 분석기의 다이내믹 레인지를 제한한다. 예를 들어 분석기의 하모닉 및 혼변조 응답이 기준 주파수의 80dB 아래에 있다면 이 분석기의 다이내믹 레인지는 80dB로 제한된다. 이들 왜곡 성분 중 가장 진폭이 큰 것이 이 스펙트럼 분석기의 다이내믹 레인지를 결정하는 원인이 된다. 또한 스펙트럼 분석기 내부에서 발생하는 잡음으로 이 잡음 플로어가 신호 측정을 불가능하게 만들어 버리므로 이에 따른 다이내믹 레인지의 제한을 받는다. 스펙트럼 분석기의 최적 입력은 내부에서 발생하는 잡음 레벨과 고조파 왜곡발생이 같은 레벨일 때이다.

### 7.4.3 스펙트럼 분석기의 조정

#### (1) 개 요

일반적인 스펙트럼 분석기의 화면과 기능은 다음과 같다.

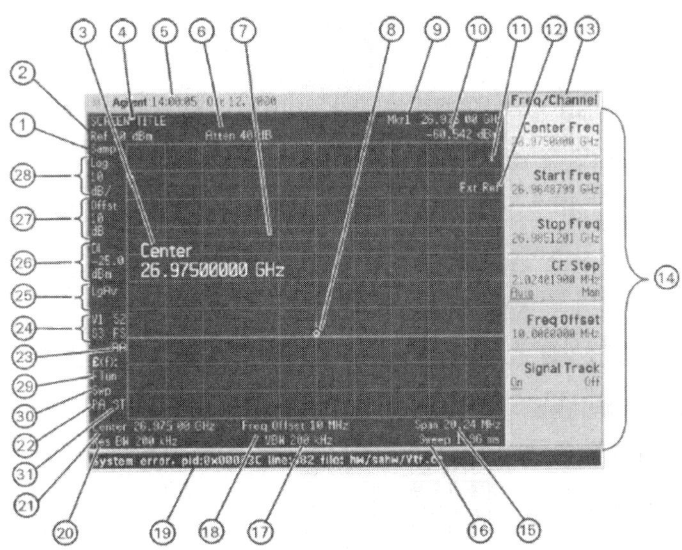

☑ **그림 7-14** 스펙트럼 분석기의 화면

① 신호 검출 유형 ② 기준 레벨
③ 중심주파수 ④ 화면 제목
⑤ 시간 및 날짜 ⑥ RF 감쇠 (내부 감쇠)
⑦ 디스플레이 라인 ⑧ 마커
⑨, ⑩ 현재 마커의 표시 및 현재 마커의 주파수 및 진폭
⑪ 잘못된 데이터 지시자 ⑫ 내부 또는 외부에 따른 기준 신호의 상태 메시지
⑬ 선택된 메뉴를 표시 ⑭ 선택된 메뉴의 서브 메뉴
⑮ 주파수 스팬(화면에 표시 가능한 주파수 영역)
⑯ 스위프 시간(한번 측정하는데 걸리는 시간)
⑰ 비디오대역폭
⑱ 주파수오프셋(측정 주파수에 특정 크기 주파수를 더하거나 빼줌)
⑲ Display 상태라인(정보와 오류 메시지 표시)
⑳ 분해능대역폭 ㉑ 중심주파수
㉒ 내부전치증폭 ㉓ 자동정렬루틴
㉔ 트리거 또는 트레이스
㉕ 전압평균(VAVg), 로그전력평균(LgAV), 전력평균(PAVg)
㉖ 디스플레이라인 감쇠
㉗ 진폭 오프셋 (측정 진폭값에 특정 크기의 진폭 값을 더하거나 빼줌)
㉘ 진폭 스케일 ㉙ 위상노이즈최적화
㉚ 스위프 유형 ㉛ 주파수 및 신호 추적

### (2) 기준 레벨 조정(Reference Level Control)

기준 레벨은 화면 눈금 중 최상단을 나타내고 사용자가 설정한 측정 조건상의 최고 입력 레벨이다. 만약 기준 레벨을 -10dBm으로 설정했다고 가정한 경우에 -10dBm의 입력 신호는 화면의 최상단 눈금까지 표시된다. 신호의 세기를 결정하는 방법은 설정한 기준 레벨에서(화면의 최상단 눈금), 현재 화면에 표시되고 있는 신호의 최고점이 위치하는 점과의 눈금 차이를 구한 후 수직축의 눈금비(감도)를 곱하여 빼주면 된다. 예를 들면 기준 레벨이 -10dBm, 수직축의 눈금비가 10dB/Div이라고 가정했을 때 입력 신호가 기준 레벨(최상단 눈금)에서 2칸이 낮다고 하면 이 신호의 세기는 -30dBm이다.

예를 들면 입력단에 +10dBm과 -60dBm의 신호가 연결되어 있다고 가정하면, 사용자는 1st Mixer의 최적 입력 레벨에(-30dBm)맞추기 위하여 입력 감쇠기를 40dB로 설정하여 +10dBm의 신호를 줄여 주어야한다. 만약 기준 레벨을 +10dBm으로 설정하였다면

큰 신호는 기준레벨에 일치하여 측정이 가능하지만 작은 신호를(수직 scale : 10dB/Div 이라면) 기준선에서 7칸 밑에 나타나므로 측정이 어렵게 된다. 그래서 이 작은 신호를 측정하고자 입력 감쇠기를 낮추면 큰 신호의 레벨이 상승하여 스펙트럼 분석기 입력단은 포화되게 된다.

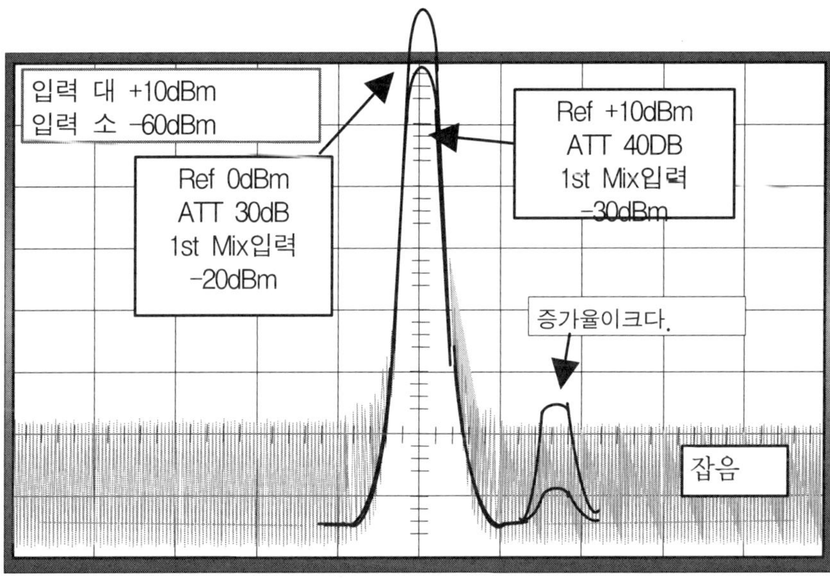


☑ **그림 7-15** 입력차가 큰 두 신호 측정시 문제점

### (3) 주파수 조정(Frequency Control)

스펙트럼 분석기는 여러 개의 국부 발진기(Local Oscillator)와 혼합 회로(Mixing Circuit)를 이용하여 입력 신호의 스펙트럼을 측정한다. 첫 번째 국부 발진기(1st LO)는 측정할 수 있는 주파수 범위나 Span만큼 1st LO가 스위프를 하게 되며, 입력 신호에 대응되는 분해능 필터(RBW)를 통과하게 된다. 주파수 조정은 일반적으로 스위프 되는 주파수 범위의 중앙 및 화면의 중앙을 결정지어 준다. 그래서 일반적으로 중심 주파수(Center Frequency)라고 부르고 있다. 그러나 주파수 조정의 다른 방법은 스위프 되는 주파수의 처음을 화면의 좌측을 기준으로 나타내는 경우도 있다. 이 기준점을 시작 주파수(Starting Frequency)라고 부른다.

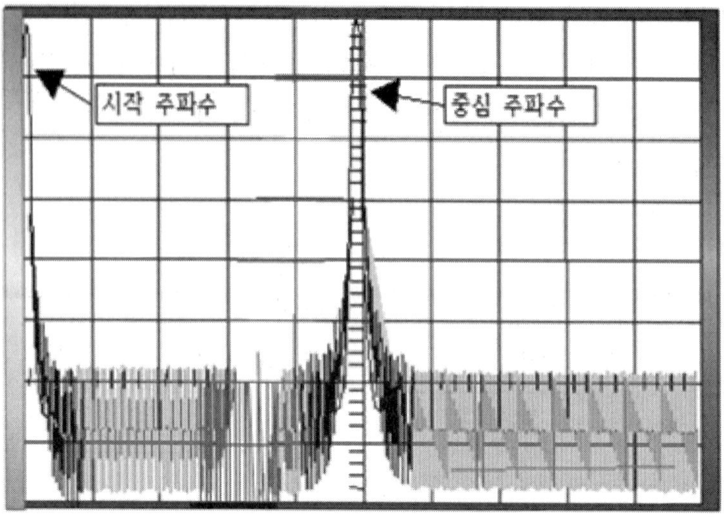


☑ **그림 7-16** 중심 주파수 및 시작 주파수

### (4) 수평축 주파수 조정 (Frequency Span Control)

수평축의 주파수 간격을 조절하는 Span/Div 단자는 국부 발진 주파수의 스위프 폭을 제어하여 주파수 스펙트럼의 간격이 적절하게 표시되도록 한다. 사용자는 Span/div 단자를 조정하여 수평축의 한 눈금 당 주파수 간격(KHz 또는 MHz)을 설정할 수 있다. 또한 주파수축(수평축)은 통상 10칸으로 나누어져 있으므로 Span/Div 조정 단자는 CRT상으로 볼 수 있는 전체 주파수 범위(Total Frequency)를 결정해 준다. 예를 들어 20MHz Span/Div을 선택하였다면 전체 스위프 범위는 20MHz/Div × 10칸으로 되어 전체 Span은 200MHz 범위가 된다. 만약 중심주파수가 175MHz라고 하면 스펙트럼 분석기는 75MHz부터 275MHz까지 스위프할 것이다.

MAX Span은 스펙트럼 분석기의 최대 사용 주파수 범위까지, 즉 전체를 스위프한다. 만약에 보유하고 있는 스펙트럼 분석기의 최대 입력 주파수 범위가 0Hz~1800MHz라고 가정하면, MAX Span에서는 0Hz~1800MHz까지 전체를 스위프하게 되며 이때 중심 주파수는 900MHz이고 Span/DIV은 180MHz가 될 것이다.

Zero Span은 스펙트럼 분석기가 스위프하는 것을 멈춘 상태가 되는데 이는 일반 Super heterodyne 방식 수신기처럼 동작하게 된다. 스펙트럼 분석기는 중심 주파수에 동조되어 입력 신호가 RBW Filter(주파수 분해능 필터)를 통과하여 검파된 신호를 화면에 표시하며, 출력 단자에 스피커를 장착하게 되면 소리로 들을 수 있다. 이때는 스펙트럼 분석기가 수신기에 CRT 화면 표시장치를 장착한 것과 같다.

### (5) 주파수 분해능 (Resolution Bandwidth : RBW) 필터 조정

미국의 전기전자공학회(IEEE)에서 스펙트럼 분석기의 분해능을 “근접한 응답신호를 개별적으로 표시하는 능력이다. 분해능의 측정은 3dB의 흠 (Notch)이 있는 합쳐진 신호를, 2개의 주파수로 분리해주는 것이다”라고 정의하고 있다. RBW 필터는 스펙트럼 분석기의 3차 중간 주파수(3rd IF) 후단에 위치하고 있는 대역통과 필터(Bandpass Filter)이다. 이 필터들의 역할은 근접되어 있는 두 주파수를 어느 정도까지 분리할 수 있는가를 결정지어 준다. 폭이 좁은 필터일수록(Narrower Filter) 근접되어 있는 두 신호를 각각 분리하여 표시해 줄 수 있다. RBW 필터들은 또한 스펙트럼 분석기에서, 펄스 형태의 신호와 잡음들의 응답 특성을 결정지어 준다. 스펙트럼 분석기 화면에 그려진 스펙트럼의 모양은 RBW 필터 형태와 실제 신호 스펙트럼 형태의 조합이다. 그래서 2개의 같은 진폭을 가진 신호가 RBW 폭 만큼 떨어진 상태라면 측정된 화면의 신호는 〈그림 7-17〉과 같이 나타난다.

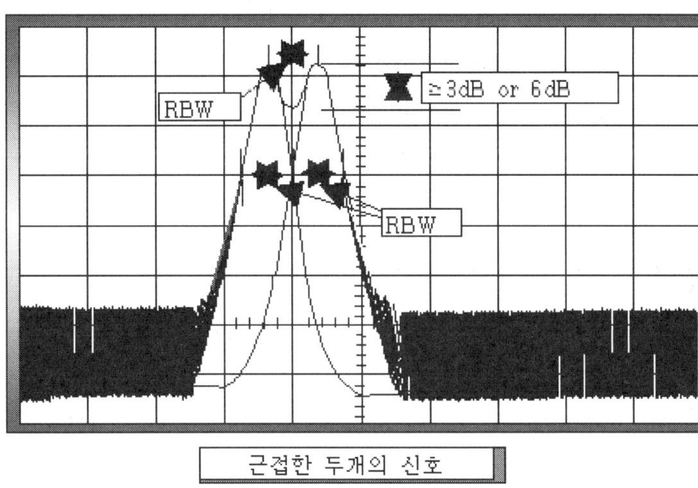


☑ **그림 7-17** 2개의 신호가 RBW 만큼 떨어진 상태의 주파수 분석 결과

모든 측정 조건은 똑같이 하고 넓은 RBW와 좁은 RBW를 선택하였을 때 넓은 폭의 RBW에서는 근접되어 있는 작은 신호가 큰 신호에 가려서 신호의 유무를 확인할 수 없지만 좁은 폭의 RBW에서는 쉽게 확인할 수 있다.

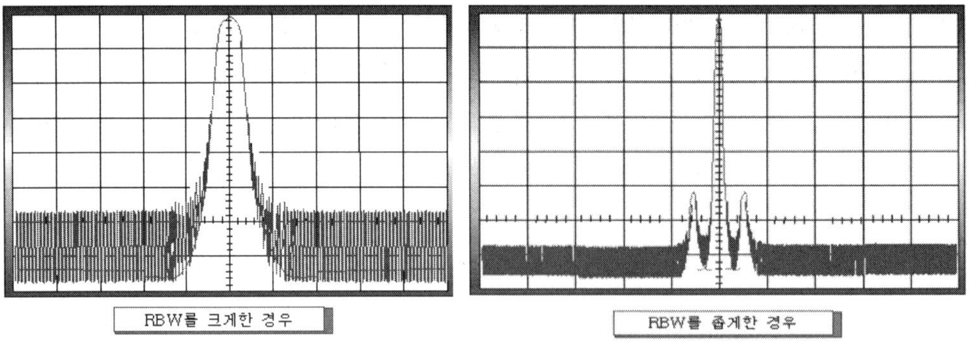


☑ **그림 7-18** RBW 변화에 따른 바닥 잡음의 변화

RBW의 또 다른 특징으로서 대역폭이 좁을수록 화면의 바닥 잡음(Noise Floor)이 낮아진다. 이것은 잡음전력이 주파수 대역폭에 비례하기 때문이다. 바닥 잡음이라 함은 밑선(Baseline) 또는 수평주사선(Trace)의 최저치를 의미하는 것으로 스펙트럼 분석기의 자체에서 발생되는 잡음이다. 이것은 스펙트럼 분석기에 아무 신호도 연결하지 않았을 때 화면에 나타나는 잡음을 말한다. 사용자가 RBW필터의 대역폭을 10배수씩 변화시키면, 바닥 잡음도 10dB씩 변하게 된다. 즉, 만약 RBW를 10배 감소(예를 들어 300kHz에서 30kHz로)시키면 바닥 잡음도 약 10dB 감소한다. 반대로 대역폭을 30kHz에서 300kHz로 증가시키면 잡음은 약 10dB 증가한다.

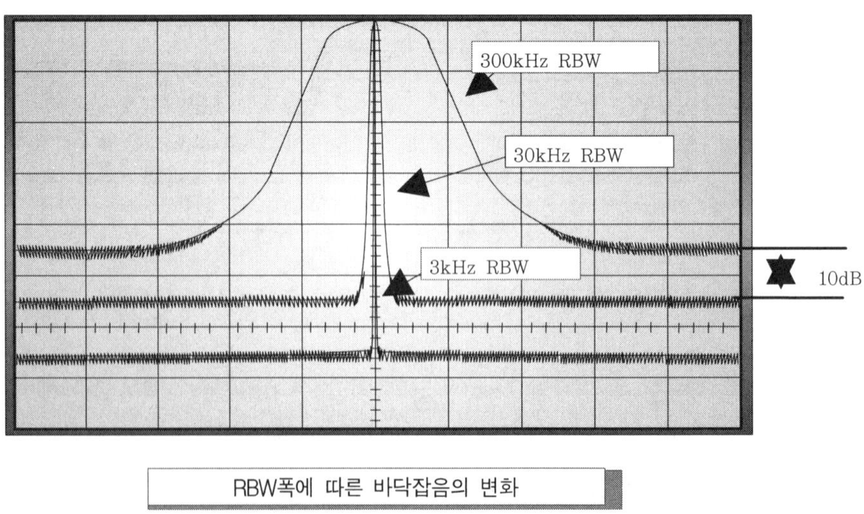


☑ **그림 7-19** RBW 변화에 따른 바닥 잡음의 전력 변화

### (6) 스위프 조정(Sweep Control)

스위프 조정은 스펙트럼을 주사하고 표시해주는 속도를 선택하는 것으로, 단위는 Time/Div이다. 대부분의 스펙트럼 분석기는 RBW에 따라서 스위프 속도를 자동으로 선택하여 준다. 스펙트럼이 너무 빨리 스위프하게 되면, RBW 필터가 충, 방전할 시간(시정수)이 부족하기 때문에 정확하지 못한 측정 결과가 나타난다. 〈그림 7-19〉는 너무 빠른 스위프 속도에서 일어날 수 있는 에러를 보여주고 있다.

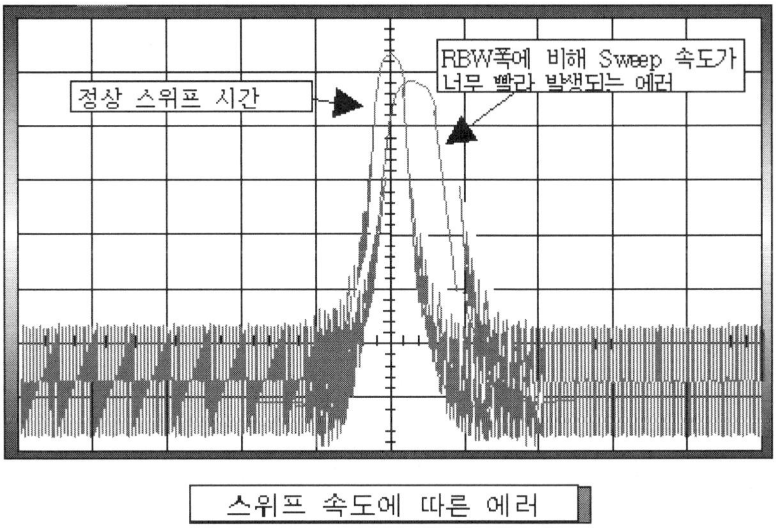


☑ **그림 7-20** 스위프 속도에 따른 에러

또한 스위프 속도가 너무 느리게 되면 화면상 신호에 대한 오차는 발생하지 않지만 화면 전체를 한눈에 확인할 수 없는 깜박임(Flicker) 현상이 발생하거나, 다음 스위프 동작 전에 화면이 사라지게 되는데, 이때 이런 현상은 화면을 저장(Storage)하여 해결할 수 있다.

### (7) 비디오 필터 조정(Video Filter Control)

비디오 필터(일명 잡음 평균화 필터)의 주목적은 화면에 표시된 스펙트럼의 잡음을 평균하여 감소시키는 것이며, 이것은 바닥 잡음의 두께를 작게 하여 아주 작은 신호를 인식하기 쉽도록 하여준다. RBW가 계측기 내부에서 얼마나 촘촘히 측정하느냐를 결정한다면 VBW는 그 측정된 결과들이 화면상에서 얼마나 부드럽게 보이게 하느냐를 결정한다. 이것은 내부 비디오 필터 차단 주파수를 변화시키는 것이며, 저역통과필터로 구성되어 있어 고주파 잡음을 걸러주는 역할을 한다. 따라서 VBW를 작게 하면 잡음 성분을 제거하여 화면이 깨끗해지며 평탄하게 만들어 잡음에 인접한 미약 신호를 분석해낼 수 있지만 디스플레이 속도가 느려진다.

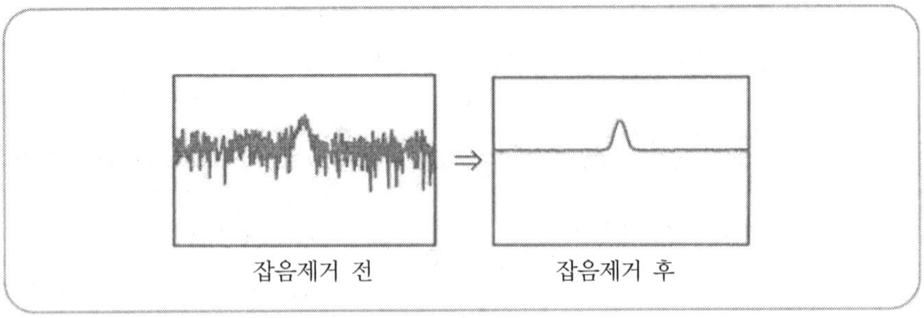


☑ **그림 7-21** VBW 변화에 따른 디스플레이 변화

## (8) 기타 기능

**1) 디지털 스토리지 (Digital Storage)**

주사 스펙트럼 분석기(Scanning Spectrum Analyzer)는 일반적으로 신호 스펙트럼의 완전한 스위프를 위하여 수 msec에서 수 sec까지의 시간을 필요로 한다. 스위프 속도가 빠를 경우에는 아날로그 CRT를 이용하여 스펙트럼을 볼 수 있지만 스위프 속도가 늦을 경우(잔상 시간이 충분치 못함)에는 주사선이 깜박이거나 첫 번 화면이 다음 스위프가 시작되기 전에 천천히 사라지게 되어서(Flicker 와 Fade out) 완전한 전체 화면을 볼 수가 없다. 아날로그 스펙트럼 분석기는 이것을 해결하기 위하여 잔상 시간이 긴 특수한 형광물질 CRT를 이용하였으나 오늘날의 발전된 디지털 기술은 신호 스펙트럼을 디지털화 하여 저장할 수 있게 되었다.

**2) 주파수 마커 (Frequency Markers)**

대부분의 스펙트럼 분석기는 저장되어 있는 스펙트럼 상에서 측정을 원하는 지점에 주파수 마커를 위치시킬 수 있다. 마커들은 화면상에서 밝게 빛나는 점으로 존재한다. 이 마커들을 이용하여 정확하고 편리하게 주파수, 레벨 등을 측정할 수 있다.

**3) 중심 주파수 측정 및 트랙킹(Center Frequency Measure and Tracking)**

이 방법은 신호의 주파수를 측정하는 가장 쉬운 방법으로서 스펙트럼 분석기가 자동으로 최고 레벨의 주파수를 측정하고, 이 주파수를 중심주파수로 만들어 주어 화면의 중앙으로 위치해주는 기능으로서, 측정할 신호는 사용자가 마커를 다른 신호에 위치하지 않는 한 화면 중앙에 위치할 것이다.

**4) 주파수 카운터 (Frequency Counter)**

스펙트럼 분석기에 내장된 카운터의 장점은 일반 카운터로 측정이 어려운 레벨이 낮은 신호(일반 Counter와 비교하면 감도가 훨씬 양호)나 여러 개의 주파수가 포함된 신호라도 스펙트럼 분석기의 측정 범위(레벨 및 주파수)에 있다면 필요한 신호를 선택 및 측정이 가능하다.

**5) 주파수 범위 조정(Frequency Range Control)**

넓은 대역을 측정할 수 있는 스펙트럼 분석기는 주파수 범위를 몇 개의 대역으로 분할하여 사용한다. 이런 스펙트럼 분석기의 주파수 범위 조정은 수신기의 대역 선택 스위치와 같은 동작을 하며, 스펙트럼 분석기가 현재 주사하는(Scanning)대역을 결정지어 준다. 그렇지만 일반적으로 중심 주파수만 입력하면 자동으로 대역을 선택하므로 별도의 대역 선택을 필요로 하지 않는다.

**6) 위상 잠금(Phase Lock)**

스펙트럼 분석기는 일반적으로 2개 이상의 국부 발진기(Local OSC)를 사용하고 있다. 수평축의 주파수 대역을 넓게 선택하면 내부 발진기에서의 작은 주파수 변화는 크게 문제되지 않지만, 수평축을 수 kHz/Div으로 낮추게 되면 내부 발진기의 불안정은 심각한 문제로 나타난다. 따라서 내부 발진기의 주파수 변동은 화면상에서 큰 문제가 되므로 설정된 주파수 대역이하로 좁게 하면 자동으로 내부 발진기에 대한 위상 잠금(Phase Lock)을 걸어 안정된 화면을 제공한다.

**7) 고조파 변환, 프리셀렉터(Harmonics Mixing Preselectors)**

마이크로웨이브나 밀리미터파의 주파수를 해석하기 위하여 많은 스펙트럼 분석기가 고조파를 이용하고 있다. 이 방법은 국부 발진기의 기본파와 고조파(Harmonics)를 이용하여 입력 신호와 혼합하는 것이다. 즉 항상 입력신호에 대해 국부 발진기의 기본파나 고조파들 주파수 차이는 중간주파수와 같으며, 이 신호가 스펙트럼 분석기에 의해 표시되는데, 이것은 국부 발진기를 여러 개 가지고 있는 것과 같은 의미라고 볼 수 있으며, 각각은 기본파에 대해 n배의 범위를 갖게 된다. 만일 기본파가 2GHz에서 6GHz의 범위를 발진한다고 하면, 2차 고조파는 4GHz～12GHz, 3차는 6GHz～18GHz, 4차는 8GHz～24GHz등이 되며, 50차 정도까지 이용할 수 있다. 그러므로 국부 발진기의 고조파들의 조합을 이용해 2GHz에서 최고 300GHz까지도 스위프 할 수 있다. 이 방법은 넓은 대역까지 이용할 수 있으나, 원치 않는 다른 문제가 발생한다. 모든 고조파들은 기본파와 항상 같이 존재하므로 여러 개의 스펙트럼이 화면상에 나타나게 되어 어떤 신호가 진짜 인지를 알 수 없게 된다. 이 문제를 해결하는 방법으로서 프리 셀렉터를 사용하여 스펙트럼 분석기의 주파수를 따라가면서 측정 범위내의 신호만 통과시켜 1차 믹서로 넣어준다. 즉, 스펙트럼 분석기에서 선택한 대역의 주파수들만을 통과시킨다.

### 7.4.4 스펙트럼 분석기의 사용 방법

(1) 스펙트럼분석기는 접지가 잘 되어 있는 상태에서 입력 전원을 인가한다. 110/220V 전원선택 스위치가 있는 장비는 연결 전 반드시 확인한다.
(2) 과다 입력에 따른 측정 장비 입력단(Attenuator, Mixer/의 손상 방지를 위해 스펙트럼 분석기에 입력하고자 하는 신호가 허용입력(30dBm)이하가 되도록 한다. 과다 입력(최대입력 30dBm = 1W)여부를 반드시 사전에 확인한다. 측정하고자 하는 무선기기의 출력이 높을 경우, 외부 감쇠기나 커플러를 이용하여 출력을 1W 이하로 낮춘다.
(3) 스펙트럼분석기를 충분히 예열한다.
(4) 측정하고자하는 기기의 주파수를 알고 있는 경우에는 FREQUENCY/Channel의 Center Freq를 이용하여 주파수를 선택하고, 정확한 주파수를 알지 못 할 경우에는 FREQUENCY/Channel의 Start Freq와 Stop Freq를 이용하여 찾는다. 주파수를 입력할 때 화면전면에 있는 노브·단계키 또는 숫자패드를 이용하여 입력한다.
(5) 스펙트럼 분석기 화면에서 원하는 주파수를 선택하여 찾았을 경우, 신호의 폭이 작거나 크면 Span키를 이용하여 X Scale의 범위를 선택한다. 원하는 신호가 WCDMA 신호이면, 대역폭이 5MHz이내이기 때문에 Span의 범위를 6MHz～10MHz로 맞추면 된다.
(6) 신호의 최대치가 화면에 나타나지 않고 Dynamic Range를 벗어나면, 화면의 진폭 레벨을 조정하여야 한다. Amplitude를 눌러 Ref Level키를 화면상에 활성화 한 후, 화면의 최상위 격자에 있는 기준 레벨의 값을 변경하면 최상위 격자 줄의 진폭레벨도 변경된다. 원하는 경우, 노브·단계 키 또는 숫자 키패드를 이용하여 화면상단에 신호를 최대로 배치하여 사용할 수 있다.
(7) 정확한 값을 측정하기 위해서 RBW와 VBW를 측정기준에 맞게 조정한다.
(8) 마커 기능을 이용하여 신호의 주파수와 진폭을 측정한다. 마커를 신호의 최대치에 위치시키면 신호의 주파수와 진폭을 찾아낼 수 있다. 전면판의 Marker키를 눌러 마커기능을 활성화 시킨 후 노브를 돌려 신호 최대치에 마커를 위치시키거나, Peak

Search를 사용하여 마커를 최고점에 배치시킨다. 마커 주파수 및 진폭의 판독결과가 스펙트럼분석기 디스플레이 우측 상단 코너에 나타난다. 마커를 활성화한 후, Delta Marker기능을 이용해서 다른 주파수와의 차이를 알 수도 있다.

(9) 점유주파수 대역폭 및 출력 등은 Measure 키의 BW 및 Channel BW를 이용하여 측정한다.

(10) 측정완료 후 스펙트럼 분석기의 전원을 OFF하기 전에, 먼저 스펙트럼 분석기에 연결된 케이블을 입력단에서 분리하고 전원을 OFF한다.

## 7.5 네트워크 애널라이저

### 7.5.1 개 요

네트워크 애널라이저(Network Analyser)는 회로망 분석기 또는 NA라는 약자로 많이 사용된다. 네트워크 애널라이저는 오실로스코프가 시간 영역의 신호 분포를 표시하고 스펙트럼 애널라이저가 주파수 영역의 신호 분포를 확인하는 반면에 하나의 장비에 주파수 소스와 스펙트럼 애널라이저가 들어 있어서 입력과 출력의 주파수 신호 분포결과를 분리하여 측정할 수 있는 장비이다. 네트워크 애널라이저를 이용하여 측정할 수 있는 항목은 S 파라미터(magnitude, phase), 입력과 출력 임피던스, 반사와 진행파, 방사패턴, 시간 지연 등이다. 네트워크 애널라이저는 보통 2개의 동축선 커넥터 포트가 달려있어서 각각 측정 대상 (DUT : Device Under Test)의 입력과 출력에 연결하여 사용한다. 여기서 동축 커넥터는 소형의 SMA type과 대형의 N type을 주로 사용한다. 네트워크 애널라이저는 컴퓨터와 인터페이스하여 GPIB나 HPIB를 통해 컴퓨터의 소프트웨어와 연동이 가능하다. 이를 통해 자동 측정 및 데이터베이스가 가능하여 디바이스 모델링에 활용될 수 있다. 네트워크 애널라이저는 S 파라미터의 크기만을 측정하는 스칼라 네트워크 애널라이저(Scalar Network Analyser)와 크기와 위상을 함께 측정하는 스칼라 네트워크 애널라이저(Vector network analyser)가 있다. 네트워크 애널라이저의 주파수 동작 범위는 기술의 발전에 따라 100GHz 이상의 밀리미터파(milimeter wave) 대역까지 확대되고 있다.

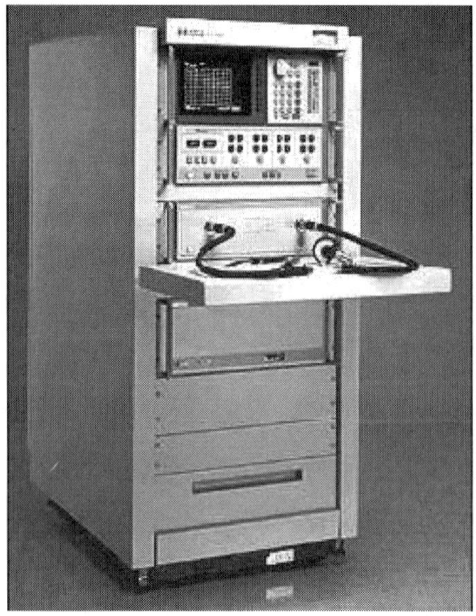

☑ **그림 7-22** 네트워크 애널라이저 예

## 7.5.2 네트워크 애널라이저 사용 방법

모든 장비는 장비를 사용하기 전에 계측기의 오차를 줄이기 위해 초기화한 후 설정을 다시 한다. 이것은 현재의 주변 환경에서 최적의 측정을 위한 것으로 사격에서 총을 발사하기 전 몇 번의 사전 발사로 총의 오차를 줄이기 위한 사전 작업과 같다. 이것을 캘리브레이션 (Calibration)이라고도 한다. 네트워크 애널라이저는 고주파 장비여서 캘리브레이션이 더욱 까다롭고 복잡하다. 네트워크 애널라이저 캘리브레이션은 주로 동축케이블 끝단에서 Open, Short, Load (OSL) 기술을 이용하여 수행되어지는데 세 가지의 terminator를 각 포트에 번갈아 끼우면서 수행하게 된다. Open, short, load를 각각 달았을 때의 기본 응답이 네트워크 애널라이저 내에 내장되어 있기 때문에, Open, short, load를 연결하고 측정한 값과 Open, short, load의 기본 응답 값 사이의 차이를 계산하여 보상한다. OSL 조정 절차는 양쪽 포트에서 각각 따로 수행되어야 하며, 이를 통해서 케이블 길이에 의한 위상차를 보정하고, 주변 잡음에 의한 영향을 상쇄시켜준다. 또한 상황에 따라서는 양쪽 포트를 연결한 값도 캘리브레이션하는데 이 경우를 포함하여 Open, Short, Load, Through (OSLT)기술이라고도 한다. 이러한 OSL(혹은 OSLT)을 이용한 Calibration kit는 정밀도에 따라 economy형과 precision형으로 분류되며, 주파수가 올라갈수록 작은 직경의 동축 케이블 커넥터를 이용하므로 각각 다른

calibration kit를 사용해야 하며 직경에 따라 캘리브레이션할 수 있는 주파수 범위가 다르다.

일반적으로 측정장비는 기후에 민감한데 특히 온도에 민감하여 네트워크 애널라이저를 동작시킨 후 예열을 충분히 한 후(약 30분~1시간) 캘리브레이션을 하고 사용하여야 한다. 캘리브레이션은 우선 terminator를 연결할 때 적당한 조이기로 잘 연결되어야 하며, 캘리브레이션 중에는 케이블을 건드려서는 안 된다. 특히 주파수가 올라갈수록 캘리브레이션의 결과차이가 많이 발생한다. 캘리브레이션의 정확성 차이는 캘리브레이션 후 잡음 레벨의 차이로 나타난다. 정확성이 높을수록 아무런 입력이 없을 때의 잡음 레벨이 더 낮게 나온다. 그리고 네트워크 애널라이저를 수시간 이상 사용할 때 장비의 온도 변화를 고려하여 중간에 캘리브레이션을 다시 할 필요가 있다. 캘리브레이션의 문제가 있는 경우 결과 값이 수시로 변화하는데 이것은 주파수가 높을수록 심하다.

# 7.6 전파 분석 장비

## 7.6.1 개 요

이동통신은 전파를 이용하여 정보를 송수신한다. 전파는 육안으로 식별이 불가능하며, 전파를 측정하기 위해서는 별도의 장치가 필요하다. 이동통신 시스템에서 단말기와 기지국간에 전파에 실려 송수신되는 데이터 및 전파 자체의 품질(Quality)을 측정하여 육안으로 식별할 수 있게 보여 주는 장비가 전파 분석 장비이다. 이 장비를 일반적으로 DM(Diagnostic Monitor) 장비라고 한다. DM 장비는  전파분석 소프트웨어와 단말정보를 인터페이스하는 하드웨어 그리고 GPS와 같이 부가장비들로 구성된다. 최근에는 스마트폰에 GPS 등 부가장비들이 갖추어져 있고 높은 PC 기능을 가지고 있어 앱으로 구현되기도 한다. 또한 스마트폰에서 측정한 데이터를 클라우드 서버에서 수집하여 네트워크를 최적화하는 솔루션을 제공하기도 한다. 〈그림 7-23〉은 실제로 스마트폰에서 구현된 모바일 DM 화면을 나타내고 있다.

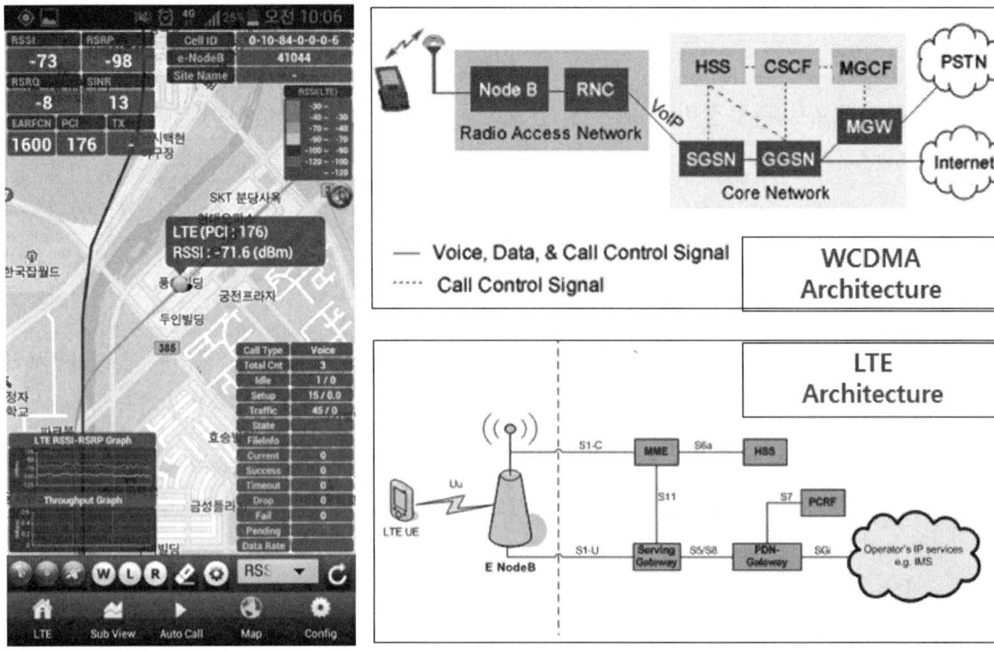


☑ **그림 7-23** 이동전화망의 구성과 DM

이동전화 시스템 측면에서 기지국은 단말기와 통신을 하기 위해 전파를 사용하며 감쇠한다. 따라서 기지국은 제한된 서비스영역을 가진다. 이러한 기지국을 이용하여 광범위한 서비스영역을 갖는 이동통신망을 구성하기 위해서는 여러 개의 기지국을 넓은 범위에 걸쳐 설치하는 것이 필요하다. 그러나 전파의 세기가 미약하게 도달하거나, 다수의 기지국으로부터 많은 전파가 도달하여 전파가 혼재하거나, 아예 도달하지 않는 지역들이 생기는 것이 이동전화망의 특성이다. 이러한 지역들을 전파불량 및 음영지역이라 부르며, 측정 및 분석을 통해 해당 지역들을 추출하고 이동통신망의 파라미터(기지국 출력전력, 안테나 틸팅 및 방향 등)를 조정하여 전파불량 및 음영지역을 통화가 원활히 되는 양호한 지역으로 변경하는 작업이 최적화이다. 이러한 최적화 작업을 위해서는 전파환경을 수집/분석하는 장비가 필수적이며, 이를 제공하는 것이 DM이다. 또한 초기에 이동통신망 설계를 근거로 필요한 지역에 기지국을 설치하여 이동통신망을 구축한 후, 설계목표와 실제 품질을 비교하여 기지국의 추가증설 또는 이설 등의 작업을 추진하게 되는데, 이때에도 DM이 사용된다. 이동전화 단말기는 DM으로 단말기와 기지국 간에 송수신되는 정보들을 제공한다. 따라서 DM을 이용하여 단말기가 정해진 통신규격(Protocol)을 준수하는지의 여부를 확인할 수 있다.

최적화 및 망 구축 확인 작업은 광범위한 지역에 대해 수행되며, 차량에 DM을 탑재하여 이동하면서 데이터를 수집하게 된다. 일반적으로 DM은 실시간 측정 툴이며 측정과 동시에 전파환경 및 시스템 성능을 확인할 수 있다. 그러나 실시간 측정의 단점은 정밀한 분석이 불가능하다는 것이다. 이 때문에 DM은 실시간 측정과 동시에 제공되는 데이터를 저장하는 기능을 갖는다. 저장된 데이터는 일반적으로 후처리 분석 툴(Post Processing tool)을 이용하여 정밀 분석된다. 또한 이동구간에서 위치확인(실시간 및 후처리 분석용)을 위해 DM은 GPS(Global Positioning Satellite)로부터 시간 및 위치 정보를 제공받는다. 해당 기능을 통해 지도상의 특정지점에서의 전파환경 및 서비스품질을 확인하는 것이 가능하다.

이동통신 시스템은 음성 및 저속 데이터 서비스 위주의 시스템에서 고속 데이터서비스를 포함한 서비스를 제공할 수 있는 시스템으로 진화하여 왔다. DM은 지원되는 규격에 따라 상이하게 만들어진다. 초기 음성위주의 시스템에 사용되는 DM은 사용자 데이터(음성)를 추출할 필요가 없었다. 왜냐하면 단말기에서 관련된 정보를 모두 제공해 주기 때문이다. 그러나 데이터서비스를 제공하는 시스템에서는 이동통신 시스템이 제공하는 품질에 대한 정밀 측정/분석을 위해 사용자 데이터를 수집하여 분석하는 것이 필요하다. 수집된 사용자 데이터는 패킷지연, 재전송 등의 데이터 서비스의 품질을 확인하는데 사용된다. DM 장비의 제조는 단말기에서 외부 장치로 제공하는 접속규격(Interface specification)에 근거하여 이루어지나, 일반적으로 해당 접속규격은 사용자 데이터 추출에 관한 부분은 포함하지 않는다. 따라서 데이터 서비스에 대한 사용자 데이터의 수집은 DM 장비 제조사에 따라 기능구현이 안 되어 있을 수도 있다.

### 7.6.2 DM의 원리 및 구성

언급한 바와 같이 DM은 단말기와 DM 장치 간에 미리 약속된 규격에 따라 단말기가 DM 장치에 제공하는 정보를 가공하여 나타내는 장비이다. 〈그림 7-24〉에 DM 장치의 구성을 나타내고 있다. DM 장비는 소프트웨어와 하드웨어 등이 스마트폰에서 구현될 정도로 발전하였지만 DM 기능을 상세하게 다루기 위해 기능별로 세분화여 설명한다.

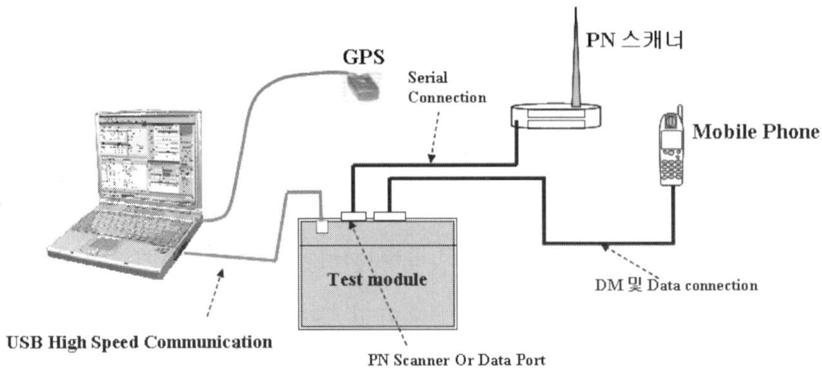


☑ **그림 7-24** DM 장치의 구성

DM 장비를 구동하기 위해서는 DM S/W가 탑재된 컴퓨터에 단말기와 GPS를 연결하고, 컴퓨터에서 DM S/W를 실행하면 된다. 단말기와 GPS로부터 컴퓨터로 전달되는 정보는 컴퓨터의 DM S/W에 의해 가공되어 사용자가 확인할 수 있는 형태로 표시된다. DM S/W에 의해 가공되는 정보는 크게 다음과 같이 분류된다.

(1) 메시지 : 호를 연결/유지/종료하기 위해 단말기와 기지국 간에 주고받는 정보
(2) 전파환경 데이터 : 단말기가 수신한 신호의 전력(RSSI), 신호의 품질($E_c/I_o$) 및 단말기 송신 전력(Tx power)등의 정보
(3) 위치 정보 : GPS로부터 제공되며, 메시지 및 전파환경 데이터가 수집된 위치를 확인하는데 사용되는 정보
(4) 사용자 데이터 : 데이터 서비스를 이용하는 경우, 데이터 throughput 및 프로토콜 분석을 위해 단말기와 정보제공 시스템 간에 주고받는 정보

DM 장비는 단말기 및 GPS에서 제공되는 정보를 가공하여 표시하는 기능을 갖는 장비이다. 〈그림 7-25〉는 DM 장치에서 가공하여 표시되는 정보들의 예를 나타내고 있다. 통계창을 활용하여 표시되는 정보들은, 자동호 시험을 수행할 경우 자동호 통계 및 무선품질 통계 등이며, 그래프는 주로 무선품질 데이터를 표시해 주는데 사용된다. 디지털지도를 활용하여 지도상에 데이터를 표시하는 기능이 제공되며, 이외에 메시지 창은 단말기와 시스템 간에 송수신되는 메시지를 표시해 준다. DM 장치는 Replay 기능을 갖고 있어서, 수집된 데이터를 측정 당시와 동일하게 사후 분석하는 작업을 가능하게 해 준다.

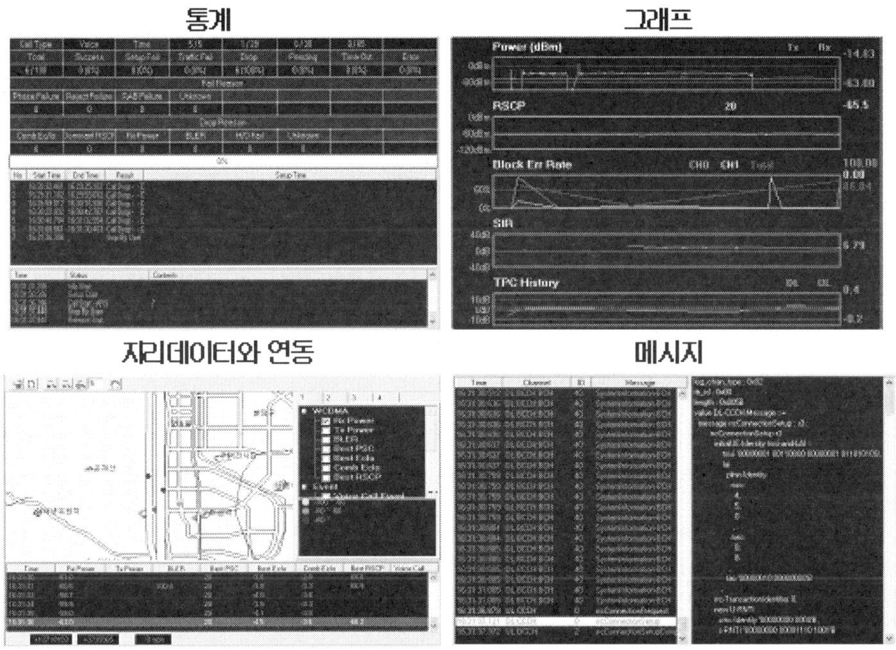


☑ **그림 7-25** DM이 분석/표시 정보

〈그림 7-26〉에는 기능적인 측면에서 단말기와 DM S/W 장치간의 연결을 도식화한 것이다. 일반적으로 단말기에는 DMSS(Diagnostic Monitor Sub System)라는 S/W 루틴이 있어서, 단말기의 전원이 켜져 있고 외부 DM S/W와 연동이 되는 경우 주기적으로 DM 장치로 정보를 제공하여 준다. GPS 또한 주기적으로 위치 및 시간 정보를 DM 장치로 제공한다.

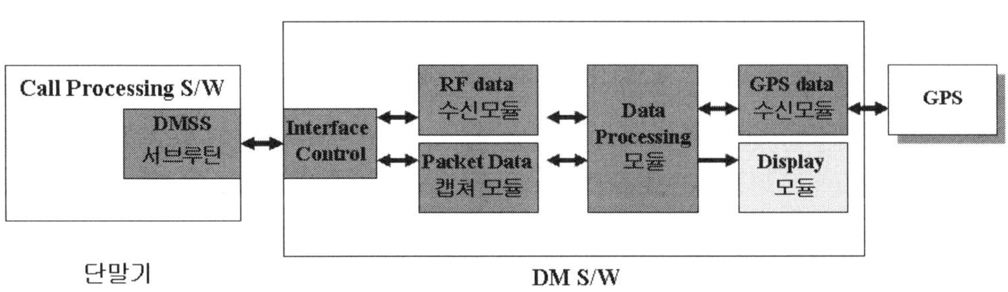


☑ **그림 7-26** DM 장치의 S/W 구성

단말기에 내재된 DMSS 서브루틴은 DM 장치와 정해진 규격에 의해 통신을 수행한다. 일반적으로 단말기에는 MSM(Mobile Station Modem)이라 불리는 칩셋을 내장하고 있으며, 해당 칩셋에 DMSS S/W가 구현된다. 칩셋을 만드는 제조회사에 따라 단말기와 DM 장치간의 접속규격이 상이하다. 일반적으로 DM S/W는 이동성을 확보하기 위해 노트북 PC에 탑재하여 사용한다. DM S/W를 구성하는 모듈별 기능은 다음과 같다.

(1) 인터페이스 제어 : 이동전화단말기와 DM 장치간의 데이터 송.수신을 제어
(2) RF data 수신 모듈 : DMSS 서브 루틴으로부터 제공되는 각종 정보를 수신
(3) Packet data 캡쳐 모듈 : 이동전화단말기와 이동전화망에 연결된 서비스 제공 장비 사이의 데이터를 캡쳐하며, 음성서비스에는 적용되지 않음
(4) GPS data 수신 모듈 : GPS 신호를 수신하여 위치 및 시간정보를 제공
(5) 데이터 프로세싱 모듈 : RF 데이터 수신 모듈, 패킷 데이터 캡쳐 모듈 및 GPS 데이터 수신 모듈로부터 제공되는 데이터들을 추출/가공/저장
(6) Display 모듈 : 데이터 프로세싱 모듈이 가공한 정보를 사용자가 인식이 가능하도록 PC의 LCD 스크린에 표시하는 기능

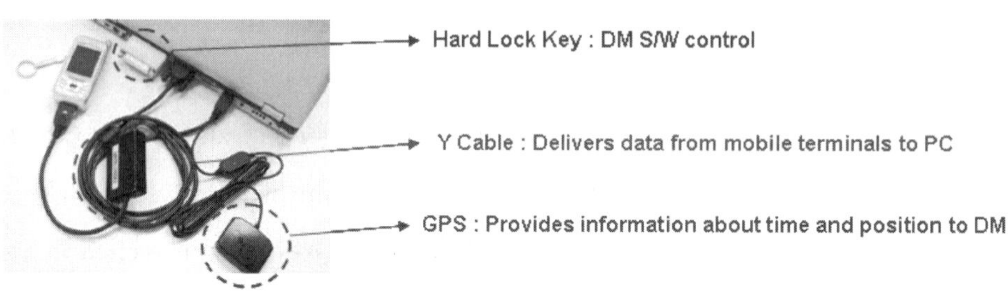


☑ **그림 7-27** DM 장치와 단말기와의 연결

〈그림 7-27〉에 단말기와 DM 장치가 연결된 실제 모습을 나타내고 있다. 단말기와 DM 장치와의 연결은 특별한 케이블을 사용하여 연결되며, 단말기 하부에 있는 연결단자의 pin Map에 따라 달라진다. IS-95 A/B 및 cdma2000 1x 등의 규격에 근거한 단말기는 pin Map에 대한 국가 표준이 없었으나, 표준 제정의 필요성에 따라 정보통신부에서 2001년 이를 제정하게 되었다. 제정된 내용은 〈그림 7-28〉과 같이 24개의 pin을 가지며, 각 pin별 신호는 〈표 7-3〉과 같다.

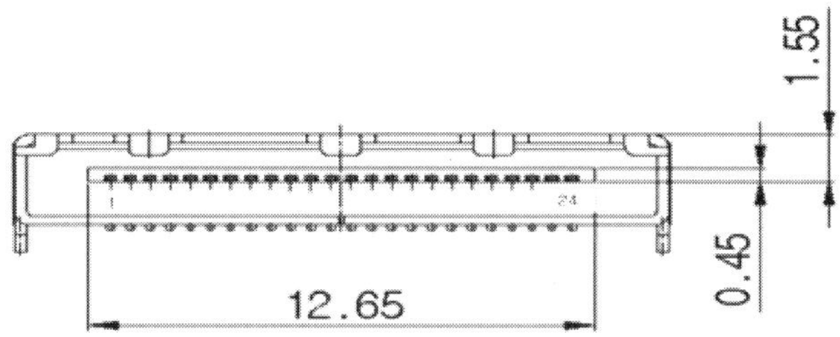


☑ **그림 7-28** 단말기의 pin Map 구성

☑ **표 7-3** 단말기 pin별 신호내역

| 핀 | 신호 명 | 입출력 구분 | 비 고 |
|---|---|---|---|
| 1 | Battery ID | 입력신호 | 충전 |
| 2 | HAND-FREE MODE | 입력신호 | 3.3V 이하 신호 |
| 3 | DSR | 출력신호 | 데이터 통신 |
| 4 | POWER (+5.0 ~ 5.5V) | 전 원 | 충전 |
| 5 | POWER (+5.0 ~ 5.5V) | 전 원 | 충전 |
| 6 | ON SWITCH | 입력신호 | 3.3V 이하 신호 |
| 7 | AUDIO IN / PCM RX | 입력신호 | 평균 100mV/1KHz /PCM 수신 |
| 8 | OPTION / PCM CLOCK | 출력신호 | 선택 / 디지털 핸즈프리 |
| 9 | OPTION / PCM SYNC | 출력신호 | 선택 / 디지털 핸즈프리 |
| 10 | OPTION / USB D- | 입력신호 | 선택 / USB 데이터 |
| 11 | AUDIO OUT / PCM TX | 출력신호 | 평균 100mV/1KHz /PCM 수신 |
| 12 | POWER GROUND | 전 원 | 충전 |
| 13 | RXD | 입력신호 | 데이터 통신 |
| 14 | TXD | 출력신호 | 데이터 통신 |
| 15 | OPTION / USB D+ | 출력신호 | 선택 / USB 데이터 |
| 16 | USB Power (+5.0V) | 전 원 | USB 전원 입력(T/R 내장) |
| 17 | DCD | 출력신호 | 데이터 통신 |
| 18 | RI | 출력신호 | 데이터 통신 |
| 19 | POWER GROUND | 전 원 | 충전 |
| 20 | RFR : RTS | 출력신호 | 데이터 통신 |
| 21 | POWER (+4.2V) / SWB + | 전 원 | 충전 / 단말기로부터 전원공급 |
| 22 | POWER (+4.2V) / SWB + | 전 원 | 충전 / 단말기로부터 전원공급 |
| 23 | CTS | 입력신호 | 데이터 통신 |
| 24 | DTR | 입력신호 | 데이터 통신 |

〈표 7-1〉의 규격에 의하면, 사용자 데이터가 송수신되는 단자의 pin의 번호, 전파품질을 전달하는 단자의 pin 번호의 구분이 가능하다. 일반적으로 DM S/W가 구동되는 PC에 전파품질을 제공받는 단자와 데이터 서비스 시 사용자 데이터를 제공받는 단자는 물리적으로 분리되어야 하며, 〈그림 7-29〉에서와 같이 단말기에 연결된 1개의 접속 케이블이 DM 장치에 접속될 경우에는 두 가닥의 케이블로 분기되어야 한다. 따라서 접속 케이블의 중간에 해당 기능을 수행하는 변환장치가 필요하다.

### 7.6.3 DM의 활용사례

DM은 이동통신망의 최적화 작업, 망 설계의 검증 및 이동전화단말기 프로토콜의 검증 등에 사용되는 장비이다. 최적화 작업은 전파의 측정 및 분석을 통하여 이동전화망의 문제점을 파악하고, 문제점이 발견될 경우 가능한 해결 방안을 수립하여 망에 적용한 후, 확인하는 과정을 총칭한다. 이러한 작업은 DM 장비 없이 불가능한 과정이다.
모든 이동통신망은 품질 확인 및 최적화를 위해서 DM 장비의 사용이 요구된다.

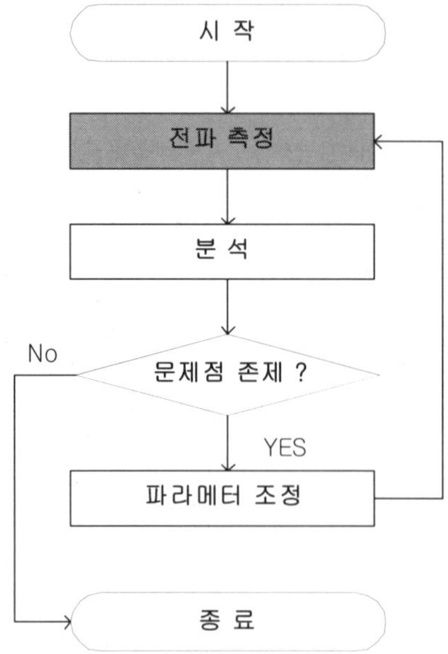


☑ **그림 7-29** 최적화 작업 과정

### (1) 활용 사례 1 : 수신전력(Rx power) 불량 지역

〈그림 7-30〉은 기지국으로부터의 수신 전력이 미약하여 신호의 품질이 나빠지는 예를 나타내고 있다. 1번창과 2번창을 통해 해당지역은 PN 228번 기지국의 신호가 가장 센 지역이나, 2번창에서 보는 바와 같이 전반적인 수신 전력이 미약하여 4번창에서 보는 바와 같이 신호의 품질이 나쁜 지역으로 나타났다. 해당지역은 다른 지역에 영향을 미치지 않는 범위 내에서 PN 228번에 해당하는 기지국의 출력전력을 현재 보다 높게 설정하거나, 안테나의 방향을 조정하여 해결할 수 있다. 조정된 파라미터를 적용한 후에는 확인 작업이 필요하며, 이러한 조정/확인 작업의 반복은 비용과 시간을 낭비하므로, 통상 중간 과정은 시뮬레이션을 통해 수행하는 경우가 많다.

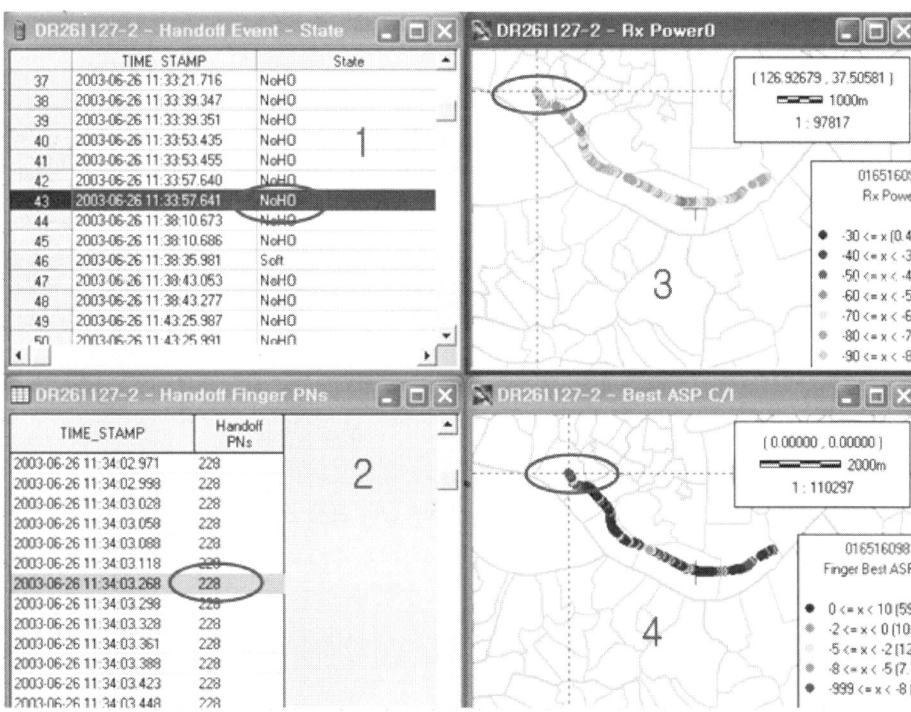


☑ **그림 7-30** 수신 전력 불량지역 예

### (2) 활용 사례 2 : 전파 혼재 지역 (Pilot pollution area)

〈그림 7-31〉은 기지국으로부터의 수신 전력이 미약하여 신호의 품질이 나빠지는 예를 나타내고 있다. 〈그림 7-31〉의 2번창의 중심부근 지역은 다수의 기지국으로부터의 신호가 수신되는 지역인 전파 혼재 지역이다. 1번창에서 확인되는 바와 같이, 272, 314, 146, 212 번 PN을 갖는 기지국들로부터 전파가 수신되고 있다. 이와 같은 지역은 수신

전력은 높으나 잦은 핸드오프 및 간섭으로 인하여 통화품질의 하락을 초래하며, 기지국의 채널 자원을 많이 점유하므로 효율성 측면에서 문제를 안고 있다. 이러한 지역은 타 지역에 영향을 주지 않는 범위 내에서 특정 PN을 갖는 기지국의 신호가 가장 우세하도록 기지국 출력전력을 조정하거나, 핸드오프 관련 파라미터의 조정 등을 이용하여 잦은 핸드오프를 줄임으로써 문제를 해결할 수 있다.

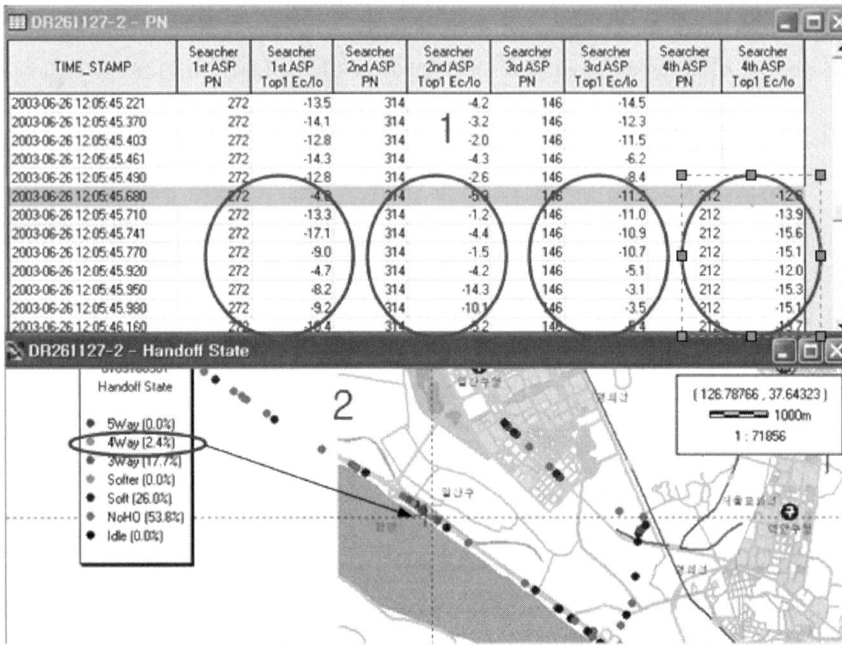


☑ **그림 7-31** 전파 혼재 지역 예

Chapter 8

# 휴대전화를 이용한 전파 측정 실습

## 8.1 개 요

이동통신 서비스의 전파 특성은 대부분의 사람들이 가지고 있는 각 자의 휴대전화를 이용하여 전파의 특성(감쇠, 회절, 직진, 반사, 굴절, 간섭, 페이딩, 도플러 효과)을 쉽게 이해할 수 있다. 또한 휴대전화를 이용하여 국내 이동통신 사업자가 사용하는 실제 주파수 현황을 조사함으로써 주파수대역과 주파수 대역폭의 개념을 이해할 수 있다.

## 8.2 전파특성 실습 준비

### 8.2.1 테스트 화면 확인 절차

이동통신 서비스의 전파 특성을 조사하기 위해서는 우선 휴대전화의 테스트 화면을 이용하여야 하는데 휴대전화의 번호 입력, 테스트 등의 기능은 일반인들이 사용하는데 반드시 필요한 내용이 아니고 또한 잘 못 사용하면 휴대전화의 기능에 문제를 일으켜 A/S 업무가 늘어날 것을 고려하여 메뉴기능을 숨기고 있다. 따라서 테스트 화면을 띄우기 위해서는 메뉴의 숨은 테스트 기능을 찾고 비밀번호를 입력하여야 테스트 화면을 볼 수 있다. 〈그림 8-1〉, 〈그림 8-2〉는 테스트 화면을 확인하는 절차이다.

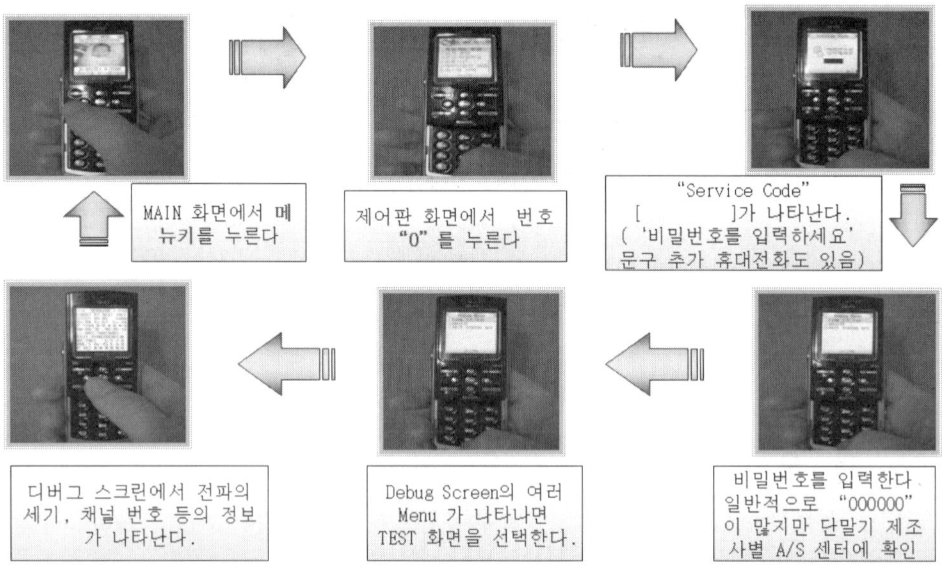


☑ **그림 8-1** 테스트 화면 확인 절차(피처폰)

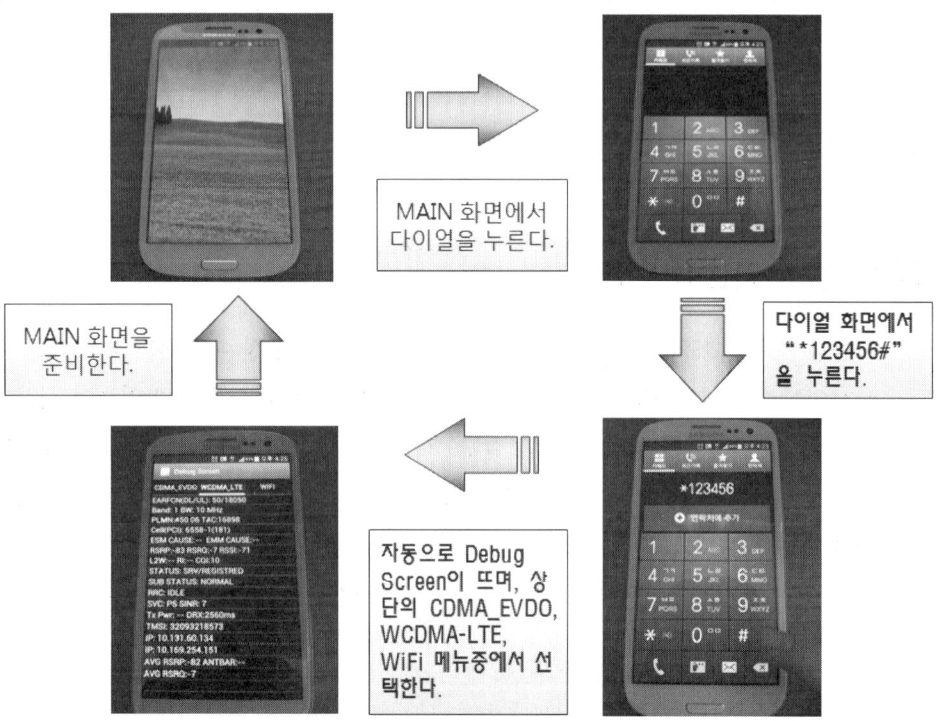


☑ **그림 8-2** 테스트화면 확인절차(스마트폰)

테스트 화면에 들어가기 위한 절차는 단말기 기종마다 다를 수 있다. 〈표 8-1〉은 일부 단말기 기종의 테스트 화면을 찾는 절차를 보여주고 있다.

☑ **표 8-1** 단말기 기종별 디버그스크린 확인 방법의 사례

| 모델명 | 확인 방법 |
|---|---|
| ANYCALL SCH-310 | 메뉴 → "0" → 비밀번호 "6727" → 디버그스크린 확인 |
| ANYCALL SCH-B250 | 메뉴 → "0" → 비밀번호 "6732" → 디버그스크린 확인 |
| ANYCALL SCH-S130 | 메뉴 → "0" → 비밀번호 "6725" → 디버그스크린 확인 |
| ANYCALL SCH-S390 | 메뉴 → "0" → 비밀번호 "6726" → 디버그스크린 확인 |
| ANYCALL SCH-V410 | 메뉴 → "0" → 비밀번호 "6728" → 디버그스크린 확인 |
| ANYCALL SCH-V740 | 메뉴 → "0" → 비밀번호 "6729" → 디버그스크린 확인 |
| ANYCALL SCH-W270 | 메뉴 → "0" → 비밀번호 "6725" → 디버그스크린 |
| ANYCALL SCH-W770 | 다이얼 → "4433366368791" → 디버그스크린 확인 |
| ANYCALL SCH-E3200 | 메뉴 → "0" → 비밀번호 "6731" → 디버그스크린 확인 |
| ANYCALL SCH-V4300 | 메뉴 → "0" → 비밀번호 "6730" → 디버그스크린 확인 |
| CURITEL LT6000 | 메뉴 → "0" → 비밀번호 "000000" → 디버그스크린 확인 |
| CURITEL PH-S5700 | "##27732726" → "종료" → "2" → 디버그스크린 확인 |
| CURITEL PT-K1500 | "##27732726" → "종료" → "2" → 디버그스크린 확인 |
| CURITEL S2(M) | "*99264#" → "OK" → "OK" |
| KTF-X7000 | 메뉴 → 화면/조명 → "0" → 비밀번호"292310" → 디버그스크린 확인 |
| LG CYON KP-2600 | 메뉴 → "0" → 비밀번호 "147359" → "4" → 디버그스크린 확인 |
| LG CYON KP-4400 | 메뉴 → "0" → 비밀번호 "147359" → "5" → 디버그스크린 확인 |
| LG CYON KU-4000 | 메뉴 → "0" → 비밀번호 "147359" → 디버그스크린 |
| LG CYON KU-9000 | 메뉴 → 취소 "길게" → "147359" → 디버그스크린 |
| LG CYON LP-3010A | 비밀번호 "000000" |
| LG CYON SD-290 | 메뉴 → "0" → 비밀번호 "852456" → "2" → 디버그스크린 확인 |
| LG CYON SV-130 | 메뉴 → "0" → 비밀번호 "852456" → "3" → 디버그스크린 확인 |
| LG SKY IM-U450L | 메뉴 → "0" → 비밀번호 "000000" → 디버그스크린 |
| MOTOROLA MS-500 | "*#"+카메라버튼 3회 → "1회제품모니터" → "설정" → "디버크스크린 확인" |
| SKY IM-7200P | 메뉴 → "0" → 비밀번호 "000000" → 디버그스크린 |
| SKY IM-7400 | 메뉴 → "0" → 비밀번호 "000001" → 디버그스크린 |
| SKY IM-8100 | 메뉴 → 제어판 → "0" → 비밀번호 "000000" → "1" → 디버그스크린 확인 |
| SKY IM-8300 | 메뉴 → 제어판 → "0" → 비밀번호 "000000" → "2" → 디버그스크린 확인 |
| SKY IM-8500 | 메뉴 → 제어판 → "0" → 비밀번호 "000000" → "3" → 디버그스크린 확인 |
| SKY IM-S320 | 메뉴 → 사용자환경설정 → "0" → 비밀번호 "000000" → 디버그스크린 확인 |
| SKY IM-S370 | 메뉴 → "9" → "0" → 디버그스크린 확인 |
| SKY IM-U100 | 메뉴 → 환경설정 → "0" → 비밀번호 "000000" → 디버그스크린 확인 |
| SKY IM-U510LE | 다이얼 → 123456# → 디버그스크린 |
| Iphone | *3001#12345#*통화 → UMTS SET → "0" → 디버그스크린 |
| Iphone (잡음비) | Field Test → UMTS Cell environment → Neighbor Cells |
| SKY IM-US510S | 다이얼 → 123456# → 디버그스크린 |

| 모델명 | 확인 방법 |
|---|---|
| SKY ZN450 | *# → 카메라버튼3회 → 디버그스크린 |
| LG SH150A | 메뉴 → "0" → 비밀번호 "852456" → 디버그스크린 |
| SKY IM-S370 | 메뉴 → "9" → "0" → 디버그스크린 |
| ANYCALL SCH-W550 | 방향키 위쪽 → "0" → 비밀번호 "9725" → 디버그스크린 |
| SKY IM-U310K | 메뉴 → 제어판 → "0" → 비밀번호 "000000" → 디버그스크린 |
| SHW-M130L(갤럭시U) | 319712358 → p/w : 0821 |
| I screen | 메뉴 → 0 → 147789 → 147789 |
| SHV-E500S | 메인화면 → 다이얼화면 → 키패드 "*123456#" → 디버그스크린 확인 |
| SM-C105S | 메인화면 → 다이얼화면 → 키패드 "*123456#" → 디버그스크린 확인 |
| SM-G910S | 메인화면 → 다이얼화면 → 키패드 "*123456#" → 디버그스크린 확인 |
| SM-N900S | 메인화면 → 다이얼화면 → 키패드 "*123456#" → 디버그스크린 확인 |
| SHV-E400S | 메인화면 → 다이얼화면 → 키패드 "*123456#" → 디버그스크린 확인 |
| SHV-E310S | 메인화면 → 다이얼화면 → 키패드 "*123456#" → 디버그스크린 확인 |
| SHV-E330S | 메인화면 → 다이얼화면 → 키패드 "*123456#" → 디버그스크린 확인 |
| SHV-E300S | 메인화면 → 다이얼화면 → 키패드 "*123456#" → 디버그스크린 확인 |
| SHV-E220S | 메인화면 → 다이얼화면 → 키패드 "*123456#" → 디버그스크린 확인 |
| iPhone 5 s | 메인화면 → 다이얼화면 → 키패드 "*3001#12345#*#" → 통화버튼 → 디버그스크린 확인 |
| iPhone 5 c | 메인화면 → 다이얼화면 → 키패드 "*3001#12345#*#" → 통화버튼 → 디버그스크린 확인 |
| iPhone 4 s | 메인화면 → 다이얼화면 → 키패드 "*3001#12345#*#" → 통화버튼 → 디버그스크린 확인 |
| LG-F300S | 메인화면 → 다이얼화면 → 키패드 "*123456#" → 디버그스크린 확인 |
| LG-F320S | 메인화면 → 다이얼화면 → 키패드 "*123456#" → 디버그스크린 확인 |
| LG-F260S | 메인화면 → 다이얼화면 → 키패드 "*123456#" → 디버그스크린 확인 |
| LG-F240S | 메인화면 → 다이얼화면 → 키패드 "*123456#" → 디버그스크린 확인 |
| LG-F200S | 메인화면 → 다이얼화면 → 키패드 "*123456#" → 디버그스크린 확인 |
| LG-F180S | 메인화면 → 다이얼화면 → 키패드 "*123456#" → 디버그스크린 확인 |
| LG-F100S | 메인화면 → 다이얼화면 → 키패드 "*123456#" → 디버그스크린 확인 |
| IM-A890S | 메인화면 → 다이얼화면 → 키패드 "*123456#" → 디버그스크린 확인 |
| IM-A880S | 메인화면 → 다이얼화면 → 키패드 "*123456#" → 디버그스크린 확인 |
| IM-A850S | 메인화면 → 다이얼화면 → 키패드 "*123456#" → 디버그스크린 확인 |
| IM-A830S | 메인화면 → 다이얼화면 → 키패드 "*123456#" → 디버그스크린 확인 |
| IM-A820S | 메인화면 → 다이얼화면 → 키패드 "*123456#" → 디버그스크린 확인 |
| iPhone 4 | 메인화면 → 다이얼화면 → 키패드 "**3001#12345#* + 통화 → UMTS Cell Environment |
| iPhone 5 | 메인화면 → 다이얼화면 → 키패드 "**3001#12345#* + 통화 → UMTS Cell Environment |
| Samsung Galaxy | 메인화면 → 다이얼화면 → 키패드 *123456# → 디버그스크린 확인 |
| LG Optimus | 메인화면 → 다이얼화면 → 키패드 *123456# → 디버그스크린 확인 |
| Vega Series | 메인화면 → 다이얼화면 → 키패드 ##000000# → 디버그스크린 확인 |
| HTC Series | 메인화면 → 다이얼화면 → 키패드 ##33284# → 디버그스크린 확인 |
| Huawei | 메인화면 → 다이얼화면 → 키패드 ##3515645631 + 통화 → 디버그스크린 확인 |

## 8.2.2 휴대전화 테스트 화면

테스트 화면을 띄우면 〈그림 8-3〉, 〈그림 8-4〉, 〈그림 8-5〉와 같이 다양한 수치와 글자가 화면에 나타난다. 휴대전화의 제조사 및 모델별로 화면이 다르지만 화면에 나타나는 수치와 글자는 유사하다. 시스템 번호, 네트워크 번호, 단말기 전파 수신세기, 기지국 번호를 가리키는 PN Number 또는 RS Number , 배터리 잔량, 통화 상태 등 다양한 정보를 제공한다. 본 실습에서는 전파의 특성을 이해하는데 필요한 주파수 채널 번호, 휴대전화가 수신하는 전파 세기, 신호 대 잡음비, 기지국의 고유 번호를 나타내는 PN Number 또는 RS Number를 중심으로 실습한다. 테스트 화면을 디버그 스크린(Debug screen)이라고도 한다.

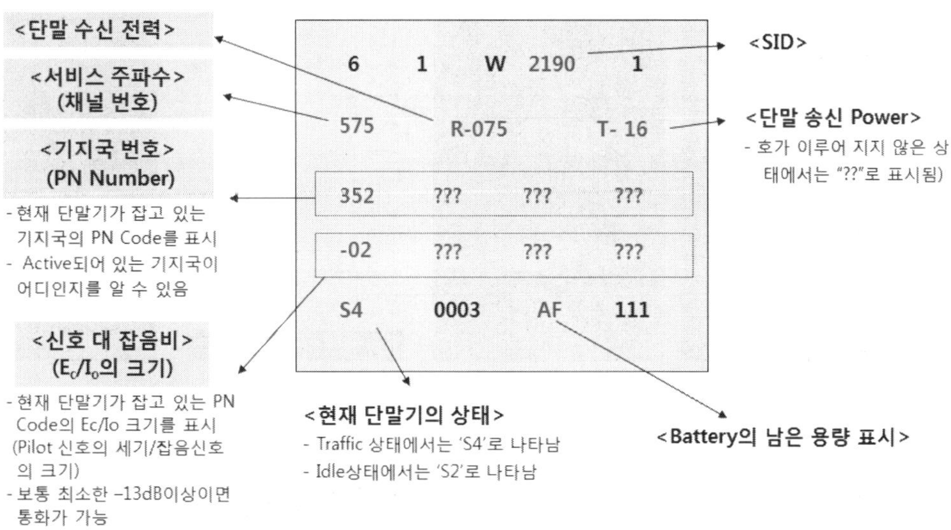


☑ **그림 8-3** 휴대전화의 테스트 화면 예 (cdma2000)

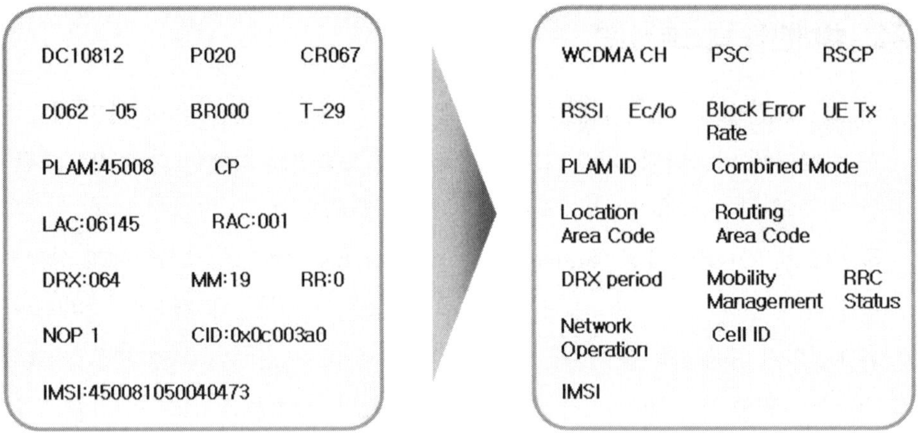


☑ **그림 8-4** 휴대전화의 테스트 화면 예 (WCDMA)

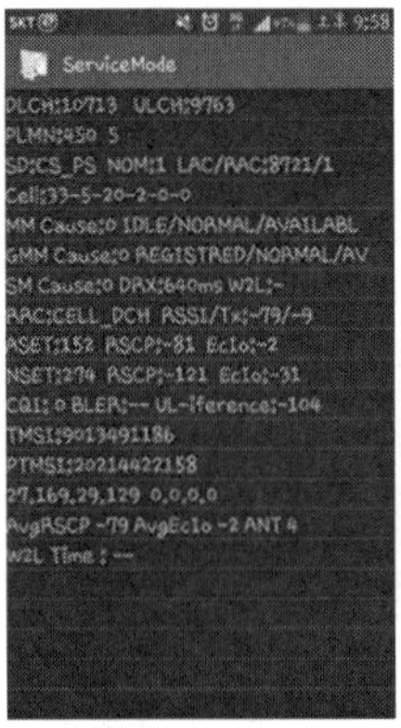

갤럭시 S4

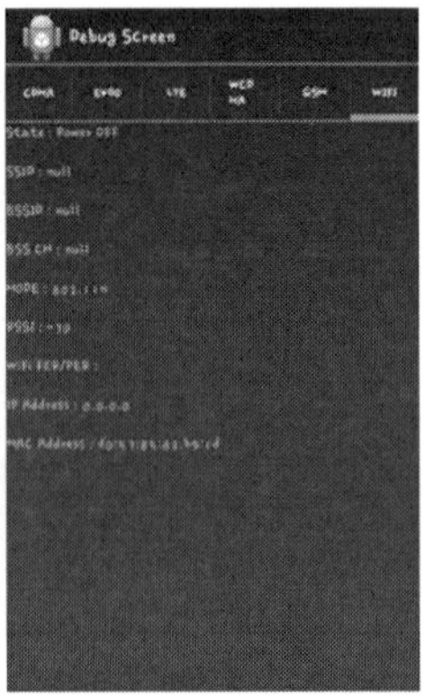

베가넘버6

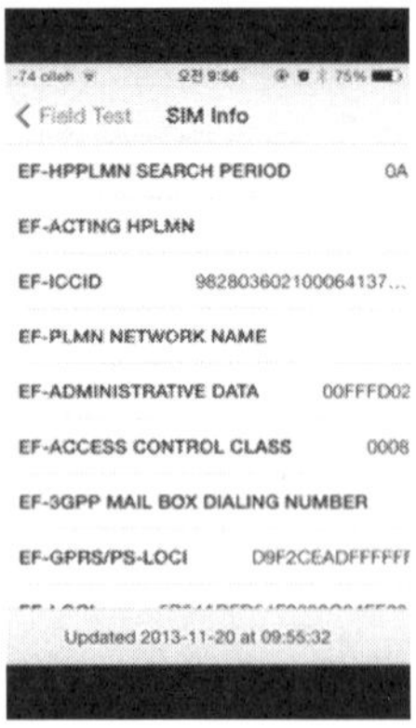

아이폰 5S

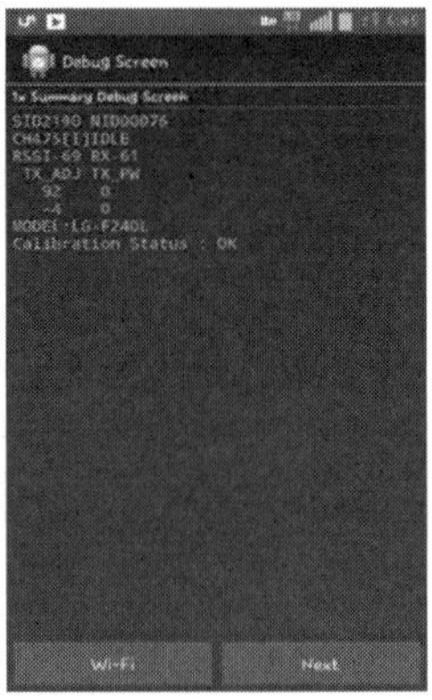

옵티머스 G프로

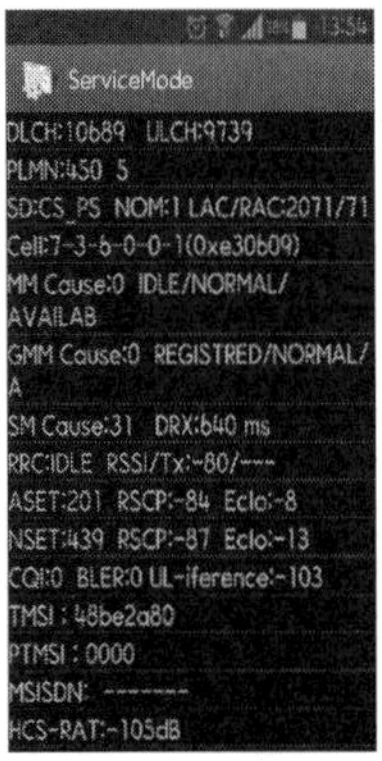

**Samsung Galaxy S2 기준**

- DLCH : 다운링크 주파수 채널번호 (UARFCN)
- ULCH : 업링크 주파수 채널 번호 (UARFCN)
- PLMN : MCC+ MNC – 국가코드, 사업자코드
- SD : Service Domain
- NOM : Network Operation Mode (=NMO)
- LAC/RAC : Local Area Code/Routing Area Code
- Cell : UTRAN Cell ID
- DRX : DRX 주기
- RRC : 단말의 RRC 상태(IDLE/Connected)
- RSSI/Tx : 채널 내 수신신호 세기/단말 송신 세기
- ASET : 서비스 기지국 고유번호(PSC)
- NSET : 주변 간섭 기지국 고유번호(PSC)
- RSCP : 수신된 코드파워 (RSSI보다 0~6dB낮음)
- EcIo : 파일럿 채널의 신호 대 간섭 비
- CQI : 무선 채널 품질 지수
- BLER : Block Error Rate
- UL – Interference : 업링크 간섭 세기
- TMSI : 네트워크가 단말을 식별하는 임시 ID

WCDMA 테스트 화면

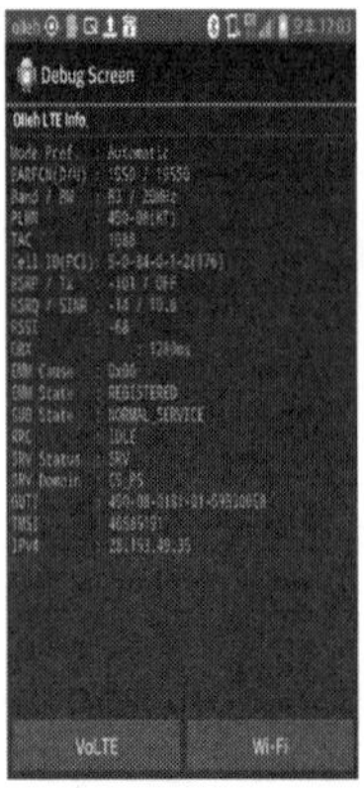

**LG Optimus Vu2 기준**

- EARFCN (D/U) : 주파수 채널 번호 (다운링크/업링크)
- Band / BW : LTE Band 번호 / 주파수 대역폭
- PLMN : MCC+ MNC – 국가코드, 사업자코드
  SK – 450 05 , KT – 450 08, LGT – 450 06
- TAC : Tracking Area Code
- Cell ID(PCI) : E-UTRAN Cell ID (Physical Cell ID)
- RSRP / Tx : 파일럿(RS) 수신세기/ 단말 송신 파워
- RSRQ / SINR : 파일럿(RS) 신호품질/ 신호대 간섭비
- DRX : DRX 주기
- EMM Cause : EMM event 의 원인
- EMM State : 단말의 EMM 상태(Network Entry 관련)
- SBU State : EMM SUB State
- RRC : 단말의 RRC 상태(IDLE/Connected)
- SRV State : 네트워크 서비스 상태
- SRV Domain : 서비스 도메인 종류
- TMSI : 네트워크가 단말을 식별하는 임시 ID

LTE 테스트 화면

☑ **그림 8-5** 실제 휴대전화 테스트 화면 예

### 8.2.3 국내 이동통신 서비스의 주파수 할당 현황

본 실습에서는 국내 이동통신 서비스의 주파수 할당 현황을 조사함으로써 주파수 대역(Spectrum Band)과 주파수 대역폭(Spectrum Bandwidth)의 의미를 이해할 수 있다. 주파수 대역은 전파의 특성을 나타내며 주파수 대역폭은 데이터의 전송 능력을 나타낸다. 이동통신 서비스의 휴대전화를 비교하여 주파수 대역에 따른 전파 특성을 이해할 수 있다. 현재 이동통신 서비스의 주파수 대역 할당 현황은 〈그림 8-6〉과 같다.

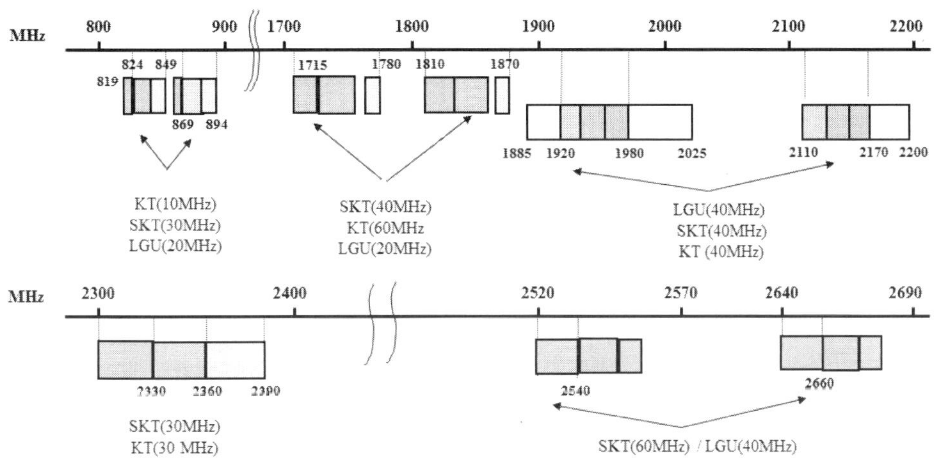


☑ **그림 8-6** 국내 이동통신 주파수 할당 현황

이동통신 사업자는 할당된 주파수를 여러 개의 채널로 나누어 사용하는데, 본 실습에서 필요한 이동통신 서비스의 전파 특성을 확인하기 위해 700/800/900MHz 대역, 1.8 GHz 대역, 2GHz, 2.3GHz, 2.6GHz 주파수 대역의 채널을 나타내면 〈그림 8-7〉, 〈그림 8-8〉, 〈그림 8-9〉, 〈그림 8-10〉, 〈그림 8-11〉과 같다.

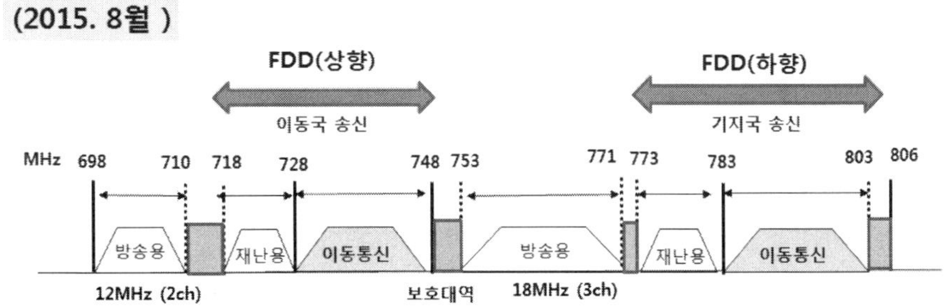

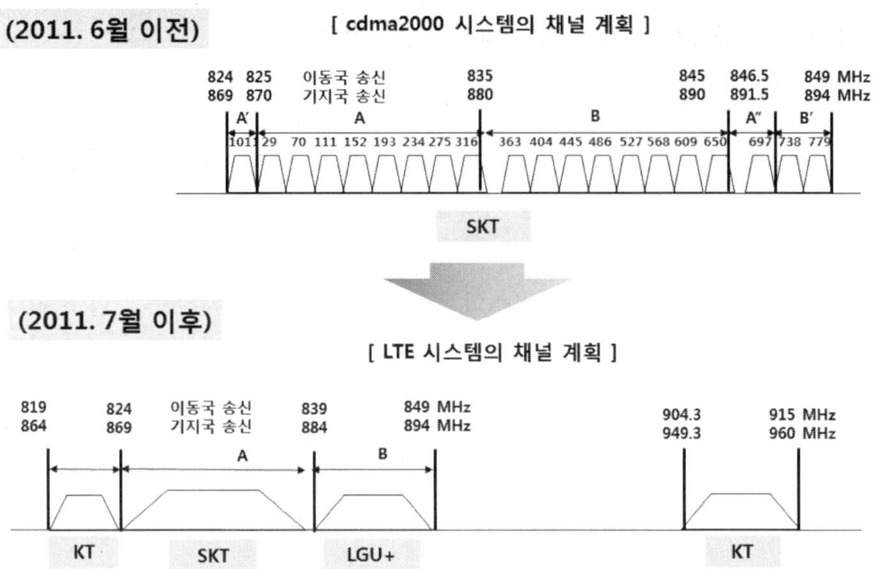


[cdma2000 시스템의 주파수 채널 번호 및 중심주파수]

| FA (채널번호) | 중심주파수[MHz] | | FA (채널번호) | 중심주파수[MHz] | |
|---|---|---|---|---|---|
| | 이동국 송신 | 이동국 수신 | | 이동국 송신 | 이동국 수신 |
| 1 | 824.64 | 869.64 | 11 | 837.12 | 882.12 |
| 2 | 825.87 | 870.87 | 12 | 838.35 | 883.35 |
| 3 | 827.10 | 872.10 | 13 | 839.58 | 884.58 |
| 4 | 828.33 | 873.33 | 14 | 840.81 | 885.81 |
| 5 | 829.56 | 874.56 | 15 | 842.04 | 887.04 |
| 6 | 830.79 | 875.79 | 16 | 843.27 | 888.27 |
| 7 | 832.02 | 877.02 | 17 | 844.50 | 889.50 |
| 8 | 833.25 | 878.25 | 18 | 845.91 | 890.91 |
| 9 | 834.48 | 879.48 | 19 | 847.14 | 892.14 |
| 10 | 835.89 | 880.89 | 20 | 848.37 | 893.37 |

☑ **그림 8-7** 국내 이동통신 주파수 할당 세부 현황 (700/800/900MHz 대역)

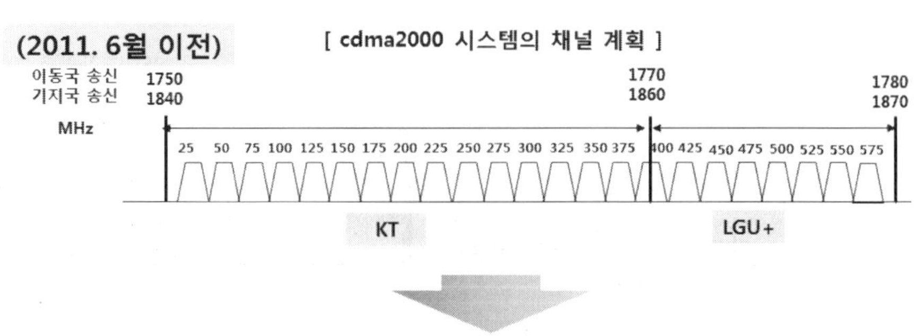

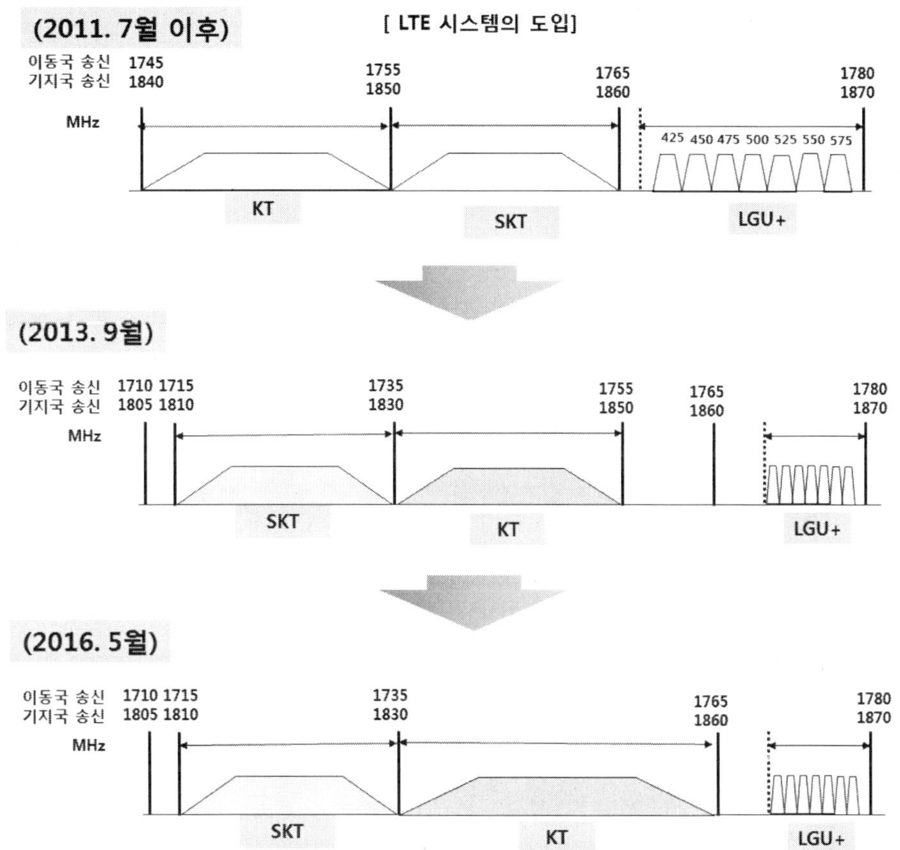


[cdma2000 시스템의 주파수 채널 번호 및 중심주파수]

| FA (채널번호) | 중심주파수[MHz] | | FA (채널번호) | 중심주파수[MHz] | |
|---|---|---|---|---|---|
| | 이동국 송신 | 이동국 수신 | | 이동국 송신 | 이동국 수신 |
| 1 | 1751.25 | 1841.25 | 12 | 1766.25 | 1856.25 |
| 2 | 1752.50 | 1842.50 | 13 | 1767.50 | 1857.50 |
| 3 | 1753.72 | 1843.75 | 14 | 1768.75 | 1858.75 |
| 4 | 1755.00 | 1845.00 | 15 | 1771.25 | 1861.25 |
| 5 | 1756.25 | 1846.25 | 16 | 1772.50 | 1862.50 |
| 6 | 1757.50 | 1847.50 | 17 | 1773.75 | 1863.75 |
| 7 | 1758.75 | 1848.75 | 18 | 1775.00 | 1865.00 |
| 8 | 1761.25 | 1851.25 | 19 | 1776.25 | 1866.25 |
| 9 | 1762.50 | 1852.50 | 20 | 1777.50 | 1867.50 |
| 10 | 1763.75 | 1853.75 | 21 | 1778.75 | 1868.75 |
| 11 | 1765.00 | 1855.00 | | | |

☑ **그림 8-8** 국내 이동통신 주파수 할당 세부 현황(1.7GHz 대역)

**(2016. 5월 이전)**

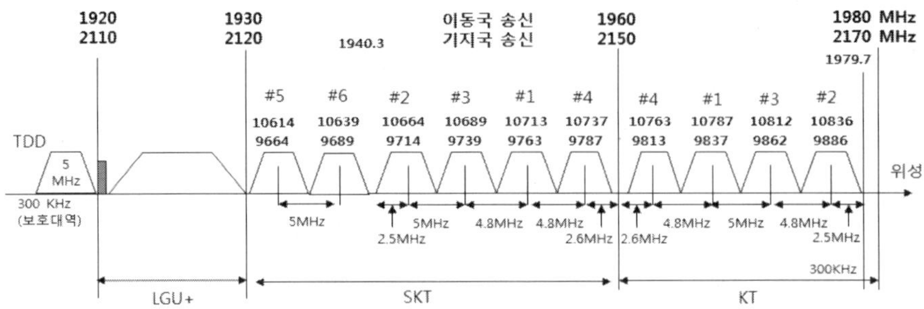


| 구 분 | SK 텔레콤 | | | | | | KT | | | |
|---|---|---|---|---|---|---|---|---|---|---|
| 채널 번호 | 5'th | 6'th | 2'nd | 3'rd | 1'st | 4'th | 4'th | 1'st | 3'rd | 2'nd |
| 채널번호 (기지국송신) | 10614 | 10639 | 10664 | 10689 | 10713 | 10737 | 10763 | 10787 | 10812 | 10836 |
| 채널번호 (기지국수신) | 9664 | 9689 | 9714 | 9739 | 9763 | 9787 | 9813 | 9837 | 9862 | 9886 |
| 기지국 송신 | 2122.8 | 2127.8 | 2132.8 | 2137.8 | 2142.6 | 2147.4 | 2152.6 | 2157.4 | 2162.4 | 2167.2 |
| 이동국 송신 | 1932.8 | 1937.8 | 1942.8 | 1947.8 | 1952.6 | 1957.4 | 1962.6 | 1967.4 | 1972.4 | 1977.2 |

** WCDMA 채널 번호 : 주파수 X 5

**(2016. 5월 이후)**

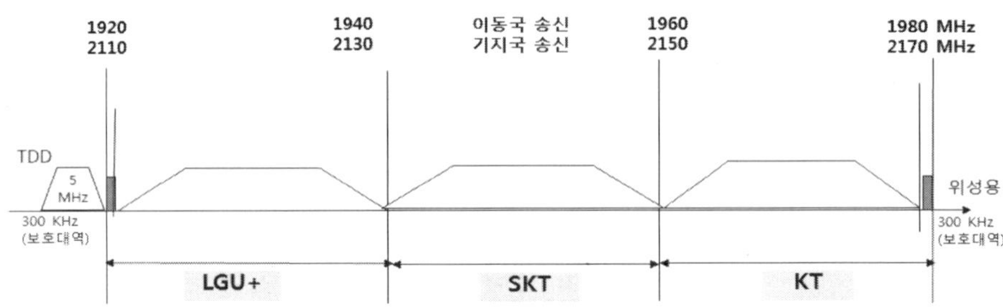


☑ **그림 8-9** 국내 이동통신 주파수 할당 세부 현황 (2GHz 대역)

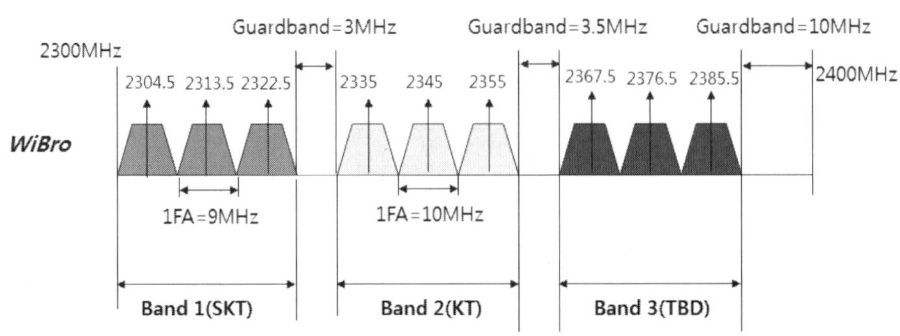


☑ **그림 8-10** 국내 이동통신 주파수 할당 세부 현황 (2.3GHz 대역)

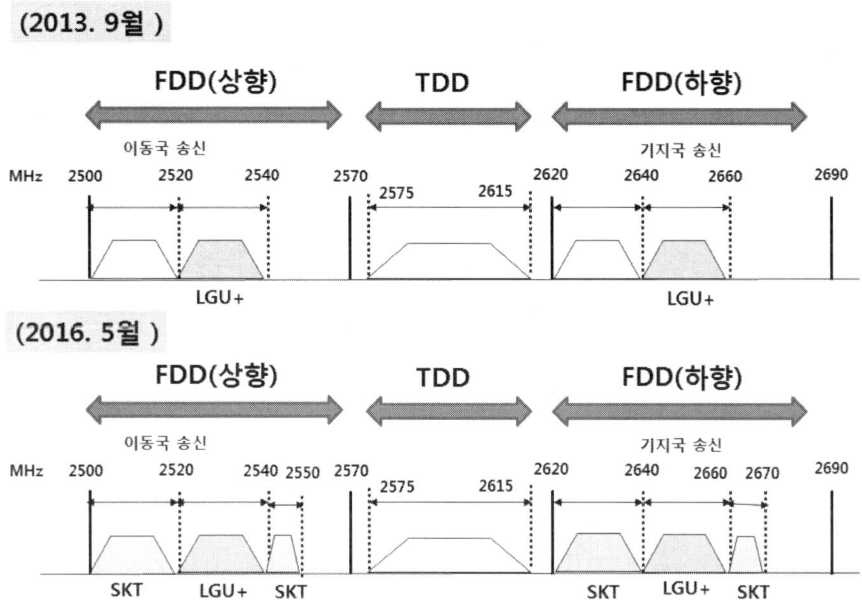


☑ **그림 8-11** 국내 이동통신 주파수 할당 세부 현황 (2.5GHz 대역)

| E-UTRA Band | Uplink (UL) $F_{UL\_low}$ – $F_{UL\_high}$ | Downlink (DL) $F_{DL\_low}$ – $F_{DL\_high}$ | Duplex Mode |
|---|---|---|---|
| 1 | 1920 – 1980 MHz | 2110 – 2170 MHz | FDD |
| 2 | 1850 – 1910 MHz | 1930 – 1990 MHz | FDD |
| 3 | 1710 – 1785 MHz | 1805 – 1880 MHz | FDD |
| 4 | 1710 – 1755 MHz | 2110 – 2155 MHz | FDD |
| 5 | 824 – 849 MHz | 869 – 894 MHz | FDD |
| 6[1] | 830 – 840 MHz | 875 – 885 MHz | FDD |
| 7 | 2500 – 2570 MHz | 2620 – 2690 MHz | FDD |
| 8 | 880 – 915 MHz | 925 – 960 MHz | FDD |
| 9 | 1749.9 – 1784.9 MHz | 1844.9 – 1879.9 MHz | FDD |
| 10 | 1710 – 1770 MHz | 2110 – 2170 MHz | FDD |
| 11 | 1427.9 – 1447.9 MHz | 1475.9 – 1495.9 MHz | FDD |
| 12 | 699 – 716 MHz | 729 – 746 MHz | FDD |
| 13 | 777 – 787 MHz | 746 – 756 MHz | FDD |
| 14 | 788 – 798 MHz | 758 – 768 MHz | FDD |
| 15 | Reserved | Reserved | FDD |
| 16 | Reserved | Reserved | FDD |
| 17 | 704 – 716 MHz | 734 – 746 MHz | FDD |
| 18 | 815 – 830 MHz | 860 – 875 MHz | FDD |
| 19 | 830 – 845 MHz | 875 – 890 MHz | FDD |
| 20 | 832 – 862 MHz | 791 – 821 MHz | FDD |
| 21 | 1447.9 – 1462.9 MHz | 1495.9 – 1510.9 MHz | FDD |
| 22 | 3410 – 3490 MHz | 3510 – 3590 MHz | FDD |
| 23 | 2000 – 2020 MHz | 2180 – 2200 MHz | FDD |
| 24 | 1626.5 – 1660.5 MHz | 1525 – 1559 MHz | FDD |
| 25 | 1850 – 1915 MHz | 1930 – 1995 MHz | FDD |
| 26 | 814 – 849 MHz | 859 – 894 MHz | FDD |
| 27 | 807 – 824 MHz | 852 – 869 MHz | FDD |
| 28 | 703 – 748 MHz | 758 – 803 MHz | FDD |
| 29 | N/A | 717 – 728 MHz | FDD[2] |
| 30 | 2305 – 2315 MHz | 2350 – 2360 MHz | FDD |
| 31 | 452.5 – 457.5 MHz | 462.5 – 467.5 MHz | FDD |
| 32 | N/A | 1452 – 1496 MHz | FDD[7] |

| E-UTRA Band | Uplink (UL) $F_{UL\_low}$ – $F_{UL\_high}$ | Downlink (DL) $F_{DL\_low}$ – $F_{DL\_high}$ | Duplex Mode |
|---|---|---|---|
| 33 | 1900 – 1920 MHz | 1900 – 1920 MHz | TDD |
| 34 | 2010 – 2025 MHz | 2010 – 2025 MHz | TDD |
| 35 | 1850 – 1910 MHz | 1850 – 1910 MHz | TDD |
| 36 | 1930 – 1990 MHz | 1930 – 1990 MHz | TDD |
| 37 | 1910 – 1930 MHz | 1910 – 1930 MHz | TDD |
| 38 | 2570 – 2620 MHz | 2570 – 2620 MHz | TDD |
| 39 | 1880 – 1920 MHz | 1880 – 1920 MHz | TDD |
| 40 | 2300 – 2400 MHz | 2300 – 2400 MHz | TDD |
| 41 | 2496 - 2690 MHz | 2496 - 2690 MHz | TDD |
| 42 | 3400 – 3600 MHz | 3400 – 3600 MHz | TDD |
| 43 | 3600 – 3800 MHz | 3600 – 3800 MHz | TDD |
| 44 | 703 – 803 MHz | 703 – 803 MHz | TDD |
| 45 | 1447 – 1467 MHz | 1447 – 1467 MHz | TDD |
| 46 | 5150 – 5925 MHz | 5150 – 5925 MHz | TDD[8,9] |
| ... | | | |
| 64 | Reserved | | |
| 65 | 1920 – 2010 MHz | 2110 – 2200 MHz | FDD |
| 66 | 1710 – 1780 MHz | 2110 – 2200 MHz | FDD[4] |
| 67 | N/A | 738 – 758 MHz | FDD[2] |
| 68 | 698 – 728 MHz | 753 – 783 MHz | FDD |

☑ **그림 8-12** 이동통신 주파수 운용 대역 (E-UTRA 운용 대역)

| E-UTRA Operating Band | Downlink | | | Uplink | | |
|---|---|---|---|---|---|---|
| | $F_{DL\_low}$ (MHz) | $N_{Offs\text{-}DL}$ | Range of $N_{DL}$ | $F_{UL\_low}$ (MHz) | $N_{Offs\text{-}UL}$ | Range of $N_{UL}$ |
| 1 | 2110 | 0 | 0 – 599 | 1920 | 18000 | 18000 – 18599 |
| 2 | 1930 | 600 | 600 – 1199 | 1850 | 18600 | 18600 – 19199 |
| 3 | 1805 | 1200 | 1200 – 1949 | 1710 | 19200 | 19200 – 19949 |
| 4 | 2110 | 1950 | 1950 – 2399 | 1710 | 19950 | 19950 – 20399 |
| 5 | 869 | 2400 | 2400 – 2649 | 824 | 20400 | 20400 – 20649 |
| 6 | 875 | 2650 | 2650 – 2749 | 830 | 20650 | 20650 – 20749 |
| 7 | 2620 | 2750 | 2750 – 3449 | 2500 | 20750 | 20750 – 21449 |
| 8 | 925 | 3450 | 3450 – 3799 | 880 | 21450 | 21450 – 21799 |
| 9 | 1844.9 | 3800 | 3800 – 4149 | 1749.9 | 21800 | 21800 – 22149 |
| 10 | 2110 | 4150 | 4150 – 4749 | 1710 | 22150 | 22150 – 22749 |
| 11 | 1475.9 | 4750 | 4750 – 4949 | 1427.9 | 22750 | 22750 – 22949 |
| 12 | 729 | 5010 | 5010 – 5179 | 699 | 23010 | 23010 – 23179 |
| 13 | 746 | 5180 | 5180 – 5279 | 777 | 23180 | 23180 – 23279 |
| 14 | 758 | 5280 | 5280 – 5379 | 788 | 23280 | 23280 – 23379 |
| … | | | | | | |
| 17 | 734 | 5730 | 5730 – 5849 | 704 | 23730 | 23730 – 23849 |
| 18 | 860 | 5850 | 5850 – 5999 | 815 | 23850 | 23850 – 23999 |
| 19 | 875 | 6000 | 6000 – 6149 | 830 | 24000 | 24000 – 24149 |
| 20 | 791 | 6150 | 6150 – 6449 | 832 | 24150 | 24150 – 24449 |
| 21 | 1495.9 | 6450 | 6450 – 6599 | 1447.9 | 24450 | 24450 – 24599 |
| 22 | 3510 | 6600 | 6600 – 7399 | 3410 | 24600 | 24600 – 25399 |
| 23 | 2180 | 7500 | 7500 – 7699 | 2000 | 25500 | 25500 – 25699 |
| 24 | 1525 | 7700 | 7700 – 8039 | 1626.5 | 25700 | 25700 – 26039 |
| 25 | 1930 | 8040 | 8040 – 8689 | 1850 | 26040 | 26040 – 26689 |
| 26 | 859 | 8690 | 8690 – 9039 | 814 | 26690 | 26690 – 27039 |
| 27 | 852 | 9040 | 9040 – 9209 | 807 | 27040 | 27040 – 27209 |
| 28 | 758 | 9210 | 9210 – 9659 | 703 | 27210 | 27210 – 27659 |
| 29[2] | 717 | 9660 | 9660 – 9769 | N/A | | |
| 30 | 2350 | 9770 | 9770 – 9869 | 2305 | 27660 | 27660 – 27759 |
| 31 | 462.5 | 9870 | 9870 – 9919 | 452.5 | 27760 | 27760 – 27809 |
| 32[2] | 1452 | 9920 | 9920 – 10359 | N/A | | |

| E-UTRA Operating Band | Downlink | | | Uplink | | |
|---|---|---|---|---|---|---|
| | $F_{DL\_low}$ (MHz) | $N_{Offs\text{-}DL}$ | Range of $N_{DL}$ | $F_{UL\_low}$ (MHz) | $N_{Offs\text{-}UL}$ | Range of $N_{UL}$ |
| 33 | 1900 | 36000 | 36000 – 36199 | 1900 | 36000 | 36000 – 36199 |
| 34 | 2010 | 36200 | 36200 – 36349 | 2010 | 36200 | 36200 – 36349 |
| 35 | 1850 | 36350 | 36350 – 36949 | 1850 | 36350 | 36350 – 36949 |
| 36 | 1930 | 36950 | 36950 – 37549 | 1930 | 36950 | 36950 – 37549 |
| 37 | 1910 | 37550 | 37550 – 37749 | 1910 | 37550 | 37550 – 37749 |
| 38 | 2570 | 37750 | 37750 – 38249 | 2570 | 37750 | 37750 – 38249 |
| 39 | 1880 | 38250 | 38250 – 38649 | 1880 | 38250 | 38250 – 38649 |
| 40 | 2300 | 38650 | 38650 – 39649 | 2300 | 38650 | 38650 – 39649 |
| 41 | 2496 | 39650 | 39650 –41589 | 2496 | 39650 | 39650 –41589 |
| 42 | 3400 | 41590 | 41590 – 43589 | 3400 | 41590 | 41590 – 43589 |
| 43 | 3600 | 43590 | 43590 – 45589 | 3600 | 43590 | 43590 – 45589 |
| 44 | 703 | 45590 | 45590 – 46589 | 703 | 45590 | 45590 – 46589 |
| 45 | 1447 | 46590 | 46590 – 46789 | 1447 | 46590 | 46590 – 46789 |
| 46[4] | 5150 | 46790 | 46790 – 54539 | 5150 | 46790 | 46790 – 54539 |
| … | | | | | | |
| 64 | Reserved | | | | | |
| 65 | 2110 | 65536 | 65536 – 66435 | 1920 | 131072 | 131072 – 131971 |
| 66[5] | 2110 | 66436 | 66436 – 67335 | 1710 | 131972 | 131972 – 132671 |
| 67[2] | 738 | 67336 | 67336 – 67535 | N/A | | |
| 68 | 753 | 67536 | 67536 - 67835 | 698 | 132672 | 132672 - 132971 |

※ EARFCN : E-UTRA Absolute Radio Frequency Channel Number

☑ **그림 8-13** 이동통신 주파수 운용 대역 채널번호 (E-UTRA EARFCN)

## 8.2.4 데시벨(dB)과 디비엠(dBm)

안테나로부터 일정 거리 떨어진 점에서의 수신 전파의 강도를 전파의 세기라고 한다. 일반적으로 전파의 세기는 멀리 떨어진 곳에서 매우 약한 신호로 수신되기 때문에 매우 불편하다. 그래서 매우 작은 수의 경우 다음과 같이 로그의 개념을 사용하여 우리가 인식할 수 있는 수의 범위로 치환하여 사용한다.

$a^m = N$ : $a$는 1이 아닌 양수, $N$은 양수

$m = \log_a N$ : "$m$은 $a$를 밑으로 하는 $N$의 로그이다"

이때 $N$을 만족하는 $m$은 하나만 존재하므로 다음과 같이 큰 수를 작은 수로 바꾸어 사용하면 편리하다.

[a가 10일 때 $m$과 $N$의 대응값]

- $N=10$ ⟷ $m=1$
- $N=100$ ⟷ $m=2$
- $N=1000$ ⟷ $m=3$

그러나 로그 값을 그대로 사용할 경우 숫자가 너무 작아져 불편하므로 전파의 세기가 전력일 경우 10을 밑으로 하는 로그 값에 10을 곱한 것을 데시벨(dB)로 정의하여 사용하는 방법을 새로 정의하였다.

이때 두 값을 비교하여 상대적인 크기의 값을 나타내는 것을 데시벨(dB)이라고 정의하였다. 실습에서 사용되는 신호 대 잡음비는 이 데시벨 단위를 사용한다.

$$\text{상대전력[dB]} = 10\log_{10}\frac{P_2}{P_1}$$ ⇨ **신호 대 잡음 비**

특정 비교 값을 정하고 이에 대한 상대적인 크기를 더하여 절대 값을 나타내는 것을 dBx라고 한다. 만일 절대단위가 mW이면 dBm, W이면 dBW, volt이면 dBv가 된다. 일반적으로 이동통신에서는 mW 기준을 많이 사용하고 있으며 따라서 본 실습에서 사용되는 단말 수신 세기는 dBm을 사용한다.

$$\text{절대전력[dBm]} = 10\log_{10}\frac{\text{측정전력[mW]}}{1\,\text{[mW]}}$$ ⇨ **단말 수신 전력**

## 8.2.5 이동통신 서비스의 품질 측정

단말기를 이용하여 수신되는 전파 신호의 세기 및 신호 대 잡음비의 크기를 측정함으로써 전파의 감쇠, 회절, 직진, 반사, 굴절(투과), 페이딩 등 일반적인 전파 특성을 이해할 수 있다. 또한 이동통신 서비스의 전파 환경을 확인하고 서비스 품질을 측정할 수 있다. 수신되는 전파 신호의 세기 및 신호 대 잡음비를 나타내는 기준은 이동통신 시스템에 따라 차이가 있다. 여기서는 현재 가장 많이 사용 중인 WCDMA와 LTE 시스템을 고려하여 CDMA 시스템과 OFDM 시스템에서 사용되는 수신되는 전파 신호의 세기 및 신호 대 잡음비를 설명한다.

## (1) CDMA 시스템(cdma2000, WCDMA)

### 1) 단말수신전력

① RSSI (Received Signal Strength Indicator)

수신되는 신호 + 잡음의 세기로 정의한다. (약 −40 ~ −110 dBm)

② RSCP (Received Signal Code Power)

RSSI 신호에서 파일럿 코드의 신호 세기로 정의한다. (RSSI 보다 1 ~ 6 dB 낮음)

### 2) 신호 대 잡음비

① $E_c/I_o$ (code energy over Interference)

전체 RSSI에 대한 Pilot 신호의 비율로 정의한다. (약 0 ~ −15 dB)

## (2) OFDM 시스템(LTE, LTE-Advanced)

### 1) 단말수신전력

① RSSI (Received Signal Strength Indicator)

수신되는 신호 + 잡음의 세기로 정의한다. 이때 수신되는 신호는 RS(Reference Signal)이 존재하는 심볼 구간에서의 수신 세기이다. (약 -40 ~ −110 dBm로 통화량에 따라 최대 5dB 증가한다.)

② RSRP (Reference Signal Received Power)

전체 RSSI 신호 가운데 RS 심볼 1개의 수신 세기로 정의한다. RSSI 보다 10MHz의 경우 23~28 dB, 20MHz의 경우 26~31 dB 낮다. (약 −60 ~ −135 dBm)

### 2) 신호 대 잡음비

① RSRQ (Reference Signal Received Quality)

전체 RSSI 신호에 대해 RS 심볼 구간의 수신세기의 비율로 정의한다.

RS 심볼 구간의 수신 세기는 사용하는 주파수 대역폭에 비례하므로, RS 심볼 구간에서의 수신 전력은 RS 심볼 1개 수신 신호 세기에 RB(Resource Block) 개수를 곱한 전력이다.

이것을 식으로 나타내면 (RB개수 * RSRP)/RSSI 와 같다.

(Best −6 dB, −6 ~ −12 dB)

② SINR (Signal Interference Noise Ratio)

다른 셀로부터 오는 간섭신호에 대한 자신의 RSRP 수신신호 세기의 비율로 정의한다. (약 +20 ~ −5 dB)

## 8.2.6 기지국 번호

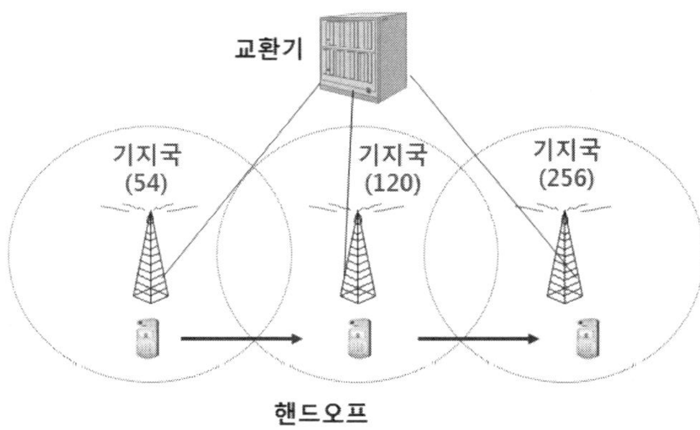


☑ **그림 8-14** 기지국 번호

단말기가 기지국을 구분할 수 있도록 기지국은 고유의 번호를 가지고 있다. 기지국 고유번호는 CDMA 시스템의 경우 확산코드를 다르게 하여 구분하고 OFDM 시스템의 경우 RS(Reference Signal)의 시퀀스를 다르게 하여 구분한다. 기지국 번호가 바뀌는 것을 확인함으로써 실습에서 핸드오프의 지역을 확인할 수 있다.

### (1) CDMA 시스템(cdma2000, WCDMA)

CDMA 시스템은 PN(Pseudo Noise) 코드(Code)로 기지국을 구분하는데, 512개의 서로 다른 PN Number를 사용하므로 512개의 서로 다른 기지국을 구분할 수 있다. 따라서 인근 서비스 지역에서 다른 기지국과 동일한 고유 번호가 되는 것을 피할 수 있다.

### (2) OFDM 시스템(LTE, LTE-Advanced)

OFDM 시스템은 RS(Reference Signal) 시퀀스(sequence)로 기지국을 구분하는데,

504개의 서로 다른 RS Number를 사용하므로 504개의 서로 다른 기지국을 구분할 수 있다. 따라서 인근 서비스 지역에서 다른 기지국과 동일한 고유 번호가 되는 것을 피할 수 있다.

## 8.3 전파특성 실습 내용

첫째, 각자의 휴대전화 테스트 화면에서 다음 전파 특성 실습의 측정 항목에 대한 의미를 확인한다.

(1) 단말이 수신하는 전파의 전력 세기(RSSI, RSCP, RSRP)

(2) 신호 대 잡음비 ($E_c/I_o$, RSRQ, SINR)

(3) 기지국 번호 (PN Number, RS Number)

(4) 사용 주파수 (Channel Number)

(5) 기타 Debug Screen의 항목

둘째, 단말기를 가지고 학교 주변에서 전파 특성 실습 항목을 측정하고 확인하고 학생들 서로간의 결과를 비교한다. 전파의 특성을 조사할 때 옥내, 옥외, 건물 뒤, 건물 앞, 기지국 반사 위치 등 전파의 특성을 확인할 수 있는 다양한 위치를 설정하여 측정한다.

셋째, 측정한 전파 특성 실습의 측정값을 이용하여 다음과 같은 전파 특성을 분석한다. 또한 핸드오프 지역을 확인한다.

(1) 전파의 감쇠

(2) 전파의 회절

(3) 전파의 투과

(4) 전파의 직진, 반사, 굴절

(5) 전파의 페이딩, 도플러 효과

넷째, 각자의 휴대 전화를 가지고 생활하는 주변 지역의 전파 특성 확인 실습을 다음과 같은 방법으로 수행한다.

(1) 우선 조사 지역의 위치를 지도 위에 표시하고 측정 지역의 지형 지물 특징(건물 안, 건물 밖, 숲 주변 등)을 표시한다.

(2) 각 측정 지점의 단말이 수신하는 전파의 전력 세기, 기지국 번호, 사용 주파수, 신호 대 잡음비

(3) 측정 결과를 이용하여 세 번째 단계의 전파 특성을 분석한다.

다섯째, 다양한 환경에서 실습한 학생들이 각자 실습결과를 작성하고 학생들 서로가 발표 및 질의를 하면서 함께 토론하여 전파 특성을 이해한다.

여섯째 실습 결과 발표는 다음과 같은 순서로 진행한다.

(1) 실습 목적 확인

(2) 휴대전화의 테스트 화면 확인

(3) 학교 주변의 전파 특성 실습 확인

(4) 각자 생활지역의 전파 특성 확인

(5) 학교 및 각자 생활지역의 전파 특성 측정  및 결과 리포트 작성

① 실습 목적

② 테스트 화면 표시 및 설명

③ 학교 및 생활주변 지역의 전파 특성 측정 및 결과분석

④ 핸드오프 지역 확인하여 지도 위에 표시

⑤ 실습 소감

(6) 발표자료 작성 : 프리젠테이션용 자료 작성

## 8.4 전파특성 실습 사례

이 절에서는 전파 특성 실습의 각 단계에서 학생들의 실습 결과 사례를 나타낸다.

### 8.4.1 사전 실습 준비 사례

사전 실습 준비는 실습의 목적을 정확히 이해하기 위한 과정이다.

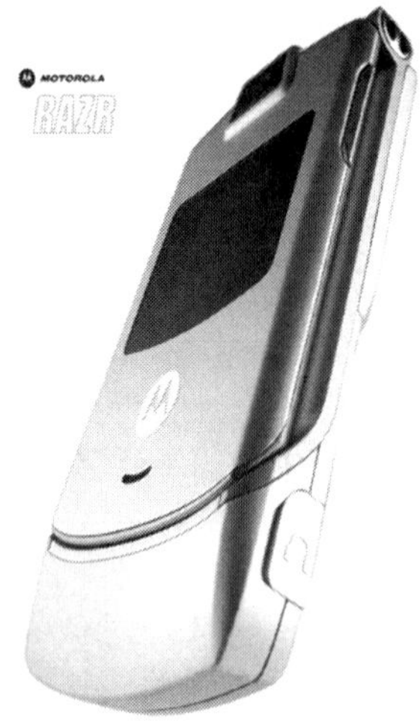


**전파 특성의 이해**

1. 직진성 2. 반사성 3. 굴절성 4.회절성 5. 간섭성
6. 감쇄성 7. 페이딩 8. 도플러효과

**실험 전 알아야 할 내용**

1. 기지국 번호 (PN No.) :
   단말기와 전파를 송수신중인 기지국의 고유 번호

2. 채널 번호 (CH No.) :
   자신이 사용하는 주파수의 위치

3. 단말기 수신 파워 (RSSI) :
   1mW를 기준으로 [dB]단위로 표현한 값 단위 [dBm]

4. 신호대 잡음비 ( Ec/Io ) :
   수신 전파와 잡음 전파의 상대적 비율 단위 [dB]

수신파워와 신호대 잡음비의 경우는 측정 수치가 매우 크므로 (10log)를 취하여 수치를 축약함

***실습에 앞서 세운 가정***

Theme 1. 직진 – '현재1관4층 위' 에서 기지국과의 거리차이에 따라 변화가 일어날 것이다.(기지국과의 거리가 가까울수록 전파의 세기가 크고 멀어질 수록 작을 것이라 생각했다.)

Theme 2. 반사/굴절 –'아람 관 엘리베이터(엘리베이터는 철로 만들어져 있기 때문에 반사와 굴절의 특성을 알아보기 좋다고 생각함.) /건물 in&out'

Theme 3. 회절 – '청강 홀 앞 & 뒤/ 어울림 관 앞&뒤 / 공작 소 앞&뒤'(장애물을 만나면 돌아서 뒤쪽까지 도달한다는 특성을 이용하여 실제로 그러한지 측정)

Theme 4. 감쇠 – '운동장&현재1관4층 위'(기지국에서 멀어지면 질 수록 감쇠할 것이라 생각함.)

Theme 5. 간섭 – '문사관과 청현재'에서 각각 SINR의 변화를 그래프로 나타내어 비교하면 그 변화를 알 수 있을 것이다.

Theme 6. Hand Off(핸드-오프) 통신사 대조(LG vs. SKT) 통신사에 따라 어떻게 달라지는지 알아봄
*기지국 위치>>현3관 위//인사관 위*

Theme 7. Fading
*fast-fading <도플러 효과와 유사>
***slow-fading** : '문사관에서 청현재 뒷산 입구 앞' 까지 측정한 RSSI의 변화를 그래프로 나타내면 slow-fading의 특성을 이해할 수 있을 것이다.

☑ **그림 8-15** 사전 실습 준비 사례

## 8.4.2 휴대전화 테스트 화면 사례

휴대전화의 테스트 화면은 제조사 및 모델별로 다르게 나타날 수 있다. 이 절에서는 3가지 사례를 소개한다.

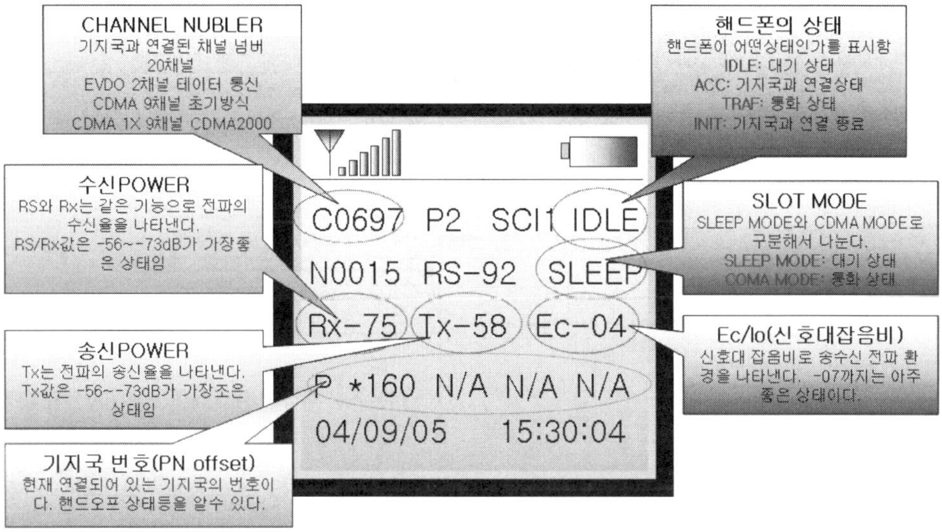


☑ **그림 8-16** 휴대전화의 테스트 화면 사례 1

**디버그스크린 화면**

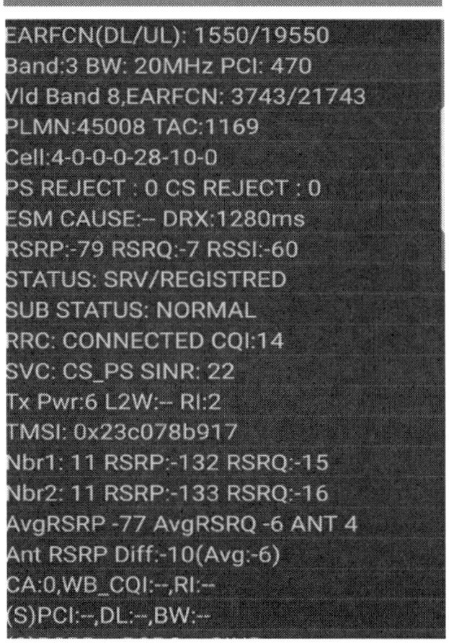


**설 명**

DL(DLCH) :다운링크 주파수 채널번호

UL(ULCH) :업링크 주파수 채널번호

PCI/CELL : 기지국 번호

RSRP : 수신세기

SINR : 신호 대 간섭비

**참고 자료**

| RF Conditions | RSRP (dBm) | RSRQ (dB) | SINR (dB) |
|---|---|---|---|
| Excellent | >=-80 | >=-10 | >=20 |
| Good | -80 to -90 | -10 to -15 | 13 to 20 |
| Mid Cell | -90 to -100 | -15 to -20 | 0 to 13 |
| Cell Edge | <=-100 | <-20 | <=0 |

☑ **그림 8-17** 휴대전화의 테스트 화면 사례 2

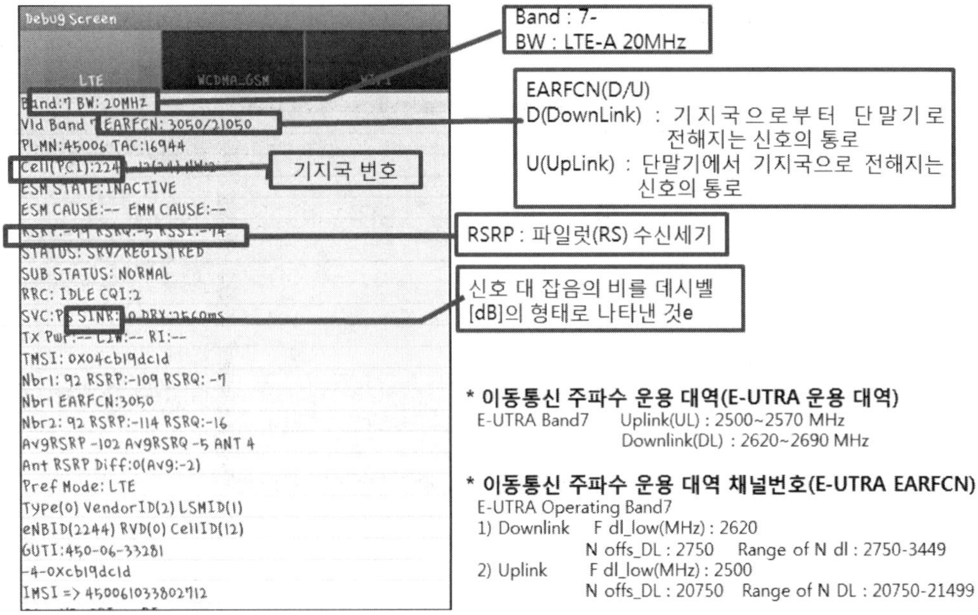


☑ **그림 8-18** 휴대전화의 테스트 화면 사례 3

## 8.4.3 학교의 전파 특성 실습 사례

동일한 대상을 가지고 다른 이동통신 주파수 대역의 전파 특성을 조사함으로써 주파수 대역에 따른 전파특성을 비교할 수 있다. 학생들에게 학교 캠퍼스를 대상으로 전파 특성을 조사하게 한 것으로서 동일한 전파환경에서 800MHz 대역, 1.7GHz 대역, 2GHz, 2.3GHz 주파수 대역의 전파 특성을 이해할 수 있는데 단말기를 가지고 있는 세 명의 학생이 한 조가 되어 실습하면 더욱 효과적으로 실습을 할 수 있다. 다음은 학생들이 실습하고 작성한 내용 가운데 2개의 사례를 소개한다.

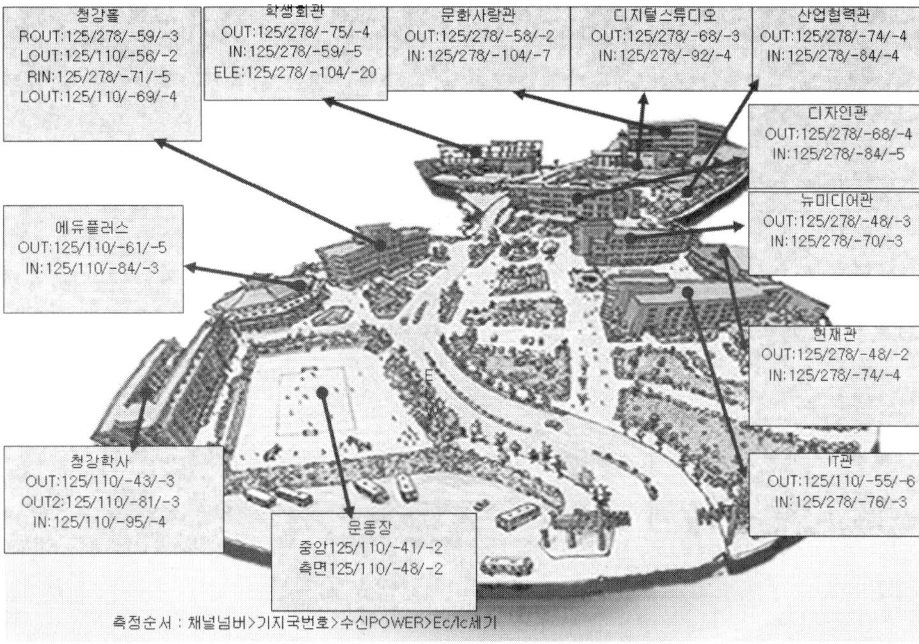


㉠ 정문 : 수신세기와 잡음 정도가 학교내에서 가장 양호한 상태로 측정되었다. 기지국(IT관)에서 큰 장애물 없이 전파를 직접받기 때문이다. **(전파의 직진현상)**

㉡ IT관 : 기지국이 있는 건물이기에 가장 양호한 측정값이 나올 것 같았지만, 정문에 조금 뒤진 측정값이 나왔다. 하지만 전체적으로 양호한 값이 나왔다. 다만 건물 내부나 외부에 드물게 다건물보다 수신세기와 잡음 정도가 높은 곳도 있었다. 전파가 옥상에서 굴절하여 건물내부로 들어오는 듯 했다. **(전파의 굴절, 회절현상)**

㉢ 현재관 : 기지국과 근접한 이유로 전체적으로 양호한 상태로 측정되었지만, 영상강의실 내부에 들어가서 측정하자 수신세기와 잡음 정도가 외부보다 비교적 높이 측정되었다. **(전파의 감쇠현상)**

㉣ 뉴미디어관 : 기지국과 가까운 거리에 큰 장애물도 없어 비교적 양호한 상태였다. 하지만 건물 뒤에서 측정하자 현재관 영상강의실 내부 정도의 측정결과가 왔다. **(전파의 감쇠, 회절, 굴절현상)**

? ? ? ? ?

㉤ 문화사랑관 : 기지국과 가장 멀리 떨어진 건물이라서 평균적으로 높은 값이 측정되었다. 하지만 이곳에서도 디지털스튜디오와 비슷하게 다른 건물에 높은 곳에 있어서 전파를 직진으로 받아 전파의 회절, 감쇠현상이 적어서 예측했던 것보다는 양호하게 측정되었다.

㉥ 학생회관 : 기지국과 어느 정도 거리가 있지만 장애물이 없어서 전체적으로 양호한 값이 나왔으나, 인공폭포 앞에서는 순간순간 수신세기(80 이상), 잡음(−10 이상)이 측정되기도 하였다. 또한 건물안 엘리베이터를 타고 측정을 했을 때는 엘리베이터가 동작하기 전에는 평균값이었다가, 문이 닫히고 작동하자 순간 100(수신세기)/−13(잡음)가 측정되기도 하였다. (엘리베이터 몸체, 인공폭포의 물이 전파를 반사시켜 기지국과의 연결을 순간적으로 방해하는 것으로 추정됨)

㉦ 청강홀 : 뉴미디어관과 비교하여 기지국과의 거리가 멀리 있어서 상대적으로 높은 값이 측정되었으나, 뉴미디어관과 동일하게 건물 뒤쪽에서 측정했을 때는 전파의 감쇠, 굴절, 회절 등으로 평균치 보다 높게 측정되었다.

☑ **그림 8-19** 학교의 전파특성 실습 사례 1

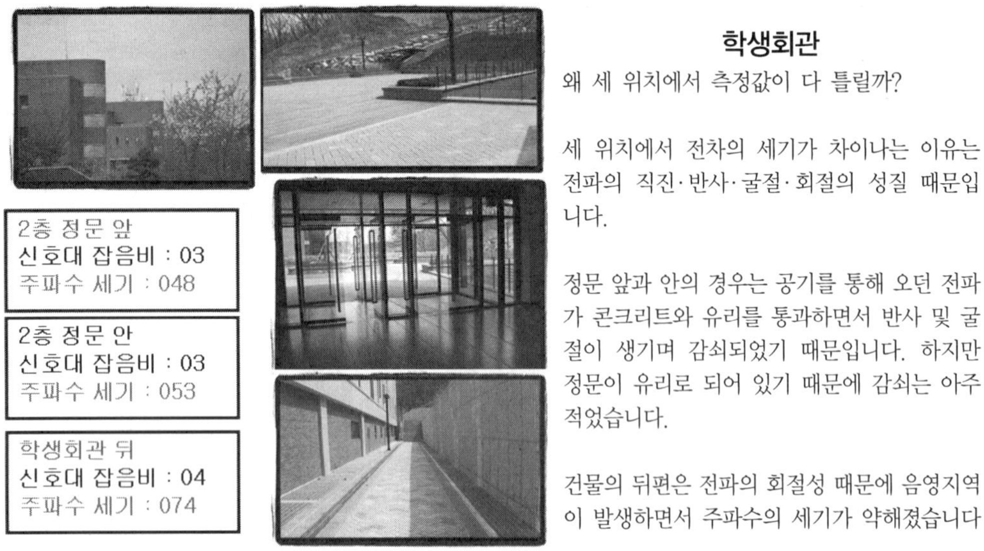


☑ **그림 8-20** 학교의 전파특성 실습 사례 2

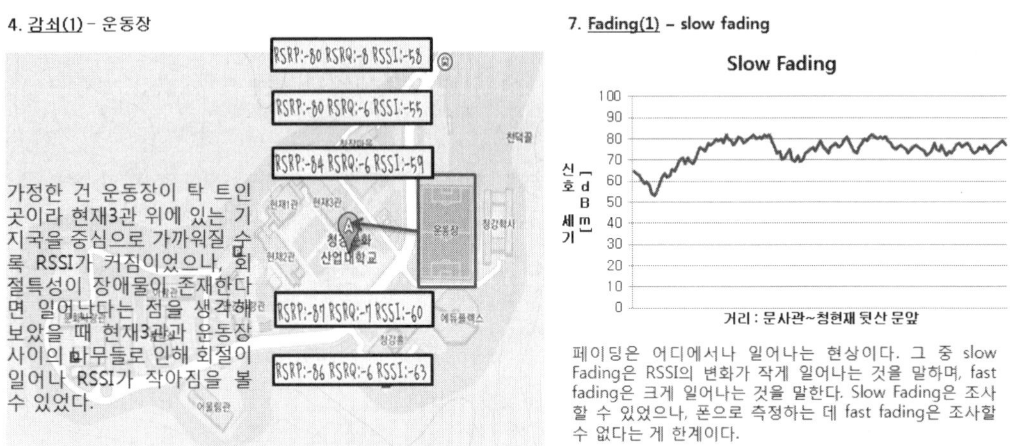


☑ **그림 8-21** 학교의 전파특성 실습 사례 3

## 8.4.4 생활 주변의 전파 특성 실습 사례

다음은 학생들이 각자의 생활 지역에서 측정한 사례를 소개한다. 전파환경은 지형 및 건물 등 다양한 장애물에 따라 전파의 특성이 변하므로 다양한 곳에서 살고 있는 학생들의 전파 특성 결과를 비교함으로써 다양한 장애물 형태에 따른 전파 특성을 얻을 수 있다. 학생은 본인이 살고 있는 지역의 전체 전파 환경을 설명하고 측정한 위치 각각에 대한 전파 특성을 분석하고 있다.

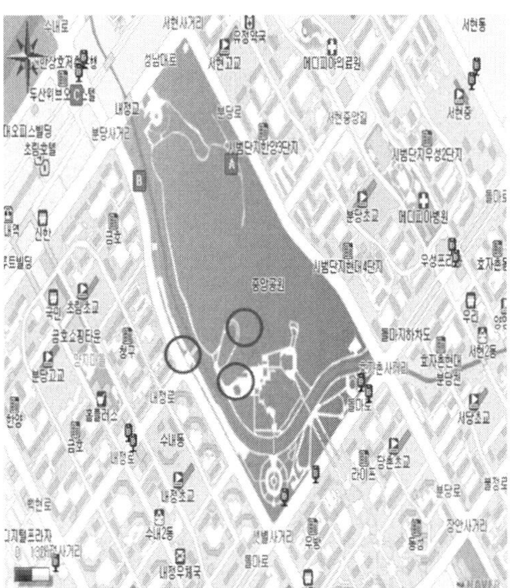

### 중 앙 공 원

| | 기 지 국 | 전파세기 | 잡 음 |
|---|---|---|---|
| 광장 | P020 | -76 dBm | -05 dB |
| 다리 | P014 | -58 dBm | -05 dB |
| 산 | P188 | -94 dBm | -08 dB |

중앙공원 내부에 광장 다리 산에서 측정 실험을 했다.

탁 트인 광장에서 측정치가 가장 잘 나올 것으로 생각했지만..신호대 잡음비는 다리나 광장이나 비슷했지만 전파 세기가 광장에 비해 다리가 **28dB**나 높게 나왔다. 주위에 방해될만한 요소가 없었는데 전파세기가 높게 측정된 걸 보고 어떻게 해석해야 될지 고민을 많이 한 결과 다리에 비해 광장에 있는 기지국이 멀리 있어서 감쇄현상이 일어난 거라고 생각된다.

그리고 산속에서는 예상 되로 전파세기와 잡음비가 높게 나왔다. 이는 산에 나무와 풀 ..등 방해요소가 많이 있어서 그렇다고 생각된다. 그래서 산에 있으면 단말기 배터리가 빨리 소모된다고 하는데 이는 산에서 방해요소들 때문에 전파들이 낮게 오는데 단말기에서는 거리에 따른 감쇄를 보상하기 위해 단말기 내부에서 수신출력을 높여서 빨리 소모된 것 같다.

☑ **그림 8-22** 생활주변의 전파특성 실습 사례 1

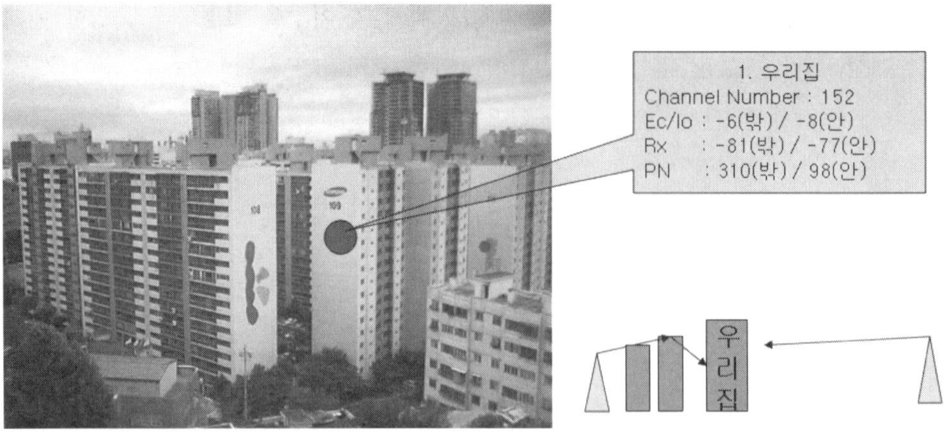


| 집 안, 밖 측정 결과 Ec/Io가 높아짐. 또한 PN이 같은 지역임에도 불구하고 안과 밖이 다른 이유는 실내에서는 집이 10층이기 때문에 근접한 곳의 높은 건물들이 없으므로 전파의 **직진성**이 강해진다. 그러므로 가까이에 있으나 수신 세력이 약하다면 멀리 있는 **직진성**이 강한 기지국의 PN을 잡게 되는 것이다. |
|---|

☑ **그림 8-23** 생활주변의 전파특성 실습 사례 2

- **측정 지역 :** 상일동 삼성 엔지니어링 근처
- **주변환경**:주변의 고층 빌딩이 많다.
- 71번 기지국과 263번 기지국 간의 핸드오프 지역이다. 71번 기지국과 삼성엔지니어링 사이에 장애물이 존재하지 않는다.
- **가지고있는 특성**:71번 기지국과 삼성엔지니어링 사이에 장애물이 없어 전파의 직진과 감쇠가 발생한다. 263번 기지국과 삼성엔지니어링 사이에 고층빌딩과 아파트가 있어 건물에 의한 굴절과 회절, 거리 차에 의한 감쇠가 발생한다.
- **단말 신호 수신 세기 (RSSI)** :-50 dBm
- **신호대 간섭비** : 25.6 dB
- **기지국 번호** : 71,263
- **채널 번호** : 3050/21050 (밴드7: 2.6 GHz 대역)

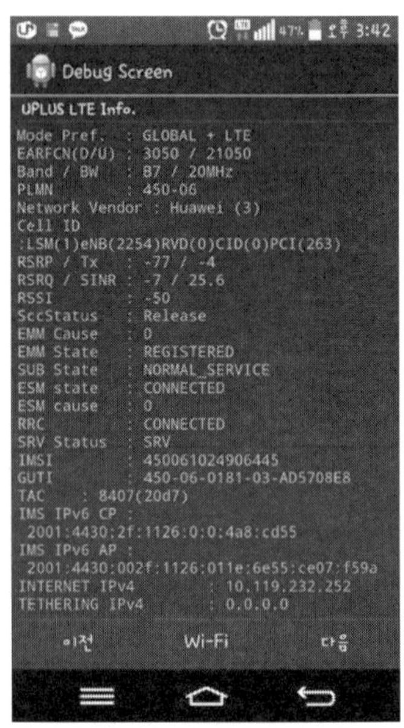


☑ **그림 8-24** 생활주변의 전파특성 실습 사례 3

## 8.4.5 핸드오프 지역 확인 실습 사례

기지국 번호를 이용하면 핸드오프 지역을 확인할 수 있는데 다음은 핸드오프 지역을 확인하여 표시한 그림이다.

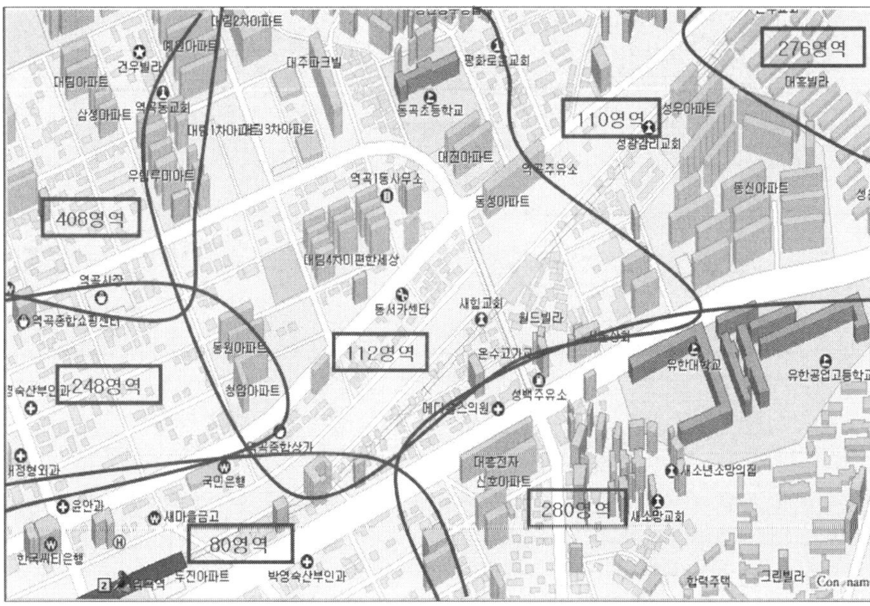


☑ **그림 8-25** 핸드오프 지역 확인 실습 사례 1

☑ **그림 8-26** 핸드오프 지역 확인 실습 사례 2

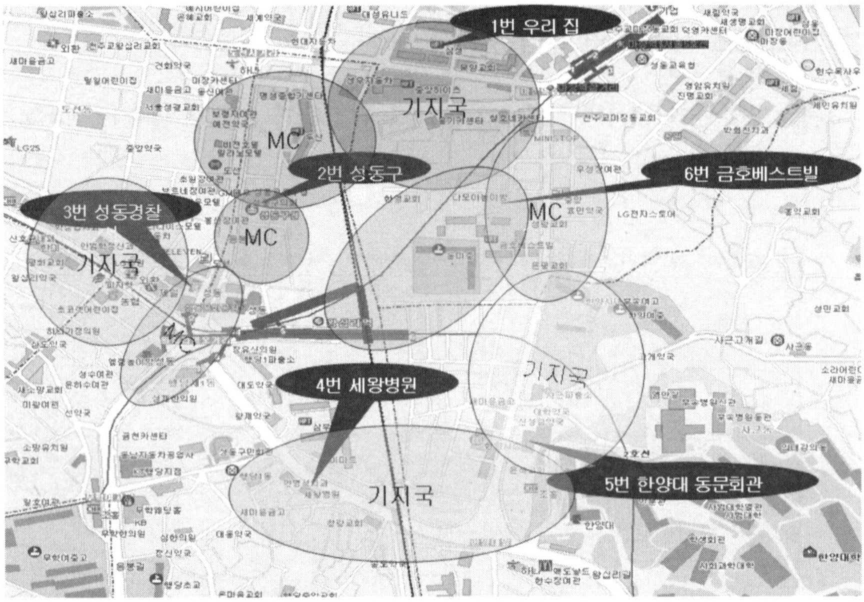


☑ **그림 8-27** 핸드오프 지역 확인 실습 사례 3

## 8.4.6 실습 소감 사례

실습 소감에서는 실습 결과를 종합적으로 이해한 내용을 정리함으로써 전파의 특성을 다시 한 번 익힌다.

### 실험소감

앞선 실험결과에서 알 수 있듯이 전파는 기지국과 전파의 도착지점간의 장애물 유/무, 기지국과의 거리 등에 의해 휴대전화의 전파가 다양하게 측정되었다. 기지국과 측정 위치 사이에 높은 건물 등 장애물이 있다면 전파의 굴절, 회절, 감쇠 등의 현상이 일어나고 강, 개천이 있다면 반사, 굴절 등의 현상이 일어나는 등의 다양한 전파의 특성을 알 수 있었다. 또, 기지국이 건물 위에 있어서 밑층은 수신세기나 잡음 정도가 꼭 낮은 수치로 측정되는 것은 아니었다. 아마도 건물 내부로 들어올 때 굴절현상과 감쇠현상으로 전파가 약한 상태로 들어오기 때문이라고 추측할 수 있다. 다만 가끔 이론상 예상되는 값과 다른 값으로 나오는 지역도 있었다. 이것은 전파가 한가지 성지로 측정 위치까지 도달하지 않고, 여러 성질이 중복적으로 작용하면서 도달하는 것으로 추측할 수 있다. 또한 전파가 날씨와 주변지형(산, 강, 개천 등), 장애물(건물)의 재질에도 측정값이 달라진다는 것을 확인할 수 있었다. 또한 전파의 세기와 배터리의 소모량도 비례한다는 것도 알 수 있었다. 즉 전파의 수신세기가 약해지면 배터리의 소모량도 많아진다는 것(지하나 산속, 터널 등에서 배터리가 빠르게 소모되는 현상)도 확인되었다. 전파 측정하는 기간 날씨가 변덕스러워 측정이 힘들었지만, 날씨에 따른 전파의 변화도 측정할 수 있었다. 예전 같았으면 그냥 '전화가 잘 안되네' 하고 넘어 갔을 것도 이번 실험을 통해서 그 이유를 알 수 있어서 기억에 남는 실험이었던 것 같다.

☑ **그림 8-28** 실습 소감 사례

# 3부

# 이동통신 기술상담 실무

Chapter 9

# 번호 이동성 및 이동사업자 간 로밍

## 9.1 번호 이동성

### 9.1.1 번호 이동성 개념

번호이동성 서비스란 이동통신 가입자가 사업자를 변경하더라도 기존에 사용하던 번호를 계속 사용할 수 있는 서비스이다.

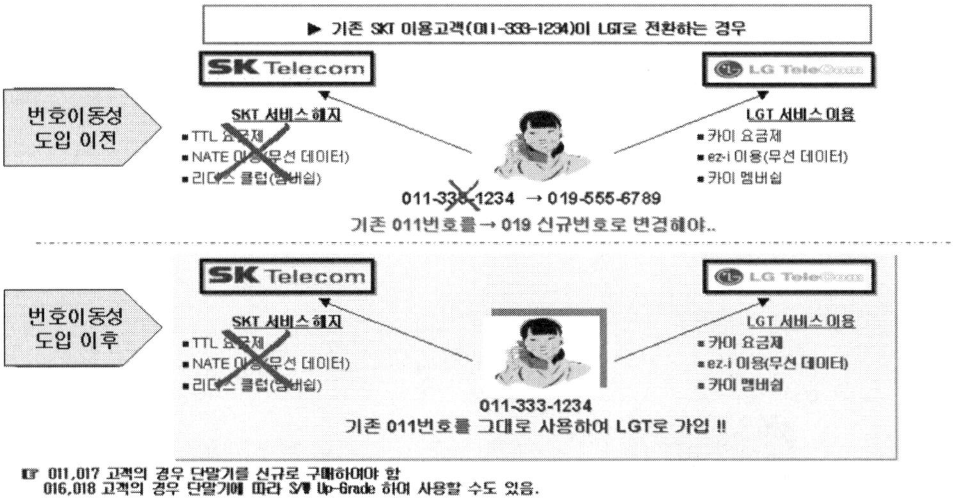


☑ **그림 9-1** 번호 이동성 개념

## 9.1.2 번호 이동 절차

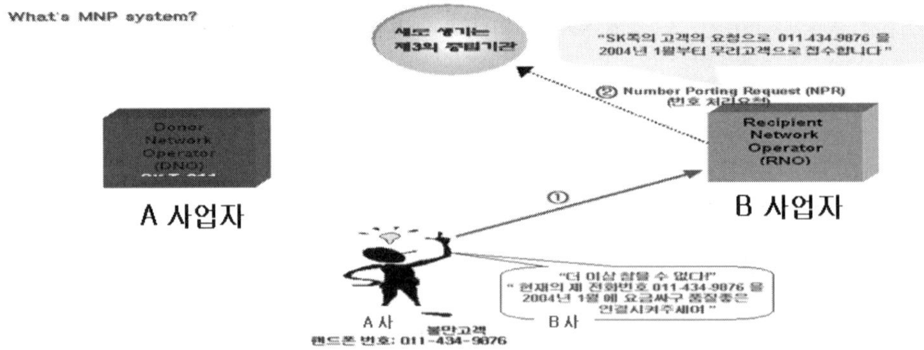


☑ **그림 9-2** 번호 이동 절차-1

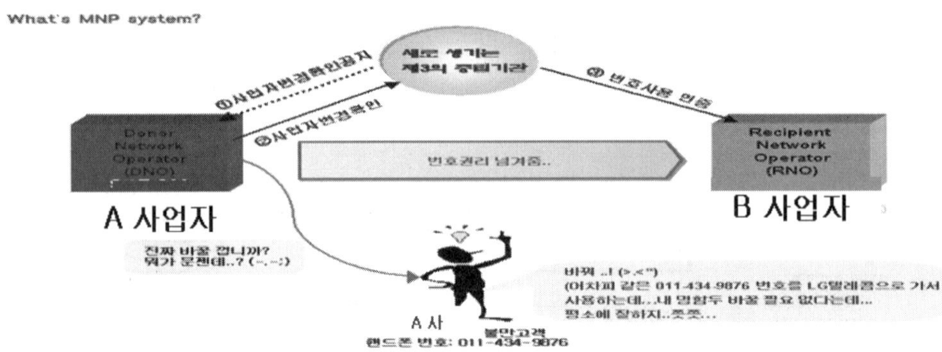


☑ **그림 9-3** 번호 이동 절차-2

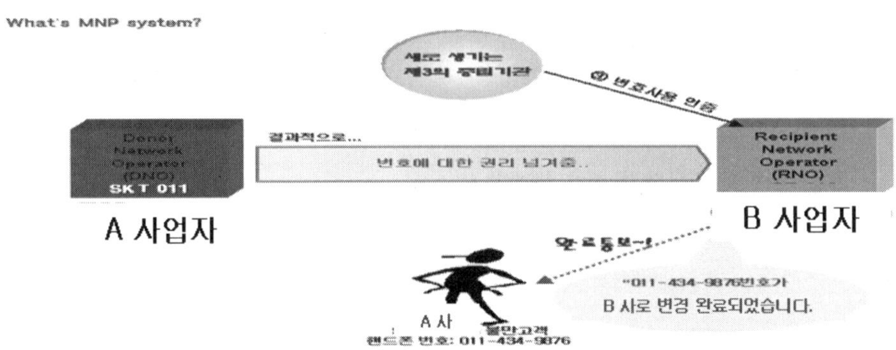


☑ **그림 9-4** 번호 이동 절차-3

### 9.1.3 번호 이동성 시행 시기

번호이동성 서비스는 2004년 1월 시행되었으며 SKT, KTF, LGT의 순으로 각각 6개월간의 시차를 두고 시행되어 현재는 모든 이동통신사업자간 번호이동이 가능하다.

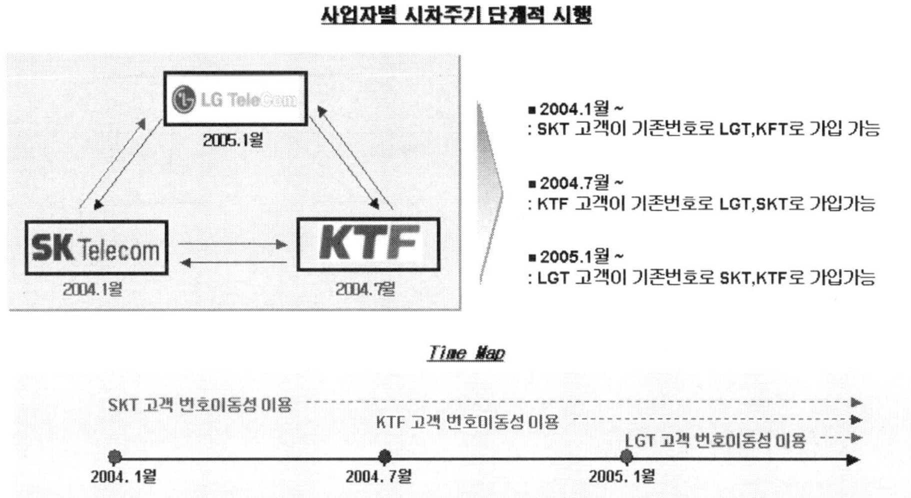


☑ **그림 9-5** 번호 이동성 시행 시기

## 9.2 식별번호 단일화

식별번호 단일화는 번호이동성 서비스와는 별개로 2004년 1월부터 3세대 이동전화 식별번호인 "010"번호를 점차 사용하여 2007년까지 모든 이동통신사업자가 "010"으로 식별번호로 통합하는 것이다.

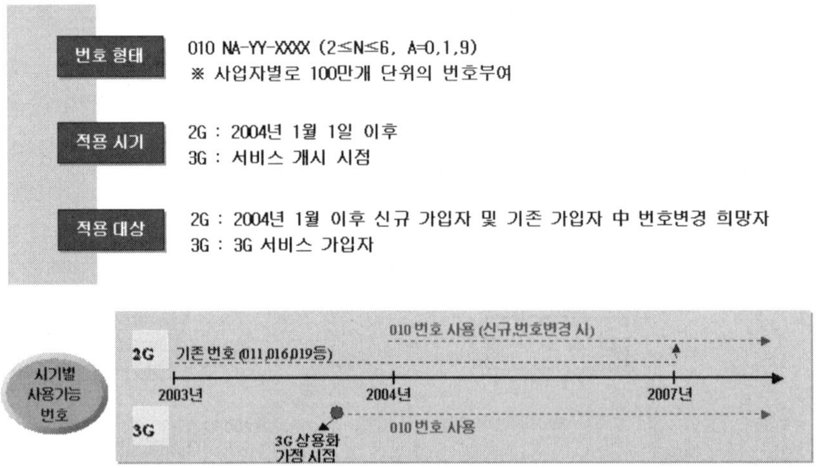


☑ **그림 9-6** 010 식별 번호 사용 방식

# 9.3 이동사업자 간 로밍

## 9.3.1 개 요

로밍은 단말기가 다른 이동통신 교환기 서비스 영역 또는 다른 사업자 영역으로 이동하여도 통화가 가능하도록 하는 기능으로 동일사업자내 시스템 간 로밍, 사업자간 로밍, 국제로밍으로 구분된다. LGT와 KTF의 로밍은 사업자간 로밍으로 LGT 가입자가 KTF 기지국을 이용하여 이동통신 서비스를 이용할 수 있다.

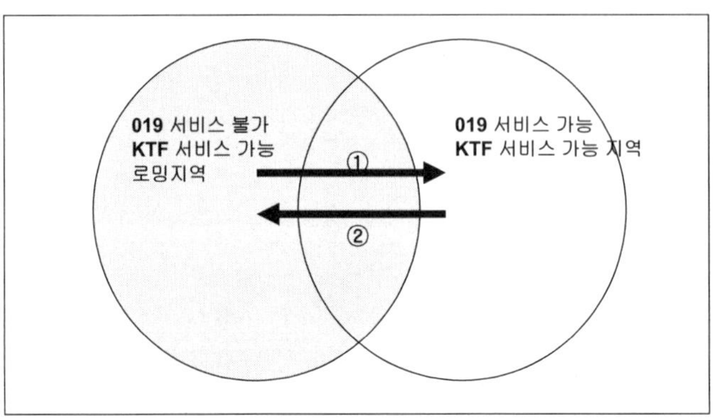


☑ **그림 9-7** LGT와 KTF간 로밍 개념도

①의 경우는 019 서비스는 가능하지 않으나, 016 서비스는 가능한 로밍 지역에서 통화를 시작하여 016, 019 서비스가 모두 가능한 지역으로 이동하여도 통화가 가능하다. (서비스 가능 지역 확대)

②의 경우는 019 서비스 가능 지역에서 019 서비스가 불가능한 로밍지역으로 통화중 이동하게 되면 통화가 끊기게 되나, 다시 시도하게 되면 로밍 전에는 서비스 불가였으나, 로밍 후에는 KTF망을 이용하여 통화가 가능하다. (서비스 가능 지역 확대)

①, ②의 경우 모두 서비스 가능 지역이 확대되므로 서비스 커버리지가 확대된다.

## 9.3.2 주요 서비스

사업자간 로밍은 기존 가입자가 로밍지역에서 받을 수 있는 서비스가 사업자간 서비스 특성 차이로 일부 서비스가 제한된다. 따라서 LGT와 KTF간 사업자간 로밍에서 제한되는 서비스를 통해 사업자간 로밍의 특성을 알 수 있다. 사업자간 로밍으로 음성 서비스(VMS 포함) 및 음성 부가서비스를 제공할 수 있다. 또한 단문 서비스 제공 (Phone to Phone, 문자 정보 및 대화형 서비스류 제공, 방송서비스 불가) 이 가능하다. 반면 PPS 가입자, 정액요금 사용자는 서비스 이용이 불가하고 인터넷 등 무선데이터서비스를 이용할 수 없다.

### (1) MSC에서 HLR로 Feature Request 메시지에 의해 부가서비스의 활성화/비활성화 기능

| 부가서비스명 | 서비스 코드 | 특 징 | 제공 여부 |
|---|---|---|---|
| 호대기 | *40, *400 | | 제공 가능 |
| 착신전환 | *71+TA, *710 | | 제공 가능 |
| 추적연결 | *72+TA, *720 | | 제공 가능 |
| 무조건 음성사서함 전환 | *72+TA, *720 | | 제공 가능 |
| 호거절 | *72+TA, *720 | | 제공 가능 |
| MAH(Mobile Excess Hunting) | *26+1/9, *26+1/9+PDN, *26, *26+PDN, *260, *260+PDN | | 제공 불가 |
| 선택적 호 허용 | *30+TA/8, *300, *31+TA, *310+#+TA, *31+9, *310+9, *310+99, *31, *310 | | 제공 불가 |
| 패스워드 호선택 | *27+TA/8, *270, *27+PWD#, *270+PWD#, *270+99, *28, *280 | | 제공 불가 |
| 발신금지 | *20, *25, *250 | | 제공 불가 |
| 가입자 상태 안내 | *990 ~ *996, *9931 ~ *9936 | 회의 중, 운전 중, 수면 중 등 안내 | 제공 불가 |

### (2) PFX에 의한 루팅으로 처리하는 서비스

| 부가서비스명 | 서비스 코드 | 특 징 | 제공 여부 |
|---|---|---|---|
| 벨소리 변경 | 700-5782 | LG단말기는 OTA 방식 | LG전자 단말기 외 기능 제공 |
| 음성정보 | 700-XXXX | 증권, 뉴스, 스포츠, 운세 교통정보, 인사말, 노래배달, 쿠폰서비스, TEPS 서비스 등 | 제공 가능 |
| 원격제어서비스 | 200-8282, ★82에 의한 부가서비스 변경 | | 200-8282 제공 가능 *82접속 시는 불가 |
| OMNITEL 접속 (방송) | #XXXX | | 제공 불가 |
| TTS (Text To Speech) | *89 | Email 수신청취 가능 | 제공 불가 |
| 요금조회 | *114, 114 | | 114 제공 가능 *114는 불가 |

### (3) 서버에 의한 서비스

| 부가서비스명 | 서비스 코드 | 특 징 | 제공 여부 |
|---|---|---|---|
| OTA 기능서비스 | *019 | 무선에 의한 NAM Setting 기능 | 제공 불가 |
| 단말인증 서비스 | | 불법 복제 단말 검색 기능 | 제공 불가 |
| PPS 서비스 | | 선불 통화 기능 로밍지역에서 착신만 가능 | 제공 불가 (발신 금지로 기능 처리 시 안내 방송은 KTF 안내방송으로 처리) |
| 지능망 서비스 (캡틴, VPN, ICS) | *1001, *1003, *1004, *1002 | 로밍지역에서 발신은 제한하되 착신은 허용 | 제공 불가 (발신 금지로 기능 처리 시 안내 방송은 KTF 안내 방송으로 처리) |

### (4) 교환기에 의한 서비스

| 부가서비스명 | 서비스 코드 | 특 징 | 제공 여부 |
|---|---|---|---|
| 긴급 특번 서비스 | 112, 113, 119 | 가장 가까운 지역으로 연결 | 제공 가능 |
| 3자 통화 | SEND+TA+SEND … SEND/END | | 제공 가능 |
| 회의 통화 | *22+TA, *220 | | 제공 가능 |
| 호 전환 | TA+SEND … SEND/END | 통화중 제3자에게 전환하는 기능 | 제공 가능 |
| 내선번호 | | 통화국번 시 번호 뒷 네 자리에 의한 통화 기능 | 제공 불가 |
| 통화중 수신호의 발신번호를 문자로 통지하는 기능 | | 통화중 수신되는 호에 발신번호를 문자로 통지하는 서비스 | 제공 가능 |

| 부가서비스명 | 서비스 코드 | 특 징 | 제공 여부 |
|---|---|---|---|
| 통화중 수신호의 발신번호를 문자로 통지하는 기능 | | 통화중 수신되는 호에 대한 발신 번호를 문자로 통지하는 기능 | 제공 가능 |
| 통화중 대기 거부 | *410, *410+TA | 통화중 대기 기능을 순간 비활성화하는 서비스 | 제공 불가 |
| 국제전화 등급 제한 서비스 | | 등급1, 2dp에 따라 구분처리 로밍지역에서 국제전화 발신 불가 | 제공 불가 |
| 멀티콜 서비스 | *961~*964, *96 | 동시에 여러 명에게 통화하는 기능 | 제공 불가 |
| 음성 메시지 재생 | *88, self MIN | 자신의 음성사서함 으로 전환 | 제공 가능 |
| 통화중 CFD 또는 음성사서함으로의 전환서비스 | RR에 rr(busy)로 응답 | 통화중인 경우 음성사서함으로 연결하는 기능 | 제공 가능 |
| FAX 전환 서비스 | *87 + SEND | FAX톤 인식 후 "*87+SEND"로 VMS전환기능 | 제공 불가 |
| 발신번호표시(CNIP)서비스 | | | 제공 가능 |
| 발신번호표시(CNIP)금지서비스 | *23 | | 제공 가능 |
| 모든 발신번호 표시서비스 | | CNIR가입자의  발신호에 대해서도 발신자 표시 | 제공 가능 |
| 착신과금서비tm | | | 제공 가능 |
| Dual Number 서비스 | | 착신자에게 발신번호 2개 표시 기능 | 제공 불가 |

## (5) 문자 및 데이터 서비스

| 부가서비스명 | 내 용 | 제공 여부 |
|---|---|---|
| ez-junior | SMS 무자메시지를 이용하여, 메뉴기반의 서비스 제공 (채팅, 게임, 증권 등) | 제공 가능 |
| ez-character | 폰 배경화면용 그림 혹은 카드용 그림 다운로드 서비스 | 제공 가능 |
| 문자정보수신 | 월 일정액의 요금 지불시 연애, 증권, 날씨, 명언 등의 내용을 일정 시간마다 문자메시지 전송 서비스 | 제공 가능 |
| 소액결제 | 웹상에서 상품구입 시 휴대폰번호와 주민번호를 입력하여 구매할 수 있는 서비스 | 제공 가능 |
| 무선자판기 | 자판기의 음료수 구매 시 요금이 폰 이용료로 청구되는 서비스 | 제공 가능 |
| Phone to Phone | 019 간 혹은 019에서 타사 가입자로 문자 메시지 전송 서비스 | 제공 가능 |
| ez-channel | 증권, 뉴스, 스포츠, 연예 등의 내용을 라디오 채널처럼 방송 내용을 선택하여 들을 수 있는 서비스 | 제공 불가 |
| ez-vision | 간판의 LED 내용을 이지방송 채널을 이용하여 제어하는 서비스 | 제공 가능 |
| PDA | 인터넷 연결 서비스 | 제공 불가 |

### (6) WAP 서비스

| 부가서비스명 | 내 용 | 제공 여부 |
|---|---|---|
| ez-i | 메뉴기반의 무선인터넷 서비스로 뉴스/증권/게임/커뮤니티 예매 등의 서비스 제공 | 제공 불가 |
| WAP Push 서비스 | 메일/일정 공지 및 CP의 이벤트 등을 callback URL과 함께 push하고, 고객이 선택 시 ez-i에 접속하는 서비스 | 제공 불가 |
| 위치서비스 | 고객자신 혹은 등록한 친구의 현재 위치를 확인할 수 있는 서비스 | 신규 기능으로 총괄분과에서 재정의 후 추진 |

### (7) 법인 서비스

| 부가서비스명 | 특 징 | 제공 여부 |
|---|---|---|
| 한눈에 서비스 | 택시 call, 원격검침 등의 위치기반 서비스 제공 | 신규 기능으로 총괄 분과에서 재정의 후 추진 |
| ez-i | 정보서비스 메뉴에서 연동업체의 인식번호 (*2580, *0707, *8585, *7777등)를 이용한 대화형 서비스 | 제공 가능 |
| 기업 메일 서비스 | SMS를 이용, 영업을 하는 사업자에 등록한 고객이 문자메시지 발송이 가능하도록 하는 서비스 | 제공 가능 |
| 현대자동차 | SMS 120 byte 사용, 패킷데이터 기능 | 제공 불가 |
| Smart폰 증권 서비스 | Smart폰을 이용, 증권 조회/주문 등의 서비스 제공 | 신규 기능으로 총괄 분과 협의 후 진행 가능 |

Chapter 10

# 통화품질/부가서비스 장애유형

## 10.1 개 요

이동통신 서비스는 기지국 및 중계기 등 이동통신시스템의 고장 및 잘못된 이동통신망 설계로 서비스 불능 지역 발생 등의 통화 품질 관련 장애가 발생할 수 있다. 또한 이동통신기술의 발전으로 음성뿐만 아니라 다양한 부가서비스가 제공되고 있는데 서비스 관련 시스템의 장애로 일부 부가서비스만 장애가 발생할 수 있다. 모든 장애 정보는 보다 나은 통화품질을 제공할 수 있는 정보로서 고객으로부터 들어오는 각종 통화품질 내용을 체계적으로 관리하는 것은 매우 중요하다. 고객으로부터 들어오는 통화품질 민원을 접수하는 것부터 이를 데이터베이스화하고 서비스를 제공하는 절차는 다음과 같다.

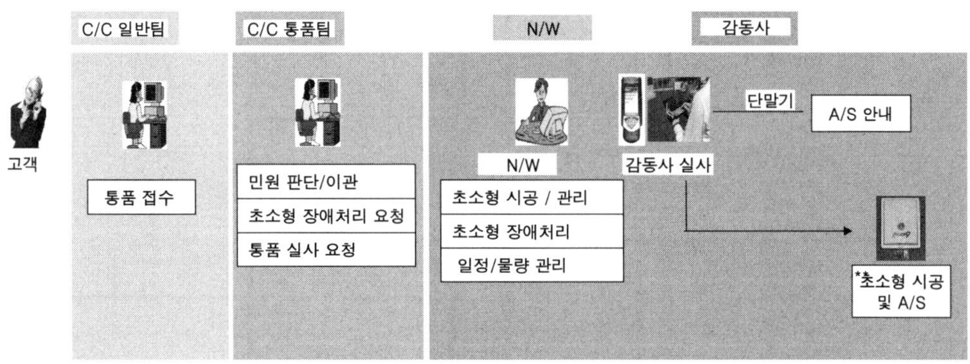


☑ **그림 10-1** 통화품질 민원 처리 절차

고객의 정보는 매우 중요한 망운용 정보가 될 수 있다. 따라서 고객의 서비스 이용 상황을 가능한 자세히 분석함으로써 이동통신망을 최적화하는 데 최대한 이용하여야 한다.

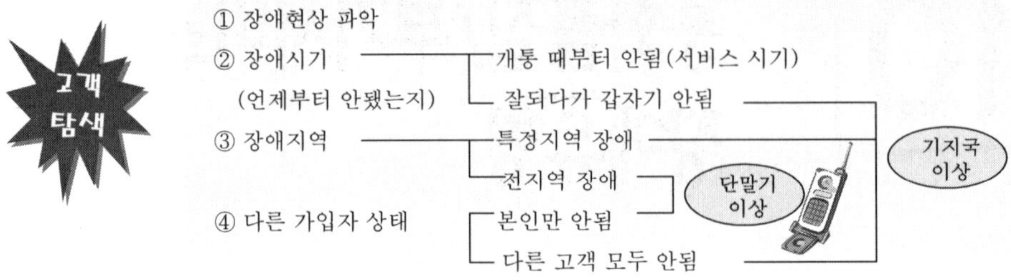


☑ **그림 10-2** 고객 탐색

## 10.2 장애 유형 파악을 위한 세부 절차

장애유형은 발생 시기, 발생지역 및 타 지역의 장애 여부, 다른 가입자의 이상 여부 등을 차례로 파악함으로써 전체 시스템의 장애인지, 단말기의 장애인지, 특정 지역의 서비스 장애 인지를 파악할 수 있다. 일반적인 장애 유형 처리절차는 〈그림 10-3〉과 같다.

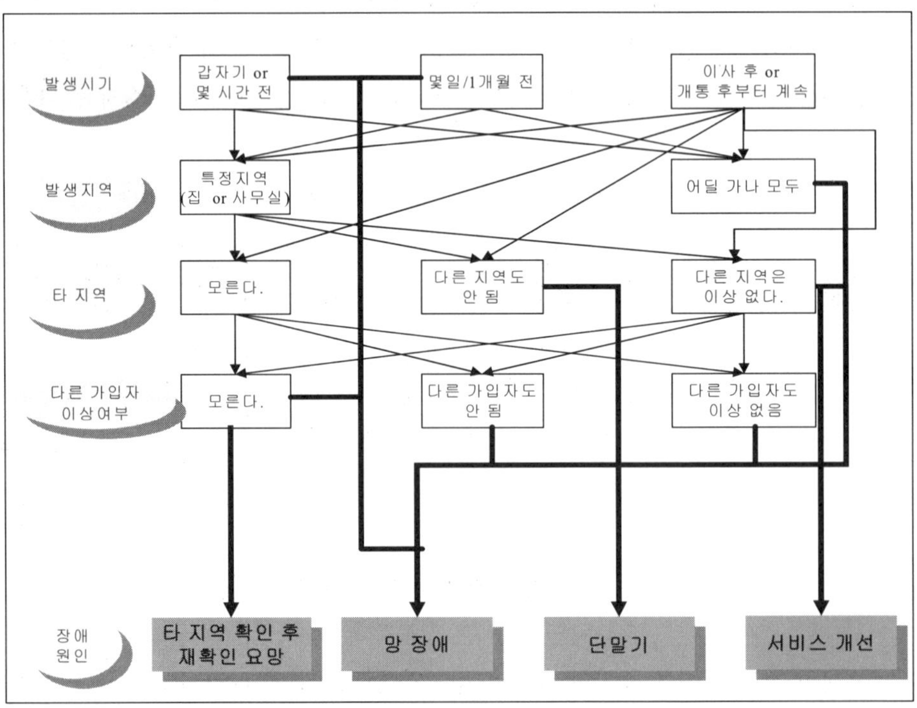


☑ **그림 10-3** 장애 유형 처리 절차

# 10.3 장애 유형 세부 내용

## 10.3.1 통화품질 장애 유형

| 유형 | 멘트 | 원인 | 해결방안 | 비고 |
|---|---|---|---|---|
| 발신가능/수신불능 | ①지금은 고객의 요청으로 전화를 받을 수 없으니 다음에 다시 걸어 주시기 바랍니다. | 작신거절(*24)을 설정한 경우 | *240으로 착신 거절 해제 안내 | |
| | ②전화 받기가 제한되었습니다. | 폰 상에 수신제한 설정 된 경우 | 폰 상에 해제방법 안내 | |
| | ③위치이중 등록 | 특정지역에서는 수신이 가능했는데 위치 이동 후 수신 불가능일 경우 | 전원 ON/OFF안내 | 장애지속 시 CCS 장애처리 |
| | ④기지국 장애 | 동일 장소에서 다른 019가입자 모두 수신불능이고 다른 지역은 수신 가능일 경우 | CCS 장애처리 | |
| | ⑤단말기 이상 | 전 지역에서 수신 불능이고 다른 019가입자는 수신가능 고객폰만 수신 불능일 경우 | A/S센터 안내 | |
| 발신불능/수신가능 | ①지금 거신 전화는 발신이 금지 되었습니다. | 발신금지(*25)을 설정한 경우 | *250으로 발신 금지 해제 안내 | |
| | ②잠금 설정 | 폰 상에 잠금 설정이 된 경우 | 폰상에 해제방법 안내 | |
| | ③ 전산상 정지 상태일 경우 | 일시정지/이용정지 상태일 경우 | 사유와 고객확인 후 정지 해제 | |
| | ④정지 해제 후 발신 불가 | HLR 반영 지연 | CCS 장애처리 | |
| | ⑤기지국 장애 | 동일 장소에서 다른 019가입자 모두 발신불능이고 다른 지역은발신 가능일 경우 | CCS 장애처리 | |
| | ⑥단말기 이상 | 전지역에서 발신 불능이고 다른019가입자는 발신가능 고객폰만 발신 불능일 경우 | A/S센터 안내 | |
| 발신/수신 불능 | ①미개통 | CSBS 개통작업이 완료 되지 않은 경우 | 개통 대리점으로 확인 요청 | |
| | | 기지국 등록 및 개통이 필요 합니다. | 나밍법 및 전원 ON/OFF 안내 | |
| | ②위치 미등록 | 전화를 받지 않습니다. 고객의 위치가 확인되지 않아 연결되지 않습니다. 전원을 끈 상태입니다 | 전원 ON/OFF 안내 | |
| | ③음영 지역 | 개통 때부터 사용 불능(서비스시기) | 통화품질팀 상담예약 | |
| | ④기지국 장애 | 동일 장소에서 다른 019가입자 모두 발신불능이고 다른 지역은 발신 가능일 경우 | CCS 장애처리 | |
| | ⑤단말기 이상 | 전지역에서 발신 불능이고 다른 019가입자는 발신가능 고객폰만 발신 불능일 경우 | A/S센터 안내 | |
| 끊김 현상 | ①전파미약 지역 | 수신감도가 낮은 지역에서 끊김 현상 발생 | 다른 지역으로 이동해서 통화안내 | |
| | ②기지국 장애 | 특정지역에서만 끊김현상 일어나고 다른 019가입자 모두 끊김현상 발생될 경우 | CCS 장애처리 | |
| | ③단말기 이상 | 전지역에서 끊김현상 발생이면 단말기 이상 | A/S센터 안내 | |
| 울림/잡음/One Way Call 현상 | ① 기지국 장애 | 특정지역에서만 동일현상 일어나고 다른 019가입자 모두 동일현상 발생될 경우 | CCS 장애처리 | |
| | ② 단말기 이상 | 전지역에서 동일현상 발생되면 단말기 이상 | A/S센터 안내 | |

## 10.3.2 부가서비스 장애유형

| 구 분 | 장애유형 | 원인 | 해결방안 | 비 고 |
|---|---|---|---|---|
| 문자 서비스 (SMS) | ①폰투폰 발수신 에러 | 전송 실패 또는 전송완료이나 상대가 받지 못했을 경우 | 019와 타사로 구분해서 전송Test후 CCS 장애처리 | |
| | | '메모리 없음, 메시지를 받을 수 없음'으로 나올 경우 | 모든 문자/음성 메세지 삭제 및 연락번호 삭제요청 | |
| | | 문자/음성 메시지 지연, 중복도착 또는 한꺼번에 수신되는 경우 | 전원 ON/OFF 안내 | |
| | ②생활문자 서비스 관련 에러 | 메시지 수신 되지 않을 경우 | 수신 항목 확인 후 CCS 장애처리 | |
| 음성사서함 (VMS) | ①미등록 또는 미전환 | *52/*88시 통화중음 송출이나 에러멘트 나올 경우 | CSBS 등록 확인 후 CCS 장애처리 | |
| | ②비밀번호 초기화 | 비밀번호 모를 경우 | 부가서비스 암호 초기화 | |
| 발신금지/ 착신거절 | ①미등록 또는 미해제 | *25/24 또는 *250/240시 통화 중음송출, 에러멘트 나올 경우 | CCS 장애처리 | |
| | ②비밀번호 초기화 | 비밀번호가 틀리거나 모를 경우 | 부가서비스 암호 초기화 | |
| 발신금지/ 착신거절 | ①미등록 또는 미해제 | *25/24 또는 *250/240시 통화중음송출, 에러멘트 나올 경우 | CCS 장애처리 | |
| | ②비밀번호 초기화 | 비밀번호가 틀리거나 모를 경우 | 부가서비스 암호 초기화 | |
| 착신전환/ 추적연결 | 미등록 또는 미해제 | *71/72 또는 *710/720시 통화중음송출, 에러멘트 나올 경우 | CSBS 등록확인 후 CCS 장애처리 | |
| 통화중 대기 | 미등록 또는 미해제 | *40/400 등록 시 통화중음 송출 | CCS 장애처리 | |
| 듀얼넘버 서비스 | 수신 불능 | 듀얼번호로 미수신 또는 음성전환 | CCS 장애처리 | |
| 원격 제어 | 비밀번호 초기화 | 비밀번호가 맞지 않습니다. 다음에 다시 걸어 주십시오. | CCS 장애처리 | |
| 발신번호 표시 (CNIP) | ①CSBS 미등록 | CNIP:폰상 수신자번호 보기가 제한되어 있는 경우 | 폰상에 제한설정 해제법 안내(안될 경우 CCS 장애처리) | |
| | | CNIR:발신자번호 금지 서비스 등록 후 금지 안 될 경우 | CSBS 등록여부 확인 후 CCS 장애 처리 | |
| | | *23#(호블로킹)이용 시 '사용권한이 없습니다'멘트 나올 경우 | CCS 장애처리 | |
| | ②CSBS 등록 후 에러발생 | HLR 미등록건 | CCS 장애처리 | |
| 카이존 에러 | 카이존 지역 내 통화 시 할인요금 적용 안되는 경우 | 2개 지역 모두 에러일 경우 | CSBS 요금삭제 후 재등록 | 확인사항 : Zone 주소 / PN값 / 장애현상(시기 / 에러멘트) |
| | | 1개 지역 에러일 경우 | CCS 장애처리 | |

## 10.4 통화품질 Q & A(Question & Answer)

### (1) 통화품질 판단기준은?

통화 품질의 판단기준 중 FER(Frame Error Rate)과 통화 끊김율(call drop rate)이 있습니다. A사는 모든 지역에서 FER이 1%를 초과하지 않는 것을 목표로 시스템을 설계하였고, 측정결과 이 목표를 만족하고 있습니다. 통화 끊김율도 최근 각종 뉴스 매체에서 측정한 자료를 보더라도 이동통신 중 가장 우수하며, 자체측정 결과로도 B사보다 우수한 품질을 유지하였습니다.

### (2) 통화중 상대방의 음성이 중간 중간 끊겨 나오는 건 왜 그렇습니까?

통화중 음성이 끊겨 나오는 현상은 가끔은 발생할 수 있는 일로 다음과 같이 설명할 수 있습니다. 음성신호를 디지털 신호로 바꿀 때 각각의 frame을 이진수로 표시하게 되는데, 이때 FER 즉 에러비율이라는 것이 있습니다. 수신신호가 높은 경우 내가 받아야 할 음성신호를 잘 찾는데 비해 수신신호가 낮아지면 옆 신호와 내 신호를 구분하지 못해 FER이 많아져서 음성이 끊어졌다 들렸다 하기도 하는 것이죠. 주로 수신이 어려운 지역에서 이런 현상이 있을 수 있지만 최적화가 이루어질수록 점차 빈도수가 줄어들게 됩니다. 그러나 수신 세기가 높게 표시된 지역에서도 자주 음성이 끊어진다면 휴대전화의 A/S가 필요합니다.

### (3) 이동전화의 도청이 가능합니까?

CDMA 방식은 도청이 원칙적으로 불가능합니다. 아날로그 방식(FDMA)에서는 주파수를 나누어 사용자에게 채널을 할당해주기 때문에 해당 채널의 주파수만을 맞추게 되면 도청이 가능합니다. 그러나 이동전화에서 사용하는 CDMA방식은 같은 공간, 같은 시간, 같은 주파수에서 동시에 신호를 사용하게 됩니다. 이에 따른 혼선을 막기 위해 원래의 신호에 '0'과 '1'로 된 가상잡음(PN:Pseudo Noise)을 더하여 통신하는데 하나의 원 신호에 대한 가상잡음 경우의 수가 무수히 많기 때문에 실제적으로 도청이 불가능한 것입니다.

또한 전력 제어에 의해 단말기는 최소의 전력으로 조절되어 잡음 수준으로 전송되므로 우연히 가상잡음이 일치한다고 하여도 타 단말기는 이를 잡음으로 간주하게 됩니다. 따라서 도청이 훨씬 어렵게 되는 것입니다.

통화중 간혹 들리는 엉뚱한 잡음은 무선상의 환경일수도 있지만 각 유선교환기를 거치는 과정에서 생기는 잡음일 수 있습니다. 무선 환경이라는 것도 결국 여러 사업자와 맞물려 돌아가는 과정이기 때문에 이러한 현상이 발생할 수도 있습니다.

### (4) 같은 지역에서 같은 가입자인데 휴대전화에 따라 안테나 수, 음질이 다른 이유는요?

단말기 제조회사마다 안테나 개수를 결정하는 산출방법이 조금씩 다르기 때문에 같은 지역인데도 불구하고 안테나수가 다르게 나타나는 겁니다. 그리고 음질의 차이는 제조회사간의 차이가 아니라 단말기 자체의 특성으로 봐야 합니다.

### (5) 이동전화는 건물 안에서 통화가 잘 되지 않나요?

이동전화는 전파를 이용하여 신호를 전달하는데 전파는 장애물이 있으면 투과하면서 손실이 발생하므로 건물의 재질에 따라 다양하게 전파의 세기가 작아집니다. 또한 낮은 주파수가 높은 주파수보다 투과율이 좋습니다.

하지만 실제로 전파도달 거리는 주파수대에 의한 영향보다는 기지국 주변의 이동통신 환경에 의한 영향을 더 크게 받습니다. 현재의 위치에서 건물 안 통화가 힘들다면 부근에 실내통화가 가능한 거리밖에 통신시설이 위치해 있거나, 건물 밀집으로 인해 전파 손실률이 높아져 단말기까지 전파가 도달하지 못하기 때문입니다. 그래서 각 통신사마다 통화양호지역과 미약지역이 모두 다른 것이죠. 현재 단말기의 위치에서 기지국이나 중계기 등 출력지가 조금 더 가까워지면 전파가 장애물을 통과할 때 생기는 전파 손실률이 상대적으로 적어져 실내에서의 통화도 원활히 제공됩니다.

### (6) 통화중 상대방의 말소리가 간혹 안 들리는데 그 이유는 뭔가요?

발신자의 통화내용이 이동통신망의 시스템까지 도달하는 과정을 Up link라고 하며 다시 시스템에서 수신자 단말기에 이르기까지의 과정을 Down link라고 합니다. 상대방의 소리가 내 귀에 들리지 않는 것은 Up link 과정은 성공적으로 수행되었으나 Down link 과정에서 일부 장애가 발생하여 일어나는 현상입니다. 이는 이동통신 시스템에서 뿐만 아니라 유선상의 장애로 발생할 수도 있는 일입니다. 또한 연결된 수신자의 무선상의 장애로 인하여 발생할 수도 있답니다. 통신은 한 사업자의 망에 의해서만 통화가 성립되는 것이 아니라 타사업자의 망과 함께 어울려야 통화가 이루어지기 때문입니다.

### (7) 같은 지역에서 하나는 사용가능한데 다른 하나는 사용 불능인 경우 (다른 지역은 사용 가능)

먼저 사용가능한 휴대전화와 불가능한 휴대전화의 채널을 비교해서 채널이 다른 경우 여러 명이 안 되면 기지국의 채널에 이상이 있는 경우로 채널 복구를 해야 합니다. 그러나 채널은 다르지만 여러 사람 중에 한사람만 안 되는 경우는 채널과 단말기와의 호환이 맞지 않은 경우로 기지국 이상이 아닙니다. 이 경우 일단 잘 되는 채널로 국번을 변경하여 사용하도록 유도하고 번호변경을 원치 않을 경우 다른 단말기로 교환해야 합니다.

### (8) 통화 시 소리가 울려서 되돌아오는 경우도 있는데?

이동전화 단말기에서 전화를 걸면 그 전파가 기지국을 통과하는 과정에서 보코더라는 전환보드를 거칩니다. 보코더는 아날로그 음성신호를 디지털 신호로 전환시켜 전달하는 기능을 합니다. 그러나 통화를 할 때 음성신호가 항상 같은 보드를 거치는 것이 아니므로 간혹 상태가 불량한 보코더를 거치게 되면 에코현상이 발생하기도 하는 것입니다. 무선 환경에서 가끔 일어나는 에코현상은 정상적인 상태에서도 일어날 수 있는 일로 기지국에서 수시로 보코더 교체를 통해 개선하고 있습니다. 그러나 항상 에코 현상이 심하게 나타난다면 단말기 점검을 한번 받아보는 게 좋습니다.

### (9) 상대방의 휴대전화로 전화를 걸면 벨소리가 한참 울린 후에 받는데 상대방은 몇 번 밖에 울리지 않았답니다. 이유는 무엇인가요?

휴대전화를 이용해 발신자가 전화를 걸면 해당전파는 현재 서비스되는 기지국(BTS)을 지나 기지국제어기(BSC), 교환기(MSC)를 거쳐 다시 상대방이 있는 기지국으로 신호를 보내 단말기로 보내지게 됩니다.

유선전화를 이용해 전화를 걸때도 마찬가지로 유선교환기를 거친 후 위의 과정을 반복하게 됩니다. 또한 경우에 따라서는 상대방이 있는 위치를 금방 찾아내지 못하는 경우도 있습니다. 이렇듯 상대방의 휴대전화가 발신자의 송신신호를 받아 실지로 벨이 울리게 되기까지는 다소간의 시간이 소요됩니다. 발신자가 전화를 걸었을 때 자세히 들어보면 약간 짧은 듯한 벨소리가 계속 울리다가 어느 순간 벨소리가 바뀌면서 약간 길게 들리는데, 그때부터 상대방 휴대전화의 벨이 울리게 되는 것입니다. 그러므로 상대방이 벨이 한참 울린 후 전화를 받았더라도 실제로 상대방은 겨우 몇 번 밖에 울리지 않은 경우가 많은 것입니다.

### (10) 전 지역에서 수신만 안 되는 경우는 왜 그렇고, 그 원인이 이중등록이라면 어떻게 구별하나요?

우선 전 지역에서 수신만 안 되는 경우로는 단말기 불량과 이중등록의 경우가 있습니다. 단말기 불량의 경우 RF보드 불량으로 인해 수신이 안 되는 것으로 수신시 길게 벨이

2~3번 울리다가 통화중음으로 빠지는 경우가 대부분이고, 이중등록의 경우는 특정지역을 제외한 모든 지역에서 수신이 안 되고 여러 번 벨이 울린 후 고객의 위치가 확인이 안 된다는 멘트가 나오거나 음성사서함으로 전환됩니다. 일반적으로 시스템 상에서는 고객의 위치정보가 하나만 등록되게 제어를 하지만 가끔 이중으로 등록되었을 경우 해결은 정확한 위치정보를 등록하기 위해 전원 ON/OFF를 하면 됩니다.

### (11) 폰 투 폰이 받는 건 정상적으로 되는데 친구한테 메시지를 보내면 '전송되지 않았습니다.' 라는 멘트가 나오면서 보내기가 안 됩니다. 왜 그렇죠?

우선 처음부터 안 되었는지 갑자기 안 되었는지 확인 후에 처음부터 안 되었다면 버전이 낮아서 이런 현상이 나오므로 버전 업그레이드를 하여 사용하면 되고, 갑자기 안 되었다면 시스템에서 폰 투 폰이 등록 취소된 경우이니 전문상담원에게 요청하면 됩니다.

### (12) 휴대전화로 전화를 하니 통화중음이 나오는데 원인과 복구방법이 궁금합니다.

수신시 통화중음이 바로 나온다면 교환기상에 위치등록이 되지 않았거나 또는 장시간 사용을 하지 않아서 그렇습니다. 이 경우 대부분 한 번의 전원ON/OFF로 사용가능 하지만 몇 번의 전원ON/OFF로도 안 되는 경우는 A/S로 방문 안내하셔야 합니다. 그리고 일시 정지 후 1개월이 지났거나 직권해지 전 상태에서 스크린등록 된 경우도 있으므로 전산 확인 후 고객께 안내드리면 됩니다. 그러나 신호가 가다가 통화중음이 계속 나온다면 휴대전화 불량이 거의 대부분입니다.

### (13) A/S센터에서는 번호변경을 하면 통화품질이 좋아진다고 하던데 사실인가요?

전화번호에 따라서 사용할 수 있는 채널이 결정되어 지므로 특정지역에서만 안 되는 경우라면 전화번호를 변경하여 해결할 수도 있겠지만 일반적인 경우 전화번호와 통화품질은 크게 관계가 없습니다.

### (14) 고객의 댁에서만 안 되는 경우에는 어떻게 하나요?

만약 원래 통화가 안 되는 지역이라면 중계기 증설이 되어야 가능하므로 서비스 시기문의로 장애처리를 하여 확인하면 됩니다. 그런데 통화가 가능했던 지역이라면 기지국 및 광중계기 장애이거나 주위 환경변화로 전파환경이 바뀐 경우 또는 주위 중계기 증설로 최적화가 이루어져 일어나는 현상입니다. 이런 경우 다른 휴대전화 가입자도 안 되는지 확인하고 장애처리를 합니다. 단, 건물 밖에서 안테나가 다 뜨는 경우는 최적화작업만으로 사용가능해질 수도 있습니다(조금 드문 경우).

**(15) 같은 지역에서 다른 휴대전화 가입자는 통화가 잘되는데 혼자만 안테나가 1~2개일 경우 단말기마다 출력이 다르기 때문이라고도 하고, 채널이 달라 그럴 수도 있다는 데 어떤 것이 사실인지 궁금합니다.**

우선 단말기마다 출력이 조금씩 차이는 있으나 기준 출력이 정해져 있어 어느 정도의 차이는 정상으로 간주됩니다. 그리고 드문 경우긴 하지만 채널이 달라 수신율에 차이가 날수도 있습니다. 그 이상은 전문상담원이 판별하므로 상담원들은 전 지역인지 특정지역인지 확인하여 전 지역이면 A/S를, 특정지역이면 장애접수를 하시면 됩니다. (다른 휴대전화 가입자 비교확인)

**(16) 음영지역에 있는 경우 시간표시가 정상적으로 되는 곳도 있고, 틀리게 나오는 곳도 있는데 시간이 틀린 이유가 음영지역이라면 왜 차이가 나는 건지 궁금합니다.**

시간을 알려주는 GPS위성이 기지국에 신호를 보내주게 되는데 기지국 안에 있는 장비의 이상으로 특정지역에서만 시간이 다르게 나타날 수 있습니다. 또 시간이 몇 초 정도 다르게 나타나는 경우는 위성과 기지국간의 시간차라고 볼 수 있습니다. 그러나 지하철 등 음영지역에서도 이상이 없는 이유는 이전에 잡았던 시간을 단말기에서 계속 유지하고 있기 때문입니다. 그래서 음영지역에서 전원을 껐다가 다시 켜면 시간이 나오지 않습니다.

**(17) 음성사서함 확인 시 *88을 누르면 '착신국의 통화량 폭주로 연결이 되지 않습니다.' 라는 멘트가 나옵니다.**

이동통신 교환기의 회선 폭주로 일컫는 이 현상은 동시에 너무 많은 가입자가 VMS에 접속을 하게 되면 나타납니다.

**(18) 음성메세지가 항상 3~4일 후 도착합니다. 그 이유가 뭔가요?**

고객님이 전파 미흡지역에 주로 계신다거나 아니면 시스템 장애일 수도 있습니다. 항상 그렇다면 마지막 안내받은 메시지를 지우지 말고 전문상담원께 요청을 하시면 됩니다.

**(19) 음성사서함 메시지를 모두 삭제했는데 메모리가 부족하다고 나오는 경우는 어떡하죠?**

음성 메시지 수신 시는 단말기 상에서 메시지 삭제하고 사서함내의 메시지도 삭제해야 하는데 고객은 사서함 내용만 삭제하고 모두 삭제했다고 생각하는 경우가 많습니다. 둘 다 삭제해야 함을 안내하시고 삭제방법을 안내해드리면 됩니다.

### (20) 음성사서함 메시지를 모두 삭제했는데 녹음 제한용량을 초과했다는 멘트가 나오는 경우는?

위의 경우와 반대로 고객이 단말기 상에서만 음성 메시지를 삭제한 경우로 사서함내의 메시지도 삭제해야함을 안내하면 됩니다. 단, 실제 사서함에 메시지가 없는데도 용량초과 멘트가 나오는 경우는 전문상담원께 요청하시면 됩니다.

### (21) 중복 메시지가 자꾸 들어오는 경우는 왜 그런가요?

똑같은 메시지가 들어오면 중복 메시지라고 멘트가 나타납니다. 그런데 계속해서 같은 메시지만 들어온다면 단말기에서 메모리가 가득 차서 더 이상 수신을 할 수 없기 때문에 나타나는 현상입니다. 이 경우 메모리만 삭제하면 정상적으로 사용가능합니다. 또는 메시지 확인 후 삭제하지 않고 있다가 새로운 메시지 수신시 청취도중에 확인 메시지를 보고 잘못 이해한 경우도 있습니다.

### (22) 안테나 수가 불안정하게 변하는데 이유는?

휴대전화가 여러 기지국을 수신할 경우 안테나 수가 불안정하게 변하는데 같은 장소에서 안테나수가 변하는 것은 일반적인 현상입니다. 전파의 수신세기는 휴대전화가 향하는 방향에 따라서도 달라지며 인체에 닿을 때, 지면과 수평/수직일 때에 따라서도 바뀌게 됩니다. 또한 가만히 놔두어도 안테나가 자주 변하는 이유는 수시로 기지국과 교신을 주고받는 과정에서 전파의 진행성격과 공간의 특성에 따라 교신작업 시 각 초마다 각각 다른 반사와 투과를 거쳐 신호가 들어오기 때문에 불안정하게 보일 수 있습니다. 이런 경우 통화에 큰 이상이 있는 것은 아닙니다. 또 주로 아파트의 고층 실내에서 볼 수 있는 현상으로 기지국의 양쪽 신호를 잡았다 놓았다를 계속하여 불안정한 상태가 되는 경우가 있는데 이것은 통화에 어느 정도 영향을 줄 수 있습니다. 따라서 안테나 변화가 심해 통화중 끊김이나 발・수신 불능 등의 현상이 있다면 전 지역 현상 시는 A/S를, 특정 지역 현상 시는 장애처리 요청을 하면 됩니다.

### (23) 안테나는 다 떠있는데 발신 시 '연결 중'만 나오고 연결이 안 되는 것은 왜 그런지요?

안테나도 다 떠있는데 연결이 안 되는 경우는 휴대전화에서 기지국을 찾지 못하는 경우이거나 기지국 채널이 모두 사용 중이어서 채널을 못 찾는 경우입니다. 단말기 상 차이가 있어 바로 기지국과 연결되기도 하고 한참 후 연결되기도 합니다. 그런데 발신을 시도하면 안테나가 사라지면서 No Service가 나오면 휴대전화 불량인 경우가 많으므로

A/S를 안내하면 됩니다.

**(24) P/N값 확인 시 000인 경우는 어떤 경우인가요?**

기지국 장애가 아니면 단말기 불량인 경우로 다른 휴대전화 가입자 확인 후 모두 통화불능인 경우 장애접수를 하고 고객만 그럴 경우 단말기 이상으로 A/S 안내하면 됩니다.

**(25) 기지국과 광중계기의 영역이 어느 정도인지 알려주세요.**

일반기지국 4km, 광중계기는 2km 정도, 개활지경우에는 최대 5km까지 통화가 가능하나 숲속이나 빌딩숲의 경우는 1.0~1.5km로 줄어듭니다. 도심지에서 일반기지국은 1km, 광중계기는 0.5km 가량 서비스가 가능하며 건물 안이나 지하 1층의 경우는 반경이 1/2로 줄어듭니다. 그래서 대개 3층 이하 건물에서는 인 빌딩 미약으로 통화가 잘 안 되는 경우가 많으며 지하인 경우는 초소형 중계기로 보완이 가능합니다.

**(26) 안테나는 꽉 차 있는데 통화가 되지 않는 경우 어떻게 해야 하는지?**

안테나의 개수는 일반적으로 전계강도가 높을 경우 많게 표시됩니다. 그러나 전파의 출력만 일방적으로 강하고 실지 에러율이 높게 발생하는 경우라면 통화연결은 되지 않을 수 있습니다. 그 외 기지국 중첩이나 단말기 자체출력 이상 등의 아주 다양한 원인들로 인해 이 현상이 발생하므로 다른 지역은 어떤지 다른 휴대전화 가입자는 어떤지 확인 후에 통화 장애를 접수하시면 됩니다.

**(27) 발수신이 전혀 안 되는 지역에서 무조건 전원을 꺼두었었는데 며칠 꺼두지 않자 점차 통화품질이 나아지는 듯 했습니다. 휴대전화 자체에서도 기지국과 교신하려는 노력을 하는지 노서비스지역에서 길을 들이면 서비스가 가능한지 궁금합니다.**

그렇지 않습니다.

**(28) 조금 전까지 통화가 가능했는데 갑자기 발수신이 모두 안 되고 휴대전화 상에서 '서비스가 필요합니다.'라고 나오는데 어떻게 하면 되나요?**

단말기 내부에 번호1이 번호 2나 3으로 변경되었거나 다른 사람이 자기번호로 나밍을 하여 사용할 경우, 또는 자기번호를 잘못 입력했을 때, 단말기 일련번호나 ESN 오류, CSBS 미등록 등의 경우에서 나타나는데 우선 나밍을 한번 하시고 그래도 계속 나오는 경우 P/N값과 헥사 값을 확인합니다. 헥사 값이 갑자기 변하는 경우도 있으므로 확인이 안 되면 A/S 안내하시고, 안테나가 거의 떠 있는 경우에도 동일현상이라면 다른 휴대전화 가입자 확인 후 A/S안내하면 됩니다. 그러나 통화권이탈인 경우에는 기지국장애를 의심해야 합니다.

### (29) 개통한지도 얼마 안 되었고 배터리 용량도 가득 차 있는데 전원이 꺼지는 경우가 많습니다. 휴대전화에 문제인가요, 기지국 이상인가요?

플립을 닫은 상태에서 호주머니에 휴대전화를 넣어두셨다면 플립이 눌러져 종료버튼에 압력이 가해지므로 일어날 수 있는 현상입니다. 하지만 통화중이거나 가만히 있는 상태에서도 이런 현상이 발생한다면 단말기 불량(배터리와 단말기 접점불량)으로 생각하시고 A/S 안내하면 됩니다.

### (30) 출력을 높이면 통화품질이 향상된다고 하기도 하고 오히려 역효과가 생긴다고도 하는데 어떤 것이 사실인가요?

단순히 출력만 높인다고 해서 수발신상태가 좋아지는 것은 아니며 출력을 높이는 과정중에 에러가 생기면 단말기에 무리를 주어 고장의 원인이 되기도 합니다. 그리고 출력을 높이는 것은 기지국에서 오는 미약한 전파를 단지 단말기 상에서 증폭만 하기 때문에 정상상태에서 출력만 높였다면 잡음, 울림, 끊김 현상이 발생할 수 있습니다.

### (31) 발신은 가능한데 수신이 안 되는 경우는요?

고객이 착신 거절을 설정했거나 수신제한을 설정한 경우에 수신이 안 됩니다. 그리고 이중등록일 경우에도 수신이 안 되는데 이중등록은 부산에서 대구나 경북이상의 위치이동이 있을 경우 발생하고 만약 모든 지역에서 수신이 안 된다면 휴대전화 불량으로 A/S 안내하면 됩니다.

### (32) 수신은 가능한데 발신이 안 되는 경우는요?

고객이 발신금지를 등록했거나 단말기에서 발신금지를 설정한 경우에 그렇고 만약 설정도 정상이라면 특정 지역인지 전 지역인지 확인하고 다른 휴대전화 가입자 확인 후 장애처리 하시면 됩니다.

### (33) 발·수신 모두 안 되는 경우는요?

모든 지역인지 특정지역인지 확인 후 다른 휴대전화 가입자도 동일현상이라면 장애처리를 하면 되겠지만 특정지역이면서 다른 휴대전화는 괜찮을 경우 잘되는 휴대전화 번호도 같이 접수해 주시면 원인파악에 도움이 됩니다.

### (34) *52 등록 사용 중 전원을 끄면 바로 VMS로 전환되지 않고 벨이 울리다 전환되는데?

휴대전화 이상으로 폰에서 기지국으로 전원 OFF 등록을 못하였거나 전파미약으로 전원 OFF 등록을 못한 경우로 이런 경우 전원 ON/OFF를 여러 번 반복하면 됩니다. 그러나 전원 ON/OFF 후에도 바로 전환되지 않는다면 단말기이상으로 고객에게 A/S를 안내하면 됩니다.

### (35) 통화중에 끊김이라든지 잡음이 생기는 경우는요?

끊김이나 잡음은 일시적으로 발생할 수 있습니다. 따라서 계속해서 이런 현상이 있어왔는지 아니면 갑자기 발생한 건지, 다른 휴대전화 가입자도 그런지 확인 후에 휴대전화 이상 또는 기지국 이상으로 판단할 수 있습니다. 그리고 가끔 휴대전화의 배터리가 없을 때 이런 현상이 나타날 수 있으니 이런 경우 충전 후 사용하면 괜찮아지는 경우도 있습니다.

### (36) 음성이나 문자가 전혀 안 들어온다고 할 때 어떻게 하나요?

메시지가 전혀 들어오지 않는다고 하면 우선 휴대전화에서 편지봉투가 안 뜬다는 건지, 실제 메시지를 전혀 받지 못한다는 건지를 확인해야 합니다. 편지봉투가 뜨지 않는다고 하면 폰에서 메시지 수신모드가 설정되어 있는지 확인 후 대부분은 전원ON/OFF 한번으로 정상적으로 사용됩니다. 정말 메시지를 받지 못하는 경우는 언제부터인지 확인하여 전문상담원께 요청하시면 됩니다.

### (37) 원격제어를 하려고 하면 '통화중이거나 원격제어 처리를 하지 못하였습니다. 또는 비밀번호가 맞지 않습니다.'라고 나오는 경우

원격제어 미등록이거나 등록되었다가 교환기 상의 에러로 미등록으로 변경된 경우로 전문상담원께 등록요청하시면 곧 사용가능합니다. 원격제어 신청 후 서비스가 되지 않거나 부가서비스 신청 후 입력하신 부가서비스 코드가 맞지 않다면서 등록이 되지 않을 경우는 HLR 상에서 등록이 지연되고 있는 경우로 몇 분 후 처리 가능합니다.

### (38) LTE 이동통신망에서 음성과 데이터 서비스를 이용하는 방식이 기존 CDMA 망과 어떻게 다른가요?

우선 LTE 서비스는 패킷 망으로 기존 유선전화와 같은 음성전화 서비스는 할 수 없고 인터넷 전화와 같이 데이터와 함께 음성전화 서비스를 제공할 수 있습니다. 그런데 기존의 CDMA 서비스가 존재하므로 기존 서비스와의 상호 보완 및 기술 발전에 따라 3가지 형태의 LTE 서비스로 구분할 수 있습니다.

첫째, SVLTE(Simultaneous Voice LTE) 서비스입니다. 기존 CDMA 망이 음성과 문자 서비스를 제공하고 LTE는 데이터 서비스를 제공하는 방식입니다. 둘째, 하이브리드 서비스입니다. 기존 CDMA 망이 음성과 문자서비스를 제공하고 LTE도 데이터뿐만 아니라 음성, 문자 서비스를 제공할 수 있는데 단말기가 음성과 문자를 전송할 네트워크를 CDMA망과 LTE 망에서 선택할 수 있습니다. 셋째, Single LTE 서비스입니다. 음성, 문자, 데이터 모두를 LTE 망을 이용하여 서비스합니다.

### (39) 기존 LTE 단말기로도 Single LTE 서비스 이용이 가능한가요?

아닙니다. Single LTE서비스는 기존 LTE와는 다른 고성능 칩셋을 사용하기 때문에 Single 단말기가 아니면 이용할 수 없습니다.

### (40) 상대방이 VoLTE여야 나도 VoLTE로 통화가 가능한가요?

아닙니다. 상대방이 만약 저음질 회선이라도 본인이 VoLTE면 기지국과는 VoLTE로 연결되며 통화 품질만 저음질로 맞춰지게 됩니다. 즉, 상대방이 3G나 2G라고 해서 나도 3G 회선망으로 연결이 되는 것은 아닙니다. 단말이 VoLTE 가입단말이라면 LTE 음영 지역이 아닌 이상 음성 통화도 무조건 LTE로 연결됩니다. (상대 통신방식 및 수·발신 무관)

### (41) 데이터를 많이 사용하고 있으면 통화품질이 떨어지지 않나요?

아닙니다. 저희 U+의 100% LTE는 음성 트래픽을 최우선 순위로 관리하기 때문에 데이터를 많이 사용한다고 해서 통화품질이 떨어지지 않습니다.

### (42) 속도가 2배면 데이터 소진도 빨리 되나요?

아닙니다. 속도가 빨라지는 것이지, 소진 양이 늘어나는 것은 아닙니다. (데이터를 2배 소모하며 사용하는 것이 아닌, 통신망 대역폭을 2배로 사용)

### (43) LTE-A 지역과 아닌 지역을 단말기에서 구분 할 수 있나요? 또, 이동 시에 자동으로 변경되나요?

화면상에서 LTE-A 적용을 확인할 수는 없습니다. LTE-A망에서 기존 LTE망으로 이동 시는 인디케이터 표기의 변경 없이 바뀝니다.

### (44) 단말상의 VoLTE라는 표시가 있는 단말과 그렇지 않은 단말이 있는데 무슨 차이인가요?

하이브리드 단말, Single 단말 의 차이입니다. 하이브리드 단말의 경우, 음성을 1x와 LTE 호환이 가능하기 때문에 어떤 망을 잡고 있는지에 대한 표시가 됩니다. Single 단말의 경우, 음성을 LTE로만 지원하기 때문에 별도 VoLTE 표시가 되지 않습니다.

### (45) 여러 주파수를 함께 사용하는 광대역 LTE는 기존 모든 LTE 단말에서도 속도가 2배 빨라지는 건가요?

아닙니다. 기존 LTE 단말은 스마트 폰의 주파수 수용 용량 한계의 문제로 기존 LTE 단말의 속도와 큰 차이가 없습니다.

Chapter

# 11 고객관리 시스템을 이용한 장애접수

## 11.1 개 요

고객관리시스템(CCS)은 휴대전화 가입자의 요금, 부가서비스, 단말기, 장애처리, 작업 이력 관리 정보 등을 데이터베이스화하여 이동통신 서비스의 품질을 높인다. 여러 가지 관리 기능 가운데 장애처리는 이동통신망의 통화품질을 지속적으로 개선하는 데 매우 중요한 역할을 한다.

이동통신사업자의 망 관리팀이 지속적으로 망의 장애 여부를 시험하고 개선한다 하여도 전국에 걸쳐 있는 기지국, 중계기 등의 장비 장애 여부를 실시간적으로 파악하기 힘들다. 따라서 고객의 통화 장애 정보는 이동통신망의 장애 여부를 파악하고 이동통신망을 최적화하는 데 매우 긴요한 정보가 된다.

따라서 고객의 통화 장애 정보를 시스템을 통해 체계적으로 관리할 필요가 있는데 일반적으로 고객관리시스템에서 다음과 같은 메뉴 순서로 등록하게 된다.

▶ CCS Top 메뉴 ▶ 장애처리 ▶ 통합 장애처리 ▶ 통합 장애처리 등록

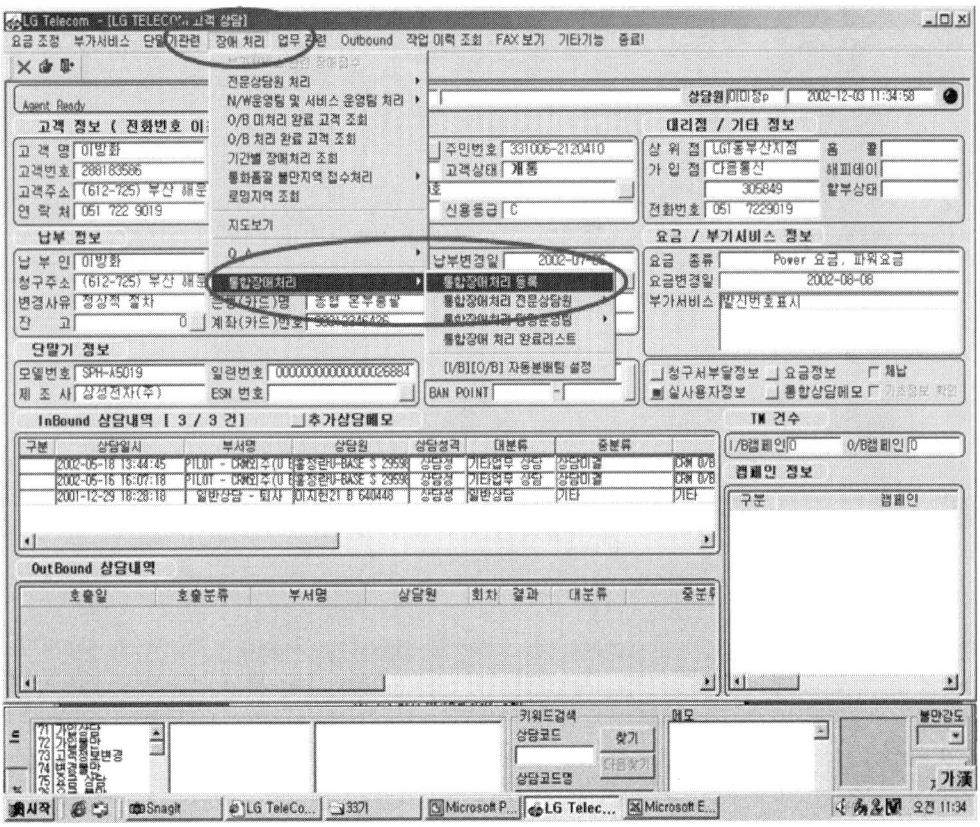


☑ **그림 11-1** 장애처리 등록 절차

일반적인 장애처리는 “부가서비스와 통화품질에 대한 장애”가 주요 내용이며 초소형 등의 중계기를 접수할 수 있는 "서비스개선요청" 그리고 장애내용을 SMS 내역저장과 발송요청을 할 수 있는 부가서비스 형태의 "SMS 내역요청" 등으로 구분하여 입력하도록 한다.

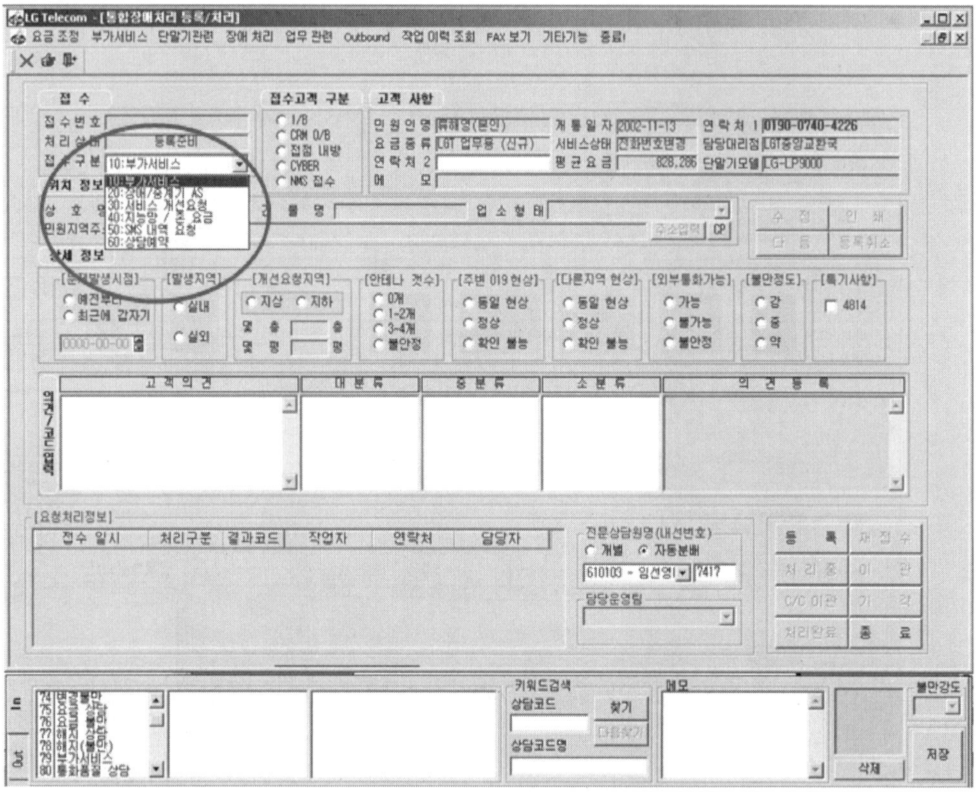

☑ **그림 11-2** 장애처리 등록

## 11.2 유형별 장애 접수

### 11.2.1 부가서비스 장애접수

부가서비스 장애의 경우 대부분 교환기/망 관리 시스템/부가서비스 서버 등 핵심망의 문제이므로 고객의 장애가 발생한 부가서비스 종류, 장애발생시기, 경로명과 에러멘트 등을 기록한다.

- 접수구분 : 10 부가서비스 → 접수고객구분 : I/B → 연락처2: 일반연락처 →
- 고객의견 : ① 부가서비스 장애유형+ ② 장애 시기 ③ 경로명+에러멘트

Ex) 이지아이에러/ 3일전부터/ 7친구찾기 → 2친구찾기 소개/ HTTP:내부접속오류

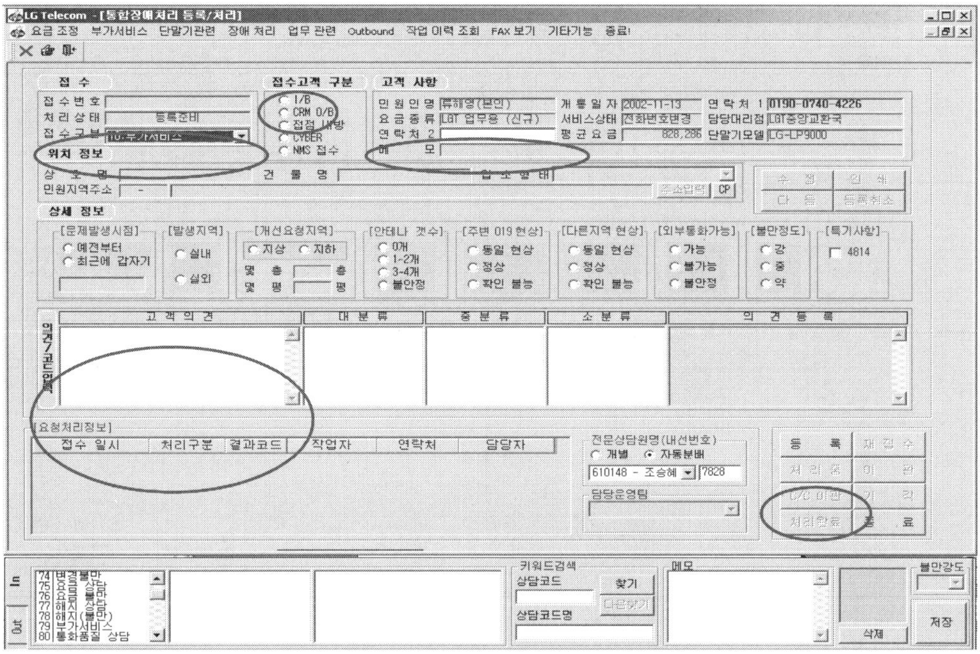

☑ **그림 11-3** 부가서비스 장애처리

## 11.2.2 통화품질 장애접수, 초소형 중계기 A/S, 이설, 재시공 접수

통화품질 장애의 경우 기지국 등 무선망의 장애가 대부분이며 통화품질 장애 정보는 이동통신망의 통화품질을 개선하는 중요한 정보가 된다. 이 정보는 고객의 불편을 해소한다는 측면뿐만 아니라 이동통신망을 최적화하는 측면도 있다. 따라서 문제발생 시점 및 지역의 상황을 가능한 상세하게 기록함으로써 별도의 시험 없이 중요한 정보를 얻을 수 있다.

- 접수구분 : 20 장애/중계기 AS → 접수고객구분 : I/B → 연락처2 : 일반연락처 → 상호명 → 건물명(cf:건물명이 따로 없을 경우 "/" 표시) → 업소형태 → 주소입력 → 문제발생시점 (최근 갑자기에 클릭하여 날짜 입력) → 발생지역 → 개선요청지역(지상, 지하 구분 명확해야함) → 안테나 개수 → 주변 019현상 → 다른 지역현상 → 외부 통화가능 → 불만 정도 →
- 고객의견 : 장애현상을 자세히 기재한다.

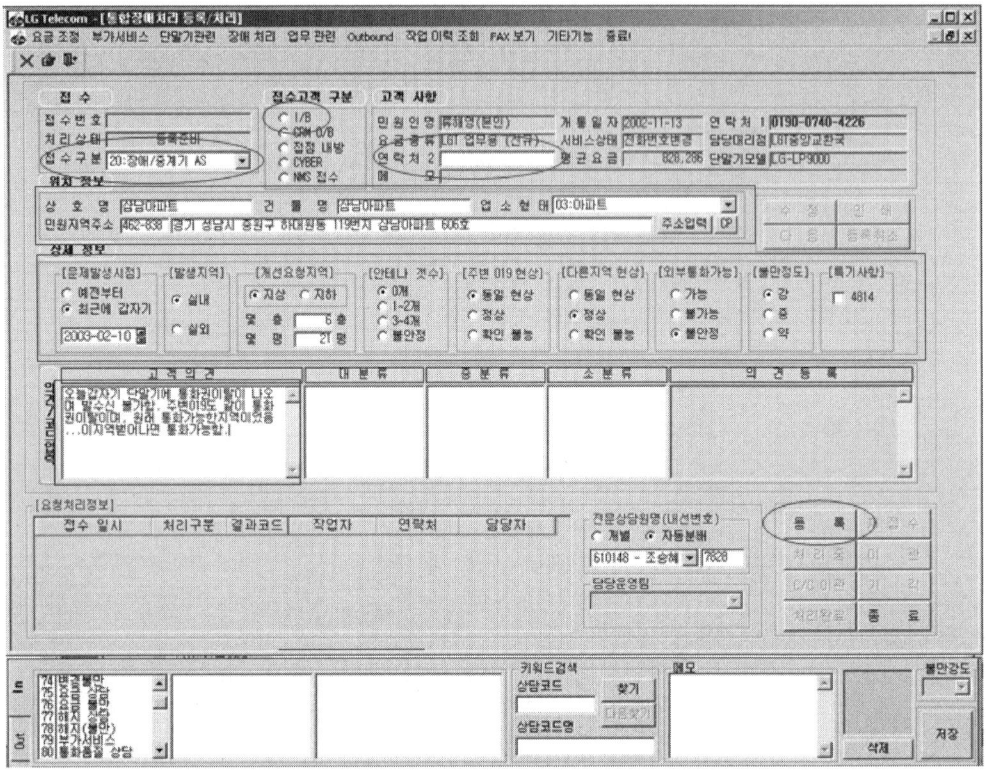

☑ **그림 11-4** 통화품질 장애처리

## 11.2.3 서비스 개선 요청 접수(지상), 초소형 중계기 요청 접수(지하)

통화품질 장애는 일시적인 현상이지만 지속적으로 통화품질이 있는 경우 기지국 및 중계기 등을 추가적으로 신설하여 이동통신망의 통화품질을 높여야 할 때가 있다. 이러한 경우에는 서비스 개선을 요청하거나 중계기 시설을 요청하는 경우이다. 이 경우에도 기지국 및 중계기 신설 및 최적화 작업을 위하여 해당 지역에 대한 상세한 정보를 관리할 필요가 있다.

- 접수구분 : 30 서비스 개선요청 → 접수고객구분 : I/B → 연락처2 : 일반연락처→ 상호명 → 건물명(cf:건물명이 따로 없을 경우 "/" 표시) → 업소형태 → 주소입력 → 문제발생시점(예전부터클릭) → 발생지역(지상, 지하 구분 명확히 확인)→ 개선요청지역 → 안테나 개수 → 주변 현상 → 다른 지역현상 → 외부통화가능 → 불만정도 → 고객의견 : 초소형 중계기 요청지역 및 연락처기재

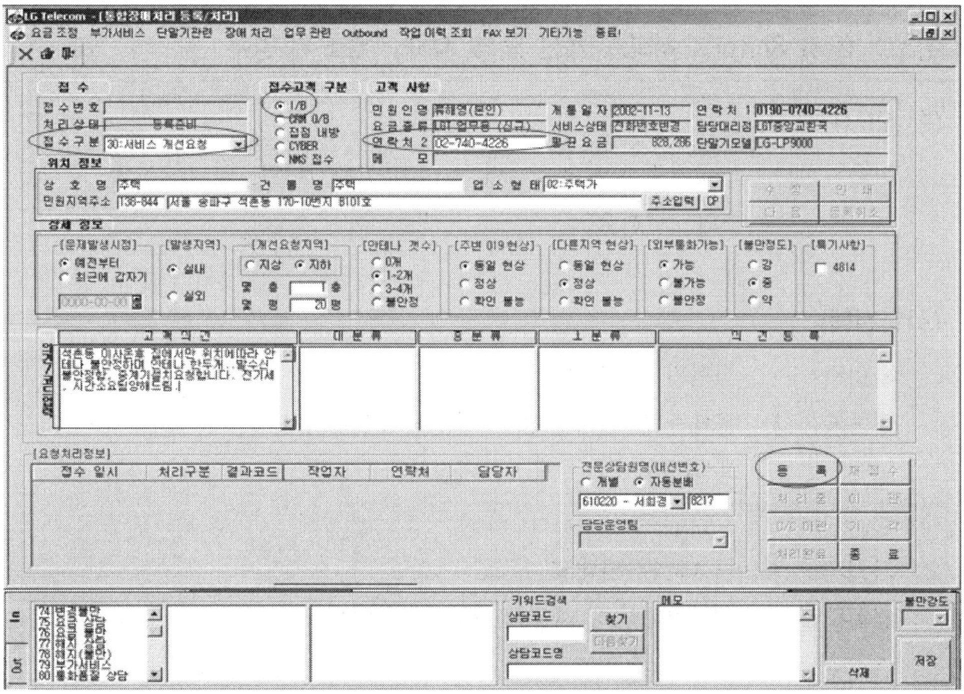

☑ **그림 11-5** 서비스 개선 요청 장애처리

## 11.3 우수 처리 사례

### 11.3.1 개 요

일반적인 장애 상담 절차는 〈그림 11-6〉과 같다. 이 절에서는 일반적인 상담절차에 따른 우수한 기술상담 사례를 소개한다.

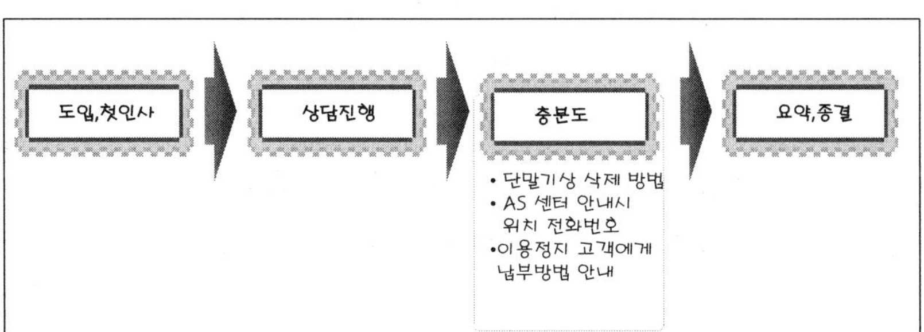


☑ **그림 11-6** 일반적인 장애접수 처리 형태

### 11.3.2 Best Script : 서비스 개선 요청('지하', '업소'인 경우

**(첫 인사)**

이동통신사 : 가족처럼 모시겠습니다. 010 이영애입니다. 안녕하세요. 고객님! 무엇을 도와드릴까요?

**(상담진행)**

가입자 : 전화가 안 돼요.

이동통신사 : 전화가 안 된다면 많이 불편하셨겠습니다. (CTN 확인) 혹시 거는 것이 안 되십니까, 받는 게 안 되십니까?

가입자 : 둘 다 안 되네요

이동통신사 : 예. 언제부터 사용이 안 되셨습니까?

가입자 : 다른 곳에서는 다 사용이 가능한데 여기건물만 들어오면 통화가 안 돼요.

이동통신사 : 다른 지역에서는 어떠셨습니까?

가입자 : 다른 곳은 다 되는데 이 건물이 지하라 안 되나 봅니다.

이동통신사 : 그러셨군요. 지금 계신 지하 건물 안에서 다른 010 고객님의 사용은 어떻습니까? [탐색]

가입자 : 010은 다 안돼요. 요즘 조그만 기지국을 설치해준다고 하던데….

이동통신사 : 그 동안 건물 안에서 통화가 안 되셔서 정말 속상하셨겠습니다.[배려] 말씀 하신 것처럼 건물 내에서만 통화가 안 되는 경우에 설치하는 초소형 중계기가 있습니다. 초소형 중계기 접수를 위해 몇 가지 확인할 사항이 있는데요. 건물 밖에서는 통화가 잘 되십니까?

가입자 : 건물 밖에서는 아주 통화상태가 좋습니다.

이동통신사 : 중계기 접수 시 외벽에 손상이 갈수 있는데 건물주 허락이 있으셨습니까?

가입자 : 예 제가 건물주인입니다.

**(충분한 설명)**

이동통신사 : 접수가 가능할 것 같은데요 현재는 연말까지 물량이 부족한 상태라 지금 접수를 하시면 추후 물량이 확보되는 대로 고객님께 설치가 가능할 것 같습니다. 다소 시간이 걸려도 괜찮으십니까?

가입자 : 그래요 할 수 없죠. 우선 접수는 해 주세요

이동통신사 : 예, 양해해 주셔서 감사드립니다. 네, 지금 바로 접수를 해드리겠습니다. 010 번호는 어떻게 되십니까?

가입자 : 010-5000-5000 번

이동통신사 : 전화주신 분 성함은 어떻게 되십니까?

가입자 : 장동건이요.

이동통신사 : 010번호 말고 일반 연락처가 있으시면 알려주시겠습니까?

가입자 : 051-300-0000

이동통신사 : 건물 평수와 상호명은 어떻게 되십니까?

가입자 : 90평정도 되구요. 상호명은 010 당구장입니다.

이동통신사 : 혹시 지하 몇 층에서 통화가 안 되십니까?

가입자 : 여기는 지하 1층입니다.

이동통신사 : 예. 그럼 정확한 주소를 말씀해주시겠습니까?

가입자 : 부산 사상구 감전1동 165-10번지 010당구장

이동통신사 : 여러 가지 확인해주셔서 감사드립니다. 중계기 접수 시 고객님께서 별도로 설치비의 부담은 없으시나 초소형 중계기 이용 시 전기세가 1000원정도 부과됩니다. 지금 접수 되었고 여러 가지로 불편 끼쳐드려 죄송합니다.

가입자 : 괜찮아요, 빨리 설치해주면 좋겠네요.

**(요약 및 종결)**

이동통신사 : 다른 궁금하신 사항은 없으십니까? 네, 감사합니다. 저는 고객님을 위한 상담원 이영애 이었습니다. 풍요로운 가을입니다. 마음까지 풍성한 하루 보내세요.

### 11.3.3 Best Script : 서비스 개선 요청('지상', '실외'인 경우

**(첫 인사)**

이동통신사 : 가족처럼 모시겠습니다. 010 이영애 입니다. 안녕하세요, 고객님! 무엇을 도와드릴까요?

**(상담 진행)**

가입자 : 전화가 안 돼요.

**① 서비스 시기 문의**

이동통신사 : 전화가 안 된다면 많이 불편하셨겠습니다. 혹시 거는 것이 안 되십니까, 받는 게 안 되십니까?

가입자 : 둘 다 안 되요

이동통신사 : 언제부터 사용이 안 되었을까요?

가입자 : 예전부터 쭈~욱 통화가 안됐어요, 나뿐만 아니라 이쪽은 010 다 안 되요.

이동통신사 : 네, 그러셨어요. 다른 지역에서는 어떠셨습니까? [탐색]

가입자 : 다른 곳에서는 다 잘돼요.

이동통신사 : 계속 통화가 잘 안되었다니 얼마나 불편하셨겠습니까. 저희 쪽에 문의 주셔서 감사합니다. 고객님 저희 010은 통화품질 개선을 위해서 많은 노력 중에 있는데요, 이렇게 안 되시는 지역을 접수해주시면 통화품질 개선이 되도록 하겠습니다. 우선 , 안 되시는 지역이 어디십니까?(주거지/직장)

가입자 : 역삼동이요

이동통신사 : 고객님 이 지역에 계실 때 건물 밖에서 통화하실 때와 실내에서 통화하실 때 통화상태는 어떻습니까?

가입자 : 건물 안에서도 안 되고 큰 도로로 멀리 나가야 겨우 통화가 됩니다.

이동통신사 : 정말 죄송합니다. 우선 해당 지역에 저희 010 중계기 설치 여부를 확인 후 고객님께 연락을 드릴 수 있도록 하겠습니다. 하지만 안타깝게도 중계기라든지 기지국이 바로 설치가 될 수 있는 부분이 아니기 때문에 우선 서비스가 원활하게 될 때까지 저희 쪽에서 제공하는 착신전환 서비스를 이용해 보시는 건 어떠실까요?

가입자 : 착신 전환이 뭐죠?

**(충분한 설명)**

이동통신사 : 네, 고객님 착신 전환 서비스는 고객님 폰으로 걸려오는 모든 전화를 일반 전화나 다른 폰으로 연결해서 받는 서비스로 걸려오는 전화를 하나도 놓치지 않고 받으실 수 있는 아주 유용한 서비스입니다. 그리고 010 이용이 안 되서 고객님께서 불편하신 부분이기 때문에 우선은 저희가 3개월 동안 무료로 등록을 해드리겠습니다.

(착신전환 등록방법 안내)

등록하실 전환번호를 알려주시면 지금 바로 신청해드리겠습니다.

가입자 : 051-319-7000으로 해주세요.

이동통신사 : 010 사용하시는데 불편을 끼쳐 드려서 죄송합니다. 다른 문의사항 있으십니까? 저는 최선을 다하는 상담원 고소영이었습니다. 좋은 하루 보내세요.

**② 단말기 이상**

이동통신사 : 네~ 고객님 여러 가지 확인해 주셔서 감사합니다.

고객님께서 말씀해주신 것처럼 다른 010 이상 없고 모든 지역에서 사용이 원활하지 않다면 기지국 문제보다는 사용 하시는 폰 점검을 받아보시는 것이 좋을 것 같습니다. [상황설명]

불편하시겠지만 A/S 내방하셔서 한번 점검을 받아보시면 이후 더욱 편리하게 이용하실 수 있을 겁니다. [배려]

지금 계시는 지역이 어디십니까? 제가 가까운 AS 센터 안내 해드리겠습니다. 메모 가능하십니까? 역삼동에서 가장 가까운 AS 센터 전화번호는 02-000-0000입니다. 제가 도움 드리지 못해서 죄송합니다[배려]

**(요약 및 종결)**

다른 궁금하신 사항은 없으십니까? (네)

네, 감사합니다. 저는 고객님을 위한 상담원 이영애 이었습니다. 풍요로운 가을입니다. 마음까지 풍성한 하루 보내세요.

### 11.3.4 Best Script : 수신불능

**(첫 인사)**

이동통신사 : 가족처럼 모시겠습니다. 010 이영애 입니다, 무엇을 도와드릴까요?

**(상담 진행)**

가입자 : 전화 받는 게 안 되는데요 ~

이동통신사 : 받는 게 안 되신다니 많이 불편 하셨겠습니다.(CTN 확인) 혹시 받는 게 어떻게 안 되십니까? 혹시 일반 전화번호 있으십니까? 제가 직접 전화 드려 어떻게 안 되는지 확인 후 처리 해드리는 건 어떻겠습니까? [탐색]

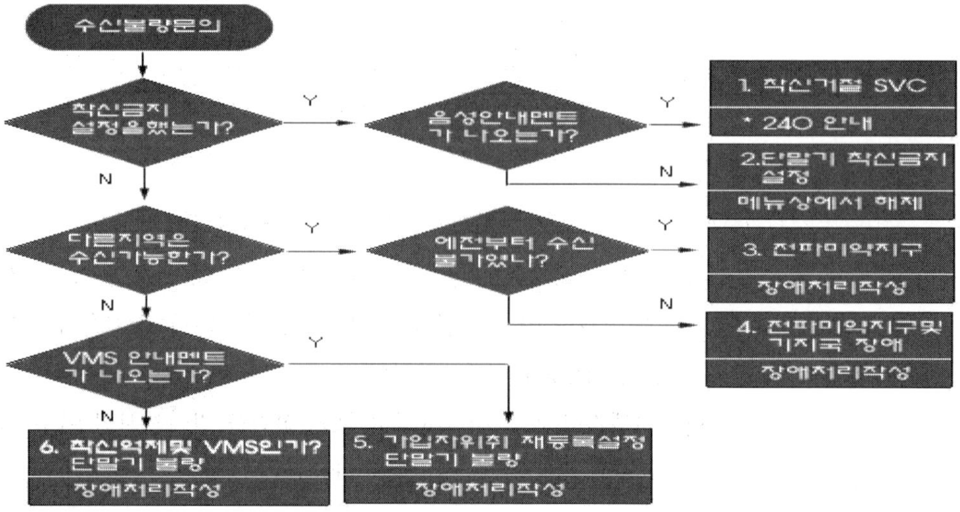

① 네, 제가 확인해봤더니 고객님께서는 부가서비스 중에서 받는 걸 차단시키는 착신전환 서비스가 등록이 되어 있으시네요, 제가 해제 하는 방법 안내해 드리겠습니다. 메모 가능하십니까? 폰에서 *240 통화버튼 누르시면 바로 받는 게 가능 합니다. 이제 불편함 없이 이용하실 수 있습니다.

② 네, 제가 확인해보았더니 폰의 버튼을 잘못 눌렀는지 폰 상에서 받기가 제한이 되어 있는 것으로 확인됩니다. 메모 가능하십니까? 제가 해제하는 방법 안내해 드리겠습니다. 이제 사용 가능하십니다.

③~④ 지금 계시는 지역이 죄송합니다만 저희 서비스 전파가 조금 미약한 것 같습니다. 계시는 지역의 정확한 주소를 확인 해주신다면 저희가 확인 후 연락드리겠습니다. (연락시점 안내)

⑤~⑥ AS 센터 안내 시
다른 010 이상 없고 모든 지역에서 사용이 원활하지 않다면 기지국 문제보다는 사용하시는 폰 점검을 받아 보시는 게 좋을 것 같습니다 → AS 센터 안내 (위치, 전화번호, 대략적인 업무시간)

**(요약 및 종결)**

이동통신사 : 다른 궁금하신 사항은 없으십니까? 네, 감사합니다. 저는 고객님을 위한 상담원 이영애 이었습니다. 풍요로운 가을입니다. 마음까지 풍성한 하루 보내세요.

### 11.3.5 Best Script : 발신불능

**(첫 인사)**

이동통신사 : 가족처럼 모시겠습니다. 010 이영애입니다. 무엇을 도와드릴까요?

**(상담 진행)**

가입자 : 전화 거는 것이 안 되는데요~

이동통신사 : 거는 게 안 되신다니 많이 불편 하셨겠습니다. (CTN 확인) 전화를 걸었을

때 어떤 멘트가 나오는지 확인해 주시겠습니까? [탐색]

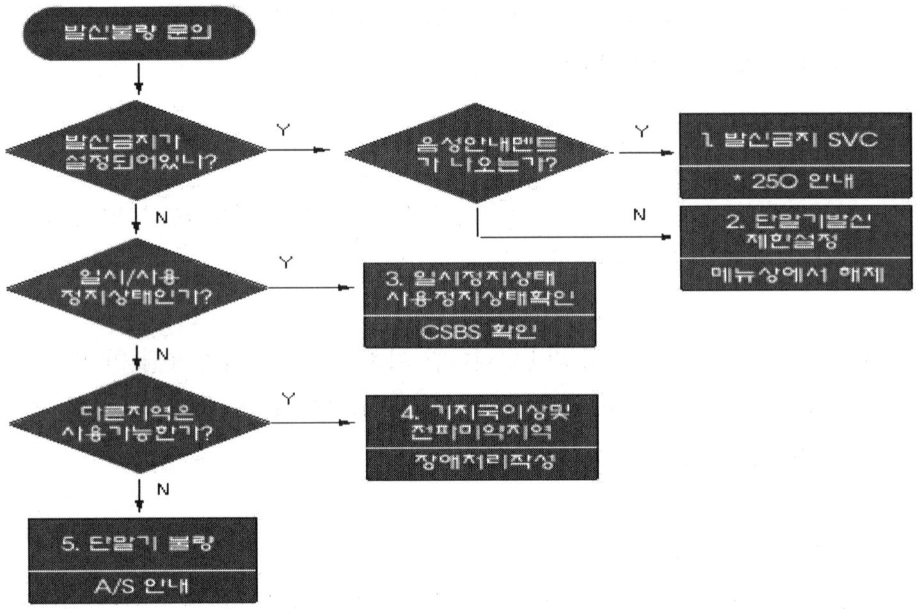


① 네, 제가 확인해보니 고객님께서는 핸드폰에서 발신이 안 되도록 하는 부가서비스를 등록해놓으신 상태입니다. 등록을 원하지 않으신다면 제가 삭제 하는 방법을 안내해 드리는 건 어떨까요? 메모 가능하십니까? 폰에서 *250 통화 누르신 후에 비밀번호는 고객님의 핸드폰 뒤 4자리를 누르시면 바로 사용 가능하십니다.

② 네, 제가 확인해보았더니 폰에서 버튼을 잘못 눌렀는지 폰 상에서 걸기가 제한이 되어있는 것으로 확인됩니다. 메모 가능하십니까? 제가 해제하는 방법 안내해 드리겠습니다. 이제 사용 가능하십니다

③ 제가 확인해보니 지금 고객님께서는 지난달 납부금액이 결재가 되지 않아 부득이 하게 발신이 차단되었습니다. 지금 납부하시면 바로 사용 가능하십니다. 납부하시는 방법을 안내해 드리는 건 어떠실까요?

④ 지금 계시는 지역이 죄송합니다만 저희 서비스 전파가 조금 미약한 듯싶습니다. 계시는 지역의 정확한 주소를 확인 해주신다면 저희가 확인 후 연락드리겠습니다(연락시점 안내).

⑤ AS 센터 안내 시

다른 010은 이상 없고 모든 지역에서 사용이 원활하지 않다면 기지국 문제보다는 사용 하시는 폰 점검을 받아 보시는 게 좋을 것 같습니다 → AS센터 안내 (위치, 전화번호, 대략적인 업무시간)

**(요약 및 종결)**

이동통신사 : 다른 궁금하신 사항은 없으십니까? 네, 감사합니다. 저는 고객님을 위한 상담원 이영애 이었습니다. 풍요로운 가을입니다. 마음까지 풍성한 하루 보내세요.

Chapter 12

# 교환기 안내 방송

## 12.1 개 요

교환기 안내 방송은 발신 및 착신 전화의 부가서비스 요청으로 발신 및 착신 전화를 하는 가입자에게 현재의 서비스 상황을 음성으로 알리는 것이다. 또한 이동통신망의 서비스 상태를 안내하거나 이상이 있을 경우에도 안내 방송을 하게 된다. 안내 방송 시스템은 교환기 내부에 내장되어 있으며 다양한 상황에 따라 안내 방송을 실시한다. 일반적인 안내 방송 시스템의 동작은 〈그림 12-1〉과 같다.

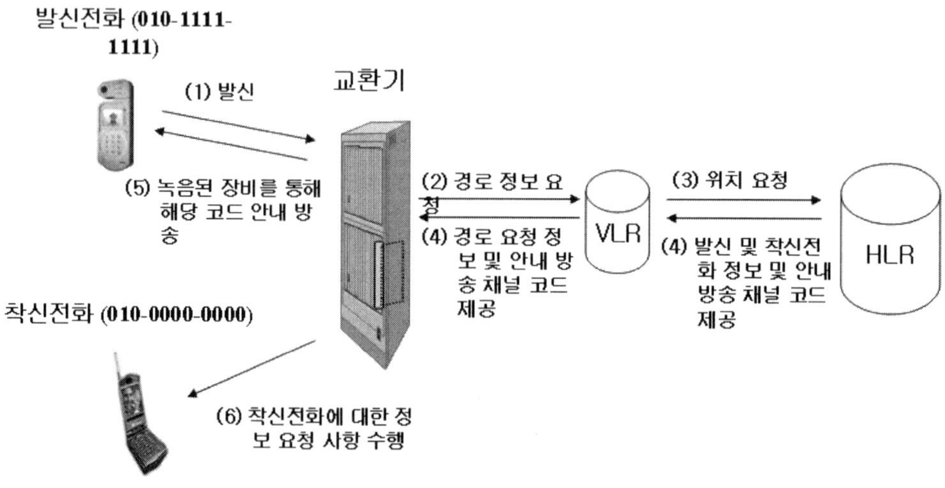


☑ **그림 12-1** 안내 방송 시스템의 동작

가입자가 전화를 걸 때 교환기는 호가 진행할 라우팅 정보를 요청하고 VLR은 발신 및 착신전화의 위치 등을 포함한 정보를 요청한다. HLR은 발신 및 착신전화의 위치를 포함한 정보와 함께 교환기 안내 방송이 필요할 경우 안내방송 채널 코드를 함께 제공한다. VLR은 이것을 교환기에 전달하고 교환기 내부의 안내방송 장비는 안내 방송 코드에 따라 미리 녹음된 안내 방송을 발신자에게 제공한다. 또한 착신전화의 요청에 의한 정보대로 호를 처리한다.

## 12.2 안내방송의 사례

### 12.2.1 착신전환(Call Forward Unconditional)

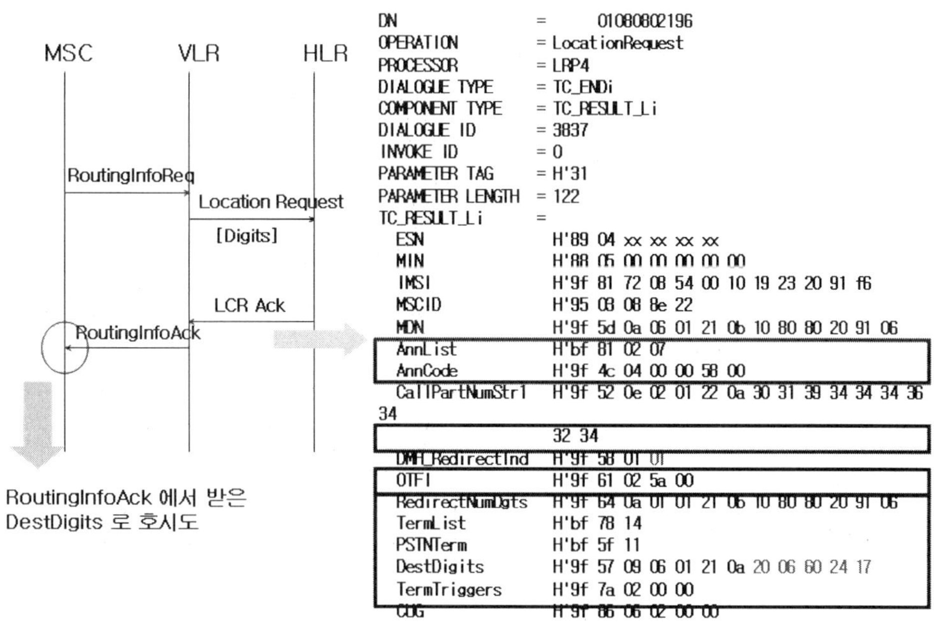


☑ **그림 12-2** 착신전환 안내 방송 절차

상기 그림에서 HLR이 VLR로 내려보내는 LCR_ACK에 AnnList와 AnnCode 값에 따라 교환기가 안내방송 채널을 연결한다. AnnList와 AnnCode 값은 MSC와 HLR이 이미 정의한 안내 방송 정의 및 채널 번호이며 HLR이 등록 정보에 따라 발신자에게 송신할 안내방송의 채널 번호를 VLR에게 제공하고 VLR은 번호를 다시 교환기에 제공한다. 이때 AnnCode의 9f, 4c, 04, 00, 00, 58, 00을 예로 들면 9f, 4c는 AnnCode를 나타내고 04는 뒤따라오는 length, 00은 tone 여부, 그 다음 00은 sequence, non-sequence 여부, 58은 착신전환에 대한 안내방송을 나타낸다. 교환기는 내장된 안내 방송 장비를 이용하여 미리 녹음된 안내 방송을 내보낸다. 여기서 AnnList는 "*71 + 전환번호 + *"로 등록하였을 경우에는 AnnList가 내려오지 않는다. DMH_RedirectionIndicator 는 호가 전환되거나 거절되는 이유 (H'1 = CFU)를 나타낸다. TermList는 HLR에서 MSC에게 제공하는 라우팅 정보를 제공한다. (위의 경우 02 6006 4271 로 호처리 되는 것을 의미)

## 12.2.2 번호변경 안내서비스

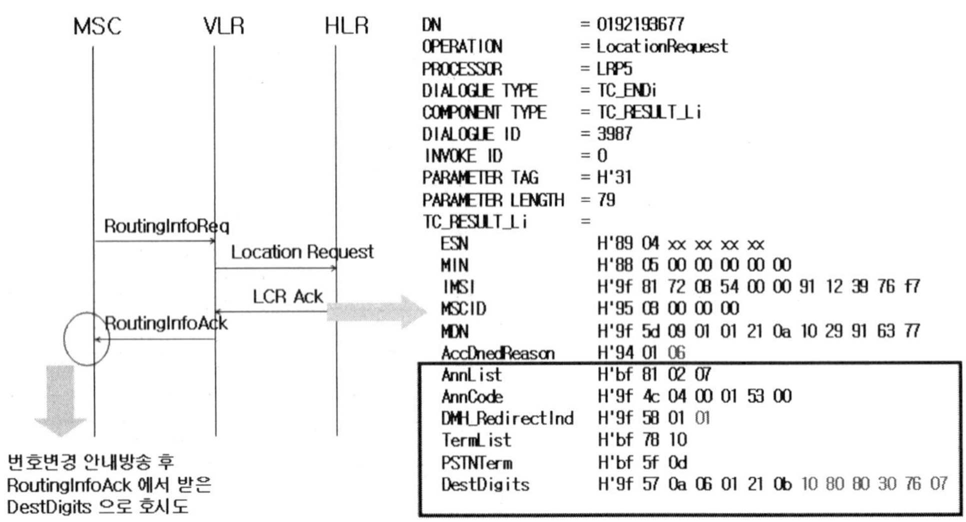


☑ **그림 12-3** 번호변경안내 서비스 안내 방송 절차

상기 그림에서 AnnList와 AnnCode는 위에서 설명한 것과 같다. AccessDeniedReason은 해당 착신번호로 Access할 수 없는 이유를 나타내고 H'06은 Unavailable을 뜻한다. DMH_RedirectionIndicator는 호가 전환되거나 거절되는 이유를 나타낸다. (1 : CFU) TerminationList는 HLR에서 MSC에게 제공하는 라우팅 정보이다. (위의 경우 DestDigits 01080803677로 호처리 되어야 함을 의미)

### 12.2.3 비밀번호 서비스(PCA : Password Call Acceptance)

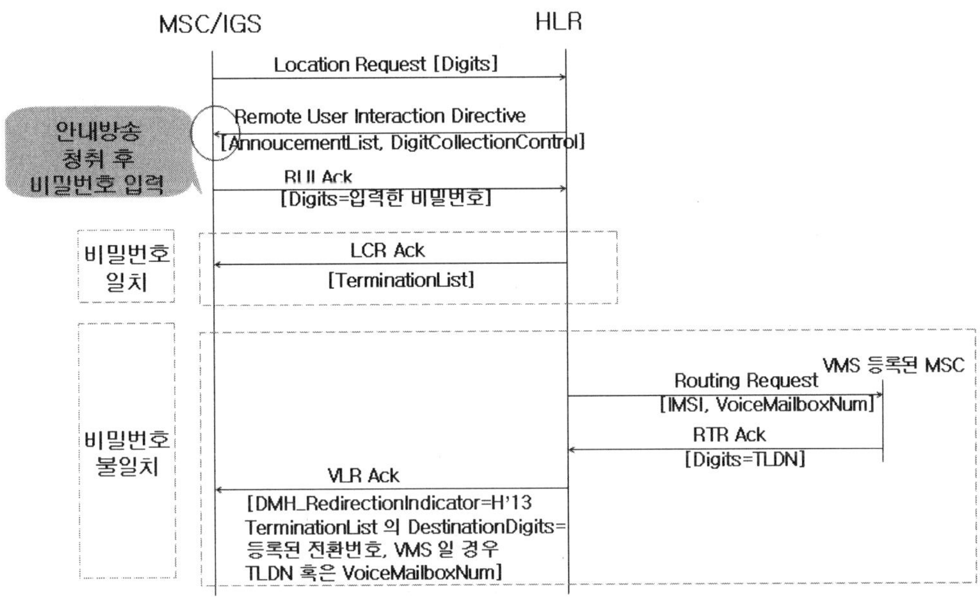


☑ **그림 12-4** 비밀번호 서비스 안내 방송 절차

전화번호가 등록되어 있지 않은 경우는 DND와 동일한 안내 멘트 후 종료된다.

## 12.3 상황별 안내방송

### 12.3.1 일반 사항

| 상 황 | 채널 | 안내 멘트(고객센터) |
|---|---|---|
| | 0 | 음악안내방송 |
| VMS가 비활성화 된 가입자 중 전원이 꺼진 상태 | 1 | 지금은 고객이 전화기의 전원을 끈 상태이오니 다음에 다시 걸어주시기 바랍니다. |
| VMS가 비활성화 된 가입자 중 음영지역에 있을 경우 | 2 | 고객께서 전화를 받을 수 없습니다. 잠시 후에 다시 걸어주시기 바랍니다. |
| | 3 | 지금 거신 전화는 없는 번호입니다. 다시 확인하신 후 걸어주시기 바랍니다. |

| 상 황 | 채널 | 안내 멘트(고객센터) |
|---|---|---|
| 착신 측 통화량폭주에 의한 안내멘트 | 4 | 죄송합니다. 지금은 통화량이 많아 연결되지 않았으니 잠시 후에 다시 걸어주시기 바랍니다. |
| | 5 | 지금거신 전화번호는 지역번호가 변경되었습니다. 다시 확인하시고 걸어 주시기 바랍니다. |
| | 6 | 지금 사용하신 전화는 고객의 사정으로 당분간 통화하실 수 없습니다. |
| 통화량 폭주 | 7 | 죄송합니다. 지금은 통화량이 많아 연결되지 않았습니다. 잠시 후 다시 걸어주시기 바랍니다. |
| VMS가 비활성화 된 가입자가 전화연결이 되지 않을 경우 | 8 | 지금은 고객이 전화를 받지 않사오니 잠시 후에 다시 걸어주시기 바랍니다. |
| 발신금지 등록 시 | 9 | 지금 거신 전화는 발신이 금지되어 있습니다. |
| 착신금지 등록 시 | 10 | 지금 거신 전화는 고객의 요청으로 당분간 수신이 정지되어 있습니다. |
| | 11 | 다른 전화나 삐삐로 연결중입니다 |
| | 12 | 지금 사용하신 전화는 고객의 요청에 의해 국제전화는 사용하실 수 없습니다. |
| | 13 | 지금은 통화량이 많아 연결되지 않았습니다. 잠시 후 다시 걸어주시기 바랍니다. |
| | 14 | 고객의 잔액이 부족하거나 유효기간이 만기되어 연결되지 않습니다. 요금을 충전하신 후 다시 이용해 주십시오. |
| VMD 및 PPS서버에 연결이 되지 않을 경우 | 15 | 죄송합니다. 지금은 시스템 정비중입니다. 잠시 후 다시 이용해 주시면 감사하겠습니다. |
| 착신거절(부가서비스 중 DND일 경우): 가입자가 제어 | 16 | 지금은 고객의 요청으로 전화를 받을 수 없사오니 다음에 다시 걸어 주시기 바랍니다. |
| PCA(비밀번호 서비스)고객에게 걸려온 전화 | 17 | 지금 거신 전화는 고객의 요청으로 비밀 번호가 설정되어 있습니다. 비밀번호 4자리를 입력해 주시기 바랍니다. |
| 원격제어 비밀번호 입력요청 멘트 | 18 | 비밀번호 4자리를 눌러주세요. |
| 원격제어 비밀번호 재입력 실패 시(2차) | 19 | 비밀번호가 맞지 않습니다. 비밀번호 4자리를 다시 입력해 주시기 바랍니다. |
| 원격제어 비밀번호 재입력 실패 시(3차) | 20 | 비밀번호가 맞지 않습니다. 비밀번호를 확인하신 후 다시 걸어주시기 바랍니다. 이용해 주셔서 감사합니다. |
| 최초 원격제어 접속 시 변경할 가입자 번호 입력 요청 시 | 21 | 고객님의 휴대폰 번호를 눌러주시기 바랍니다. |
| 원격제어 이용 시 | 22 | 등록하시고자 하는 부가서비스 코드를 누르신 후 우물정자를 눌러주시기 바랍니다. |
| 원격제어 이용 시 (*71+Forwarding Number) 원격제어 이용 시(*71) | 23 | 등록되었습니다. 이용해 주셔서 감사합니다. |

| 상 황 | 채널 | 안내 멘트(고객센터) |
|---|---|---|
| 원격제어 이용 시(*71+0) | 24 | 등록이 해지 되었습니다. 이용해 주셔서 감사합니다. |
| 원격제어 이용 시<br>(*71+Forwarding Number)<br>원격제어 이용 시(*71) | 25 | 등록되었습니다. 이용해 주셔서 감사합니다. |
| 원격제어 이용 시(*71+0) | 26 | 등록이 해지 되었습니다. 이용해 주셔서 감사합니다. |
| 원격제어 이용 시 전화번호가 틀릴 경우(21번 안내멘트 실패 시) | 27 | 입력하신 번호가 맞지 않으니 다시 확인 후 이용해 주시기 바랍니다. 감사합니다. |
| 원격제어 시 등록되지 않은 부가서비스일 경우, 또는 코드가 틀린 경우 | 28 | 입력하신 부가서비스의 등록코드가 맞지 않으니 다시 확인 후 이용해 주시기 바랍니다. 감사합니다. |
| 부가서비스등록 시<br>시스템장애로 일시적으로 수행되지 않고 Time out이 발생한 경우 | 29 | 죄송합니다. 고객님께서 요청하신 서비스를 처리하지 못했습니다. 잠시 후 다시 이용해 주시기 바랍니다. 감사합니다. |
| 원격제어 비밀번호 변경 시 (*20) | 30 | 새 비밀번호 4자리를 눌러주세요. |
| 원격제어 비밀번호변경 확인 (*20) | 31 | 새 비밀번호 4자리를 다시 한 번 눌러주세요. |

## 12.3.2 착신가입자 상태 안내

| 상 황 | 채널 | 안내 멘트(고객센터) |
|---|---|---|
| 존 지역 할인멘트 | 32 | 할인 지역입니다. |
| 현재 미사용중 | 33 | 죄송합니다. 요청하신 서비스가 수행되지 않았으니 잠시 후 다시 사용하시거나 국번 없이 114를 눌러 고객센터로 문의하시기 바랍니다. 감사합니다. |
|  | 34 | 고객이 통화 중이오니 잠시 후에 다시 걸어 주십시오. |
| 통화중 대기후 음성전환 | 35 | 고객이 통화중이서 음성사서함으로 연결됩니다. 연결 후에는 통화료가 부과됩니다. |
| 전화를 안 받을 경우 | 36 | 고객이 전화를 받지 않아 음성사서함으로 연결됩니다. 연결 후에는 통화료가 부과됩니다. |
| 전원 OFF | 37 | 고객님의 PCS전원이 꺼져 있어 음성사서함으로 연결됩니다. 연결 후에는 통화료가 부과 됩니다. |
| 음영지역 | 38 | 고객께서 전화를 받을 수 없어 음성사서함으로 접속합니다. 음성사서함 접속 시 통화료가 부과 됩니다. |
|  | 39 | 고객의 요청에 의해 음성사서함으로 접속합니다. 음성사서함으로 전환되어 통화료가 부과 됩니다. |

| 상 황 | 채널 | 안내 멘트(고객센터) |
|---|---|---|
| | 40 | 상대방 번호표시가 제한되어 있어 착신이 거절되었습니다. 번호표시 제한을 해지하시고 다시 전화해주시기 바랍니다. |
| | 41 | 발신번호 표시가 제한되어 있어 고객님의 요청으로 음성사서함으로 전환합니다. 음성사서함으로 전환시 통화료가 부가됩니다. |
| | | 한도소진이 다 되어 발신을 하실 수 없습니다. 다음 달에 사용하시기 바랍니다. |
| | 42~47 | reserved_9ch(착신가입자상태 안내방송용) |

## 12.3.3 부가서비스 이용 안내

| 상 황 | 채널 | 안내 멘트(고객센터) |
|---|---|---|
| | 48 | 서비스에 대한 정보 등록이 완료되었습니다. |
| | 49 | 서비스에 대한 정보 취소가 완료되었습니다. |
| 부가서비스 권한이 없는 경우 | 50 | 고객님께서 서비스에 가입되어 있지 않습니다. 국번 없이 114를 눌러 고객센터로 서비스를 신청하신 후 다시이용해 주시기 바랍니다. |
| Feature Code에 정의되지 않는 서비스에 할 경우 | 51 | 현재 제공되지 않는 서비스입니다. 폰에서 국번 없이 114를 눌러 고객센터로 문의하시기 바랍니다. 감사합니다. |
| 정의되지 않는 안내멘트 Code가 없는 부가서비스 활성화 시 | 52 | 서비스가 등록되었습니다. 감사합니다. |
| 정의되지 않는 안내멘트 Code가 없는 부가서비스 비활성화 시 | 53 | 요청하신 기능이 처리되었습니다. |
| *71 등록 시 | 54 | 걸려오는 모든 전화는 고객님께서 지정하신 번호로 연결됩니다. 서비스를 등록하신 후에는 수신이 되지 않습니다. |
| *72 등록 시 | 55 | 전화를 받을 수 없거나 전원이 꺼져있을 때 지정하신 곳으로 연결됩니다. |
| *710 등록 시 | 56 | 모든 전화를 다른 전화로 연결시키는 서비스가 해제 되었습니다. |
| *720 등록 시 | 57 | 전화를 받을 수 없을 때 다른 전화로 연결되는 서비스가 해제 되었습니다. |
| | 58 | 전화를 받을 수 없거나 전원이 꺼져있을 때 음성사서함으로 전환됩니다. |
| *51 등록 시 | 59 | 고객님께 걸려오는 모든 전화가 음성사서함으로 연결됩니다. 서비스를 등록하신 후에는 휴대폰으로 전화를 받으실 수 없습니다. |
| | 60 | 전화를 받을 수 없을 때 음성사서함으로의 전환이 취소되었습니다. |
| *510 등록 시 | 61 | 모든 전화에 대해 음성사서함으로 연결하는 기능이 해제되었습니다. |

| 상 황 | 채널 | 안내 멘트(고객센터) |
|---|---|---|
| | 62 | 등록된 번호가 없습니다. 등록하시고 다시 이용하십시오. |
| | 63 | 존재하지 않는 번호를 삭제하셨습니다. 확인하시고 사용하여 주시기 바랍니다. |

## 12.4 안내방송 지정서비스 – 전환용

| 상 황 | 채 널 | 안내 멘트(고객센터) |
|---|---|---|
| | 64 | 고객께서 장기 출장 중입니다. 음성사서함에 메시지를 남겨 주십시오. 음성사서함에 연결되면 통화요금이 부과됩니다. |
| | 65 | 고객께서 회의 중입니다. 음성사서함에 메시지를 남겨 주십시오. 음성사서함에 연결되면 요금이 부과됩니다. |
| | 66 | 고객께서 운전 중입니다. 음성사서함에 메시지를 남겨 주십시오. 음성사서함에 연결되면 요금이 부과됩니다. |
| | 67 | 고객께서 수면 중입니다. 음성사서함에 메시지를 남겨 주십시오. 음성사서함에 연결되면 요금이 부과됩니다. |
| | 68 | 고객께서 수업 중입니다. 음성사서함에 메시지를 남겨 주십시오. 음성사서함에 연결되면 요금이 부과됩니다. |
| | 69 | 고객께서 지금 공공장소에 계십니다. 음성사서함에 메시지를 남겨 주십시오. 음성사서함에 연결되면 요금이 부과됩니다. |
| | 70~95 | reserved_8ch(안내방송지정서비스–전환용) |

## 12.5 안내방송 지정서비스 – 비전환용

| 상 황 | 채널 | 안내멘트(고객센터) |
|---|---|---|
| | 96 | 고객께서 장기 출장 중이오니 다음에 다시 걸어주십시오. |
| | 97 | 고객께서 회의 중이오니 다음에 다시 걸어주십시오. |
| | 98 | 고객께서 운전 중이오니 다음에 다시 걸어주십시오. |
| | 99 | 고객께서 수면 중이오니 다음에 다시 걸어주십시오. |
| | 100 | 고객께서 수업중입니다. 다음에 다시 걸어주십시오. |
| | 101 | 고객께서 공공장소에 계십니다. 다음에 다시 걸어주십시오. |
| | 101~127 | reserved_27ch(안내방송지정서비스–비전환용) |
| | 128~256 | 외국어 안내방송용 |

# 참고문헌


1. 정우기, 5세대 이동통신, 복두출판사. 2016. 3
2. 정우기, 모바일 디지털통신, 동일출판사. 2017. 6
3. 통신망의 이해(이동통신 분야) 멀티미디어 교재, 정보통신정책연구원, 2009
4. William C. Y. Lee, Mobile Communications Design Fundamentals, John Wiley & Sons Inc., 1993
5. 3GPP2 C.S0002-C, Physical Layer Standard for cdma2000 Spread Spectrum Systems, 2002. 5
6. Harri Holma and Antti Toskala, WCDMA for UMTS, John Wiley & Sons Ltd., April 2000
7. 3GPP2 X.S0013-000-A, All-IP Core Network Multimedia Domain, 2005. 11
8. 3GPP TS 23.002 V6.6.0, Network Architecture(Release 6), 2004. 12
9. Harri Holma and Antti Toskala, HSDPA/HSUPA for UMTS, John Wiley & Sons Ltd., 2006
10. 3GPP2 C.S0024-A, cdma2000 High Rate Packet Data Air Interface Specification, 2005. 7
11. 3GPP2 C.S0024-B, cdma2000 High Rate Packet Data Air Interface Specification, 2006. 5
12. ITU-R Recommendation ITU-R M.1457-6, Detailed specifications of the radio interfaces of International Mobile Telecommunications-2000(IMT-2000)
13. http://www.ieee802.org/16/
14. ITU-R Recommendation ITU-R M.1645, Framework and overrall objectives of the future development of IMT-2000, 2003
15. ITU Report ITU-R M.2038, Technology Trends, 2003
16. ITU Report ITU-R M.2074, Radio Aspect, 2006

17. Manual F. Catedra and Jesus Perez-Arriaga, Cell Planning for Wireless Communications, Artech House Inc., 1999
18 Bernard Sklar, Digital Communications, Prentice-Hall Inc., 1988
19. 이공계대학생을 위한 전파측정기술교재, 한국전파진흥원, 2013
20. 미래창조과학부 고시 제2013-157 무선설비규칙, 방송통신위원회, 2013. 9
21. 통화품질기술상담 교재, LG 유플러스, 2012

NCS 이동통신서비스 직무의 실무 교육을 위한
**최신 이동통신 기술실무**

**발　행** / 2020년 5월 11일

●

**저　자** / 정 우 기
**펴 낸 이** / 정 창 희
**펴 낸 곳** / 동일출판사
**주　소** / 서울시 강서구 곰달래로31길7 (2층)
**전　화** / (02) 2608-8250
**팩　스** / (02) 2608-8265
**등록번호** / 제109-90-92166호

●



ISBN 978-89-381-1116-6-93560
**값 / 18,000원**